ROS 2とPythonで作って学ぶAIロボット入門

改訂第2版

出村公成・萩原良信・升谷保博
タン ジェフリー トゥ チュアン［著］

講談社

- 本書に掲載されているサンプルプログラムやスクリプト，およびそれらの実行結果や出力などは，著者の環境で再現された一例です．本書の内容に関して適用した結果生じたこと，また，適用できなかった結果について，著者および出版社は一切の責任を負えませんので，あらかじめご了承ください．
- 本書に記載されているウェブサイトなどは，予告なく変更されていることがあります．本書に記載されている情報は，2024 年 11 月時点のものです．
- 本書に記載されている会社名，製品名，サービス名などは，一般に各社の商標または登録商標です．なお，本書では，™, ®, ©マークを省略しています．

はじめに

背景

1980年代にロドニー・ブルックスによって提案されたAIロボットの技術は，掃除ロボットに実装され，家庭での生活支援を実現しています．また，2006年に発足したRoboCup@Homeリーグでは，ユーザとの言語コミュニケーションに基づいて家庭生活を支援するAIロボットの研究開発が進められています．そして2010年代には，ソフトバンクロボティクスのPepperやトヨタ自動車のHSRなど，店舗や家庭で言語コミュニケーションに基づいて動作するロボットが開発され，これらのロボットを基盤としたAI技術の研究開発が世界中で進められています．これらの研究開発の一部は，今後10年以内に私たちの身近な存在になるでしょう．さて，このようなAIロボットはどのような技術で動いているのでしょうか？　あなたも自分のAIロボットを開発してみたいと思いませんか？

この本はそのような方のために書かれています．AIロボットをつくるために必要なハードウェアの構成，動かすために必要なロボット工学の基礎理論ならびに基本ソフトウェアとプログラミングについて述べています．例えば，「キッチンからコップを持って来て」といわれた場合，ロボットはユーザの音声を認識して，自己位置を推定しながらキッチンまで移動し，コップを認識して把持し，ユーザに「どうぞ」といってコップを渡さなければなりません．この一連の動作には，音声認識・合成，ビジョン，ナビゲーション，マニピュレーション，プランニングといった要素技術が含まれます．この本では，これら要素技術の基礎的な数理を図とともに解説し，人とのコミュニケーションに基づいて動作するAIロボットを支える人工知能とロボット工学の俯瞰的な知識を与えます．さらに，これら要素技術を統合したAIロボットを構築するプログラミング技法を紹介します．なお，基本ソフトウェアに関しては世界標準といえるROS 2，プログラミングについてはAI分野で広く使われているPython言語を使います．どちらもこれからのエンジニアには必須といえるでしょう．

執筆の経緯

筆者らは，家庭用生活支援ロボットの世界的な競技会であるRoboCup@Homeリーグの教育イニシアティブを担うサブリーグの委員を務めています．ここでは，RoboCupに参加する大学生などを対象として，ROSを用いたAIロボットのセミナーを2015年より実施してきました．2021年には，これまで蓄積した教育コンテンツを用いて，全8回に渡る知能ホームロボティクス入門講習会（主催：日本ロボット学会インテリジェントホームロボティクス研究専門委員会）を開催し，累計で900名ほどの参加登録をいただきました．学生や教育関係者のみならず一般企業の方にも参加いただき，想像以上の反響がありました．講習会の懇談において参加者のさまざまな声に触れ，この内容をより多くの人に届ける方法はないかと考えるようになりました．講習会の終了後に，委員の出村公成，升谷保博，タン ジェフリー トゥ チュアン，萩原良信で議論し，講習会の内容を中心とした書籍の執筆を決意しました．この本の出版に向けては，立命館大学の谷口忠大先生に講談社サイエンティフィクの横山真吾氏を紹介していただきました．このような経緯で，「楽しく作って学べるビギナー向けのAIロボットのテキスト」を目指して，この本の執筆がスタートしました．

執筆においては，AIロボットの研究開発に求められる数学の理論と最新のハードウェア・ソフトウェアの知識をどのように1冊に集約するかが課題となりました．幾度も議論を重ね，理論に関する記述を半分程度にとどめて要素技術のロボットへの実装とこれらを統合したタスク構築をサポートする構成に至りました．各章の執筆においては，第1章，第2章，第4章は出村公成，第3章と第7章は萩原良信，第5章はタン ジェフリー トゥ チュアン，第6章は升谷保博が担当しました．

学びのポイント

「楽しく作って学べる」を実現するため，さまざまな工夫をこの本に施しました．まず，ロボットやPCへの実装を容易にするためにライブラリを含む開発環境をDockerにより提供しました．また，サンプルプログラムを提供するGitHubのサポートサイト[注1]も準備しました．さらに，学習を楽しく進められるようにAIロボット(Happy Mini)と読者が一緒にチャレンジするミッションを各章の最初に設け，休憩や気分転換のためにミニ知識をちりばめました．また，復習のためのクイズ，自学自習のためのチャレンジやミニプロジェクトを設けました．これらの工夫により，AIロボットに関連する広範な知識をつくっていく中で楽しく学ぶことができる今までにない1冊になったのではないかと考えています．

この本を通して，AIロボットをつくる楽しさを一人でも多くの人に体感してもらいたい．そして，この学びを通して，人間とAIロボットの明るい未来のために考えを深めてもらいたい．そのような思いでこの本をお届けします．

私と一緒にミッションに
チャレンジしましょ！

サポートサイトもあるよ！
https://github.com/AI-Robot-Book-Humble

改訂第2版によせて

本書の改訂第2版をお届けできることを，大変うれしく思います．初版が刊行された後，多くの読者の皆さまからの温かい支持や貴重なご意見をいただきました．この第2版は，それらの声を反映しつつ，AIロボット分野の急速な進化に対応した最新の知識と技術を盛り込むことを目的としています．

改訂における主な変更点は以下です．

- ROS 2のバージョン変更：初版で採用していたFoxyは2023年6月にサポートが終了したため，2027年5月までサポートされるHumbleを採用しました．
- アクション通信の導入：サービス通信に代えて，より高機能なアクション通信を導入しました．
- 通信ミドルウェアの変更：初版ではROS 2デフォルトのFast DDSを採用していましたが，Cyclone DDSに変更しました．これにより，ナビゲーションやマニピュレーションにおいて通信遅延が低減され，動的環境でのロボット制御がより安定しました．
- 第3章「音声認識・合成」：最新の音声認識モデルであるWhisperを導入し，より精度の高い音声処理が可能に．
- 第4章「ナビゲーション」：ナビゲーションを簡単に実装できるNav2 Simple Commanderを用いたプログラムを新たに解説し，実践的な技術を提供．
- 第5章「ビジョン」：物体セグメンテーションを取り上げ，ロボットの視覚認識能力を強化．
- 第6章「マニピュレーション」：動作計画フレームワークであるMoveItを利用するプログラムを追加しました．

注1 https://github.com/AI-Robot-Book-Humble

- 第 7 章「プランニング」：GUI を用いた行動エンジン FlexBE を新たに取り入れ，直感的な行動計画を可能に.
- 付録：付録 B にあったアクション通信の簡単なプログラム例を第 2 章へ移し，それに代えてより実用的なプログラム例を追加しました.

これらの改訂によって，本書は AI ロボット開発の最新動向を学びたい初学者から実務者まで，幅広い層にとって一層有益な内容となることを目指しました．技術革新のスピードはますます加速しています．本書が，皆さまの創造的なロボット開発の一助となれば幸いです．

2024 年 11 月 25 日　東京の自宅にて

萩原　良信

目次

AIロボット入門

第1章 AIロボットをつくろう！

MISSION

西暦 20XX 年．巨大彗星が地球に衝突し，文明は崩壊しました．人々は皆，不幸のどん底にいます．あなたの名前は Yu（ユー）．人類の危機を救うため，Yu に人をハッピーにする AI ロボット Happy Mini を開発するミッションが託されました．でも，AI ロボットの知識がまったくありません．途方に暮れ，廃墟をさまよっているとき，何かにつまずきました．1 冊の古めかしい本，表紙には「AI ロボット入門」と刻印されています．中を読んでみると，AI ロボットをつくるために必要なハードウェアの構成，動かすために必要なロボット工学の基礎理論，基本ソフトウェアとそのプログラミングについてやさしく書かれています．

Yu

きっとこれは，人類を救うための神の恵みに違いない！

藁にもすがる思いで，この本をもとに AI ロボットをつくることを決心しました．

この本はどこにでもいるビギナーが，AI ロボットの基礎理論，ハードウェアとプログラミングを学び，Happy Mini をつくり上げるまでの物語です．まず，AI ロボットとは何か，それをつくるために必要なハードウェア構成と基本ソフトウェアについて学んでいきましょう！

Happy Mini

1.1 AIロボット

この本のタイトルにもなっている**AI ロボット**とは何かを説明し，そのテクノロジを発展させるための国際プロジェクトである**RoboCup**，その中で，未来の家庭における生活支援ロボットの研究開発を目的とした**RoboCup@Home**[注1] リーグについて説明します．

1.1.1 AI ロボットとは

この本では AI ロボットの基礎理論，ハードウェアとプログラミングを学び，実際にシミュレータのバーチャルロボットとリアルロボット（実機）を動かします．では，**AI ロボット**とは何でしょうか？**これは，AI（Artificial Intelligence，人工知能）を搭載したロボットのことです．**

人工知能という言葉は，1956 年のダートマス会議[注2] ではじめて使われ，研究分野としての人工知能

注 1　「ロボカップアットホーム」と読みます．

注 2　米国ダートマス大学のジョン・マッカーシー（John McCarthy）が主催した会議で，彼とマービン・ミンスキー（Marvin Minsky），ネイサン・ロチェスター（Nathaniel Rochester），クロード・シャノン（Claude Shannon）らが構想しました．

が誕生しました注3．そこでは，**人工知能研究を人間の学習や知能を明らかにすることで，機械がそれをシミュレート可能とするための基礎研究としています．**人工知能の研究は図1.1に示すようにブームの時代と冬の時代を繰り返し発展し，現在は**深層学習（ディープラーニング, Deep Learning）**がブレイクスルーとなり，ChatGPTなど大規模言語モデルも開発された第3次ブームの真っ只中であり，人工知能が脚光を浴びています．この本ではAIロボットを次のように定義します注4．

AIロボットは，人間が知能を使ってすることを代わりに行うことができるロボットです．

つまり，人間のような**知能**注5を持つロボットではなく，人間とはまったく違う方法でもよいので，人間と同じような行動ができればよいのです．空を飛ぶのに，鳥のように飛ぶ必要はなく，飛行機の方法でよいのです．AIロボットは4次元ポケットのないドラえもんをイメージしてもらえばよいでしょう．

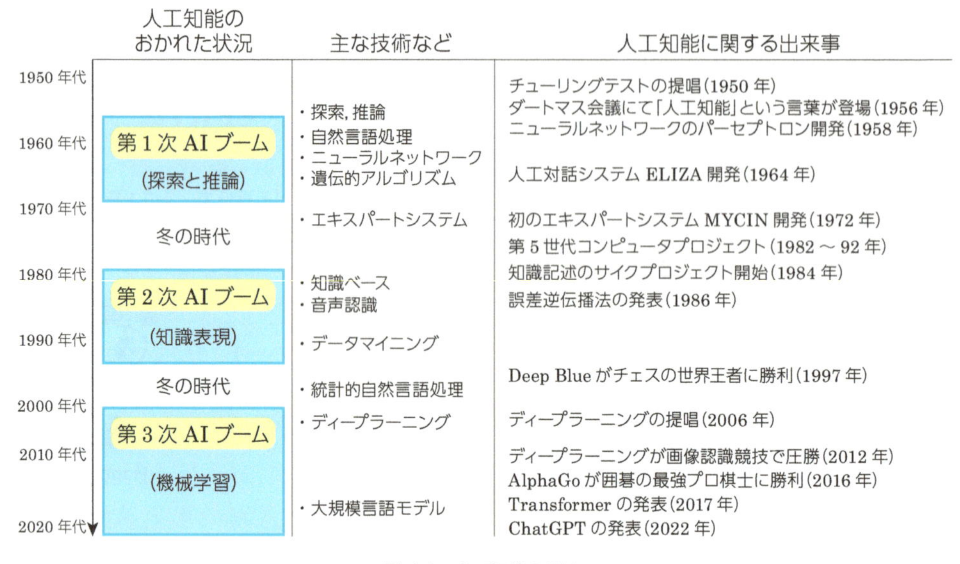

図1.1　人工知能の歴史
(出典：総務省「ICTの進化が雇用と働き方に及ぼす影響に関する調査研究」平成28年を参考に作成)

また，今までロボットという言葉も何気なく使ってきましたが，ロボットとは何でしょうか？　ロボットという言葉がはじめて使われたのは古く，1920年にチェコの作家カレル・チャペック (Karel Capek) の戯曲「Rossum's Universal Robots, R.U.R.」が最初で，チェコ語で強制労働を表すRobota (ロボッタ) が語源です．この本では文献の定義注6を参考にロボットを次のように定義します．

ロボットは，センシング機能，知能・制御機能，運動機能の3つの機能を持つ機械です．

別の言い方をすると，ロボットはセンシング機能を担うカメラやマイクなどのセンサ，知能・制御機

注3　人工知能学会のウェブサイト (https://www.ai-gakkai.or.jp/whatsai/AItopics5.html) によると「人工知能の概念自体は，1947年の「Lecture to London Mathematical Society (ロンドン数学学会での講義)」にてアラン・チューリングによって提唱されたとするのがよいでしょう」となっています．

注4　人工知能学会のウェブサイト (https://www.ai-gakkai.or.jp/whatsai/AIwhats.html) では，人工知能の研究に「人間の知能そのものを持つ機械をつくろうとする立場」と「人間が知能を使ってすることを機械にさせようとする立場」があると述べられています．この本では後者の立場をとります．

注5　知能の標準的な定義は存在しないといわれています．この本では，人間の持つ学習，識別，認識，推論，計画行動，言語能力などの能力とします．

注6　ロボット政策研究会報告書～RT革命が日本を飛躍させる～(https://www.jara.jp/various/report/img/robot-houkokusho-set.pdf) では，ロボットを「センサ，知能・制御系，駆動系の3つの要素技術を有する，知能化した機械システム」と定義しています．

能を担うコンピュータ，運動機能を担うアームや移動台車などで構成されています．**ロボットは私たちの住む物理世界の情報を収集し，直接的に物理世界に影響を与える能力を持っていることがコンピュータと最も違う点です．**つまり，ロボットが私たち人類に与える影響は大きく，人類にとってよい存在にも悪い存在にもなりえます．そのため，**ロボットの研究開発者に高い倫理観が求められるのです．この本の理念は，人の生活を助け，人を幸せにするロボットをつくることです．**

1.1.2 RoboCup@Home

● 背景と目的

RoboCup は 2050 年までにサッカーワールドカップの優勝チームにヒューマノイドロボットチームが勝つことを夢に掲げ，ロボット工学と人工知能の研究開発を促進させることを目的に，そこで得られたさまざまなテクノロジを社会に還元することを狙った日本発の国際プロジェクトです．1997 年に名古屋で第 1 回世界大会が開催され，当初はサッカーリーグだけでしたが，大規模災害がテーマの RoboCup Rescue，次世代人材教育がテーマの RoboCup Junior などのリーグが増え，年々，規模が拡大し，2024 年の第 27 回世界大会（オランダ）には世界 45 カ国から，300 チーム 2000 名の参加者が集う世界最大規模のロボット競技会になっています．

RoboCup のリーグの中でも，今，最も人気を集めているのは，未来の家庭における生活支援ロボットの研究開発を目的とした**RoboCup@Home** です．2006 年に誕生してから年々規模を拡大し，生活支援ロボットの競技会としても世界最大規模です．図 1.2 は RoboCup@Home のロボットがオランダ王妃に花束を贈呈する印象的なシーンで，会場がとても盛り上がりました．RoboCup@Home の目

図 1.2 RoboCup 世界大会で生活支援ロボットから花束を贈呈されるオランダ王妃マクシマ
（出典：https://www.flickr.com/photos/robocup2013/9157128377）

的は次のとおりです[注7].

> RoboCup@Home リーグは，将来の個人向け家庭用アプリケーションに関連性の高いサービスロボットと生活支援ロボットのテクノロジの開発を目的としています.

RoboCup@Home（以降，@Home と表記）では，開発されたテクノロジを評価するために，家庭環境を模したモデルルームで，次の分野にフォーカスしたコンペティションを毎年開催しています.

- ヒューマン・ロボット・インタラクション，ナビゲーションと地図生成
- ロボットビジョン，マニピュレーション
- プランニング（動作計画），システム統合

● コンペティション

毎年，RoboCup 世界大会やジャパンオープンで繰り広げられるコンペティションでは，家庭環境でのロボットの利用を想定し，人の生活に役立つ作業を制限時間内でどれだけできるかを競います. 競技内容は，いくつかの共通タスク（課題），チームが独自に決めてよいオリジナルタスクとファイナルプレゼンテーションからなり，図 1.3 に示す 6 つのサブリーグで構成されます[注8].

ルールは，ロボットの自律性，移動性能，アプリケーション，社会との関連性，科学的な価値，時間的制約，観客に魅力的かなど多くの視点から決められます．ルールは固定されているわけではなく，毎年少しずつ変わり，数年に一度大きく変わります．アリーナ（競技場）はリビングルーム，キッチン，ベッドルームなどマンションの 3LDK ぐらいの間取りのセットです．各部屋にはテレビ，ソファ，冷蔵庫，食卓，ベッドなどの家具も備えられており，物体認識やマニピュレーションに使うオブジェクト（物体）は，ペットボトル，缶，お菓子，フルーツ，おぼん，容器などの日用品で，既知 (known)，未知 (unknown)，類似 (alike) 物体[注9] に区分されています.

@Home の物体認識で難しい点は，対象の物体を知らされるのが競技の数日前から前日までと時間的余裕がないことです．現在，ほとんどのチームが物体認識に深層学習を用いているので，学習用に何千，何万個のデータセットをつくり，学習しなければなりません．そのため，半自動，自動アノテーション[注10] の技術や GPU を搭載した PC が必要です．なお，2023 年大会では，大規模言語モデルや基盤モデルなどの生成 AI を使うチームが現れ，2024 年大会では多くのチームが使うようになりました．それらのモデルは事前に大規模なデータで学習しているので，自分でまったく学習をする必要がなかったり，少数のデータでパラメータを微調整するだけで物体認識などが可能になりました.

ロボットには，人間の遠隔操作なしで動く自律移動能力が求められ，人間とは音声でコミュニケーションするので音声認識と音声合成能力も必要です．ロボットの構造上の制限は少なく，ドアから入室できるサイズと緊急停止スイッチの搭載が義務付けられているぐらいです．@Home は RoboCup の他のリーグと違い，ロボット 1 台で参加できるので，経済的にも労力的にも負担が少ないです．競技種目には自分たちの研究成果を披露するプレゼンとデモ競技もあるので，大学の一研究室でも@Home に気軽に参加できます．これが，**@Home が RoboCup のリーグの中で最も人気がある**理由だと思います．@Home の詳細は，岡田ら[注11]，大橋[注12]，杉浦[注13]，出村ら[注14] の解説記事が参考になります.

注 7　https://athome.robocup.org/
注 8　https://www.robocup.or.jp/robocup-athome/
注 9　類似物体は果物など個々で形状や色が多少変わるものです.
注 10　深層学習用のデータセットをつくるために，データにラベル付けする作業．データ数が多いほうが推論精度が高くなるので，数千個のデータはほしい．手動でやるととても時間がかかるので，ある程度自動化しないと競技本番に間に合わなくなります.
注 11　岡田浩之，大森隆司：ロボカップ@ホーム–人とロボットの共存を目指して–，人工知能，Vol.25, No.2, pp. 229-236, 2010.
注 12　大橋 健：RoboCup@Home における課題設定と技術開発，計測と制御，Vol.52, No.6, pp. 481-486, 2013.
注 13　杉浦孔明：ロボカップ@ホーム–人と共存するロボットのベンチマークテスト–，人工知能，Vol.31, No.2, pp. 230-236, 2016.
注 14　出村公成，出村賢聖：RoboCup@Home における ROS の利用，日本ロボット学会誌，Vol.35, No.4, pp. 295-298, 2017.

1. OPL リーグ (Open Platform League)

各チーム開発のオリジナルロボットで競うリーグ．ハードとソフト両面の開発能力が必要．

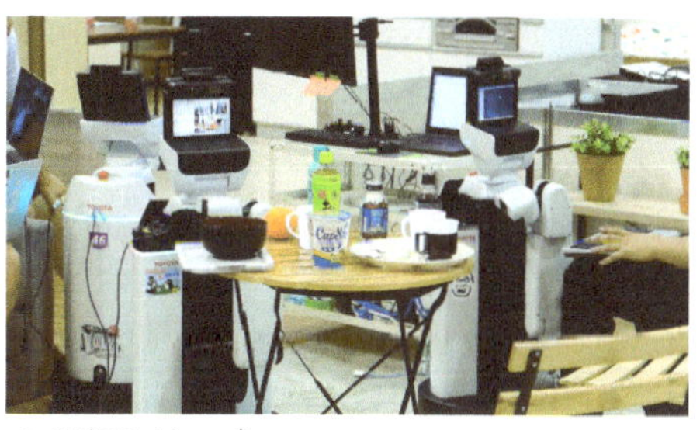

2. DSPL リーグ (Domestic Standard Platform League)

トヨタ自動車が開発したロボット HSR で競うリーグ．ソフトウェア開発だけに専念できる．

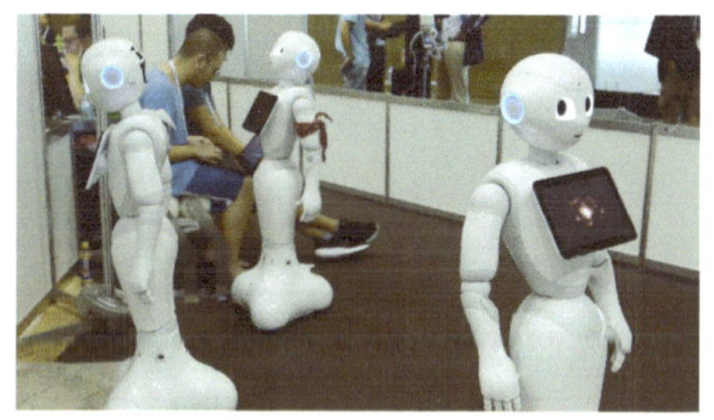

3. SSPL リーグ (Social Standard Platform League)

ソフトバンクの Pepper で競うリーグ．ソフトウェア開発だけに専念できる．

4. Education リーグ (Education League)

@Home の入門的な位置づけで，教育に重きをおいた新規参入者にやさしいリーグ．

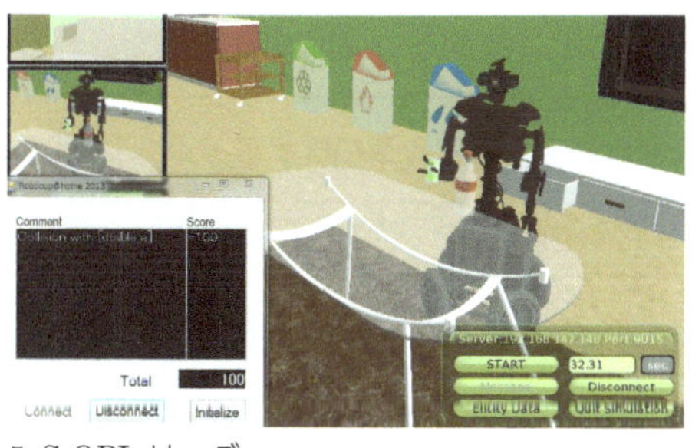

5. S-OPL リーグ (Simulation Open Platform League)

OPL のシミュレーション版．実機が必要ない．

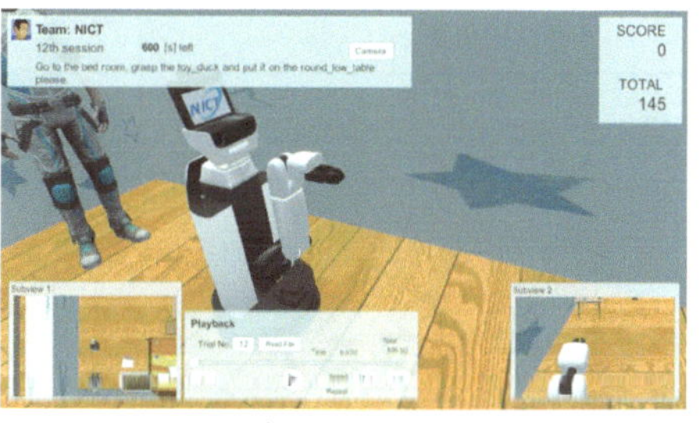

6. S-DSPL リーグ (Simulation Domestic Standard Platform League)

DSPL のシミュレーション版．実機が必要ない．

図 1.3　RoboCup@Home のサブリーグ

1. 出典：https://flickr.com/photos/robocup2013/9171779051
2. 画像提供：ロボカップ日本委員会，3. 画像提供：ロボカップ日本委員会
5. 画像提供：玉川大学脳科学研究所 稲邑哲也 教授
6. 画像提供：ロボスタ編集部

● ルール

競技の代表的なタスクを表 1.1 に示します．各タスクは細分化されていて，各項目をクリアするごとに点数が加算されます．予選の合計点数の高い上位チームが決勝に進出できます．ルールの詳細は @Home の公式サイト[注15] を参照してください．

なお，**この本では Bring Me タスクができるようになることを目標としています．**このタスクは，オペレータがロボットにとってきてほしい日用品を指示し，ロボットはアリーナ内を探します．指定

注 15　https://github.com/RoboCupAtHome/RuleBook/

された日用品がない場合もあり，日用品の中には既知，未知，類似オブジェクトもあるので難しいタスクですが，チャレンジしていきましょう！　次節からは，このタスクを達成するためのハードウェアとソフトウェアについて説明します．

表 1.1　@Home の代表的なタスク

ステージ	タスク	概　要
予選	マニピュレーションと物体認識 (Manipulation and Object Recognition)	棚にある日用品を識別し，ロボットアームを使い，それを棚の別の位置へ移動するタスク
	ナビゲーション (Navigation)	障害物を避け，経由点を通り，人を追跡し，競技場を退場するタスク
	人認識 (Person Recognition)	群集に紛れた人物を見つけ，群集の人数と性別を推定するタスク
	音声認識と音声検出 (Speech Recognition and Audio Detection)	あらかじめ決められた質問に答え，発話者の方位を検出するタスク
	追跡と誘導 (Following and Guiding)	会場内の未知の動的環境で人の追跡と誘導をするタスク
	ブリングミー (Bring Me)	とってきてほしい日用品をロボットに指示し，ロボットがとってくるタスク
	ヘルプミーキャリー (Help Me Carry)	買い物から帰ってきて，ロボットに荷物運びを手伝ってもらうタスク
	レストラン (Restaurant)	実際のレストランなどで接客係に必要な能力を評価するタスク
決勝	ファイナル (Final)	各チームの研究成果を披露する自由なデモンストレーション

1.2 ハードウェア

ハードウェアは人間の体に相当します．AI ロボットを実現するハードウェアについて説明します．

1.2.1 全体像

図 1.4 は，AI ロボットの機能とそれを実現するハードウェアの全体像です．**音声対話**を実現するためにロボットにマイクとスピーカが必要です．人間の目の働きをする**ビジョン**にはカメラ，RGB-D センサ，距離センサ（LiDAR，超音波センサ），**マニピュレーション**にはロボットアームとハンド，**ナビゲーション**には移動台車が必要です．最後に，AI ロボットで最も重要なのは**プランニング**の機能で，それを実現するのがコンピュータです．

1.2.2 音声対話

産業用ロボットと違い AI ロボットには人間と会話する音声対話の能力が求められます．音声対話をするためには，人の耳にあたるマイクと声帯にあたるスピーカが必要です．

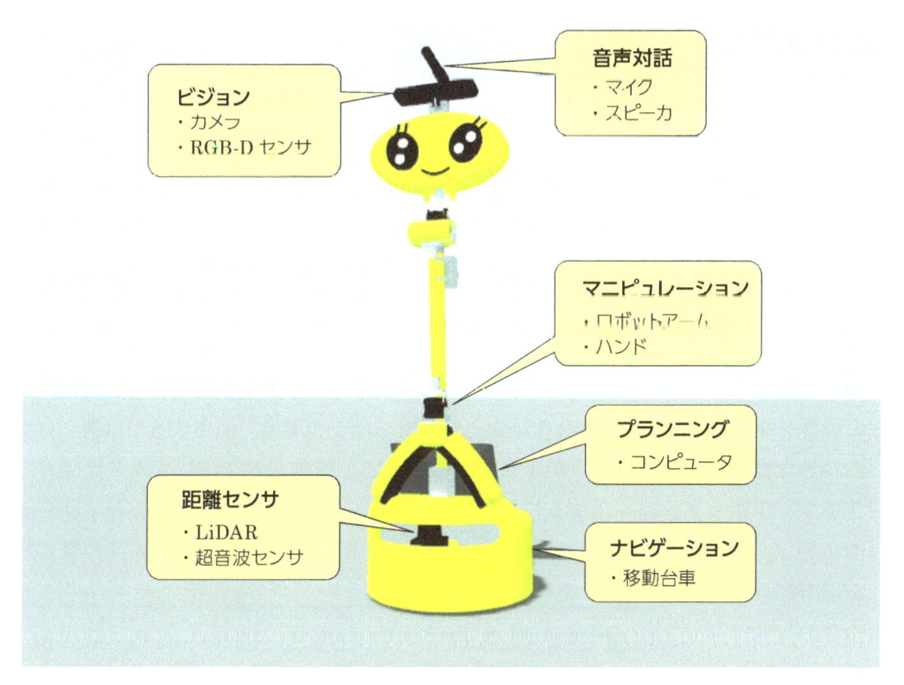

図 1.4 ハードウェアの全体像

● マイク

マイクはノート PC やウェブカメラに付いています．静かな環境でマイクに十分近づいて話せる場合はこれで十分かもしれませんが，人ごみの中やロボット競技会などのうるさい環境では，ノイズが大きくて音声をうまく拾えませんのでガンマイク（図 1.5）などの指向性の高いマイク[注16]の利用がおすすめです．音源の位置がわかるマイクロフォンアレイ[注17]が便利です．

● スピーカ

スピーカもノート PC に付いています．静かな環境ではこれで十分かもしれませんが，ロボット競技会などのうるさい環境ではよく聞こえません．そのような環境ではアンプ付きのポータブルスピーカ（図 1.6）[注18]かアンプを用意してそれにスピーカを接続します．競技会にもよりますが 20W 以上のアンプがあると心強いですね．自宅など静かな環境ならノート PC のスピーカでも十分です．

図 1.5 ガンマイクの例
（画像提供：https://rode.com/en）

図 1.6 ポータブルスピーカの例
（画像提供：https://www.tronsmart.com/）

注 16 狭い範囲の方向の音しか拾えないマイクで，テレビの収録などで特定の人の声を拾うために使われます．
注 17 複数のマイクを配置したマイク．
注 18 競技会では無線が混信する場合が多いので，有線オーディオ入力のある機種がおすすめです．

1.2.3 ビジョン

人間の目にあたるのが**ビジョンセンサ** (vision sensor) で，**カメラ** (camera) がその代表です．カラー情報の他に深度情報[注19]もわかる**RGB-D センサ**や**距離センサ**もロボットではよく使われるため，それらについても説明します．センサは**アクティブ（能動）センサ**と**パッシブ（受動）センサ**に分けることができ，アクティブセンサはセンサから光，電波，音などを出し，物体にあたり反射したものを処理し，パッシブセンサは何も出さずに，入ってくるデータを処理します．

● カメラ

レンズを通して映像素子に入力された光を電気信号に変換する**パッシブセンサ**です．そのため，天候や照明などの影響を強く受けるので，それらが変化する屋外などの環境で使用するのは難しいです[注20]．カメラもいろいろな種類があり，カメラが1台の単眼カメラと複数台のステレオカメラに大きく分けることができます．単眼カメラはロボットに最もよく使われるセンサで，競技会などでは安価なウェブカメラ（図1.7）がよく使われています．ステレオカメラ（図1.8）は2つのカメラの見え方の違い（視差）により物体の距離情報もわかります．

図1.7　ウェブカメラの例
（画像提供：LOGICOOL ウェブサイト メディアライブラリ）

図1.8　ステレオカメラの例
（画像提供：`https://www.stereolabs.com`）

● RGB-D センサ

カメラから取得できるカラー画像に加えて，**距離画像**を取得できるセンサ（図1.9，図1.10）で，RGB-D カメラともよびます．RGB-D の RGB は光の3成分 (Red, Green, Blue) で D は depth（深度，距離）のことです．距離画像は聞きなれない言葉だと思います．図1.11が距離画像の例です．距

図1.9　RGB-D センサの例

図1.10　RGB-D センサの例

注19　センサから被写体までの距離．
注20　自宅や研究室ではよく動いていたロボットが，競技会の会場では照明が違うため動かなくなることはあるあるです．

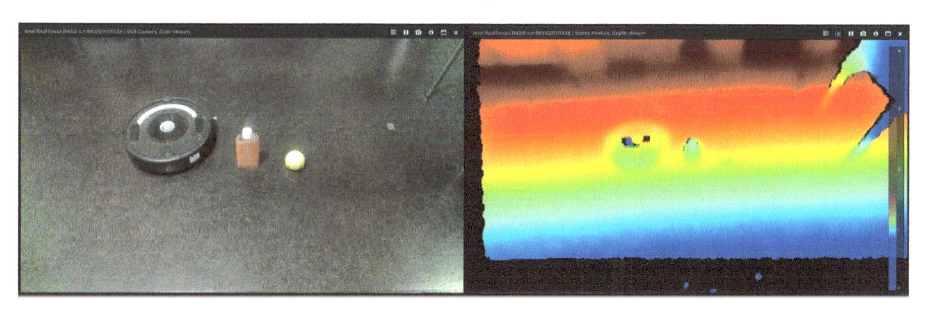

図 1.11　カラー画像（左）と距離画像（右）

離画像は画像の各ピクセルがセンサから物体までの距離を表しています．距離画像のことを**深度画像**ともよびます．図 1.11 では距離を色（青は近く，赤は遠く）で表しています．深度画像を取得する方法は，2 つのカメラの見え方の違い（視差）を使う**ステレオ方式**，センサから出た光が物体に反射して戻ってくる時間や位相差から距離を計算する**TOF (Time of Flight) 方式**，特殊なパターンの光を物体に照射して距離を計算する**構造化照明方式**に分類できます．カラー画像の色情報に加えて，画像の各ピクセルに対応する距離がわかるので，ロボットが物体をつかむときなどに必要なセンサです．

● 距離センサ

距離センサには**超音波センサ**，**LiDAR** (Light Detection and Ranging/Laser Imaging Detection and Ranging，LiDAR，ライダ)，**ミリ波レーダ** (Radio Detecting and Ranging, RADAR) などがあります．表 1.2 に距離センサを比較できるように，種類とその特徴をまとめました．

超音波センサ： 超音波を送信部から出し，物体にあたり，その反射波を受信部で受け取るまでの時間を計測して距離を測るアクティブセンサです（図 1.12）．昔からある安価なセンサで車などにも使われています．検出距離は短く（数 [m]〜10[m] 程度），角度分解能は低く（15[°] 程度），距離精度もさほど高くありません（数 [cm]）が，ガラスなどの透明物体にも使え，多少のホコリや汚れにも強いことから今でも移動ロボットにとって大切なセンサです．短所としては音を吸収する柔らかい布や泡などを検出できないことです．

LiDAR： レーザ光を送信部から出し，受信部でそれを受け取ったときの光の位相差を計測して距離と方位を測るアクティブセンサです (図 1.13，図 1.14)．角度分解能は超音波センサより高く (0.25〜1[°] 程度)，距離精度が極めて高く（数 [mm]〜数 [cm]），検出距離も長い（数 [m]〜数 100[m]）です．大きく分けて，水平方向だけの距離と方位を計測する 2D LiDAR と，それに加えて垂直方向の距離と方位も計測できる 3D LiDAR があります．カメラなどのパッシブセンサとは違い天

図 1.12　超音波センサの例
（画像提供：https://www.maxbotix.com/）

図 1.13　2D LiDAR の例
（画像引用：https://www.slamtec.com/en）

表 1.2　距離センサの比較

	検出距離	角度分解能	精　度	視野角	価　格
超音波センサ	△	×	×	○	◎
LiDAR	○	◎	◎	○	×
ミリ波レーダ	◎	○	○	○	◎

図 1.14　3D LiDAR の例
（画像提供： https://www.livoxtech.com/）

図 1.15　ミリ波レーダの例
（画像提供：株式会社デンソー）

候や照明の影響を受けづらい（ただし，強い雨や雪には弱い）ので，夜間なども利用可能であり，屋外の自律移動ロボットなどになくてはならないセンサになっています．自動運転車やドローンにも使われるため急速に高性能化と低価格化が進んでおり，今後，ますます使われることになるでしょう．現在，自律移動ロボットに最も必要な距離センサです．

ミリ波レーダ： 電波を送信部から出し，受信部でそれを受け取るまでの時間を計測して距離と方位を測るアクティブセンサです（図 1.15）．車ではミリ波レーダもよく使われています．LiDAR と比較して角度分解能（4[°] 程度）は高くありませんが，安価で長距離（100[m] 以上）の計測も可能です．このセンサも自動運転車に使われるため高性能化が急速に進み，角度分解能が高くなり垂直方向の視野角も広がっています．今後，自律移動ロボットでもよく使われるセンサになるでしょう．

1.2.4　マニピュレーション

ロボットとコンピュータの大きな違いは何だと思いますか？　それは，コンピュータは私たちの住む物理世界に直接影響を与えることができませんが，ロボットは**アクチュエータ**[注21] により物理世界に直接影響を与えることができる点です．**ロボットがロボットアームとハンド**[注22] **により物体をつかんで，その位置や姿勢を変えることをマニピュレーションとよびます．**これがロボットにとっては難しく，人間のような手作業はまだまだ実現できていません．マニピュレーションを担うのがロボットアームとハンドです．ここでは，自作の方法と比較的安価なハンド付きのロボットアームを紹介します．

● 自　作

個人で気軽に購入できるような安価で高性能なロボットアームやハンドはないので，安価に AI ロボットを製作するためには，ラジコン用のサーボモータなどを使っている安価な教育用キットを購

注 21　コンピュータの出力信号を物理運動に変換するもの．モータ，ソレノイド，空気シリンダ，油圧シリンダなど．
注 22　エンドエフェクタ，手先効果器ともよびます．

入する[注23]か，サーボモータとコントローラやブラケットなどを購入して自作することが必要です．Educationリーグに必要とされるロボットアームでは，空き缶や空のペットボトルをマニピュレーションできればよいのでモータのトルクはそれほど必要ありません．ラジコン用サーボは規格が決まっているので比較的簡単に制御できます[注24]．

● CRANE+ V2

CRANE+ V2は，株式会社アールティ[注25]が開発・販売している教育用のロボットアームです（図1.16）．表1.3に示しているとおり小型軽量です．Educationの競技会で使用しているチームも多いです．価格が比較的安価で，アールティ社のブログ[注26]にインストールから使い方まで詳しい説明があり，サンプルプログラムも付いています．さらに，ROS 1とROS 2にも対応しているのですぐ使えます．この本の第6章では，CRANE+ V2を利用しています．

● OpenManipulator-X

OpenManipulator-Xは，ROBOTIS社[注27]が開発・販売しているロボットアームです（図1.17）．表1.3に示すように，CRANE+ V2より可動域，可搬重量が大きくEducationのタスクに十分使えるレベルです．eマニュアルが充実しており，Gazeboシミュレータもあり，ROS 1とROS 2に対応しているのですぐ使えます[注28]．価格が安価ではないので予算が許す方にはおすすめです．

● myCobot 280

myCobotはElephant Robotics社により開発された6関節を持つ協働ロボットです（図1.18）[注29]．マイコンにRaspberry Piを使ったmyCobot-PiとM5 Stackを使ったmyCobot-M5があります．表1.3の仕様のとおりコンパクトなのでEducationのロボットにも搭載可能です．ROS 1とROS 2に対応しており[注31]，別売りのロボットハンド[注32]と組み合わせることで研究開発や教育用途などに対

表1.3 ロボットアーム仕様

	CRANE+ V2	OpenManipulator-X	myCobot 280
サイズ [mm]	77.5 × 65 × 385	129 × 69 × 475	120 × 48 × 435[注30]
重　量 [g]	412	700	850
可動域 [mm]	176	380	280
可搬重量 [g]	80	500	250
自由度	アーム：4，ハンド：1	アーム：4，ハンド：1	アーム：6
内蔵モータ	ROBOTIS AX-12A	ROBOTIS XM430-W350-T	-

注23 AmazonやAliExpressでロボットアームで検索するといろいろ見つかりますが，多すぎてどれがよいか筆者もわかりません．購入する際は，人柱になる気持ちで臨みましょう．筆者も人柱になりました....

注24 サーボモータを使った自作ロボットはROBO-ONE勢が昔から取り組んできたので，ウェブ検索するとロボットのつくり方から制御まで有益な情報がいろいろ見つかります．

注25 日本のロボットベンチャー企業．教育用ロボットだけではなく，食品工場での人型協働ロボットも開発生産しています．創業者の中川友紀子氏はRoboCup小型リーグで世界的に活躍された経験があります．

注26 https://rt-net.jp/humanoid/archives/tag/cranev2

注27 韓国のロボットベンチャー企業．ここのアクチュエータは古くからROSに対応して定評があり研究用途ではよく使われています．CRANE+ V2もROBOTIS社のアクチュエータを使っています．

注28 筆者の担当する学生実験や早稲田大学でも使用実績があります．

注29 日本では株式会社スイッチサイエンスが販売しています．

注30 アーム部（図1.18の白い箇所）のみの実測値．

注31 ROS 2用パッケージmycobot_ros2（https://github.com/elephantrobotics/mycobot_ros2）．

注32 myCobot 280用のグリッパと吸引ポンプがあります．

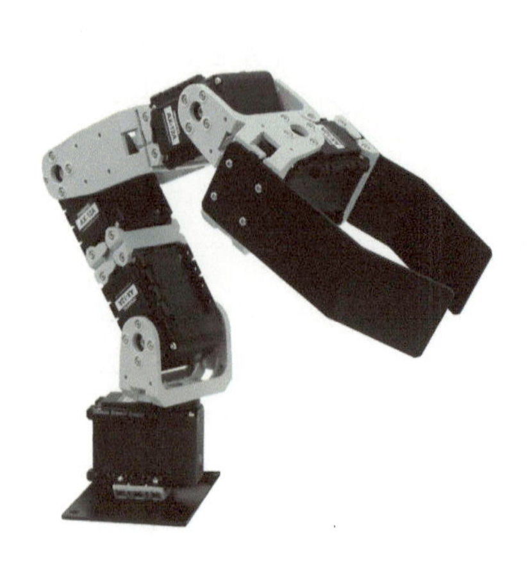

図 1.16　CRANE+ V2
（画像提供：株式会社アールティ）

図 1.17　OpenManipulator-X
（画像提供： ROBOTIS Co.,Ltd）

図 1.18　myCobot
（画像提供： https://www.elephantrobotics.com/en/）

応可能です．

1.2.5 ナビゲーション

自律移動ロボットに必要な能力は何だと思いますか？　それは**ナビゲーション**です．**ナビゲーションは自分のいる位置からゴールの地点まで移動すること**で，それを担うものを**移動台車** (mobile base)，あるいは単に**台車** (base) とよびます．自律移動ロボットがナビゲーションするうえで欠かせないものが移動台車です．移動台車を自作することはビギナーには難しいので既製品の購入をおすすめします．

● Roomba

iRobot 社のお掃除ロボット Roomba（図 1.19）が自律移動ロボットの台車として使えます．ROS 1/ROS 2 用のパッケージがあり，Gazebo シミュレータも使えます．ROS ではアプリをパッケージという形式で配布します．詳細は第 2 章で学びます．競技会に使える機種は 400 シリーズから

800 シリーズまでで，900 シリーズや最近の e シリーズや i シリーズ[注33]は通信ポートがないため PC から制御ができず使えません．現在，使える機種をお持ちの方はそれを使うのが一番よいかもしれません．ただ，PC との通信用ケーブルを自作するか購入する必要があります[注34]．

● Kobuki ／ TurtleBot2

Yujin Robot 社[注35]の Kobuki（図 1.20）は ROS 1 時代から台車として教育研究用途で使われており@Home でもよく使われていました．ROS 1/ROS 2 用のパッケージがあり，Gazebo シミュレータも使えます．現在の Education では定番の台車といってもよいでしょう．高価なのが難点です．なお，Kobuki にノート PC やセンサを搭載するためのフレームとマイクロソフト社の Kinect を搭載した自律移動ロボット TurtleBot2 もよく Education に使われていましたが生産中止になりました．

● TurtleBot3 Waffle Pi

TurtleBot3 Waffle Pi（図 1.21）は韓国の ROBOTIS 社が開発・販売している教育・研究用の自律移動ロボットです．移動台車ではなく，自律移動ロボットとしたのは，カメラや LiDAR などのセンサがあらかじめ搭載されているからです．TurtleBot3 Waffle Pi は Kobuki を使った TurtleBot2 の後継であり，ROS で動かすことを前提に開発された ROS 公式教育研究ロボット[注36]です．ROS 1/ROS 2 用のソフトウェアがあり，Gazebo シミュレータも使えます．ROS 1 や ROS 2 を学ぶための資料が公開されています．

● Create3 ／ TurtleBot4

@Home に適したプラットフォームがあまりない中，iRobot 社が ROS 2 学習用として Roomba i3 シリーズをベースにした Create3（図 1.22）を 2022 年 4 月に発売しました[注37]．ドキュメント[注38]，ROS 2 用のいろいろなソフトウェア[注39]が公開されています．さらに，Create3 をベースとした教育研

表 1.4　移動台車の仕様

	TurtleBot3 Waffle Pi	Create3/TurtleBot4	カチャカ
サイズ [mm]	縦 281, 横 306, 高さ 141	縦 341, 横 339, 高さ 93/141	縦 387, 横 240, 高さ 124
重　量 [kg]	1.8	3.3	10.0
最大速度 [m/s]	0.26	0.31	0.80
可搬重量 [kg]	30[注40]	9	20
段差乗越高 [mm]	10	12	5
稼働時間 [h]	2	2〜4	2
バッテリ電圧 [V]	11.1	14.4	25.2
バッテリ容量 [mAh]	1800	1800/2600	3450

注 33　Create3 は Roomba i3 ベースですが，Roomba i3 は ROS 2 をサポートしていないと公式サイト（https://experience.irobot.com/en/irobot-education-support/i-have-a-roomba-i3-series-robot-can-i-convert-it-into-a-create-3-robot）に記載されています．

注 34　通信ケーブルの自作や購入は https://demura.net/robot/hard/20456.html を参照してください．

注 35　韓国の第 1 世代のロボットベンチャー企業．1988 年設立．

注 36　正確にはリファレンス（参照）プラットフォームとよばれています．プラットフォームとは土台のことであり，リファレンスプラットフォームは ROS を開発するうえで土台となるロボットという意味です．

注 37　米国，カナダで約 450 ドルで購入可能です．日本での発売は未定です．発売されていればおすすめの機種です．

注 38　https://iroboteducation.github.io/create3_docs/

注 39　https://github.com/iRobotEducation/create3_examples

注 40　関係者によるとここまでの能力はないそうです．筆者が使用した限りでは 10kg 程度です．

図 1.19　Roomba 606

図 1.20　Kobuki
（画像提供：https://kobuki.readthedocs.io/en/devel/）

図 1.21　TurtleBot3 Waffle Pi
（画像提供： ROBOTIS Co.,Ltd）

図 1.22　Create 3

図 1.23　TurtleBot4
（画像提供： Clearpath Robotics）

図 1.24　カチャカ
（画像提供：株式会社 Preferred Robotics）

究開発用ロボット TurtleBot4 が Clearpath Robotics 社から 2022 年に発売されました[注41]（図 1.23）.

● カチャカ

Preferred Robotics 社が 2023 年 5 月に家庭用自律移動ロボット カチャカ（Kachaka）（図 1.24）を発売しました．カチャカは物流倉庫などで使われている自動搬送ロボットの家庭版とも考えることができます．コンパクトなボディにカメラ 2 個，3D センサ，LiDAR，マイク，スピーカ，LED や専用の家具「カチャカシェルフ」と連結するドッキングユニットを搭載しています．高度な AI を搭載し，人の命令で家具を指定の場所まで運ぶことができ，環境変化の激しい居住空間での柔軟な自律移

注 41　TurtleBot4 には Lite と Standard の 2 バージョンがあります．日本では Clearpath Robotics 社の代理店から購入可能です．

動を実現しています．さらに，比較的安価注42 でAPI注43 も公開されており，ROS 2にも対応しているので@Homeや研究用のプラットフォームに適しています．

表1.4に現在入手可能で@Homeに使用可能な移動台車の仕様を掲載します．TurtleBot3が一番小型で，TurtleBot4は形状が円，カチャカは長方形と違いますが床面積はさほど変わりません．カチャカは20kg可搬なので重量が10kgと重いです．最大速度は，カチャカが0.8[m/s]と一番速く，TurtleBot3の最大速度は0.26[m/s]と一番遅いのが問題です．性能的にカチャカが一番すぐれていますのでおすすめです注44．

Happy Miniのミニ知識　なぜ，亀なの？

1967年に米国で教育用プログラミング言語LOGOが開発され，Turtle（タートル，亀）のコンピュータグラフィクスやロボットが教材に使われました．タートルは米国の科学者やエンジニアに馴染みの深いものになっているそうです．そういう背景もあり，ROSではマスコットとしてタートルが採用されました．ROSのロゴにある9個の点はその甲羅が由来です．TurtleBotはTurtle Robotの略でROSの公式教育研究ロボットとなっています．TurtleBot1は2010年にiRobot社のRoombaやCreateをベースとして開発され，TurtleBot2は2012年にYujin Robot社のKobukiをベースとして，TurtleBot3は2017年にROBOTIS社のアクチュエータDynamixelを使って開発・販売され，TurtleBot4はCreate3をベースとして2022年に発売されました．

1.2.6 プランニング

プランニング(planning)はロボットが何かを計画することです．例えば，ナビゲーションで目的地まで行くルートを計画することや，物をどのようにつかむか，つかむまでのロボットアームの動く方向を計画したり，物体のどの部分をつかむかを計画したりすること，あるいは，ある目的を完了するための作業の順番を計画することもプランニングに相当します．これを計算するのが人の頭脳にあたる**コンピュータ**になります．ここでは，ビギナー向けのAIロボット用コンピュータを紹介します．表1.5に各コンピュータを比較できるように，種類とその特徴をまとめました．

● ノートPC

一番のおすすめはノートPCです．AIロボットをつくろうと思っている方は何らかのノートPCをすでに持っているでしょう．これを台車に載せて，センサやアクチュエータを搭載するだけでAIロボットが完成してしまいます．とてもおすすめなのは次の理由です．

- **お金がかからない：**ノートPCを所有している場合はお金がかかりません．まだ，所有していない方は，ロボットやプログラミングを勉強するためにはスマホやタブレットでは難しいので，ノートPCを購入することをおすすめします．
- **マイク，スピーカ，カメラを搭載：**多くのノートPCにはマイク，スピーカやカメラが搭載されているので，AIロボットに必要な最低限のセンサがすでに揃っています．
- **インタフェースが豊富：**ノートPCはインタフェースが豊富で，USBポート（複数），LANポー

注42　価格は228,000円（税込み）．カチャカサブスクリプション（980円/月）の加入も必須です．
注43　https://github.com/pf-robotics/kachaka-api
注44　ただし，RoboCupなどの競技会で使用するうえでの問題点は，普通のカチャカの本体にはUSBやLAN用のコネクタがないので無線LAN環境が必要なことです．なお，RoboCup用に有線LANインタフェースを搭載したバージョンもあります．

ト，オーディオポート，HDMI ポートなどが搭載されています．最近のセンサ類は USB 接続がほとんどなので，接続するだけですぐ使えます．

- **ディスプレイを搭載：**後で説明するラズベリーパイや NVIDIA Jetson などのコンピュータはディスプレイが付属していないので，ソフトウェアを開発するために別途ディスプレイが必要です．ノート PC のディスプレイのほうが小型，軽量で電源を心配する必要もありません．
- **電源の心配がない：**ノート PC はバッテリが内蔵されており，バッテリだけでも比較的長時間動きます．さらに，この本で紹介するセンサ類は USB 接続で電源まで供給されるものがほとんどなので，電源を別に用意する必要がありません．
- **GPU 搭載版がある：** AI では深層学習がよく使われています．深層学習を使ってリアルタイムに情報を処理するためにはどうしても GPU が必要です．ノート PC の中にはゲーミング PC など GPU を搭載している機種も多いので，それを持っている方は深層学習を使えます．なお，GPU のメーカは NVIDIA と AMD が大手ですが，深層学習に限っては NVIDIA がデファクトスタンダード[注45]です．開発環境が整い，ユーザも多いので，NVIDIA 以外の選択肢はありません．

● Raspberry Pi（ラズベリーパイ）

ノート PC の次におすすめなのが Raspberry Pi（ラズベリーパイ）です．Raspberry Pi は英国ラズベリーパイ財団によって開発された教育用のコンピュータです．小型，安価でありながら，ROS で推奨する Linux OS が動作するコンピュータです．ラズベリーパイも最近は性能が向上し，メモリも 8GB 搭載版もあるので，深層学習を使わないのであれば性能的に十分です．ただし，別に電源，ディスプレイ，マイク，スピーカが必要です．

● NVIDIA Jetson

Jetson は NVIDIA が開発した機械学習用のコンピュータです．深層学習を用いたソフトウェアを高速に処理できるように GPU を搭載しています．NVIDIA Jetson は Jetson Orin Nano（図 1.25），Jetson AGX Orin（図 1.26）などの機種があります．Jetson Orin Nano は教育用で安価です．メモリが 4GB と 8GB があります．4GB 版はメモリが少ないので Education に参加することも難しいので，8GB 版の購入をおすすめします．@Home なら 32GB と 64GB 版がある Jetson AGX Orin をおすすめします．

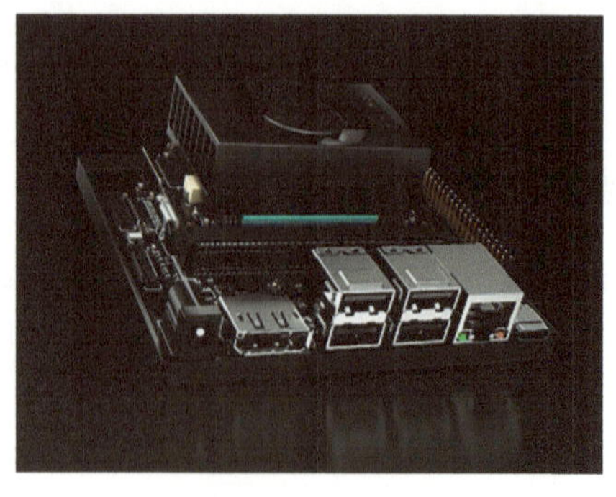

図 1.25　NVIDIA Jetson Orin Nano Super 開発者キット
（画像提供：NVIDIA）

図 1.26　NVIDIA Jetson AGX Orin 開発者キット
（画像提供：NVIDIA）

注 45　事実上の標準という意味．ROS は AI ロボットのデファクトスタンダードです．

表 1.5　コンピュータの比較

	CPU	GPU	メモリ	ディスプレイ，マイク，スピーカ	電　源	価　格
ノート PC	○	×～○	○	○	○	×～○
Raspberry Pi	△	×	△	×	×	○
NVIDIA Jetson	△	○	×～○	×	×	×～○

1.2.7　オープンロボット Happy Mini

この本の特徴の 1 つは，シミュレータのロボットだけではなく，リアルロボットを動かすための基礎理論とサンプルプログラムを提供することです．そのためには，シミュレータとリアルロボットが必要になります．ここでは，この本で扱うオープンロボット**Happy Mini（ハッピーミニ）**について説明します．図 1.27 はリアル，図 1.28 はシミュレータでの Happy Mini です．

図 1.27　リアル Happy Mini

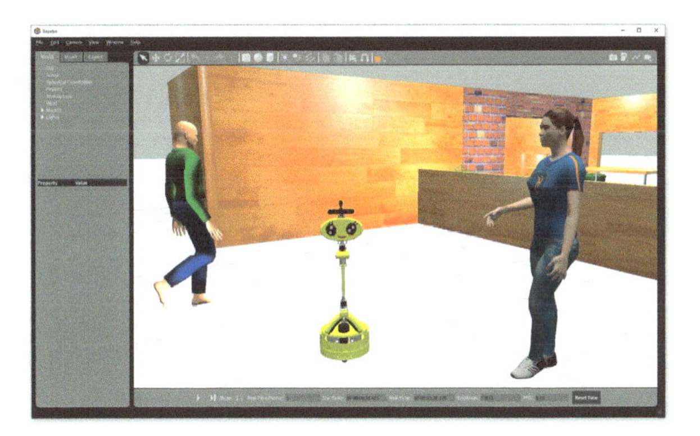

図 1.28　シミュレータ Happy Mini

Happy Mini はできるだけお金をかけずにつくれるように，所有しているノート PC を使い，ウェブカメラなど今まで紹介したような安価なハードウェアで構成されています．価格はアームがない場合は約 5 万円，アームを入れても 12 万円程度です．マニピュレーションは難しいので，最初はアームなしで必要に応じて後で付けるのでよいでしょう．なお，Happy Mini はオープンロボットで CAD 図面とソフトウェアを公開しています．詳細はこの本のサポートサイトを参照してください．

1.3　ソフトウェア

ロボットのハードウェアが人間の体にあたるなら，ソフトウェアは人間の知能にあたります．今後，AI ロボットが世の中にどんどん登場してくると思います．そうなると今の PC やスマホのように規格化されて，ハードウェアの違いがほとんどなくなり，ソフトウェアの性能がロボットの性能に大きく寄与することになるでしょう．日本のロボット研究者やエンジニアは機械系学科出身者が多かったですが，ソフトウェアの比重が高まってきているので，今後は情報系学科出身者の活躍する機会が多くなります．ロボットを専門に学んでいるロボティクス学科においても，情報系科目の比重を増やすようなカリキュラムが必要になってきています．そのような背景があり，この本ではハードウェアに関する説明は第 1 章だけにとどめ，第 2 章以降はほとんど理論やソフトウェアに関して説明していきます．

1.3.1　ロボットミドルウェア

● ROS 2

コンピュータにはハードウェアとソフトウェアがあり，ハードウェアとソフトウェアの間を取り持つ基本的なソフトウェアが**OS** (**Operating System**) です．ソフトウェアは大きく OS と**アプリケーション**に分けることができます．アプリケーションはウェブブラウザ，オフィスソフトやゲームなどユーザが使う（自作も含む）ソフトウェアです．**ミドルウェア**は OS とアプリケーションの間を取り持つソフトウェアで，それを使うとアプリケーションの作成が簡単になります．

この本で学ぶ ROS (ロス) を定義しておきます．公式ドキュメント注46 によると「**Robot Operating System (ROS) はロボットアプリケーションをつくるためのオープンソースのソフトウェアライブラリとツールの集まったもの**」となっています．つまり，ROS はロボット用のミドルウェアの 1 つであり，ROS を使うとロボットアプリケーションの作成が簡単になるのです．公式の情報発信サイト ROS Wiki注47 では，ROS を**メタオペレーティングシステム**とよんでおり，他のサイトでは**ロボットソフトウェアプラットフォーム**や**ロボットソフトウェアフレームワーク**ともよんでいます．ミドルウェア，プラットフォーム，フレームワークの細かい定義の違いはあるようですが，この本では同じ意味で使っていきます．なお，ロボットソフトウェアフレームワークには，Player，YARP注48，Orocos注49，OpenRTM注50 などいろいろありますが，**ROS が圧倒的にユーザ数が多く，ソフトウェア数が多いのでデファクトスタンダードになっています．**

ROS は 2007 年からウィローガレージ (Willow Garage) 社で開発が進められ，2010 年に ROS1.0 がリリースされました．2012 年には非営利団体のオープンソースロボット財団 (Open Source Robotics Foundation, OSRF) に開発が引き継がれました．当初は大学や研究所などの研究機関で使われていましたが，産業ロボット用に ROS Industrial プロジェクトも開始され，ROS は産業用途にも広く使われ発展しています．ROS の利用が拡大していくにつれ，次の問題点が表面化しました．

- リアルタイム制御に対応していない問題
- リソースが貧弱なマイコンを使っている組み込みシステムでの使用問題
- 産業用途に耐えうる安全性や信頼性の問題
- Windows では使えないなどの問題

そこで，これらの問題を解決すべく，2014 年から ROS 2 の開発がスタートし，2015 年にアルファ版，2016 年にベータ版，2017 年には最初の正式バージョンである Ardent Apalone がリリースされ，Bouncy Bolson, Crystal Clemmys, Dashing Diademata, Eloquent Elusor と開発が進められ，2020 年 6 月には完成度が高い Foxy Fitzroy がリリースされ，2021 年 5 月に Galactic Geochelone，2022 年 5 月に Humble Hawksbill がリリースされました．2027 年 3 月までの長期サポート版です．この本では Humble Hawksbill（以降，Humble と表記）を使います．

ROS 2 の特徴は次のとおりです．ROS 1 の問題点が解決され，さらなる発展が期待されます．

- Linux，Windows，Mac OS に対応
- 組み込み機器に対応
- リアルタイム制御に対応

注 46　https://docs.ros.org/en/rolling/
注 47　https://wiki.ros.org/
注 48　https://www.yarp.it/latest/
注 49　https://orocos.org/
注 50　https://openrtm.org/openrtm/

- 通信ミドルウェアの変更による信頼性が高く安全な通信
- 低品質なネットワーク環境に対応
- 安全認証取得可能

Happy Mini のミニ知識 ロボットソフトウェアに日米対決!?

今では ROS がロボットミドルウェアのデファクトスタンダードとなり世界の覇権をとりましたが，実は日本の産業技術総合研究所が開発した RT ミドルウェアと ROS が覇権を争った時期がありました．日本の RT ミドルウェアがやや早く開発をスタートしましたが，最初の正式版 1.0 のリリースはどちらも 2010 年でした． ROS は Linux でしか使えませんでしたが， RT ミドルウェアは Linux に加えて Windows でも使え， GUI のインタフェースもすぐれていました．どちらが主流になるのかわからなかったので，筆者の研究室では 2012 年から 2015 年ぐらいまではどちらも使っていましたが， 2015 年ぐらいからは ROS が主流になってきたので ROS だけにしました．つくばチャレンジでも 2016 年ぐらいから ROS が主流になっています．なお，@Home の世界大会ではリーグ発足当初から ROS が主流です．そうなった理由は何だと思いますか？ ROS のほうが世界を巻き込む力が強かったということだと思います．

Happy Mini のミニ知識 ROS 1 から ROS 2 で一番変わったことは？

最も大きな変更は通信ミドルウェアが DDS （Data Distribution Service）に変わったことです．ROS 1 では独自規格を使っていましたが， ROS 2 では国際標準規格の DDS を採用し，リアルタイム性や信頼性が向上しました．さらに，暗号化や認証機能を備え，通信の安全性も強化されています．独自規格から国際標準への移行により， ROS 2 は研究用途にとどまらず，産業や商業分野でも広く利用されるプラットフォームへと進化しました．このように DDS の採用は ROS 2 の進化を支える重要な変更点です．この本初版用 Docker では ROS 2 標準の Fast DDS を使っていましたが，第 2 版用では信頼性をさらに高めるために Cyclone DDS に変更しました（設定は 120 ページ参照）．この本も進化しているのです！

1.3.2 プログラミング言語

● Python 言語

ROS 2 では，**C++言語**と**Python 言語**が公式にサポートされているプログラミング言語です．C 言語は 1972 年にデニス・リッチー (Dennis Ritchie) によって開発された汎用プログラミング言語で，ハードウェアよりの低レベルなプログラミングに使われ，ロボットでも今でも使われています．大学などの機械系学科の多くは今でも C 言語を授業で教えています．C++言語は 1983 年にビャーネ・ストロヴストルップ (Bjarne Stroustrup) によって開発された言語で，C 言語をオブジェクト指向言語に拡張し，C 言語と比較して大規模なシステム開発に多く使われています．ロボットのソフトウェアシステムは年々大きく複雑になり，C 言語では開発が難しくなってきています．そのため，ROS 2 では C 言語ではなく，C++言語が使われています．

一方，Python 言語はグイド・ヴァンロッサム (Guido van Rossum) により 1989 年から開発が進められたプログラミング言語で，読みやすく，わかりやすく，拡張性の高い言語です．アプリケーションからシステム開発まで広く使われています．特に，2010 年代以降の AI ブームで，データサイエンスや深層学習で多く使われる言語になりました．情報系学科の多くは学部1年生で学ぶ言語をC言語からPython言語に変えました．C言語はポインタで挫折するビギナーが多いので，ポインタのないPython言語はビギナーにやさしい言語といえます．

筆者はロボティクス学科の所属ですが，授業ではC言語に加えて，Python言語も教えています．研究室では深層学習を多用するので，学生はPython言語を使っています．さらに，研究室のロボットはすべてROSを使っており，ロボットの制御にもPython言語を使っています．

Happy Miniのミニ知識　ロボットエンジニアの条件は？

最近，ネットでロボット系某ベンチャー企業の面白いエンジニアの求人広告を見つけました．「ロボットエンジニア募集．条件：ROS，Python言語でロボット開発の経験があること」．これをX（旧Twitter）でツイートしたら多くの反響がありました．意外だったのでしょう．これからのロボットエンジニアはC言語やC++言語に加えてROSとPython言語が必要になります．ということで，この本ではPython言語を使っていきます．

1.3.3　AIロボットのソフトウェア構成

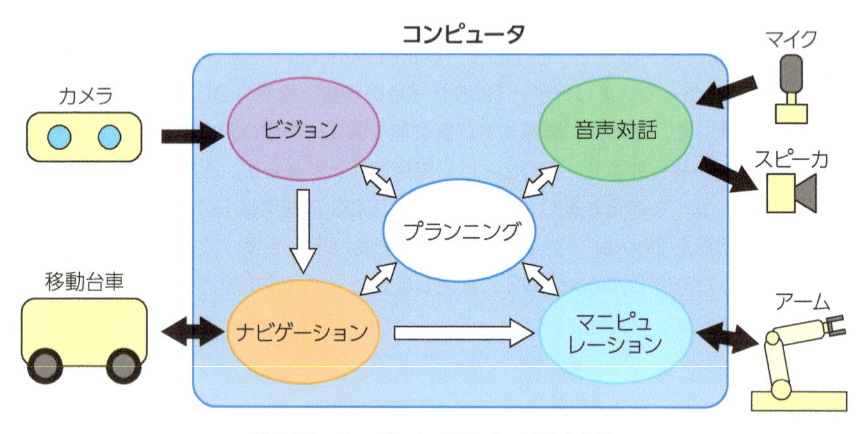

図1.29　AIロボットソフトウェアの全体像

図1.29はこの本で考えているAIロボットソフトウェアの全体像です．AIロボットには音声対話，ビジョン，マニピュレーション，ナビゲーションとプランニングの機能があり，それらの機能を担うのがソフトウェアです．各ソフトウェアは互いにデータをやりとりしながら，ソフトウェア全体としてロボットにやらせたい動作をさせます．このようにソフトウェア全体を，機能ごとのまとまりのある部分に分割することを**モジュール化**といい，分割された各ソフトウェアを**モジュール**(module)とよびます．

モジュールは機能ごとに分割されているため相互依存が少なく，各機能ごとに開発できます．AIロボットのような大規模ソフトウェアを開発するためには，このモジュール化は必須です．ROS 2ではこれを実現する仕組みが備わっています．第2章ではROS 2について学んでいきます．

1.3.4 Docker

Dockerとは

この本のセールスポイントの1つはDocker（ドッカー）の活用です．Dockerは，コンテナとよばれる軽量な仮想環境でアプリケーションを構築 (build)，実行 (run)，共有 (share) するためのソフトウェアプラットフォームです[注51]．VirtualBoxやVMwareなどの仮想環境と比べて，コンピュータに必要なリソース[注52]が少なく，配布をしやすいといった特徴があります．

ビギナーがROS 2を学ぶ際に最初につまずくところは，UbuntuやROS 2の開発環境を準備するところです．また，ROS 2自体の開発速度も速いので1年もたつとライブラリの依存関係などでサンプルプログラムが動かないといったケースが頻発します．そこで，この本では開発環境，ROS 2，サンプルプログラムとそれを実行するためのROS 2パッケージやライブラリ，Pythonモジュールなどをすべて Docker イメージとして配布することにしました．これは，ビギナーのつまずきを防ぎ，サンプルプログラムが数年後も動くことを狙っています．

この本ではリアルロボットを動かすために，Ubuntu22.04 が PC にインストールされていることを前提にしています．その情報については，**サポートサイト** (`https://github.com/AI-Robot-Book-Humble`) を参照してください．なお，シミュレータだけならWindows上でDockerを利用することもできます．

また，この本のDockerイメージはVNC (Virtual Network Computing) という**リモートデスクトップ**アプリ[注53]を使い，ROS 2のGUIをウェブブラウザから操作できるもので，DAISUKE SATO (Tiryoh) 氏の次のGitHubをベースに作成しました．

- `https://github.com/Tiryoh/docker-ros2-desktop-vnc`

なお，図1.30がウェブブラウザで見たこの本の開発実行環境です．見た目が標準のUbuntuと違います．これはどのユーザでもすぐに馴染め，メモリ使用量の少ないMATE[注54]というデスクトップ環境を使っているからです．

Dockerの準備

この本のDockerイメージを使うために次の準備作業を説明します．

1. Dockerのインストールと設定
2. Dockerイメージの作成またはダウンロード
3. Dockerイメージからコンテナの作成

次のサポートサイトの説明に従って作業をしてください．この作業は一度だけ行えばよいです．

- `https://github.com/AI-Robot-Book-Humble/chapter1`

なお，この本ではリアルロボットを動かすことを目的にしているので，PCにUbuntu22.04がインストールされていることを前提にしていますが，シミュレーションだけでよい方はWindowsでもできます．その方法についても，サポートサイトに書いているので参照してください．

注51 `https://docs.docker.jp/get-started/index.html`
注52 資源．メモリ容量やハードディスクやSSDの容量など．
注53 ネット経由で別のコンピュータのデスクトップ画面を操作できるソフトウェア．
注54 `https://ubuntu-mate.org`

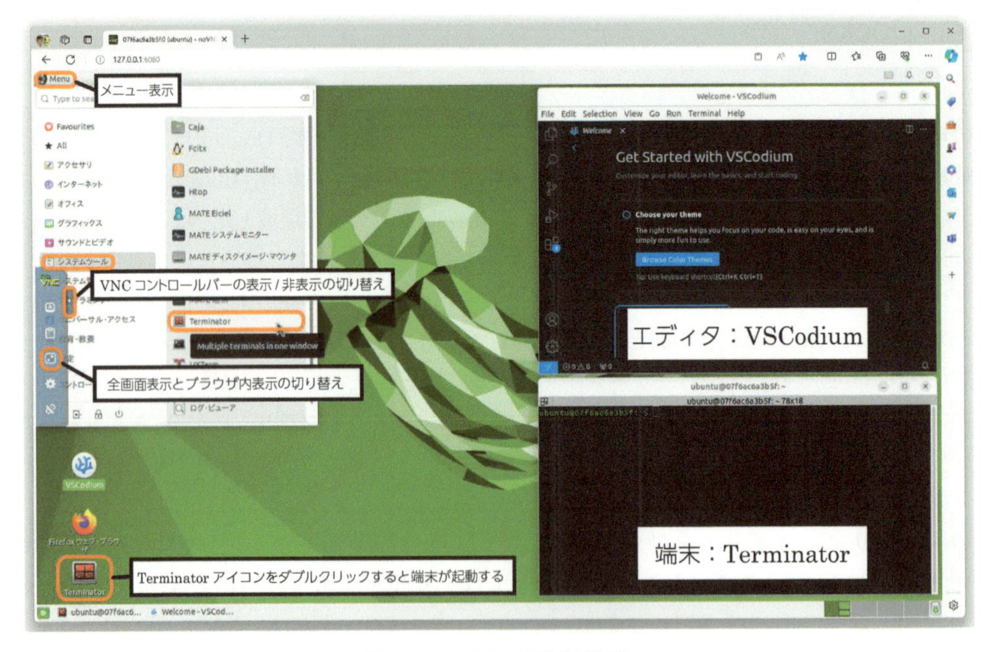

図 1.30　この本の開発実行環境

● Docker の使い方

Docker コンテナの使い方は次の 4 ステップです．

Docker コンテナの使い方

1. Docker コンテナの起動： `docker start ai_robot_book`
2. ウェブブラウザで [`http://127.0.0.1:6080`] にアクセス
3. 必要な作業の実施
4. Docker コンテナの停止： `docker stop ai_robot_book`

では，詳しく説明していきます．この作業は毎回実施しなければなりません．

1. Docker コンテナの起動

端末を開き，次の `docker start` コマンドを実行します．`ai_robot_book` はこの本の Docker イメージのコンテナ名です．ご自身で Docker イメージを作られる場合は適宜変更してください．

```
docker start ai_robot_book
```

2. ウェブブラウザでアクセス

ウェブブラウザを起動して [`http://127.0.0.1:6080`] にアクセスすると，図 1.30 のような仮想環境が表示されます．毎回，URL を打ち込むのは面倒なのでブラウザのお気に入りに追加するとよいでしょう[注55]．

3. 必要な作業の実施

ウェブブラウザでアクセスした仮想環境は，ROS 2 とこの本で使うソフトウェアが全部入っている Ubuntu22.04 です．通常の Ubuntu と同じ要領で必要な作業をしてください．ただし，デスクトップ

注 55　ウェブブラウザを使っていて不具合がある場合は，Remmina や TigerVNC などの VNC ビューアを利用して，[`http://127.0.0.1:15900`] にアクセスしてください．

環境が Ubuntu 標準ではない軽量な MATE を使っているので操作が多少違うので説明します．

- **VNC コントロールバーの表示／非表示：**初期状態は非表示状態なので，コントロールバーを表示するときはクリックします．
- **VNC 全画面表示／ブラウザ内表示の切り替え：**初期状態は図 1.30 のようにブラウザ内だけに仮想環境が表示されます．ここをクリックすると仮想環境の全画面表示とブラウザ内表示を切り替えできます．
- **メニュー表示：**左上のボタンをクリックするとメニューが表示されます．
- **端末の起動法：**端末を起動したいときは，図 1.30 の赤線で囲んだ [メニュー表示] → [システムツール] → [Terminator] を選択するか，デスクトップにある Terminator アイコンをダブルクリックします．この本では端末として Terminator（ターミネーター）[注56] を使います．第 2 章で出てくるコマンドはこの端末に入力します．デスクトップにアイコンがない場合は，次の要領でデスクトップにアイコンを追加しておくとよいでしょう．[システムツール] → [Terminator] で右クリックすると，[Pin to desktop] が出るので選択するとアイコンが追加されます．
- **Terminator の使い方：** ROS 2 では多くのコマンドを打ち込みロボットを動かすので，コマンドの実行状況などを同時に確認したい場合が多いです．そのためには複数の端末を起動しなければならないですが，端末の配置を整列するなど面倒です．そこで，tmux や byobu などの端末分割アプリを使うのですが，キー操作を覚えなければならずビギナーにはとっつきにくいです．Terminator は GUI 操作で端末を分割できるのでビギナーにやさしい端末になっています．

  分割方法を図 1.31 に示します．端末背景の黒い部分で右クリックするとメニューが現れるので [Split Horizontally] を選択すると端末が上下に 2 分割されます．分割されたどちらかの部分端末（パネル）で同様な操作をすると 3 分割にできます．パネルのサイズを変えるにはタイトルバーを上または下にドラッグ[注57] するだけです．また，キー操作によるパネルの分割や移動など（表 1.6）もでき[注58]，メニューの [Preferences] を選ぶといろいろカスタマイズもできるので，ネットで方法を調べて自分好みにカスタマイズすると快適になりますよ．

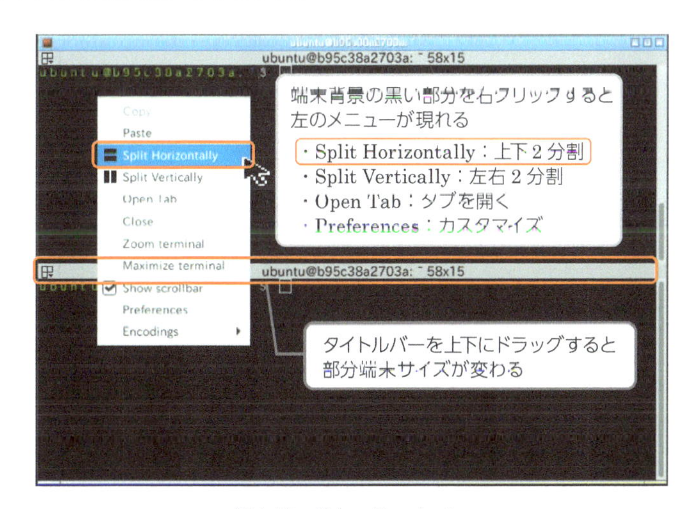

図 1.31　端末：Terminator

注 56　Terminator という SF 映画のようでカッコいい名前の端末は文字の色が見やすく，マウス操作で分割表示もできるすぐれものです．`sudo apt -y install terminator` コマンドでインストールできます．

注 57　左クリックしながらマウスを移動します．

注 58　ウェブブラウザで VNC サーバにアクセスしている場合は，ブラウザのショートカットキーが優先されます．ショートカットキーを多用する場合は，VNC クライアントでアクセスする方法がおすすめです．

表 1.6　Terminator のキー操作

操作	キー
上下 2 分割	Ctrl + Shift + o
左右 2 分割	Ctrl + Shift + e
分割したパネル間の移動	Ctrl + Shift + p
パネルサイズの変更	Ctrl + Shift + カーソルキー
タブを開く	Ctrl + Shift + t
タブ間の移動	Ctrl + Shift + PageUp/PageDown

4. Docker コンテナの停止

作業が終わったら，コンテナを起動した端末で次の停止のコマンドを実行します．なお，リモートデスクトップアプリを使っているので，ブラウザを閉じてもコンテナは起動したままです．**docker stop コマンドで必ず停止させてください．** 以上が Docker の使い方です．

```
docker stop ai_robot_book
```

● エディタ VSCodium の使い方

この本では，ソースコードの編集用のテキストエディタに Visual Studio Code (VSCode) のオープンソース版**VSCodium** を使います．VSCode はバイナリで再配布できませんが，VSCodium は再配布可能なのでこの本の Docker イメージにインストール済みです．VSCode と比較してマイクロソフト社のロゴやデータ収集など一部の機能は省かれていますが基本的には同じものです．

VSCodium の使い方

Docker コンテナを起動したら，端末を起動し次のコマンドを打ち込みます．まず，作業をするディレクトリ（この例では~/airobot_ws）に cd コマンドで移動してから，codium コマンドで VSCodium を起動します．一度起動したらコンテナを終了するまで起動したままで作業します．これがこの本での VSCodium の使い方です．

```
cd ~/airobot_ws
codium .
```

ここで，~/airobot_ws の~（チルダ）はホームディレクトリ（この例では/home/ubuntu）を表し，codium の後は半角スペースに続いて .（ドット）です．これは現在，コマンドを打ち込んでいるディレクトリを表し，VSCodium はこのディレクトリ（この例では~/airobot_ws）を開きます．

第 2 章以降でエディタを使う場合はすべてこの方法です[注59]．**各章ではエディタに関する説明がないのでここでしっかり覚えておいてください．** なお，VSCodium は GUI エディタなので直感的にマウス操作で簡単に使えます．詳しい使い方は VSCode と同じなので，それを参考にしてください．定番なだけにネットで検索するとたくさん見つかりますよ．

チャレンジ 1.1

この節の「Docker の使い方」に従って作業を行い，端末を開いてエディタを起動してください．

注 59　作業するディレクトリは~/airobot_ws か~/happy_ws のどちらかになります．

1.3.5 Dockerを使わない場合

ハンズオン（この本の実習のこと）は，この本用Dockerイメージを使うことを標準としていますが，それを使わずにUbuntu22.04にROS 2 Humbleをインストールしても次の手順で実習できます．

1. **Ubuntu22.04のインストール：**手順は長くなるのでサポートサイトを参照してください．
2. **ROS 2 Humbleのインストール：**手順は長くなるのでサポートサイトを参照してください．
3. **各種アプリケーションのインストール：**この本の各章に[準備]の節を設けて，必要なソフトウェアのインストール法を記載していますので，それに従ってください．

まとめ

- ロボットはノートPC，市販のハードウェアとROSを使うことで安く簡単に製作できます．
- TurtleBotはROSの参照プラットフォーム（標準ロボット）です．
- ROSはAIロボットのデファクトスタンダードで産業用途にも使われています．
- ROSはPython言語とC++言語をサポートしています．
- AIにはPython言語がよく使われています．
- これからのロボットエンジニアにはROSとPython言語が必要です．

ミニプロジェクト

ミニプロ 1.1

この本ではPythonの基礎がわかっていることを前提にしています．まだ，よくわかっていない方は，Pythonを勉強しましょう．次の本はビギナーにやさしいのでおすすめです．

- 高橋麻奈：やさしいPython，SBクリエイティブ，2018．

ミニプロ 1.2

ROS 2はLinuxを使えることが前提です．Linuxもビギナーの方は，技術者認定試験を実施しているNPO法人LPI-Japanが無償で公開している次の資料で勉強することをおすすめします．

- LPI-Japan：Linux標準教科書，`https://linuc.org/textbooks/linux/`

ミニプロ 1.3

1.2節やネットでの情報を参考に，自分の財布とも相談して，ハードウェアを選んでマイロボットをつくってみてください．サポートサイトにはRoombaやCreateを台車として使うオープンロボットHappy Miniのつくり方に関する情報を掲載しています．Roombaを台車としたロボットはRoboCupでも活躍しています．図1.32はRoboCup Juniorのオンステージ部門でチアダンスを披露したKanazawa Nishikigaoka UNITEDチームのほのりんです注60．図1.33は金沢工業大学夢考房

注60　当時，高校生の阿部玲華さんらが開発したロボットで，コンピュータにはラズベリーパイとアルディーノ2台，首と腕を動かすためにサーボモータ5個を使い，Python言語とC言語を使っています．ほのりんの名前の由来は，人々に癒しを与えたくて，名前をほのりんとすることで，ほのぼのとした感じが伝わるといいなと思ったからだそうです．

図 1.32　ほのりん

図 1.33　Happy mimi

図 1.34　SOBIT MINI

KIT Happy Robot チームが開発したかわいらしい外見が特徴的な Happy mimi[注61] です．この本で登場する Happy Mini の姉妹ロボットです．図 1.34 は創価大学チームの SOBIT MINI[注62] で Happy Mini のライバルです．ロボットをつくることはとても楽しいことです．あなたも夢のある楽しいマイロボットをつくってみませんか？

この本は，シミュレータだけでなく，リアルロボットを動かすことも目的にしています．ROS の場合は，シミュレータと同じコードでリアルロボットも動きます．時間をつくり，少しずつでもロボットをつくっていきましょう．ロボットは実践にまさる学びはありません．

ステップアップ

ロボティクスは工学の結晶といわれるようにさまざまな学問を統合した学問領域です．この本は理論とソフトウェアについてメインに書かれていますが，ロボットの体に相当するハードウェアがとても重要なのは容易に想像が付くと思います．ハードウェアを設計・製作するためには 3D CAD の知識が必要になります．最近は，3D プリンタも普及しているので，3D CAD ができればハードウェアもつくることができます．

これらのスキルを身に付けるためには実践するしかありません．RoboCup などのロボット競技会への出場を目指してロボットを開発するとモチベーションが上がります．会場でいろいろな友達ができネットワークが広がり，競技後も情報交換すると確実にスキルアップしますのでおすすめです．また，ロボット競技会参加者やエンジニアも X などの SNS をやっているので，日頃からアンテナを張ったり，自分からも製作途中のロボットについての記事をブログや SNS にアップするなど積極的に情報を発信していくとステップアップすること間違いなしです．筆者はそうやってきました．ちなみに，X のユーザ名は@NetDemura です．

注 61　mimi はフランス語で「かわいい，愛くるしい」という意味で，赤ちゃんや子猫に使われる言葉で，「皆に愛され，癒しを与えられるロボットになれるように」という思いが込められています．夢考房は，学部 1 年生からものづくりに熱中できるエンジニアのアトリエです．

注 62　SOBIT はチーム名の SOBITS からとったもので，その由来は「創価 (SOKA) 大学の光 (BIT)」だそうです．SOBITS チームは，生活支援ロボット SOBIT シリーズを開発していて，MINI はその小型バージョンです．

第2章 はじめてのROS 2

MISSION

Yu の不眠不休の努力により Happy Mini のボディがあっという間に完成しました.

やったー！　やっとボディができた！　思ったより簡単．次は，魂を吹き込もう．バイブル「AI ロボット入門」を読んでみよう．えーと．ROS 2，ノード，トピック通信，サービス通信，クライアント，サーバ，パラメータ通信，アクション通信，コマンド，ワークスペース，パッケージ，パブリッシャ，サブスクライバ，タイマ，アンダーレイ，オーバーレイ，エントリポイント，Gazebo シミュレータ，source，mkdir，cd，ls，rclpy，init，spin，spin once，destroy node，shutdown，colcon build，ros2，pkg create，run，launch，...，
これらの呪文を理解して覚えればよいんだ．

第 2 章では，ROS 2 でまず押さえておきたい基本を学び，次に Python を使った ROS 2 プログラミングとその実行方法を体験します．シミュレータを使って実際に Happy Mini を動かしますよ．

2.1 ROS 2 の基礎知識

ROS 2[注1] の基本的な知識を学んでいきましょう！　ビギナーがはじめにつまずくのは専門用語です．専門用語を表 2.1 にまとめましたので，それをざっと見てから読み進めると頭にスイスイ入ってくるでしょう．

● ROS 2 を理解するために必要なこと

第 1 章で説明したように，AI ロボットは各機能を担当するソフトウェアが互いにデータをやりとりしながら動作しています．

ROS 2 では，多くの実行中のプログラム間で通信によりデータをやりとりしながらロボットを動かします．この実行中のプログラムのことをノード (node) とよびます．

そのため，ロボットを動かすには，ROS 2 の通信を理解しなければなりません．ROS 2 の通信方法は，**トピック通信**，**サービス通信**，**アクション通信**，**パラメータ通信**の 4 つです（表 2.2）．

注 1　専門用語の多くは ROS 1 と共通です．ROS，ROS 1，ROS 2 の表記を厳密に使い分けることは ROS 2 から ROS を学ぶビギナーには混乱するので，ROS 1，ROS 2 に共通することも ROS 2 と書き表します．

表 2.1　ROS 2 専門用語の一口説明

専門用語	意　味
アクション通信	ROS 2 通信の一種．長時間かかる複雑なタスクに適した非同期的な通信
クライアント	サービス通信で，サーバへデータを送るノード
サーバ	サービス通信で，クライアントから送られてきたデータを処理して送り返すノード
サービス通信	ROS 2 通信の一種．短時間で処理が終わるタスクに適した同期的な通信
サブスクライバ	トピック通信で，データを受け取るノード
トピック	トピック通信で使われるデータの伝送経路
トピック通信	ROS 2 通信の一種．データを非同期に一方向へ送信・受信するための通信
ノード	ROS 2 の実行中のプログラム
パラメータ通信	ROS 2 通信の一種．ノード間でパラメータを設定・取得するための双方向通信
パブリッシャ	トピック通信で，データを送るノード
メッセージ	トピック通信やサービス通信で，送受信されるデータのこと
ROS バッグ	トピック通信のトピックを保存する入れ物

表 2.2　ROS 2 通信の種類

名　前	通信方式	用　途
トピック通信	一方向・非同期通信	多くのノードに同じデータを送る必要がある場合．例えば，センサデータの配信・受信など
サービス通信	双方向・同期通信	すぐ処理が終わるタスク．例えば，機器の起動・終了，状態確認，モード切り替えなど
アクション通信	双方向・非同期通信	ナビゲーションなどタスク終了までに時間がかかり，途中経過も知りたい複雑なタスク
パラメータ通信	双方向・同期通信	ノードやロボットの動作を動的に変更したい場合など

2.1.1　トピック通信

トピック通信 (topic communication) は，テレビ放送をイメージしてください．テレビ局は視聴者に電波を送っていますが，視聴者からはテレビ局に電波は送りません．このような通信方式を**一方向通信**とよびます．また，テレビ局は視聴者の反応など関係なく電波を一方的に送り続けています．このような通信方式を**非同期通信**とよびます．視聴者は見たい番組にチャンネルを合わせるとずっとその番組を見ることができます．つまり，**トピック通信は一方向，非同期通信です．** 図 2.1[注2] に示すように，テレビ局に相当するデータの送り手を**パブリッシャ** (publisher，配信者)，視聴者に相当する受け手を**サブスクライバ** (subscriber，購読者)，番組のチャンネルにあたるものを**トピック** (topic)[注3]，データを**メッセージ** (message) とよびます．パブリッシャはサブスクライバのことなど考えずに，トピックにメッセージを一方的に送り続けます．サブスクライバは，受信したいトピックを登録すると，そのメッセージを受信し続けることができます．なお，トピックには名前が付けられていて，ROS 2 ネットワーク内で同じ名前をトピックに付けることはできません[注4]．**トピック通信は，カメラや LiDAR など常にセンサデータを一方向に送り続ける必要がある場合によく使われます．**

注 2　図 2.1 はロボットの頭脳にあたるコンピュータ内部の様子をイメージしています．図中の波紋のようなものは電波を表しています．ROS 2 のトピック通信は電波を使っていません．あくまでも，説明のためのイメージです．正確ではありません．

注 3　英単語の topic は話題になる事柄や出来事の意味です．日本語でもニューストピックなどと使われていますね．

注 4　同じトピック名にならないようにトピック名の前に名前空間を付けることができ，/名前空間/トピック名と表記します．/ではじまるトピック名は絶対的，/がないのが相対的，~ではじまるのはプライベートな名前です．相対的な名前がデフォルトになっています．

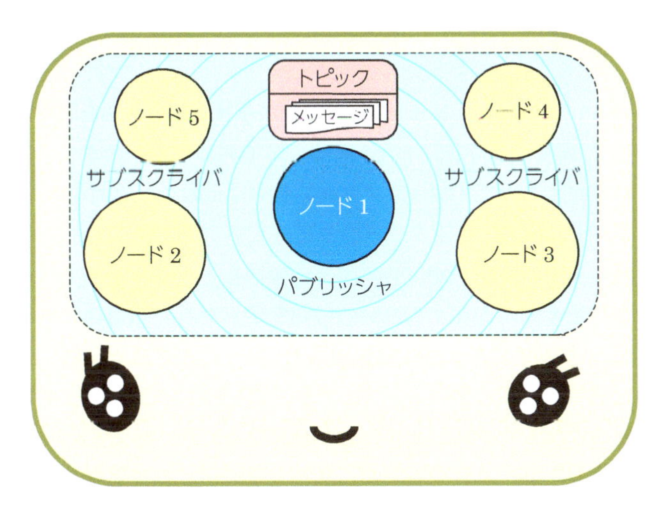

図 2.1　トピック通信（ロボットの頭の中のイメージ）

2.1.2　サービス通信

サービス通信 (service communication) は Google などの検索サービスをイメージしてください．自分の PC のウェブブラウザ上で検索キーワードを入力すると，そのデータがネット上の検索エンジンで処理され，結果がその PC に送り返されて情報がブラウザ上に表示されます．このようなやりとりがある通信を**双方向通信**とよびます．また，検索エンジンは検索キーワードが送られてきたらすぐに結果を返さなければなりません．このように相手の依頼にすぐ応じる通信のことを**同期通信**とよびます．

サービス通信は双方向・同期通信と考えてよいでしょう[注5]．サービス通信では図 2.2 に示すように，データの送り手のことを**クライアント** (client)，そのデータを処理し応答する側を**サーバ** (server) とよびます．クライアントは仕事を依頼したら後は待っているだけでよく，サーバは仕事が終わったらクライアントに結果を返します．また，クライアントからサーバに仕事を依頼することを**リクエスト** (request)，そのデータのことを**リクエストメッセージ**，サーバが結果をクライアントに返すことを**レスポンス** (response)，そのデータのことを**レスポンスメッセージ**とよびます．**サービス通信は，サーバの処理にあまり時間がかからない，カメラ，LiDAR などのセンサの動作モード切り替えなどによく使われています．**

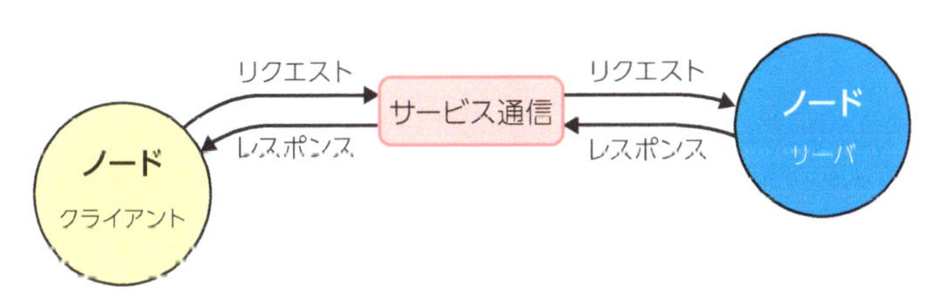

図 2.2　サービス通信

注 5　厳密には，ROS 2 のサービス通信は非同期通信もサポートしています．コールバック関数や Future オブジェクトを使用してレスポンスを処理するときなどに非同期通信が使われます．

2.1.3 アクション通信

アクション通信 (action communication) **は長時間かかる複雑なタスクを処理するために設計された双方向・非同期通信**[注6] と考えてよいでしょう．サービス通信は一般的なクライアント・サーバ型の通信なのでイメージしやすいと思いますが，アクション通信はそのような例がなく，ROS 独自の通信といえるでしょう．ロボットに商品を配達させる場合を考えてください．これをサービス通信で行うと，ロボットが届け先に着くまでの途中経過（ロボットの位置など）がわからず，途中で配達をキャンセルしたい場合などにも対応できません．これらの問題をアクション通信は解決してくれるのです．

アクション通信はサービス通信より高機能な通信で，サービス通信とトピック通信の両方を使っています． アクション通信は図 2.3 の中央に示すように，**ゴールサービス**，**リザルトサービス**，**フィードバックトピック**で構成されています．アクション通信では，ゴールサービスでゴール地点（配達先）を**アクションサーバ**に送り，ゴールに到着したらリザルトサービスで**アクションクライアント**に結果を返します．アクションサーバはフィードバックトピックで途中経過（ロボットの位置など）の情報をアクションクライアントに絶えず送り続けています．このように，**アクション通信は，処理に時間がかかり，途中経過などを知りたい仕事をサーバに依頼するときなどによく使われます．** ナビゲーションやマニピュレーションがその例です．ロボットに複雑なタスクをさせるときはアクション通信を使って実装します．

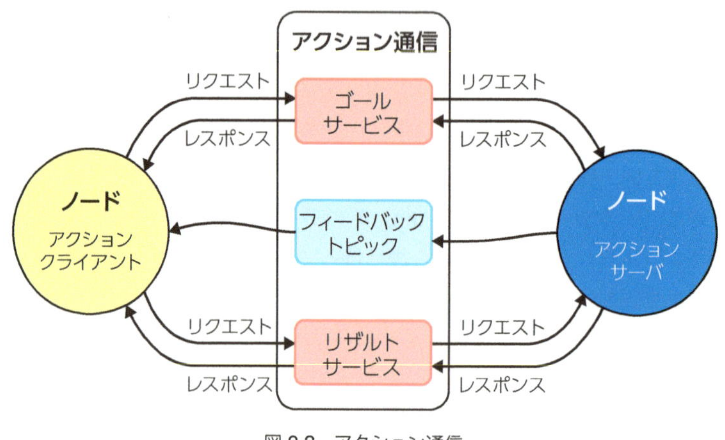

図 2.3　アクション通信

2.1.4 パラメータ通信

パラメータ通信 (parameter communication) はノードのパラメータを実行中に変更や取得するための通信です．パラメータとはノードの設定値のことで[注7]，パラメータを変えるとロボットの動作を変えることができます．デリバリーサービスをする AI ロボットをイメージしてください．場所や路面，周囲の混雑状況に応じて障害物回避の距離や動きを変更しなければならないことがよくあります[注8]．このように，**パラメータ通信は，ロボットの動作，センサの感度，アルゴリズムのパラメータなどを実行中に変えたいときやリモートからシステムの設定を管理するために使われます．**

注 6　厳密には，ゴールリクエストの受け入れ確認やリザルトの取得などには同期通信を使っています．

注 7　整数型，浮動小数点型，論理型，文字列型，リストなどの型を設定値に使えます．ROS 2 は各ノードが自分のパラメータを管理します．

注 8　筆者のチームは，つくばチャレンジでロボットが狭いポールの間を通過するときに，パラメータ通信を使い，障害物回避の距離に関するパラメータをほぼゼロにすることで無事通り抜けることができました．

2.1.5 コマンド

ROS 1 は Linux 環境でしか使えなかったので，Linux 文化の影響を強く受けています．ROS 2 でも，その影響が強く残っておりマウスを使った視覚的な**GUI** (Graphical User Interface) アプリではなく，Linux の端末（ターミナル，terminal）[注9] に**コマンド** (command) とよばれる命令文を打ち込む **CUI** (Character-based User Interface) アプリを使うのが一般的です．コマンドを使いビルド[注10] したり，ノードを実行したり，その状態を表示したり，ログ（記録）をとったり，再生したりなどさまざまな作業を行います．つまり，**コマンドを使えないと ROS 2 を使うことはできません．**

ROS 2 ではコマンドとして**ros2** コマンドを使います．ros2 コマンドにどのようなサブコマンドがあるか調べてみましょう！　端末を開き，次のコマンドを打ち込んで Enter キーを押してください[注11]．

```
ros2 --help
```

図 2.4 のようにたくさん表示されますが，その中で表 2.3 のサブコマンドはよく使います．ハンズオンでいろいろ出てくるので使いながら覚えましょう．

表 2.3　ROS 2 サブコマンド一覧

サブコマンド名	内　容
action	アクション通信関連
bag	Rosbag 関連．rosbag はセンサ情報を記録，再生する強力なツール
launch	ローンチ (launch) ファイルを実行．launch ファイルは複数のノードやその設定などをまとめて起動するために使うファイル
node	ノード関連
pkg	パッケージ関連
run	パッケージの実行可能ファイルを実行
service	サービス通信関連
topic	トピック関連

● ハンズオン

1. 次のコマンドでこの本の Docker コンテナを起動します．

```
docker start ai_robot_book
```

2. ウェブブラウザを起動して [`http://127.0.0.1:6080`] にアクセスします．
3. ブラウザ内の仮想環境の左上のメニュー表示ボタンから [システムツール] → [Terminator] を選び端末を起動します．
4. 端末で `ros2 -h` と入力[注12] して Enter キーを押します．図 2.4 のようにサブコマンド一覧が表示されます．

注 9　GUI 上でコマンドを入力するために使うアプリ．Windows のコマンドプロンプトに相当します．
注 10　サンプルプログラムをコンピュータで実行できる形に変換すること．
注 11　help の前に- (ハイフン) が 2 個連続しています．これは，ロングオプションの指定形式です．ロングオプションはオプション名が英字複数字なので意味がわかりやすいです．
注 12　h の前の- (ハイフン) は 1 個です．これは，ショートオプションの指定形式です．ショートオプションはオプション名が英字 1 字なので入力が簡単です．ロングオプションの先頭 1 文字の場合が多いです

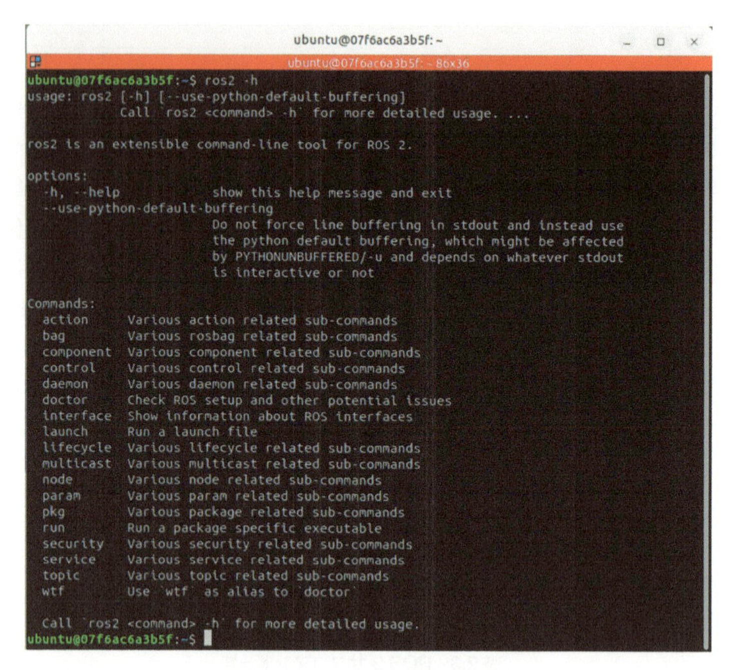

図2.4　`ros2 -h` の実行画面

チャレンジ 2.1

同じ要領で，各サブコマンドの使い方を調べてみましょう！　表2.3のサブコマンド名を1つずつサブコマンドに入れて実行してください．

```
ros2 サブコマンド -h
```

2.2 ROS 2のシミュレータ

2.2.1 Gazebo

一般的にロボットは高価なものが多いので，1台のロボットを複数の人で使わなければなりません．さらに，プログラムミスでロボットが暴走して，人に怪我をさせたり，周囲の物を壊す，あるいはロボット自身を壊したりすることがあってはいけません．そのため，**ロボットの開発ではシミュレータの仮想空間で，事前に動作を確認してから，ロボットを実際に動かすことが一般的です．つまり，シミュレータはロボット開発において不可欠なものです．**

ROS 2では**3次元物理シミュレータ**として**Gazebo**（ガゼボ）を使います[注13]．3次元物理シミュレータは3次元のコンピュータグラフィクスで見た目をシミュレーションするだけではなく，ロボットに必要な力，摩擦や衝突などの物理現象を仮想空間上でシミュレーションしてくれるすぐれものです．

Gazeboは独立したアプリケーションでROS 2なしでも使うことができ，グラフィクスエンジン[注14]

注13　Gazebo以外にもWebots（`https://cyberbotics.com/`），箱庭（`https://toppers.github.io/hakoniwa/`）やFutureKreate（`https://store.steampowered.com/app/1487230/FutureKreate`）がROSに対応しています．

注14　エンジンはある特定の機能を提供するソフトウェアのことです．

に**OGRE**（オーガ）[注15]，**物理計算エンジン**に**ODE**[注16]が採用されています[注17]．どちらのエンジンも多くのオープンソースのプロジェクトや製品に使われている定番ですね．この本ではGazeboを使います．では，次のハンズオンでさっそく使ってみましょう．

2.2.2 ハンズオン

まず，GazeboのTurtleBot3シミュレータを起動します．次のコマンドで，何もない仮想空間エンプティ・ワールド（empty world，からっぽの世界）にTurtleBot3を登場させましょう（図2.5）．コマンドの1行目**source**はファイル（この例では/usr/share/gazebo/setup.sh）に書かれているコマンドを実行するコマンドです．この行でGazeboの設定をしています．2行目の**export**コマンドは環境変数[注18]を設定するコマンドです．ここでは，TURTLEBOT3_MODELという環境変数にwaffle_piを設定することで，シミュレーションのロボットとしてwaffle_piを設定しています[注19]．3行目のros2 launchコマンドでGazeboを起動しています．図2.5は起動したGazeboのウィンドウで，赤線はx軸，緑線はy軸，青線はz軸を表しています．また，赤線上にある白い逆三角形はカメラの視界（視錐台），青円はLiDARのレーザ光の計測範囲を表しています．図中の格子は1辺が1[m]なので，計測範囲は3.5[m]です．

```
source /usr/share/gazebo/setup.sh
export TURTLEBOT3_MODEL=waffle_pi
ros2 launch turtlebot3_gazebo empty_world.launch.py
```

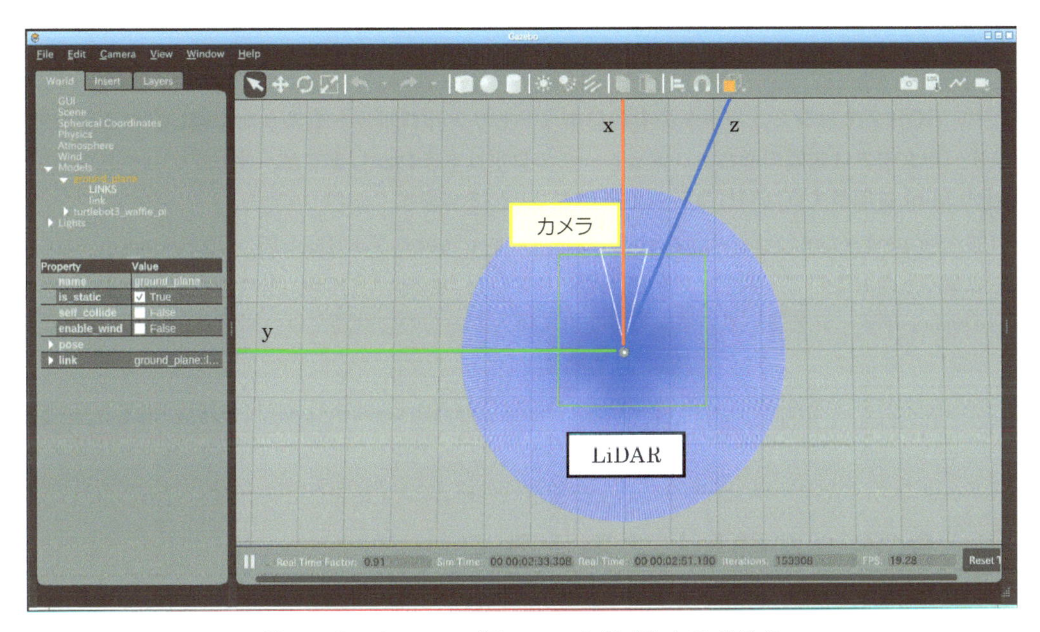

図 2.5　Gazebo：エンプティ・ワールドに現れた TurtleBot3

注15　Object-Oriented Graphics Rendering Engine．2001年から開発が続けられているオープンソースの3次元グラフィクスエンジン．ゲーム，シミュレーション，教育用ソフトウェアなどに広く使われています．https://www.ogre3d.org/

注16　Open Dynamics Engine．2001年から開発が続けられているオープンソースの物理計算エンジン．多くのゲームやシミュレータで利用されています．http://ode.org/

注17　Gazeboは物理計算エンジンとしてODEの他に，Bullet，SimbodyとDARTをサポートしています．他のエンジンを使うためにはソースからビルドし直さなければなりません

注18　環境変数は実行中のプログラム（プロセス）に影響を与える変数のことです．

注19　TURTLEBOT3_MODELには，burger，waffleのモデルもあります．

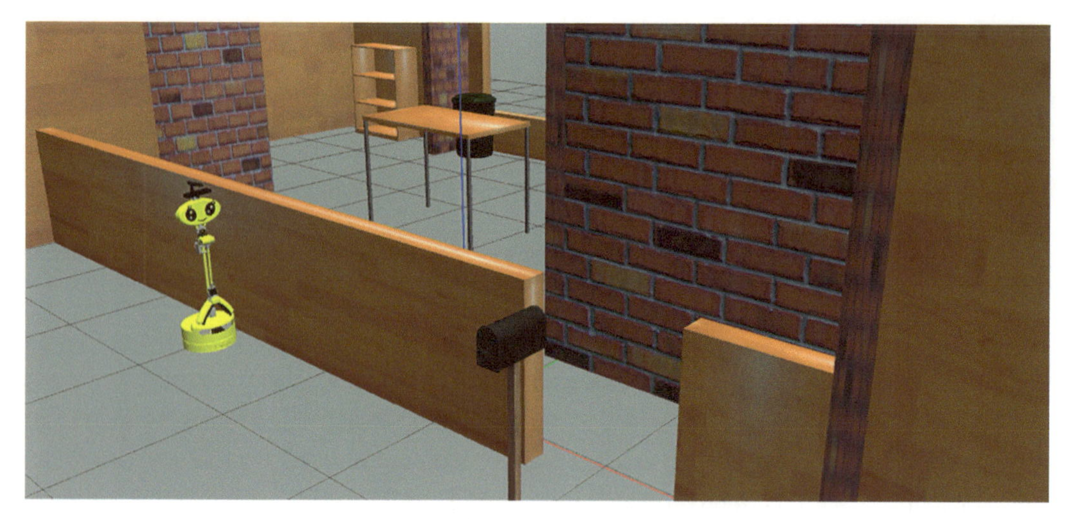

図 2.6　Gazebo ：家の仮想空間に登場した Happy Mini

この本では，TurtleBot3 に Happy Mini のモデルを入れてカスタマイズした Happy Mini シミュレータを使います．次のコマンドを実行して，この本で主人公の Happy Mini を家の仮想空間ハウス・ワールド (house world) に登場してもらいましょう（図 2.6）．ただし，シミュレーション環境を用意しただけなので Happy Mini は動きません．4.3.3 節から Happy Mini を動かしていきます[注20]．

```
source /usr/share/gazebo/setup.sh
export TURTLEBOT3_MODEL=happy_mini
ros2 launch turtlebot3_gazebo turtlebot3_house.launch.py
```

なお，**ROS 2 ではシミュレータの中のロボットもリアルロボットもまったく同じプログラムで動きます．本文中では説明の都合上シミュレータのロボットを動かしますが，オープンハードウェアの Happy Mini を用意すれば同じコードで動かすことができます．** 便利ですね．

毎回，`source /usr/share/gazebo/setup.sh` と `export TURTLEBOT3_MODEL=happy_mini` を打ち込むのも面倒なので，エディタを使って次の 2 行を.bashrc[注21] に挿入してください．なお，この本の Docker イメージを使っている場合はすでに挿入済みなので確認だけしてください．

```
source /usr/share/gazebo/setup.sh
export TURTLEBOT3_MODEL=happy_mini
```

2.3 ROS 2 を動かしてみよう！

2.3.1 亀で遊ぼう！

ROS 2 の定番 2 次元シミュレータの**タートルシム** (turtlesim) で，ROS 2 を体験してみましょう！なお，タートルは亀のことで ROS のマスコットです[注22]．

注 20　この本の Docker イメージを使用していない場合は第 4 章でインストールしますので，この節は読み飛ばしてください．

注 21　Bash シェルの設定ファイル．ここに設定項目を書いておくと Bash シェルが起動したときに読み込まれます．シェルは OS とユーザとのインタフェース．.bashrc はホームディレクトリ直下にあります．

注 22　この節の記事は Open Robotics: ROS 2 Documentation, `https://docs.ros.org/en/humble/Tutorials.html` を参考にしています．

● ノードの実行： ros2 run コマンド

ノードを実行するには，次の**ros2 run** コマンドを使います．1 番目の引数はパッケージ名，2 番目の引数はノード名，最後はオプションです[注23]．

```
ros2 run <パッケージ名> <ノード名>  オプション
```

● ハンズオン

では，このコマンドを使ってタートルシムで遊んでみましょう！ 端末を起動して，端末を縦に 3 分割しましょう[注24]．上段の端末に，次のコマンドを入力して turtlesim_node を起動します．この例では，パッケージ名は turtlesim，ノード名は turtlesim_node です．図 2.7 のような真っ青な海にタートルが 1 匹浮かんでいるウィンドウが開きます．

```
ros2 run turtlesim turtlesim_node
```

中段の端末に次のコマンドを入力して，タートルをキー操作で動かしましょう．

```
ros2 run turtlesim turtle_teleop_key
```

このコマンドで，turtle_teleop_key ノードを実行します．ノード名の teleop（テレオペ）は teleoperation（遠隔操作）を短くしたものです．矢印キー（↑,↓,←,→）でタートルの移動や回転ができるので試してください．図 2.7 のようにタートルがスイスイ泳いでくれることでしょう．

下段の端末に，次の**ros2 node list** コマンドで現在実行中のノードを確認します．図 2.7 の左下端末に表示されているように teleop_turtle と turtlesim ノードが表示されます．これは先ほど，上の 2 つの端末で ros2 run コマンドで実行したノードです．

```
ros2 node list
```

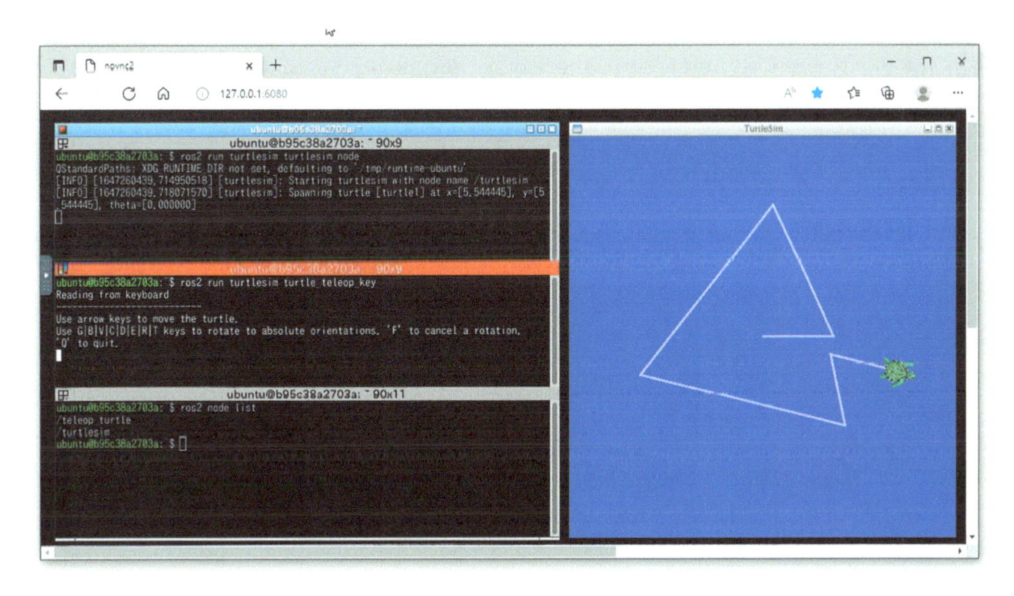

図 2.7 亀で遊ぼう！の実行結果

注 23 パッケージ名とノード名は省略できませんが，オプションは省略できます．
注 24 端末の分割方法は第 1 章で説明しています．

2.3.2　GUI アプリ RQt

ROS 2 では端末などの CUI アプリを使うことが一般的ですが，**RQt** という GUI アプリもあり，自分でカスタマイズしていろいろなアプリをプラグイン[注25]として追加もできます．RQt を使うとトピック，サービス，アクション，ログの状態を見たり，パラメータを簡単に変更できます．次のハンズオンで，RQt でサービス通信を使ってタートルシムの動作を変更してみましょう！

● ハンズオン

端末を起動して 3 分割してください．

タートルシムの起動：上段の端末に次のコマンドを入力してタートルシムを起動します．

```
ros2 run turtlesim turtlesim_node
```

RQt の起動：次に，中段の端末で次の`rqt` コマンドを入力して RQt を起動します．

```
rqt
```

新しいタートルの誕生： Spawn（スポーン）[注26] サービスを使って，タートル kame を新たに登場させます．そのために，RQt メニューの [Plugins] → [Services] → [Service Caller] をクリックします（図 2.8）．Service の右にあるプルダウンメニューをクリックすると利用可能なサービス一覧が表示されます．その中から [/spawn] を選択し，下の Request 欄を図 2.9 のように x の Expression を 8.0，y を 5.5，`name` を'kame' に変更し，Service の右にある [Call] をクリックします．そうすると，図 2.10 のように新しいタートル kame が現れます．

タートルの消去：次に，turtle1 を消しましょう．Service の [/kill] をクリックして，`name` の Expression に'turtle1' を打ち込んで，[Call] ボタンをクリックすると真ん中にいる turtle1 が消えます．

タートル kame の操作：下段の端末に次のコマンドを入力して `turtle_teleop_key` ノードを実行しましょう．kame を動かすために，トピック名を`/turtle1/cmd_vel` から`/kame/cmd_vel` に**リマップ** (remap)[注27] するオプションを付けています．では，矢印キーで kame を動かしてみましょう！

```
ros2 run turtlesim turtle_teleop_key --ros-args --remap /turtle1/cmd_vel:=/kame/cmd_vel
```

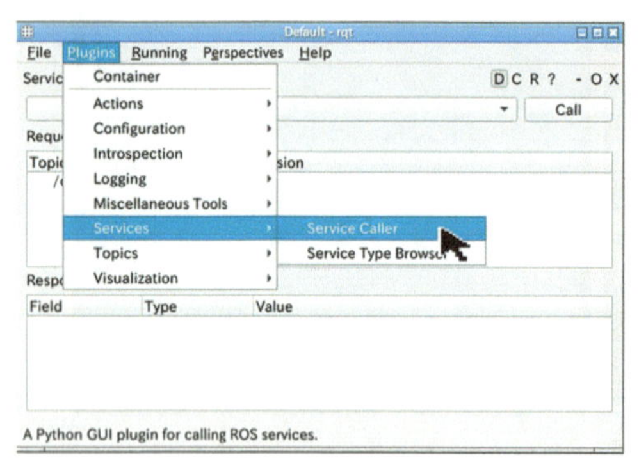

図 2.8　RQt の操作 1

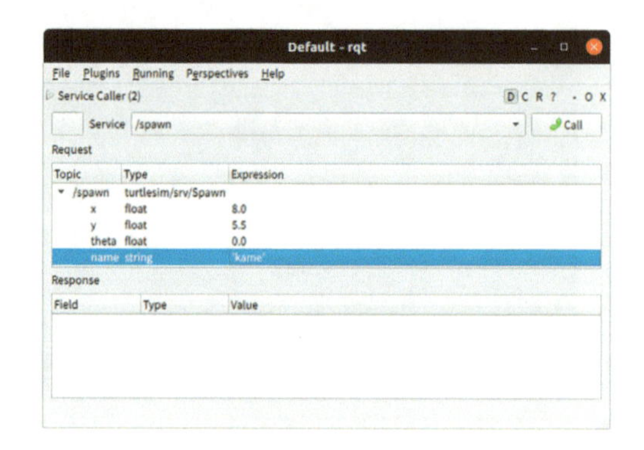

図 2.9　RQt の操作 2

注 25　アプリケーションの機能を追加できるソフトウェア．
注 26　spawn は魚や蛙などの水生生物が卵を産むという意味．
注 27　トピック，サービス，パラメータの名前を付け替えること．

図 2.10　Spawn サービスで現れた kame

チャレンジ 2.2

rqt，`turtlesim_node`，`turtle_teleop_key` ノードを起動し直し，キー操作により turtle1 を動かしてください．動いた turtle1 の軌跡は白線で描かれていると思います．図 2.11 を参考に rqt の `/turtle1/set_pen` サービスを使ってこの色を黄色に変えて，turtle1 を動かし，結果を確認してください（図 2.12）．また，`/clear` サービスを使うとすべての線を消すことができます．

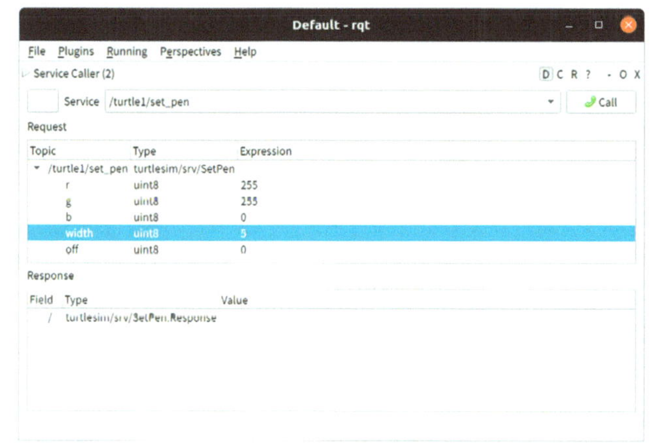

図 2.11　ペン色の設定

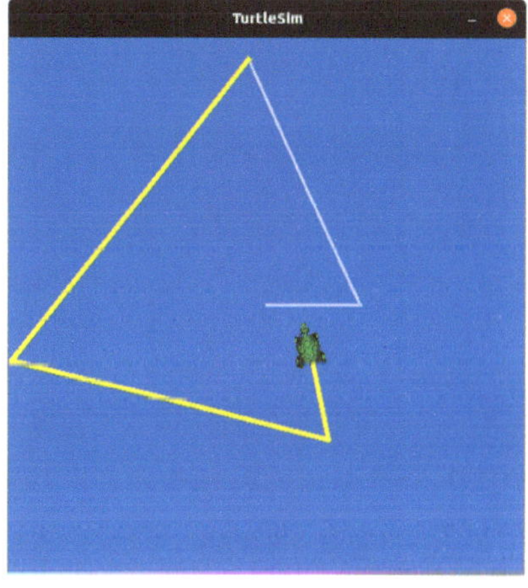

図 2.12　途中から軌跡が黄色に変化

2.3.3　楽するためのローンチファイル

今まで，タートルシムを動かすために端末を分割して，各端末でコマンドを打ち込んでノードを起動していました．これは，結構手間ですね．ROS 2 ではその作業を減らすために**ローンチファイル**があり，これを使うと `ros2 launch` コマンドで一括していろいろなノードを立ち上げたり，パラメータを設定できたりします．これはとてもよく使うコマンドで時間も節約できるのでしっかり理解しておきたいところです．なお，英語の launch にはロケットを発射するという意味もあります．試しに，以下のコマンドを実行してください．

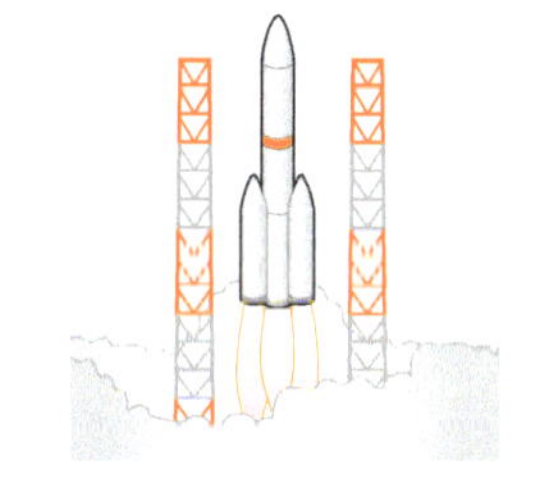

```
ros2 launch turtlesim mysim.launch.py
```

タートルシムと端末がそれぞれ2つ立ち上がり，各端末でturtle_teleop_keyノードが実行されています．各端末でキー操作すると各タートルシムのタートルが動くことが確認できるでしょう．

さて，ローンチファイルの中身はどうなっているのでしょうか？　ローンチファイルはPythonで書かれていますが少し複雑なので，**付録A**に掲載しました．もう少し，この本を読み進めて，自分でローンチファイルを書いて作業を減らしたくなったら読んでみてください．

2.3.4　データの袋ROSバッグ2

ROS 2にはトピックを記録して再生する強力なアプリ**ROSバッグ2 (Rosbag2)**があります．bagは袋の意味です．袋にデータを入れて取り出すことをイメージすると覚えやすいです．**ROSバッグ2はパブリッシュされている全トピックをデータベースに保存し，再生できます．**これを使うと，実験のデータを記録し，それを使いオフラインでプログラムをデバッグ[注28]したり，オフラインで地図を作成したりできます．とても強力なアプリなので使い方を覚えると少しハッピーになれると思います．

● ROSバッグ2の使い方

記　録：トピックを記録するのは**ros2 bag record**コマンドです．記録を止めるときは実行した端末でCtrl+Cキー[注29]を押します．記録したデータは，コマンドを実行したディレクトリの**バッグファイル**(bagfile)に保存されます[注30]．

```
ros2 bag record <トピック名>
```

n個のトピックを記録するのは次のコマンドです．-oを付けると記録するファイル名を任意に指定でき，その後に記録したいトピック名をスペースで区切りすべて並べます．

```
ros2 bag record -o <バッグファイル名>  <トピック名1> <トピック名2> ... <トピック名n>
```

すべての利用可能なトピックを記録するには-aのオプションを付け，データを圧縮して保存するためには，--compression-mode fileと--compression-format zstdのオプションを付けます．

```
ros2 bag record -a
ros2 bag record -a --compression-mode file --compression-format zstd
```

再　生：記録したバッグファイルを再生するのは**ros2 bag play**コマンドです．

```
ros2 bag play <バッグファイル名>
```

情報表示：記録したバッグファイルの情報を表示するのは**ros2 bag info**コマンドです．

```
ros2 bag info <記録したファイル名>
```

注28　シミュレータ技術が進んだとはいえ，まだまだ，リアルワールドを仮想空間で再構築することは難しいので，リアルワールドで記録したデータを使ってオフラインでプログラムをデバッグすることはとても大切です．大げさな言い方をすると，過去のデータを使えるのでROSバッグ2はタイムマシンといえるかもしれません．

注29　Ctrlキーを押しながらCキーを押す．

注30　バッグファイル名は-oのオプションで指定しないと，ros2_bag_年_月_日_時_分_秒の形式のディレクトリ内に保存されます．

チャレンジ 2.3

次の手順で ROS バッグ 2 の動作を確認しましょう！ 記録したバッグファイルには全トピックが記録されているので，キー操作によりパブリッシュされた cmd_vel の時系列データも記録されています．バッグファイルを再生するとタートルの動きも再生されます．

1. turtlesim_node と turtle_teleop_key ノードの起動
2. ros2 bag record コマンドで全トピックの記録
3. キー操作によりタートルの移動
4. 記録の停止
5. 全ノードの終了
6. turtlesim_node ノードの起動
7. 保存したバッグファイルの再生

Happy Mini のミニ知識 コーディングスタイルガイド

ソフトウェアのサンプルプログラムを読みやすく，コードのスタイル（見た目）に一貫性を持たせるためにコーディングスタイルガイド（コーディング規約）が定められています．ROS 2 では次のように決められています．基本的には**Python コーディング規約 PEP8** に沿ってコーディングします．

- PyStyleGuide：https://wiki.ros.org/PyStyleGuide
- Code style and language versions：https://docs.ros.org/en/humble/The-ROS2-Project/Contributing/Code-Style-Language-Versions.html
- PEP8（日本語版）：https://pep8-ja.readthedocs.io/ja/latest/

ROS 2 プログラミングするうえで覚えておきたいものをまとめます．

- **パッケージ名** (package_name)：すべて小文字で単語をアンダースコア (_) でつなぎます．蛇のように見えることからスネークケースとよばれています．
- **クラス名** (ClassName)：各単語の先頭文字は大文字，それ以外はすべて小文字でつなぎます．大文字がラクダのこぶのように見えることからキャメルケースとよばれています．
- **メソッド名** (method_name)：スネークケースを使います．
- **変数** (variable_name)：スネークケースを使います．
- **グローバル変数** (_global)：すべて小文字で先頭にアンダースコアを付けます．
- **定数** (CONSTANT_NAME)：すべて大文字の単語をアンダースコアでつなぎます．
- **インデント**：4 つの半角スペース

ROS 2 では PEP8 で自由な部分を次のように決めています．

- 1 行の長さは 100 字まで OK
- 文字列はダブルクォート ["] ではなくシングルクォート ['] で囲む
- 複数行に渡る場合は，ぶら下げインデント（2 行目以降のインデントを揃える）にする

また，Flake8 などの文法チェックツールは問題点を自動的に指摘します．この本の Docker イメージのエディタ VSCodium には Flake8 が導入済みなので読みやすいコードを書いてくださいね．

2.4 はじめてのROS 2プログラミング

前節ではコマンドの使い方を学びました．ここでは，まず，ROS 2 プログラム開発全体の流れを示し，それから各項目を説明し，ハンズオンで実習します．

ROS 2 プログラム開発全体の流れ

1. ワークスペースの作成：作業場所を作ります．パッケージはこの中に作ります．
2. パッケージの作成： ROS 2 ではパッケージ単位でプログラムを作ります．
3. ソースコードの作成：ノードのソースコードを作ります．
4. ビルド：ノードの実行ファイルを作ります．
5. 設定ファイルの反映：ノードが実行できるように環境を整えます．
6. ノードの実行

2.4.1 ワークスペースの作成

これから ROS 2 でいろいろなプログラムを作っていきます．ROS 2 ではプログラムを**パッケージ** (package) とよばれる単位で作ります．はじめに，パッケージを保存する作業用のディレクトリ[注31] を作らなければいけません．これを**ワークスペース** (workspace) とよびます．1 つのワークスペースに何個でもパッケージを作ることができます．また，**自作パッケージを使うためには，ROS 2 システムのワークスペース環境と自作用ワークスペース環境を整えなければなりません．** この ROS 2 ワークスペース環境のことを**アンダーレイ** (underlay) とよび，自作用ワークスペース環境を**オーバーレイ** (overlay) とよびます[注32]．環境を整えるためには，環境変数[注33] を現在のシステム[注34] に反映させなければなりません．これで，ROS 2 のライブラリやパッケージの場所がわかるようになるのでビルドが可能になります．

● 設定ファイルの実行

source コマンドでアンダーレイの設定ファイル/opt/ros/humble/setup.bash を実行して環境を整えます．**source はファイルに書かれたコマンドを現在のシェルで実行するコマンドです．**

```
source /opt/ros/humble/setup.bash
```

● ワークスペース用ディレクトリの作成

mkdir コマンドでワークスペースに使用するディレクトリを作成します．ディレクトリ名は何でも OK ですが，この本では次の 2 つのワークスペースを使います．

1. **airobot_ws** ：この本のサンプルプログラムがプリインストールされているワークスペース．ソースを参照したりコマンドを実行するときに使います．

注 31　Windows のフォルダのことです．
注 32　underlay は英語で下敷き，overlay は上敷きという意味です．自作用環境は ROS 2 環境の上に成り立っています．
注 33　環境変数には，ROS 2 のプログラムやライブラリがどこにあるかなどの情報が書かれています．
注 34　正確にはシェルのことです．

2. **happy_ws**：練習用のワークスペース．ここに自分のプログラムをどんどんつくっていきましょう！

```
mkdir -p ~/<ワークスペース名>/src
```

2.4.2　パッケージの作成

パッケージは，自作した ROS 2 コードの入れ物です．プレゼントのパッケージをイメージするとよいでしょう．**パッケージを使うことにより，自分の ROS 2 コードを簡単にビルドできたり，簡単に一般公開できるようになります．**自作したパッケージが世界中の人に使われることは人類へのささやかなプレゼントといえるかもしれませんね．

● ファイルの構成

パッケージを作るためには次のファイルとディレクトリが必要です．

- **setup.py**: パッケージのインストール法が書かれたファイル
- **setup.cfg**: パッケージに実行可能ファイルがある場合に必要なファイル．ros2 run コマンドが実行可能ファイルを見つけるのに使用
- **package.xml**: パッケージに関する情報が書かれたファイル
- **パッケージ名**: パッケージと同じ名前のディレクトリ

● パッケージの作成

まず，パッケージを作るディレクトリへ cd コマンドで移動します．**パッケージは必ずこのディレクトリ下で作成してください．**

```
cd ~/<ワークスペース名>/src
```

次の`ros2 pkg create` コマンドで名前が<パッケージ名>のパッケージを作成します．**パッケージ名の前後に付いている＜と＞はその引数が省略できないことを示しています．**

```
ros2 pkg create --build-type ament_python <パッケージ名>
```

なお，次のように`--node-name` **オプションを付けるとノードも作成できるのでおすすめです．**

```
ros2 pkg create --build-type ament_python  --node-name <ノード名> <パッケージ名>
```

2.4.3　ソースコードの作成

パッケージのつくり方を説明したので，次にエディタを使ったソースコードのつくり方を説明します．**この本では第 1 章で説明したようにエディタに VSCodium を使います．まず，cd コマンドでワークスペース[注35]に移動してから，カレントディレクトリ '.' を指定して codium コマンドによりエディタを起動します．VSCodium は起動したままにして，その GUI を使ってファイルを開き，編集，保存してください．これがこの本での VSCodium の使い方です．**後のハンズオンで実習します．

注 35　この本では，ワークスペースとして airobot_ws と happy_ws を使います．

```
cd  ~/<ワークスペース名>
codium .
```

2.4.4 ビルド

パッケージを作るためにはビルドしなければなりません．ROS 2 ではビルドシステムとして**ament**（アメント）を使い，ビルドツールに**colcon**（コルコン）を使います．まず，ビルドするために cd コマンドで<ワークスペース名>ディレクトリに移動します．**ワークスペース名直下のディレクトリ以外はビルドできません．これは重要なので覚えておきましょう．**

```
cd ~/<ワークスペース名>
```

次に，**colcon build** コマンドでビルドします．このコマンドではワークスペースにあるすべてのパッケージをビルドしてしまいます．本来，Python 言語ではビルドは必要ありませんが，パッケージを作るために必要となります．ワークスペースではじめてビルドすると~/<ワークスペース名>ディレクトリに build，install，log ディレクトリが作成されます．

```
colcon build
```

便利なオプションを紹介します．パッケージを指定してビルドしたいときは**packages-select** オプションを付けます．

```
colcon build --packages-select <ビルドするパッケージ名>
```

なお，**--symlink-install** がとても便利なオプションです．これは，ファイルをコピーする代わりにシンボリックリンク[注36]でインストールします．**Python の場合は，これによりプログラムを変更しても再ビルドが不要になります．**この本ではビルドのコマンド入力を簡単にするために，これからの例では--symlink-install を付けません．

```
colcon build --symlink-install
```

2.4.5 設定ファイルの反映

ノードを実行する前に，ROS 2 の設定ファイルを source コマンド[注37]で反映します．

- **アンダーレイ設定ファイルの反映**

はじめに，ROS 2 システムの設定（アンダーレイ設定ファイル）を反映させます．

```
source /opt/ros/humble/setup.bash
```

- **オーバーレイ設定ファイルの反映**

次に，自作ワークスペースの設定（オーバーレイ設定ファイル）を反映させます．これにより，作成したワークスペースの場所がわかるので[注38]，ノードを実行できるようになります．

```
source ~/<ワークスペース名>/install/setup.bash
```

注 36　Windows のショートカットに相当します．
注 37　source コマンドはファイルの内容を現在のシェルで実行するもので，設定ファイルを現在のシェルに反映する目的で使われます．
注 38　正確には，環境変数 PATH にワークスペースの場所が追加されます．

2.4.6 ノードの実行

準備が整ったのでノードを実行しましょう．ノードの実行には **ros2 run** コマンドを使います．

```
ros2 run <パッケージ名> <ノード名>
```

2.4.7 ハンズオン

では，ワークスペース作成からパッケージ作成と実行までの一連の流れをハンズオンで確認しましょう！ なお，自動生成されるサンプルプログラムは端末に `Hi from hello.` と表示するだけで ROS 2 ノードを作成しているわけではありません．

● 準　備

まず，準備をします．次のコマンドで練習用のワークスペース `happy_ws` を作り，そこへ移動してからエディタ VSCodium を起動します．下記の 1 行目のワークスペース作成コマンド `mkdir` は一度だけ実行すれば OK です．2 行目と 3 行目のコマンドは起動したら毎回実行して，プログラムを作成する準備をします．

```
mkdir -p ~/happy_ws
cd ~/happy_ws
codium .
```

● 1. ワークスペースの作成と移動

```
mkdir -p ~/happy_ws/src/chapter2
cd ~/happy_ws/src/chapter2
```

● 2. パッケージの作成

次にパッケージを作成しましょう．`--node-name` オプションを付けると `Hi from hello.` と端末に出力するサンプルプログラム `hello_node.py` が自動生成されます．ここではノード名を `hello_node`，パッケージ名を `hello` にしています．パッケージがうまく作れたかを確認しましょう．VSCodium のエクスプローラーに図 2.13 のように hello，resource，test ディレクトリと package.xml，setup.cfg，setup.py ファイルができていれば成功です．

```
ros2 pkg create --build-type ament_python --node-name hello_node hello
```

● package.xml ファイルの編集

package.xml ファイルは必要に応じて編集します． 自動作成された package.xml の一部をプログラムリスト 2.1 に示します．このファイルの中で，変更する必要があるのはコメントの 5 項目ですが，現時点では作成したパッケージを一般公開しないので，特に変更する必要はありません．自作パッケージを一般公開するときには変更してください．

プログラムリスト 2.1 package.xml（コメントが変更する箇所）

```
4 <name>hello</name>  # 1. パッケージ名
5 <version>0.0.0</version>  # 2. パッケージのバージョン
6 <description>TODO: Package description</description>    # 3. パッケージの説明
7 <maintainer email="mini@todo.todo">mini</maintainer>    # 4. 保守者のメールアドレス
8 <license>TODO: License declaration</license>   # 5. パッケージのライセンス
```

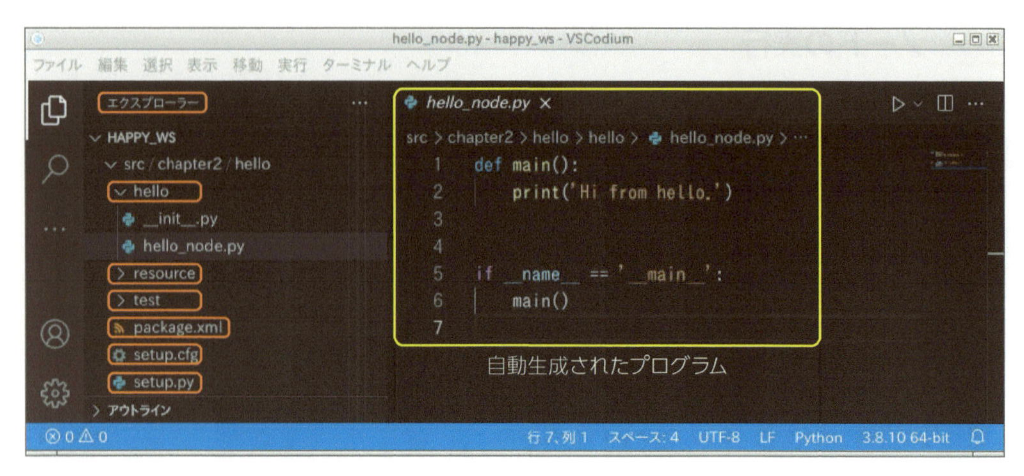

図 2.13　VSCodium でのディレクトリとファイルの確認

● setup.py ファイルの編集

setup.py ファイルを変更しなければノードを実行できません．自動作成された setup.py をプログラムリスト 2.2 に示します．ここで，変更する必要があるのはコメントの 7 項目です．この内容は，package.xml と同じにしなければなりません．**パッケージを一般公開しない場合でも変更する必要がある項目は 7 番目の `entry_points` です．**この例ではパッケージを作成するときに`--node-name` を付けてノードも作成したので特に変更する必要はありません．プログラムの開始点となる `entry_points`（エントリポイント）も 24 行目のように自動的に生成されています．24 行目の意味は `hello_node` のエントリポイントは hello パッケージの `hello_node` ノードの `main()` 関数ということです．

エントリポイントが自動生成されると手間が減るのでパッケージを作成するときは`--node-name` のオプションを付けましょう．ただし，1 つのパッケージに複数の Python ファイルがある場合は，そのファイルごとにエントリポイントを指定しなければならないので，setup.py を必ず変更する必要があります．後でこの例が出てきます．

プログラムリスト 2.2　setup.py（コメントが変更する箇所）

```
 1 from setuptools import setup
 2
 3 package_name = 'hello'   # 1. パッケージ名
 4
 5 setup(
 6     name=package_name,
 7     version='0.0.0',   # 2. パッケージのバージョン
 8     packages=[package_name],
 9     data_files=[
10         ('share/ament_index/resource_index/packages',
11             ['resource/' + package_name]),
12         ('share/' + package_name, ['package.xml']),
13     ],
14     install_requires=['setuptools'],
15     zip_safe=True,
16     maintainer='mini',  # 3. 保守者
17     maintainer_email='mini@todo.todo',  # 4. 保守者のメールアドレス
18     description='TODO: Package description',    # 5. パッケージ説明
19     license='TODO: License declaration',  # 6. ライセンス
20     tests_require=['pytest'],
21     entry_points={  #  7. エントリポイント
22         'console_scripts': [
```

```
23              # ノード名 = パッケージ名.ノード名:main
24              'hello_node = hello.hello_node:main' # Python ファイルごとに必要
25          ],
26      },
27  )
```

3. ソースコードの作成

本来ならここでソースコードを作りますが，この例では，パッケージ作成時に自動的に作成されたプログラムリスト 2.3 `hello_node.py` を使います．エディタで中身を見てみましょう（図 2.13）．端末に print 文で `Hi from hello.` と表示する簡単なソースコードですね．

プログラムリスト 2.3　hello_node.py

```
1 def main():
2     print('Hi from hello.')
```

4. ビルド

`happy_ws` に cd コマンドで移動しないとビルドできないので移動します．これは重要．

```
cd  ~/happy_ws
colcon build
```

5. アンダーレイ設定ファイルの反映

```
source /opt/ros/humble/setup.bash
```

6. オーバーレイ設定ファイルの反映

設定を反映します．

```
source install/setup.bash
```

7. ノードの実行

このコードはノードを作成していないので，正確にはノードの実行ではありませんが，実行するコマンドは次のとおりです．問題がなければ図 2.14 のように端末に表示されます．

```
ros2 run hello hello_node
```

図 2.14　hello_node の実行結果

● 少しハッピーになる設定

毎回，コマンドを入力してアンダーレイとオーバーレイの設定ファイルを反映するのは面倒なので，次の 3 行を.bashrc に追加してください．少しハッピーになれると思います．

```
source  /opt/ros/humble/setup.bash
source  ~/airobot_ws/install/setup.bash
source  ~/happy_ws/install/setup.bash
```

2.5 ROS 2 プログラムのつくり方

2.5.1 ROS 2 プログラムの処理の流れ

次に ROS 2 の Python プログラムを作ります．ROS 2 プログラムの処理の流れは次の 6 手順です．

ROS 2 プログラムの処理の流れ

1. モジュールのインポート
   必要なモジュールをインポートする．ROS 2 で Python プログラムを作るためには**rclpy** をインポートしなければならない．
2. ROS 2 通信の初期化
   - `rclpy.init()` ：ROS 2 通信の初期化をする．ノードが通信できるように必要な設定やリソース[注39] を初期化するので，ノードを作成する前に呼び出さなければならない．
3. ノードの作成
   - **Node クラスのインスタンス化**：Node クラスを継承してクラスを作り，そのインスタンスを作成することでノードを作成する．
4. ノードの処理
   ノードで実行する処理を書く．多くの場合，コールバックを使うので，それを繰り返し呼び出し実行するために次のどちらかの方法をとる．
   (a) `rclpy.spin()` ：処理を繰り返し実行．ノードが終了するまでブロック[注40] する．
   (b) `rclpy.spin_once()` ：処理を 1 回実行．通常，`while` 文の中で使う．
5. ノードの破棄
   - `destroy_node()` ：ノードを破棄して，使っていたリソースを解放する．
6. ROS 2 通信の終了処理
   - `rclpy.shutdown()` ：ROS 2 通信の終了処理をする．

2.5.2 はじめての ROS 2 プログラミング

ROS 2 では基本的にクラスを使ってプログラミングします．その例がプログラムリスト 2.4 happy_node.py(~/airobot_ws/src/chapter2/happy/happy/happy_node.py) です．説明します．

注 39　コンピュータシステムやプログラムが正常に動作するために必要な資源や要素のことです．
注 40　ブロックはプログラムの実行がそこで止まることです．

プログラムリスト 2.4 happy_node.py

```
1  import rclpy  # 1. ROS 2 Python モジュールのインポート
2  from rclpy.node import Node  # rclpy.node モジュールから Node クラスをインポート
3
4
5  class HappyNode(Node):  # HappyNode クラス
6      def __init__(self):  # コンストラクタ
7          print('ノードの生成')
8          super().__init__('happy_node')  # 基底クラスコンストラクタの呼び出し
9          self.get_logger().info('ハッピーワールド')  # 4. ノードの処理
10
11
12 def main():  # main() 関数
13     print('プログラム開始')
14     rclpy.init()               # 2. 初期化
15     node = HappyNode()         # 3. ノードの生成
16     node.destroy_node()        # 5. ノードの破棄
17     rclpy.shutdown()           # 6. 終了処理
18     print('プログラム終了')
```

- **インポート**（1〜2 行目）：1 行目の rclpy は ROS 2 の Python モジュールなので必ずインポートしなければなりません．2 行目はノードを作るために必要で rclpy.node モジュールから Node クラスをインポートします．この 2 行は常に必要です．
- **クラスの定義**（5〜9 行目）：HappyNode クラスを定義しています．コンストラクタの 8 行目で基底クラス Node のコンストラクタを呼び出すことでノードを生成しています．引数 happy_node はノード名です．9 行目の get_logger().info() はノードのメソッドでログ (log)[注41] 情報（この例ではハッピーワールド）を端末に表示します．print 文とは違い，端末だけでなく ROS 2 のアプリ rqt_console でも読むことができます[注42]．
- **main() 関数**（12〜18 行目）：このプログラムは main() 関数から実行されるので，main() 関数が前節で説明した setup.py の**エントリポイント**[注43]（開始点）です．
- **rclpy.init()**（14 行目）：rclpy.init() で ROS 2 通信を初期化します．**ノードを作る前に呼び出さなければいけません．**
- **クラスのインスタンス化**（15 行目）：HappyNode クラスのインスタンス node を生成しています．
- **node.destroy_node()**（16 行目）：node.destroy_node() でノードを破棄しています．これで，ノードが使っていたリソースが解放されます[注44]．
- **rclpy.shutdown()**（17 行目）：rclpy.shutdown() で ROS 2 通信の終了処理をしています．

● ハンズオン

happy_node を次のコマンドを打ち込んで実行しましょう！

注 41　ログ（データログ）とは履歴データです．

注 42　ros2 run rqt_console rqt_console コマンドで起動します．

注 43　エントリポイントはプログラムが最初に実行されるところ．

注 44　node.destroy_node() がなくても Python のガベージコレクション（garbage collection）がリソースを解放するので，この行は必要ないと思うかもしれませんが，ガベージコレクションのタイミングは不定期，メモリ管理には有効ですが，ファイルハンドル，ネットワークソケット，通信エンドポイントなどの他のリソースについては必ずしも有効ではありません．また，明示的にリソースを解放するコードを書くことは，コードの読みやすさと保守性を向上させます．以上の理由で第 2 版から node.destroy_node() をコードに入れることにしました．

```
cd ~/airobot_ws/
colcon build
ros2 run happy happy_node
```

図 2.15 のようにプログラム開始 → ノードの生成 → ハッピーワールド → プログラム終了と順に表示されます．プログラムの流れが実感できますね．

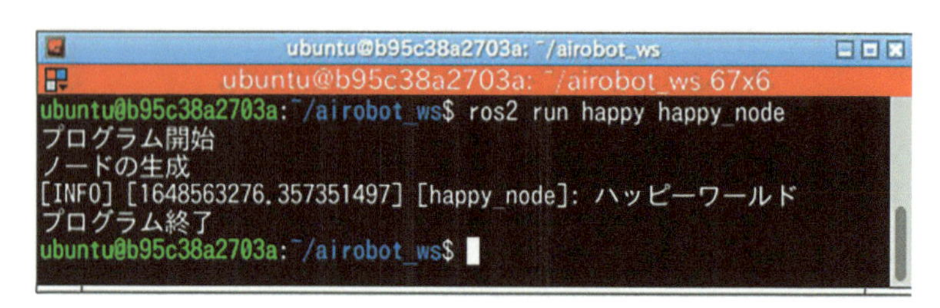

図 2.15　happy_node の実行画面

チャレンジ 2.4

プログラムリスト 2.4 で airobot_ws にある happy パッケージと同じ内容のものを次の要領で happy_ws ワークスペースにつくり，ビルド・実行して動作を確認してください．

```
mkdir -p ~/happy_ws/src/chapter2
cd ~/happy_ws/src/chapter2
ros2 pkg create --build-type ament_python --node-name happy_node my_happy
cd ~/happy_ws
codium .
```

~/happy_ws/src/chapter2/my_happy/my_happy/happy_node.py を開き，プログラムリスト 2.4 の内容に書き換えて保存し，次のコマンドを実行して確認します．なお，パッケージ名を変更しているのは，同じ名前だとどちらのワークスペースのパッケージかがわからなくなり，colcon build や実行時に混乱するからです．

```
colcon build
source install/setup.bash
ros2 run my_happy happy_node
```

Happy Mini のミニ知識　ログに大航海時代の思いをはせる

ログは船速を計測するための丸太（log，ログ）を使った器具が語源で，それを記録したのがログブック（航海日誌），ログブックに記録を付けることをログインとよびます．ログがコンピュータの分野で使われるようになったのはオンライン語源辞典[注45] によると 1963 年頃です．このログは，システムの故障診断や状態を知るためにイベント[注46] が発生した履歴をとったりすることや，その履歴データのことを指します．

なお，ブリタニカ[注47] によると最初に実用的な船速を計測するログが開発されたのが西暦 1600 年頃だそうです．これは 15〜16 世紀の大航海時代にあたります．初期のコンピュータエンジニアたちは，

注 45　Online etymology dictionary, https://www.etymonline.com/
注 46　プログラム内で起きた出来事．例えば，キーやマウスの操作やセンサ入力，システム内部の状態変化などのことです．
注 47　https://www.britannica.com/technology/log-nautical-instrument

未知の情報という大海原への冒険に挑む自分たちの姿を大航海時代の探検家になぞらえ，ログやログインといったコンピュータ用語を考え出したのかもしれませんね．

2.5.3 コールバックを使ったプログラム

ROS 2 では**コールバック関数** (callback function) や**コールバックメソッド** (callback method) を多用してプログラムを作ります．IT 用語辞典[注48] によると「**コールバック関数とは，プログラム中で，呼び出し先の関数の実行中に実行されるように，あらかじめ指定しておく関数**」と定義されています．これは，マウスで線を描くなどの処理を実装するような場合など，あるイベントが起きたときに何か処理をさせたい場合に使われます．普通は，マウスのイベント処理などのようにマウスのボタンが押されたり，移動したときに自動的にコールバック関数やメソッド（以降，コールバックと表記）が呼び出されますが，**ROS 2 では spin_once() や spin() でコールバックを明示的に呼び出さなければいけません．** spin_once() はコールバックを一度だけ呼び出すので，多くの場合 while ループの中で使います．spin() はノードが動いている間，コールバックを呼び続けます．プログラムはここでブロック[注49] されます．

● コールバック

では，さっそく**タイマ**を使ったコールバックを説明します．タイマは一定間隔で処理を実行したいときに使います．プログラムリスト 2.5 がタイマのプログラムです．

- **タイマの生成**（9 行目）：タイマを使うためには，create_timer(timer_period, callback) を使います．1 番目の引数は繰り返し間隔 [s]，2 番目の引数はコールバックです．この例では繰り返し間隔は 1.0[s]，コールバックは timer_callback です．
- **コールバック**（11〜12 行目）：timer_callback はタイマによって周期的（この例では 1 秒ごと）に呼び出されるコールバックです．ここでは，’ハッピーワールド 2’ とログ出力しているだけです．
- **rclpy.spin**（19 行目）：spin で何度もコールバックを呼び出し，プログラムはブロックされます．

プログラムリスト 2.5　happy_node2.py

```
1 import rclpy  # 1. ROS 2 Python モジュールのインポート
2 from rclpy.node import Node  # rclpy.node モジュールから Node クラスをインポート
3
4
5 class HappyNode2(Node):  # HappyNode2 クラス
6     def __init__(self):  # コンストラクタ
7         print('ノードの生成')
8         super().__init__('happy_node2')  # 基底クラスコンストラクタの呼び出し
9         self.timer = self.create_timer(1.0, self.timer_callback)  # タイマの生成
10
11     def timer_callback(self):  # タイマのコールバック
12         self.get_logger().info('ハッピーワールド 2')
13
14
15 def main():  # main() 関数
```

注 48　IT 用語辞典，https://e-words.jp/

注 49　プログラムが何かの処理を待っていて，その間他の作業を進められない状態です．ここでは，コールバックを呼び続けている間はプログラムが終了しないということです．途中で終了されると困りますよね．

```
16      print('プログラム開始')
17      rclpy.init()                # 2. 初期化
18      node = HappyNode2()         # 3. ノードの生成
19      rclpy.spin(node)            # 4. ノードの処理. コールバックを何度も呼び出す
20      node.destroy_node()         # 5. ノードの破棄
21      rclpy.shutdown()            # 6. 終了処理
22      print('プログラム終了')
```

● ハンズオン

今回は既存のパッケージに新しいノード happy_node2 を追加したので，44 ページで説明した setup.py をプログラムリスト 2.6 のように編集しなければいけません．追加しなければならない項目は，24 行目の happy_node2 のエントリポイントです．追加されていることを確認してください．

次のコマンドで，happy_node2 を実行させてください．このノードはコールバックを無限に呼び続けるので何もしないと終了しません．Ctrl+C キーで強制的にプログラムを終了させてください．そうすると図 2.16 のように「Traceback[注50] (most recent call last): .... KeyboardInterrupt」と怒られてしまいます．ビギナーには精神衛生上好ましくありませんね．Traceback はエラーでも出るので，次のプログラムで Ctrl+C キーでは出ないようにします．

```
cd ~/airobot_ws/
colcon build
ros2 run happy happy_node2
```

プログラムリスト 2.6　setup.py

```
21 entry_points={
22   'console_scripts': [
23       'happy_node  = happy.happy_node:main',
24       'happy_node2 = happy.happy_node2:main',
```

チャレンジ 2.5

happy_ws の my_happy パッケージに happy_node2 ノードを追加して，実行結果を確認してください．

```
ubuntu@b95c38a2703a:~/airobot_ws$ ros2 run happy happy_node2
プログラム開始
ノードの生成
[INFO] [1648563610.378338773] [happy_node2]: ハッピーワールド2
[INFO] [1648563611.369642739] [happy_node2]: ハッピーワールド2
[INFO] [1648563612.369691834] [happy_node2]: ハッピーワールド2
[INFO] [1648563613.369070177] [happy_node2]: ハッピーワールド2
^CTraceback (most recent call last):
  File "/home/ubuntu/airobot_ws/install/happy/lib/happy/happy_node2
", line 11, in <module>
    load_entry_point('happy', 'console_scripts', 'happy_node2')()
  File "/home/ubuntu/airobot_ws/build/happy/happy/happy_node2.py",
line 19, in main
    rclpy.spin(node)              # 4. ノードの処理. コールバック関数
を繰り返しよび出す.
  File "/opt/ros/foxy/lib/python3.8/site-packages/rclpy/__init__.py
", line 191, in spin
    executor.spin_once()
  File "/opt/ros/foxy/lib/python3.8/site-packages/rclpy/executors.p
y", line 706, in spin_once
    handler, entity, node = self.wait_for_ready_callbacks(timeout_s
ec=timeout_sec)
  File "/opt/ros/foxy/lib/python3.8/site-packages/rclpy/executors.p
y", line 692, in wait_for_ready_callbacks
```

図 2.16　happy_node2 の実行画面

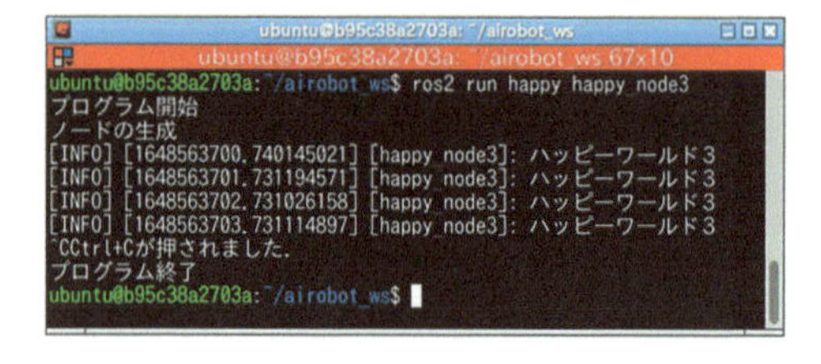

図 2.17　happy_node3 の実行画面

注 50　Python ではエラーなどの例外が起きると，その箇所の呼び出しがスタックトレースとして表示されます．Traceback はスタックトレース表示のことです．

2.5.4 例外処理を使った美しく終了するプログラム

Ctrl+C キーで強制的に終了しても，Traceback が出ずに美しく終了するプログラム[注51] を紹介します．Python の**例外処理** (exception) を使います．まず，例外とは何でしょうか？ これはプログラム実行中に起こったエラーのことです．エラーが起きたときにも対応できる構文が例外処理です．**この例外処理により例外が起きてもプログラムは途中で止まらずに最後まで実行できます．**

プログラムリスト 2.7 を見てください．プログラムリスト 2.5 との違いは main() 関数だけです．例外処理 try-except は 19〜22 行目です．

- **try ブロック**（19〜20 行目）：try ブロックでは例外が発生しそうなコードを書きます．この例では，先ほどのプログラムリスト 2.5 で例外が発生した rclpy.spin(node) です．ここで例外が発生したら，except ブロックで例外を捕まえます．
- **except ブロック**（21〜22 行目）：except ブロックでは例外が発生したときの処理を書きます．この例では KeyboardInterrupt を例外として捕まえます．この例外は割り込みキー (Ctrl+C) が押されたときに発生します．ここでの処理は 'Ctrl+C が押されました' と表示するだけです．
- **rclpy.try_shutdown()**（24 行目）：エラーにならないように rclpy.try_shutdown() で終了処理をしています[注52]．

プログラムリスト 2.7 happy_node3.py

```
15 def main():  # main() 関数
16     print('プログラム開始')
17     rclpy.init()                  # 2. 初期化
18     node = HappyNode3()           # 3. ノードの生成
19     try:                          # 例外処理．美しく終わるため
20         rclpy.spin(node)          # 4. ノードの処理．コールバックを繰り返し呼び出す
21     except KeyboardInterrupt:
22         print('Ctrl+C が押されました')
23     node.destroy_node()           # 5. ノードの破棄
24     rclpy.try_shutdown()          # 6. 終了処理
25     print('プログラム終了')
```

● ハンズオン

今回はすでに作った happy パッケージに 3 つ目の happy_node3 ノードを追加したので，setup.py の entry_points にプログラムリスト 2.8 の 25 行目のように happy_node3 ノードのエントリポイントが追加されていることを確認したら，次のコマンドを打ち込んで，happy_node3 を実行させてください．Ctrl+C キーを押しても図 2.17 のようにプログラムが美しく終わりますね．

```
cd ~/airobot_ws/
colcon build
ros2 run happy happy_node3
```

注 51 Ctrl+C キーで強制終了するとビギナーが戸惑うので，きれいに終わるサンプルも紹介したほうがよく，そのプログラムをご提示くださったのは共著者の升谷先生です．

注 52 Foxy と Humble ではシグナル処理が違うので，rclpy.shutdown() では Traceback が出て美しく終了しません．Humble の rclpy では KeyboardInterrupt（Ctrl+C キーによる割り込み）が検出されると，rclpy.shutdown() が自動的に呼び出されるようになりました．これは，ROS 2 のシャットダウンプロセスの管理を簡単にし，開発者が手動でシャットダウンを行う必要を減らすための改善です．つまり，このコードでは 24 行目の rclpy.try_shutdown() がなくてもかまいません．なお，rclpy.shutdown() に変更すると，rclpy.shutdown() が二度呼び出されエラーになります．rclpy.try_shutdown() はすでにシャットダウンされている場合には何も行わないためエラーにならないのです．

プログラムリスト 2.8　setup.py

```
25          'happy_node3 = happy.happy_node3:main',
```

2.6 トピック通信プログラムのつくり方

この節ではトピック通信プログラムのつくり方について説明します．トピック通信ではデータを送信するパブリッシャと受信するサブスクライバのプログラムが必要になります．

● パブリッシャの説明

パブリッシャを使ったクラスの一般的な書き方は次のようになります．次の 3 ステップです．

パブリッシャを使ったクラスのつくり方

```
class パブリッシャのクラス名(Node):
    def __init__(self):  # コンストラクタ
        super().__init__('ノード名')
        # 1. パブリッシャの生成
        self.pub = self.create_publisher(メッセージ型,トピック名,通信品質)
        #  メッセージ型：トピック通信に使うメッセージの型
        #  トピック名：メッセージを送るトピック名
        #  通信品質：通信品質に影響を及ぼすバッファのサイズなど
        # 2. タイマの生成
        self.timer = self.create_timer(タイマの間隔 [s], コールバック)
        # 一定周期でパブリッシュする必要がなければタイマは不要
        # その他必要な処理を書く

    def timer_callback(self):  # コールバック
        # メッセージに値を代入するなど必要な処理を書く
        # 3. パブリッシュ
        self.pub.publish(メッセージ)
        # メッセージをパブリッシュする
        # その他必要な処理を書く
```

一定間隔でメッセージをパブリッシュする場合が多いので，ここではタイマを使って周期的に publish を呼び出しています．タイマを使わない場合は，クラスのメソッドで publish を呼び出してください．

Python を使う場合は型をそれほど意識する必要はありませんが，ROS 2 の通信ではメッセージ型を間違えると通信ができないのでよく理解する必要があります． 標準メッセージ型 std_msgs には Bool（ブール型），Char（文字型），Float32，Float64（浮動小数点型），Int8，Int16，Int32，Int64（整数型），String（文字列型），MultiArray（多次元配列型）などがあります[注53]．

また，「1. パブリッシャの生成」の**通信品質**（QoS, Quality of Service）は通信速度などの通信品質

注 53　メッセージ型：https://github.com/ros2/common_interfaces/tree/master/std_msgs

のことです．デフォルトではメッセージの送信に使うバッファ[注54]の個数を指定します．用途や通信環境により必要な個数が変わるので一概にいえませんがデフォルト値は10個です．

2.6.1 パブリッシャのサンプルプログラムの説明

プログラムリスト 2.9 happy_publisher_node.py

```
 1 import rclpy
 2 from rclpy.node import Node
 3 from std_msgs.msg import String
 4
 5
 6 class HappyPublisher(Node):
 7     def __init__(self):  # コンストラクタ
 8         super().__init__('happy_publisher_node')
 9         self.pub = self.create_publisher(String, 'topic', 10)   # パブリッシャの生成
10         self.timer = self.create_timer(1, self.timer_callback)  # タイマの生成
11         self.i = 10
12
13     def timer_callback(self): # コールバック
14         msg = String()
15         if self.i > 0:
16             msg.data = f'ハッピーカウントダウン {self.i}'
17         elif self.i == 0:
18             msg.data = f'発射！'
19         else:
20             msg.data = f'経過時間 {-self.i}'
21         self.pub.publish(msg)
22         self.get_logger().info(f'パブリッシュ: {msg.data}')
23         self.i -= 1
```

では，ロケット発射のイメージでカウントダウンをして，発射後は経過時間をパブリッシュする簡単なhappy_publisher_nodeノードのプログラムを作りましょう！ プログラムリスト2.9がそのコードです．main()関数は今までと同じなので省略します．コードを説明します．

- **インポート**（3行目）：文字列をメッセージとしてパブリッシュするのでstd_msgs.msgモジュールからStringクラスをインポートします．std_msgsはROS 2の標準メッセージ型のモジュールです．
- **コンストラクタ**（7～11行目）：create_publisher()でパブリッシャを生成しています．1番目の引数はトピック通信に使うメッセージ型で，Stringは文字列型です．2番目の引数はトピック名，3番目の引数は**通信品質**です．デフォルトではメッセージの送信に使うバッファの個数を指定します．self.iはカウントダウン用の変数です．
- **コールバック**（13～23行目）：timer_callback()はcreate_timer()で設定されたコールバックです．14行目でStringメッセージ型のインスタンスmsgを作成しています．次のif文でself.iが0より大きいときはmsg.dataに'ハッピーカウントダウン'とカウントダウン用の数字を代入しています．ここで文字列は**f文字列**を使っています[注55]．self.iがカウントダウンされて0になったら，msg.dataに'発射！'と代入し，self.iが0より小

注54 メッセージ（データ）は一度，このバッファに保存され，古いデータから順に送信されます．バッファが小さすぎるとデータが一部紛失し，大きすぎると古いデータを送ることになります．常に最新のデータを送りたい場合は1個，全データが必要な場合や時系列処理などの場合は大きくするとよいそうです．参考リンク：https://qiita.com/yukkysaito/items/8ed1dcbc4ca242c47575

注55 f文字列はPython3.6から利用可能になりました．簡単に書けるのでこの本ではf文字列を使います．

さくなったら経過時間を表示します．21 行目の publish() で，String 型の msg をパブリッシュし，次の get_logger().info() でログを取得してパブリッシュした文字列と同じものを端末に表示しています．**ログは重要度順に DEBUG，INFO，WARN，ERROR，FATAL とレベルが高くなり，標準設定の場合は INFO 以上が端末に表示されます．ここでは INFO を使っているので，ログが端末に表示されます．GUI ツール rqt_console でも読むことができます．**

2.6.2　パブリッシャのハンズオン

● 1. パッケージの作成

happy_topic パッケージの作成法を説明します．2.4 節と同じ要領です．この本の Docker イメージを使用している場合は，「4. 実行」だけをやってください．端末を開き，次のコマンドで happy_topic パッケージと happy_publisher_node ノードを作成します．

```
cd ~/airobot_ws/src/chapter2
ros2 pkg create --build-type ament_python --node-name happy_publisher_node happy_topic
```

● 2. ソースコードの作成

プログラムリスト 2.9 happy_publisher_node.py と同じ名前と内容のファイルをエディタで作成して~/airobot_ws/src/chapter2/happy_topic/happy_topic ディレクトリに保存します．

● 3. ビルド

```
cd ~/airobot_ws
colcon build
```

● 4. 実行

同じ端末で次のコマンドを実行して，happy_publisher_node ノードを実行します．実行すると“パブリッシュ：ハッピーカウントダウン 10”，“パブリッシュ：ハッピーカウントダウン 9”，…，“パブリッシュ：発射！”，”パブリッシュ：経過時間 1”，”パブリッシュ：経過時間 2”，… とずっと端末に表示されるのが確認できます．

```
cd ~/airobot_ws
source install/setup.bash
ros2 run happy_topic happy_publisher_node
```

チャレンジ 2.6

現在の日本時間 (JST) を繰り返しパブリッシュするプログラムを作ってみましょう！ Python で日本時間を表示する方法を調べてください．今までのチャレンジはワークスペースを変更しただけでしたが，このチャレンジでは，次のようにパッケージ名，ノード名，ファイル名も変更してください．自分でパッケージを作る際に必要になる作業です．

- ワークスペース： airobot_ws → happy_ws
- パッケージ名： happy_topic → time_topic
- ノード名： happy_publisher_node → time_publisher_node
- ファイル名： happy_publisher_node.py → time_publisher_node.py

2.6.3 サブスクライバの説明

サブスクライバを使った典型的なクラスの書き方は次のようになります．次の2ステップです．

サブスクライバを使ったクラスのつくり方

```
class サブスクライバのクラス名(Node):
    def __init__(self):  # コンストラクタ
        super().__init__('ノード名')
        # 1. サブスクライバの生成
        self.sub = self.create_subscription(
                    メッセージ型,トピック名,コールバック,通信品質)
        # メッセージ型：トピック通信に使うメッセージの型
        # トピック名：メッセージを送るトピック名
        # コールバック：サブスクライバが使うコールバック
        # 通信品質：通信品質に影響を及ぼすバッファのサイズなど

    # 2. コールバックの定義
    # 新しいメッセージが届くとrclpy.spin()がコールバックを呼び出し，
    # メッセージを引数として取得できるので，コールバックではその処理を書く
    def callback(self, msg):
        # 2番目の引数msg（メッセージ）を使い必要な処理を書く
```

● サブスクライバのサンプルプログラムの説明

プログラムリスト 2.10 happy_subscriber_node.py

```
6  # String 型メッセージをサブスクライブして端末に表示するだけの簡単なクラス
7  class HappySubscriber(Node):
8      def __init__(self): # コンストラクタ
9          super().__init__('happy_subscriber_node')
10         # サブスクライバの生成
11         self.sub = self.create_subscription(
12             String, 'topic', self.callback, 10)
13
14     def callback(self, msg):  # コールバック
15         self.get_logger().info(f'サブスクライブ: {msg.data}')
```

次に，メッセージの受け手であるサブスクライバのプログラムをプログラムリスト2.10に示します．このプログラムはhappy_publisher_nodeがパブリッシュするトピックを受け取って，端末に表示するだけの簡単なものです．説明する必要があるのは，11，12行目のcreate_subscriptionでサブスクライバを生成している部分だけです．1番目の引数Stringはメッセージ型，2番目の引数topicはトピック名，3番目の引数self.callbackはコールバック，4番目の引数10は通信バッファのサイズです．コールバックは14，15行目に定義されており，メッセージを表示するだけです．簡単ですね．

2.6.4 サブスクライバのハンズオン

この本のDockerイメージを使用している場合は，「5. 実行」だけやってください．

● 1. ソースコードの作成

プログラムリスト 2.10 に happy_subscriber_node.py と名前を付けて保存します．

● 2. package.xml の編集

happy_topic パッケージをすでに作成しているので~/airobot_ws/src/chapter2/happy_topic ディレクトリに setup.py，setup.cfg，package.xml が作られています．編集の必要があるのは package.xml と setup.py です．package.xml の 5〜7 行目を必要に応じて変更し，サンプルプログラムでインポートしているモジュールをプログラムリスト 2.11 の 10〜12 行目のように追加します．

プログラムリスト 2.11　package.xml

```
10 <exec_depend>rclpy</exec_depend>
11 <exec_depend>std_msgs</exec_depend>
12 <exec_depend>geometry_msgs</exec_depend>
```

● 3. setup.py ファイルの編集

今まで setup.py を変更する必要はありませんでしたが，**1 つのパッケージに 2 つのノードを作成したので setup.py を変更しなければなりません．** 自動作成された setup.py がプログラムリスト 2.12 です．ここで，変更する必要があるのは 16〜19 行目．この内容は，package.xml と同じにしなければなりません．パッケージを一般公開しない場合でも変更する必要がある項目は 21〜26 行目の entry_points です．この例ではパッケージを作成するときに--node-name を付けてノードも作成したので，プログラムの開始点となる entry_points が 23 行目のように自動的に生成されています．happy_subscriber_node を新たに作成したので 24 行目のように追加しなければなりません．ここで，24 行目が追加されたので 23 行目のように最後のカンマを追加するのを忘れないでください．

プログラムリスト 2.12　setup.py

```
16 maintainer='mini',
17 maintainer_email='mini@todo.todo',
18 description='TODO: Package description',
19 license='TODO: License declaration',
20 tests_require=['pytest'],
21 entry_points={
22     'console_scripts': [
23         'happy_publisher_node = happy_topic.happy_publisher_node:main',
24         'happy_subscriber_node = happy_topic.happy_subscriber_node:main',
25     ],
26 },
```

● 4. ビルド

```
cd ~/airobot_ws
colcon build
```

● 5. 実行

端末を 2 つに分割します．上段の端末で happy_subscriber_node ノードを起動して，メッセージが届くのを待っておきます．

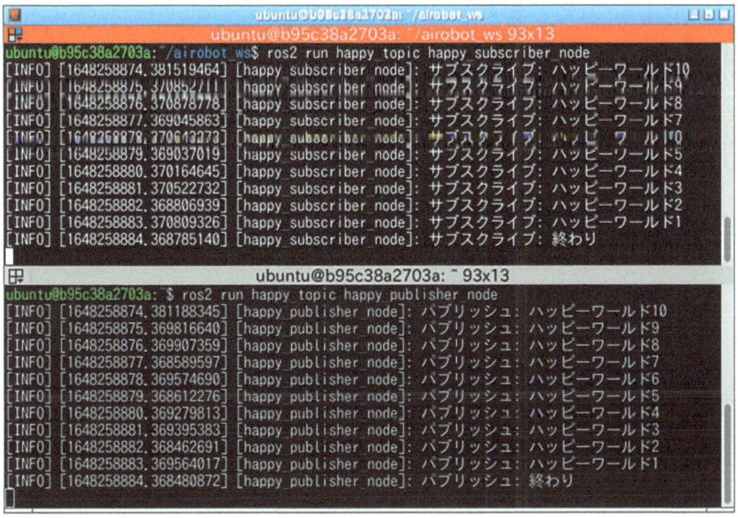

図 2.18　happy_topic の実行画面

```
cd ~/airobot_ws
source install/setup.bash
ros2 run happy_topic happy_subscriber_node
```

下段の端末で happy_publisher_node ノードを起動します．図 2.18 のように表示されていたら成功です．おめでとうございます！　サブスクライバがパブリッシュされたメッセージを受け取り端末に表示していることがわかります．

```
cd ~/airobot_ws
source install/setup.bash
ros2 run happy_topic happy_publisher_node
```

チャレンジ 2.7

サブスクライバのサンプルプログラムは受信したデータを表示するだけなので，このチャレンジでは変更しません．今までの説明を実際にやってみましょう．ただし，次を変更してください．

- ワークスペース： airobot_ws → happy_ws
- パッケージ名： happy_topic → time_topic
- ノード名： happy_subscriber_node → time_subscriber_node
- ファイル名： happy_subscriber_node.py → time_subscriber_node.py

2.6.5　サブスクライブしてパブリッシュするプログラム

今までの例ではサブスクライバとパブリッシャが別々のプログラムでしたが，両方を使う二刀流のプログラム例を紹介します．

パブリッシャ

プログラムリスト 2.13 がそのコードです．

プログラムリスト 2.13　happy_pub_sub.py

```
5   from std_msgs.msg import String, Int32
6
7
8   class HappyPubSub(Node):
9       def __init__(self):
10          super().__init__('happy_pub_sub')
11          self.pub = self.create_publisher(String, 'happy_msg', 10)
12          self.sub = self.create_subscription(Int32, 'number', self.callback, 10)
13          self.happy_actions = ({
14              1: '他の人へ親切な行動をします．',
15              2: '他の人とつながる行動をします．',
16              3: '健康になるために運動をします．',
17              4: 'マインドフルネスをします．',
18              5: '新しいことに挑戦します．',
19              6: 'ゴールを決めて，まず一歩を踏み出します．',
20              7: 'レジリエンス（回復力）を付けます．',
21              8: '物事のよい面を見ます．',
22              9: '人は皆違っていることを受け入れます．',
23              10: '皆で協力して世界をよくします．'})
24
25      def callback(self, sub_msg):
26          pub_msg = String()
27          self.get_logger().info(f'サブスクライブ:{sub_msg.data}')
28          pub_msg.data = self.happy_actions[sub_msg.data % 10 + 1]
29          self.pub.publish(pub_msg)
30          self.get_logger().info(f'パブリッシュ:{pub_msg.data}')
```

- **インポート**（5 行目）：このコードで使う Int32 型と String 型を std_msgs.msg モジュールからインポートしています．
- HappyPubSub **クラス**（8〜30 行目）：HappyPubSub クラスは，日にちのデータをサブスクライブして，それに一致するハッピーアクションをパブリッシュします．
- **パブリッシャ**（11 行目）：プログラムリスト 2.9 との違いは，create_publisher() の 2 番目の引数トピック名が happy_msg に変わっただけです．
- **サブスクライバ**（12 行目）：プログラムリスト 2.10 との違いは，create_subscription() の 1 番目の引数であるメッセージ型が Int32[注56] に，2 番目の引数トピック名が number に変わっています．
- **コールバック**（25〜30 行目）：サブスクライブされたメッセージ（この例では日）をログ出力して，そのメッセージを 10 で割った余りの整数+1 に対応する 13 行目 happy_actions の行動をパブリッシュ用のデータに入れて 29 行目でパブリッシュしています．

● コマンドを使ったハンズオン

happy_pub_sub ノードを立ち上げて，端末から ros2 topic pub コマンドでメッセージを送り，そのノードが処理してパブリッシュしたメッセージを ros2 topic echo コマンドで端末に表示します．端末を縦に 3 分割します．上段の端末で happy_pub_sub ノードを起動します．

```
cd ~/airobot_ws
colcon build
source install/setup.bash
ros2 run happy_pub_sub happy_pub_sub_node
```

注 56　Int32：32 ビットの整数型．

中段の端末で ros2 topic echo を実行してトピック/happy_msg のメッセージを出力します．なお，利用可能なトピックを知るコマンドは ros2 topic list です．

```
ros2 topic echo  /happy_msg
```

下段の端末で次の ros2 topic pub コマンドを実行してメッセージをパブリッシュします．オプションの--once を 1 回だけパブリッシュします．引数はトピック名，メッセージ型，データです．データは辞書型で入れます．**注意が必要なのは data: 1 の data: と 1 の間にスペースを入れることです．スペースを入れないとエラーになります．**

```
ros2 topic pub --once /number std_msgs/msg/Int32 '{data: 1}'
```

このコマンドを実行すると図 2.19 のように，日に対応するハッピーになるための行動が表示されます．data の値をいろいろ変えてみて試してください．よりハッピーになれるかもしれません．

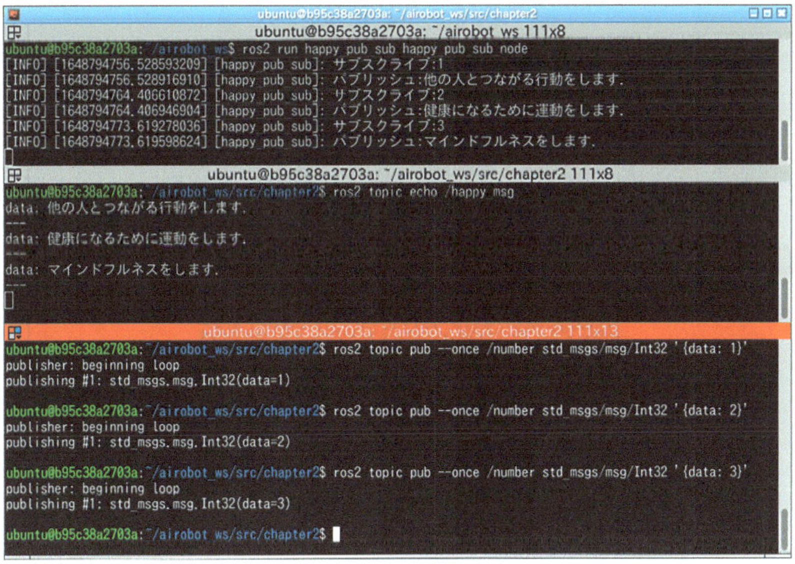

図 2.19　happy_pub_sub の実行画面

● GUI を使ったハンズオン

先のハンズオンではメッセージのパブリッシュと表示にコマンドを使いました．ここでは 2.3.2 節で説明した GUI ツール RQt を使って同じことをします．まず，次のコマンドで RQt を起動します．

```
rqt
```

RQt はいろいろな機能があり，とてもパワフルなツールです．ここでは，トピックを監視する**トピックモニタ**とメッセージをパブリッシュする**メッセージパブリッシャ**の機能を使います．

- **トピックモニタ**（図 2.20）
  - メニューの [Plugins] → [Topics] → [Topic Monitor]
  - Topic Monitor のウィンドウで，Topic:/happy_msg と/number にチェックを入れて選び，チェックの左の ▼ をクリックすると data が表示されます．

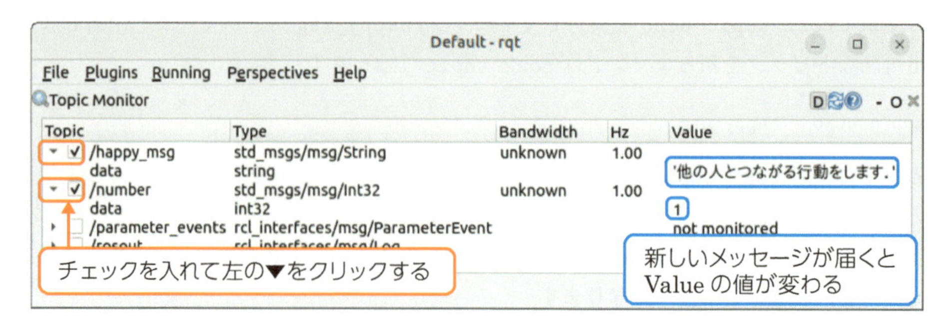

図 2.20　RQt のトピックモニタ

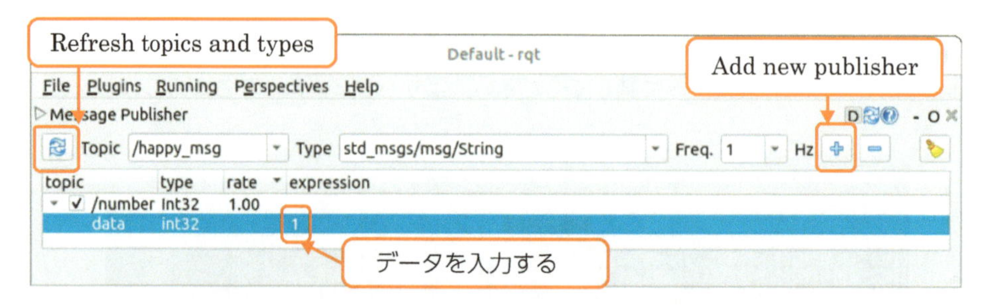

図 2.21　RQt のメッセージパブリッシャ

- **メッセージパブリッシャ**（図 2.21）
  - メニューの [Plugins] → [Topics] → [Message Publisher]
  - Message Publisher のウィンドウで，Topic:`/number` を選び，[Add new publisher] ボタンをクリックしてパブリッシャを追加します．expression にデータの値（整数値）を入れて，[Refresh topics and types] ボタンをクリックするとメッセージがパブリッシュされます．

Message Publisher のウィンドウで expression のデータを変更して，[Refresh topics and types] ボタンをクリックするたびにトピックモニタの Value の値が変わるので確認してください．

チャレンジ 2.8

今までの説明をチャレンジ 2.7 と同じ要領で実際にやってみましょう！

チャレンジ 2.9

プログラミング問題で有名な FizzBuzz 問題を実装してみましょう！　サブスクライブした正の整数が 3 の倍数なら “Fizz”，5 の倍数なら “Buzz”，両方の倍数なら “FizzBuzz”，それ以外ならその数字をパブリッシュするプログラムを作ってください．

2.7 サービス通信プログラムのつくり方

この節ではサービス通信プログラムのつくり方について説明します．サービス通信は，双方向通信・同期通信で要求があったときだけメッセージを送受信する通信でしたね．ノードがサービスを使って通信するときは，**クライアントノード**が**サービスノード**（サーバ）に**リクエストメッセージ**を送り，サービスノードはそれを処理してクライアントノードに**レスポンスメッセージ**を返します．

2.7.1　サービス型

まず，サービス通信に使うメッセージの型を決めます．これを**サービスメッセージ型**あるいは単に**サービス型**とよびます．サービス通信でもトピック通信と同じようにメッセージの型と名前が同じでなければ通信ができません．また，サービス通信ではクライアントメッセージ型とサービスメッセージ型をまとめて 1 つの**サービスメッセージ型**としています（図 2.22）．クライアントやサービスで受け渡す内容は多様で，サービス通信の標準サービス型は数も少なく単純なものしかないのであまり使えません．そのため，カスタム（自作）サービス型を普通は使います．このつくり方は，下の「カスタムサービス型の定義」のように**サービス定義ファイル**（拡張子.srv）に書くだけです．破線 (---) の上にリクエストの型と変数，下にはレスポンスの型と変数を書きます．このファイルをパッケージの srv ディレクトリに保存します．なお，この本で使うカスタムサービス型**StringCommand.srv** をプログラムリスト 2.14 で定義します．リクエストの変数 command は string（文字列）型で，ロボットへの命令が入り，レスポンスの変数 answer も string 型で命令に対する応答を入れます．

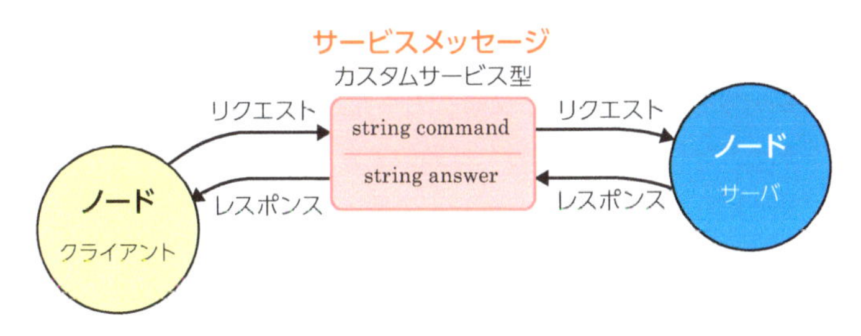

図 2.22　サービス通信のイメージ

Happy Mini のミニ知識　Future パターンって？

ROS 2 の非同期通信では Future パターンが使われています．これは，プログラミング言語の非同期処理などを扱うためのデザインパターンの 1 つで，将来的に結果が完了する非同期タスクを扱うための仕組みです．簡単にいえば，「すぐには結果がわからないけれど，後で結果が返ってくる約束を受け取る」ようなイメージです[注57]．次の手順でコーディングします．

1. タスクの実行を依頼：クライアントはサーバに完了に時間がかかるタスクを依頼します．
2. Future の生成：その依頼が完了した後に結果がわかるという「約束」を Future オブジェクトとして受け取ります．Future は，将来的に完了したら結果を教えてくれます．
3. 結果を受け取る：タスクの処理が終わると， Future オブジェクトを通して結果を手に入れます．この間にクライアントは他の作業を続け，効率的な処理ができます．

カスタムサービス型の定義

```
# リクエストの型と変数名を 1 行ずつ書く．この例では 1 行だが必要な数だけ書く．
型 1  変数名 1
---
# レスポンスの型と変数名を 1 行ずつ書く．この例では 1 行だが必要な数だけ書く．
```

注 57　なお，デザインパターンは，プログラミング言語のよくある問題に対する再利用可能で効果的な解決方法のことです．これらを使うことで，問題解決が簡単になり，コードの可読性や保守性が向上するのです．

型 2 変数名 2
型 3 変数名 3

プログラムリスト 2.14 StringCommand.srv

```
1 string command  # リクエストの型と変数名．この例ではロボットへの命令．
2 ---
3 string answer   # レスポンスの型と変数名．この例ではロボットからの応答．
```

2.7.2 サービスノード

次にサービスノードのつくり方を説明します．クラスの書き方についてはトピック通信と基本的に同じなので，サービスのメソッドだけをまとめました．

サービスノードのつくり方

1. **サービスの生成**：
   create_service(サービス型，サービス名，コールバック) でサービスを生成する．サービス型とサービス名はクライアントと同じでなければ通信できない．
   - サービス型：サービス通信に使うメッセージの型
   - サービス名：サービス通信に使うサービス名
   - コールバック：サービスノードが使うコールバック名
2. **コールバックの定義**：クライアントノードから届いたメッセージの処理を書く．

サービスノードの簡単な例としてプログラムリスト 2.15 の説明をします．

プログラムリスト 2.15 bringme_service_node.py

```
4 from airobot_interfaces.srv import StringCommand
5
6 class BringmeService(Node):  # Bringme サービスクラス
7     def __init__(self):  # コンストラクタ
8         super().__init__('bringme_service')
9         # サービスの生成（サービス型，サービス名，コールバック）
10        self.service = self.create_service(StringCommand,'command',self.callback)
11        self.food = ['apple', 'banana', 'candy']
12
13    def callback(self, request, response):  # コールバック
14        time.sleep(5)
15         item = request.command
16        if item in self.food:
17                response.answer = f'はい，{item}です'
18        else:
19                response.answer = f'{item}を見つけることができませんでした'
20        self.get_logger().info(f'レスポンス：{response.answer}')
21        return response
```

- **インポート**（4 行目）：airobot_interfaces.srv モジュールからカスタムメッセージ型 StringCommand をインポートしています．
- **サービスの生成**（10 行目）：サービスを生成し，サービス型 StringCommand，サービス名 command，

コールバック callback を設定しています.

- **コールバック**（13〜21 行目）：コールバック callback では，2 番目の引数 request がリクエストメッセージで，3 番目の引数 response がレスポンスメッセージになります．メッセージ型はプログラムリスト 2.14 に定義されています．リクエストのメンバは string command で，レスポンスのメンバは string answer です．14 行目で 5 秒スリープした後に，food の要素がリクエストの文字列に含まれていたら，'はい，〇〇です' をレスポンスとして return で返しています．含まれていない場合は，'〇〇を見つけることができませんでした' と返します．これでクライアント側にレスポンスメッセージが送信されます．

2.7.3 クライアントノード

クライアントノードのつくり方を説明します．サービスノードより少し複雑になります．

クライアントノードのつくり方

1. **クライアントの生成**：
   create_client(サービス型，サービス名）でサービスを生成する．引数は次のとおり．サービス型とサービス名はサービスと同じでなければ通信できない．
   - サービス型：サービス通信に使うメッセージの型
   - サービス名：サービス通信に使うサービス名
2. **サービスが利用できるまで待機**：
   wait_for_service(timeout_sec=秒数）を while 文で使いサービスが使えるようになるまで待機する．ここで timeout_sec はサービスを待つ秒数を指定する．デフォルト値は None で永遠に待ち続ける．
3. **リクエストのインスタンス生成**
4. **リクエストに値の代入**
5. **サービスのリクエスト**：call_async(リクエスト）は非同期呼び出しのため，サービス呼び出しの結果を待つことなく，プログラムが他の作業を続けることができる．
6. **サービス呼び出し完了の確認とレスポンスの取得**：node.future.done() はサービス呼び出しが完了したかを確認するために使う．サービス呼び出しが完了している場合は True を返し node.future.result() でレスポンスを取得し，完了していない場合は False を返す．

クライアントノードのプログラムをプログラムリスト 2.16 に示します．

プログラムリスト 2.16 bringme_client_node.py

```
6 class BringmeClient(Node):
7     def __init__(self):  # コンストラクタ
8         super().__init__('bringme_client_node')
9         self.client = self.create_client(StringCommand, 'command') # クライアントの生成
10        # サービスが利用できるまで待機
11        while not self.client.wait_for_service(timeout_sec=1.0):
12            self.get_logger().info('サービスは利用できません．待機中...')
13        self.request = StringCommand.Request()  # リクエストのインスタンス生成
14
15    def send_request(self, order):     # リクエストの送信メソッド
16        self.request.command = order  # リクエストに値の代入
```

```
17         self.future = self.client.call_async(self.request) # サービスのリクエスト
18
19
20 def main():
21     rclpy.init()
22     bringme_client = BringmeClient()
23     order = input('何を取ってきますか：')
24     bringme_client.send_request(order)
25
26     while rclpy.ok():
27         rclpy.spin_once(bringme_client)  # ノードを 1回スピンして，コールバックを処理する
28         if bringme_client.future.done():  # サービスの処理が完了したかを確認
29             try:
30                 response = bringme_client.future.result()  # サービスの結果を取得
31             except Exception as e:
32                 bringme_client.get_logger().info(f'サービスの呼び出しは失敗しました. {e}')
33             else:
34                 bringme_client.get_logger().info( # 結果の表示
35                     f'\nリクエスト:{bringme_client.request.command} -> レスポン
    ス: {response.answer}')
36                 break
37     bringme_client.destroy_node()
38     rclpy.shutdown()
```

- **コンストラクタ**（7〜13 行目）：9 行目でサービスノードと同じサービス型と名前のクライアントを作成しています．サービスと通信するためには，クライアントとサービスの型と名前が同じでなければなりません．11 行目の while ループの `wait_for_service` メソッドで，サービスが利用できるまで 1 秒ごとにチェックをして待機します．利用できないときは' サービスは利用できません．待機中...' と 1 秒ごとにログに出力しています．サービスが利用可能になったら，13 行目でリクエストのインスタンスを生成しています．このオブジェクトを使ってサーバにリクエストを送信します．
- **`send_request()`**（15〜17 行目）：引数 order は，23 行目で標準入力からインプットされた文字列です．これをリクエストの値に代入しています．**17 行目は非同期的にサービスを呼び出すための重要な部分です．`call_async()` で非同期にサービスを呼び出し，その結果を待つための Future オブジェクトを返します．Future オブジェクトを使うことで，プログラムは非同期に操作を続けながら後で結果をチェックできるのです．**
- **`main()` 関数**（20〜38 行目）：24 行目で `BringmeClient` クラスの `send_request()` で，サービスにリクエストを送り，レスポンスを待ちます．26 行目の `while` ループでノードが正常に動作している間は，28 行目の `node.future.done()` でサービス呼び出しが完了したかをチェックしています．`node.future.done()` は非同期操作（サービス呼び出し）が完了している場合に `True` を返し，非同期操作がまだ進行中で完了していない場合は `False` を返します．完了している場合は `node.future.result()` を呼び出してサービスの結果であるサーバからのレスポンスを取得して，34 行目で結果をログに出力します．また，31 行目の `except` ブロックで例外がキャッチされたときは，プログラム実行中にサービス呼び出しが失敗しているので例外をログに出力しています．非同期処理におけるエラーハンドリングは重要です．これにより頑健なシステムをつくることができます．

2.7.4　ハンズオン

では，次の手順で実行しましょう．

サービス定義パッケージの作成

パッケージの作成：この本の Docker イメージを使用している場合やリポートリイトからクローンする場合は，この作業を実施する必要はありませんが，カスタムサービス型を作る場合は必要な作業です．まず，サービス定義ファイルを含むパッケージ airobot_interfaces を作成します[注58]．ここで，--dependencies は**依存関係**[注59] を指定します．

```
cd ~/airobot_ws/src/chapter2
ros2 pkg create airobot_interfaces --dependencies rosidl_default_generators --build-type a
ment_cmake
```

StringCommand.srv の作成：プログラムリスト 2.14 と同じサービス定義ファイル~/airobot_ws/src/chapter2/airobot_interfaces/srv/StringCommand.srv を作成します．

```
mkdir -p ~/airobot_ws/src/chapter2/airobot_interfaces/srv
cd ~/airobot_ws
codium .
```

CMakeLists.txt の編集：CMakeLists.txt の 11 行目にプログラムリスト 2.17 を追加します．

プログラムリスト 2.17 CMakeLists.txt

```
11 rosidl_generate_interfaces(
12     ${PROJECT_NAME}
13     "srv/StringCommand.srv"
14     "action/StringCommand.action"
15 )
```

package.xml の編集：プログラムリスト 2.18 の 12 行目のように rosidl_default_generators のタグを buildtool_depend に変更します．さらに，13，14 行目のパッケージなどが必要なので，この 2 行を package.xml に追加します[注60]．

プログラムリスト 2.18 package.xml

```
12 <buildtool_depend>rosidl_default_generators</buildtool_depend>
13 <exec_depend>rosidl_default_runtime</exec_depend>
14 <member_of_group>rosidl_interface_packages</member_of_group>
```

ビルド：次のコマンドでビルドします．

```
cd ~/airobot_ws
colcon build
```

bringme_service パッケージの作成

bringme_service パッケージを次のコマンドで作成します．

注 58　Python を使ってサービス定義ファイルを作成することはできないので，--build-type に C++言語用の ament_cmake を設定します．

注 59　依存関係とはプログラムのビルドや実行のために必要となるパッケージやモジュールなどのことです．rosidl_default_generators はサービスやアクション定義から実際のプログラミング言語のデータ構造や通信コードを生成するために必要なパッケージです．

注 60　タグを説明します．buildtool_depend はビルド時に，exec_depend は実行時に必要なパッケージ，member_of_group はこのパッケージ（airobot_interfaces）が特定のグループ（rosidl_interface_packages）のメンバであることを示しています．

```
cd ~/airobot_ws/src/chapter2
ros2 pkg create bringme_service --build-type ament_python  --node-name bringme_service_no
de --dependencies rclpy airobot_interfaces
```

ここで，--dependencies オプションは必要なパッケージなど依存関係があるものを package.xml に自動で追加してくれます．

● サービスノードとクライアントノードの作成

サービスノード bringme_service_node.py とクライアントノード bringme_client_node.py のプログラムを ~/airobot_ws/src/chapter2/bringme_service/bringme_service に作成します．

● package.xml の変更

ここでは，パッケージを一般公開しないので，特に変更する必要はありません．

● setup.py の変更

エントリポイントを追加します．パッケージを作成するときに--node-name オプションを付けて bringme_service_node を指定したので，bringme_service_node に関してはエントリポイントが自動で設定されています．bringme_client_node のエントリポイントをプログラムリスト 2.19 のように追加してください．なお，エントリポイントが追加されたので，23 行目のように最後にカンマを追加しなければエラーになるので注意してください．

プログラムリスト 2.19　setup.py

```
23 'bringme_service_node = bringme_service.bringme_service_node:main',
24 'bringme_client_node  = bringme_service.bringme_client_node:main',
```

● ビルドと実行

ワークスペースのルートディレクトリ (~/airobot_ws) で，不足している依存関係をインストールする次のコマンドを実行します．

```
cd ~/airobot_ws
rosdep install -i --from-path src -y
colcon build
source install/setup.bash
```

サービスノードを実行しましょう．クライアントからのリクエストを待ちます．

```
ros2 run bringme_service bringme_service_node
```

別の端末を開いて，設定ファイルを反映させ，次のコマンドでクライアントノードを実行しましょう．

```
ros2 run bringme_service bringme_client_node
何を取ってきますか：
```

と聞かれるので，とってきてほしい食べ物（英語）を入力してください．apple, banana, candy を入力すると 'はい，これです．' とレスポンスが返り，それ以外は '見つけることができませんでした．' とレスポンスが返り，図 2.23 のように端末に表示されます．

```
ubuntu@b95c38a2703a: ~/airobot_ws
ubuntu@b95c38a2703a: ~/airobot_ws 97x3
ubuntu@b95c38a2703a:~/airobot_ws$
ubuntu@b95c38a2703a:~/airobot_ws$ ros2 run bringme_service bringme_service_node

ubuntu@b95c38a2703a: ~/airobot_ws 97x9
ubuntu@b95c38a2703a:~/airobot_ws$ ros2 run bringme_service bringme_client_node
何を取ってきますか：apple
[INFO] [1648829746.970034322] [bringme_client_node]:
リクエスト:apple -> レスポンス: はい, これです.
ubuntu@b95c38a2703a:~/airobot_ws$ ros2 run bringme_service bringme_client_node
何を取ってきますか：strawberry
[INFO] [1648829763.044654887] [bringme_client_node]:
リクエスト:strawberry -> レスポンス: 見つけることができませんでした.
ubuntu@b95c38a2703a:~/airobot_ws$
```

図 2.23 bringme_service の実行画面

チャレンジ 2.10

では，今までのチャレンジと同じ要領で実際にやってみましょう．

チャレンジ 2.11

英単語をリクエストすると，その単語の前に Happy を付けてレスポンスする `happy_service` パッケージを作ってください．例えば，'Life' をリクエストすると'Happy Life' がレスポンスとしてクライアントに返ってきます．

2.8 アクション通信プログラムのつくり方

この節ではアクション通信の基本的なプログラムのつくり方について説明します．より実用的なプログラムは付録 B を参照してください．アクション通信はタスク終了まで時間がかかり，途中経過も知りたかったり，タスクの中止が必要だったりする複雑なタスクの処理に使います．前節のサービス通信で実装した `bringme-service` をアクション通信で再実装します．図 2.24 に示すようにアクション通信はゴールサービス，フィードバックトピック，リザルトサービスで構成されています．

- ゴールサービス：アクションクライアントがアクションサーバに対してゴールリクエスト（目標やタスクの詳細を含む）を送信するために使用されるサービス．

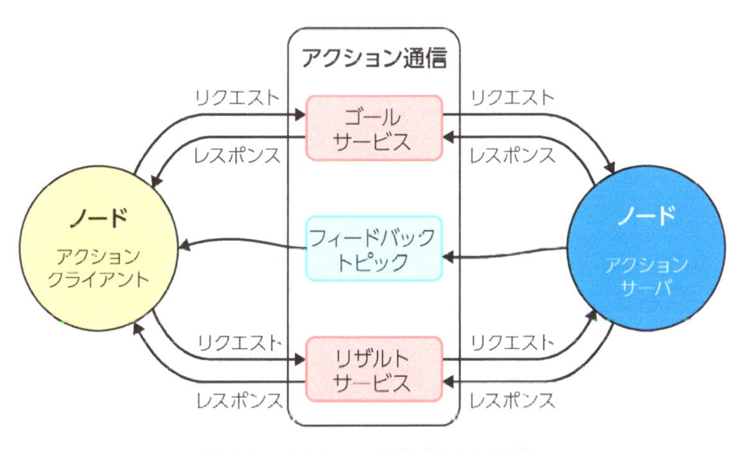

図 2.24 アクション通信（図 2.3 再掲）

- フィードバックトピック：アクションサーバがアクションクライアントに対して，実行中のゴールの進捗状況や中間結果を送信するために使用されるトピック．
- リザルトサービス：ゴールが完了したときに，アクションサーバがアクションクライアントに対して最終的な結果を送信するために使用されるサービス．

2.8.1 アクション型

まず，アクション通信に使うメッセージの型である**アクションメッセージ型**または**アクション型**を決めます．アクション通信でもサービス通信と同じようにメッセージの型と名前が同じでなければ通信ができません．サービス型と違う点は，アクション通信ではクライアントメッセージ型，サービスメッセージ型に，新たにフィードバック型を加えて 1 つの**アクションメッセージ型**をつくります．このつくり方は，下の「アクション型の定義」のように**アクション定義ファイル**(拡張子.action）に書くだけです．リクエストの型と変数，レスポンスの型と変数，フィードバックの型と変数を書き，破線(---) で区切ります．このファイルはパッケージの action ディレクトリに保存します．

アクション型の定義

```
# リクエストの型と変数名を 1 行ずつ書く．この例では 1 行だが必要な数だけ書く
型 1　変数名 1
---
# レスポンスの型と変数名を 1 行ずつ書く．この例では 2 行だが必要な数だけ書く
型 2　変数名 2
型 3　変数名 3
---
# フィードバックの型と変数名を 1 行ずつ書く．この例では 1 行だが必要な数だけ書く
型 4　変数名 4
```

この本では，アクション通信を使いロボットに日用品を持ってくる命令をリクエストして，ロボットが日用品をとりに行って主人に渡す Bring Me タスクを実現することが最終目標です．そのためにアクション型**StringCommand.action** をプログラムリスト 2.20 のように定義します．リクエストの変数 command は string（文字列）型で，ロボットへの命令が入り，レスポンスの変数 answer も string 型でロボットからの応答が入り，フィードバックの変数 process も string 型で途中経過の情報が入ります．

プログラムリスト 2.20　StringCommand.action

```
1 string command   # リクエストの型と変数．この例ではロボットへの命令.
2 ---
3 string answer    # レスポンスの型と変数．この例ではロボットからの応答.
4 ---
5 string process   # フィードバックの型と変数．この例では途中経過の情報.
```

2.8.2 アクションサーバ

次にアクションサーバのつくり方を説明します．

アクションサーバのつくり方

1. **アクションサーバの生成**：
   ActionServer(アクション型, アクション名, コールバック) でアクションサーバを生成する．アクション型とアクション名はクライアントと同じでなければ通信できない．
   - アクション型：アクション通信に使うメッセージの型
   - アクション名：アクション通信に使うアクション名
   - コールバック：アクションサーバが使うコールバック名．コールバックには execute_callback(), goal_callback(), handle_accepted_callback(), handle_accepted_callback() の 4 種類がある．この本文では簡単にするために，execute_callback() だけを使っている．これで，届いたゴールを処理する．
2. **コールバックの定義**：アクションクライアントから届いたゴールを実行する処理を書く．

2.8.3　アクションサーバのプログラム

アクションサーバのプログラムはプログラムリスト 2.21 になります．

プログラムリスト 2.21　bringme_action_server_node.py

```
4  from rclpy.action import ActionServer
5  from airobot_interfaces.action import StringCommand  # カスタムアクション定義のインポート
6
7
8  class BringmeActionServer(Node):
9      def __init__(self):
10         super().__init__('bringme_action_server')
11         self._action_server = ActionServer(
12             self, StringCommand, 'command',
13             execute_callback=self.execute_callback
14         )
15         self.food = ['apple', 'banana', 'candy']
16
17     def execute_callback(self, goal_handle):
18         feedback = StringCommand.Feedback()
19         count = random.randint(5, 10)
20
21         while count > 0:
22             self.get_logger().info(f'フィードバック送信中： 残り{count}[s]')
23             feedback.process = f'{count}'
24             goal_handle.publish_feedback(feedback)
25             count -= 1
26             time.sleep(1)
27
28         item = goal_handle.request.command
29         result = StringCommand.Result()
30         if item in self.food:
31             result.answer =f'はい，item です．'
32         else:
33             result.answer = f'{item}を見つけることができませんでした．'
34         goal_handle.succeed()
35         self.get_logger().info(f'ゴールの結果： {result.answer}')
36         return result
```

プログラムリスト 2.21 を説明します．このサンプルプログラムはサービス通信のプログラムリスト 2.15 をアクション通信に書き換えたものです．このアクションサーバはクライアントから送られてきたゴールリクエスト「とってきてほしい食べ物」を受け取り，それに対応する処理を実行し[注61]，ゴールまでの残り時間 [s] をフィードバックとしてリアルタイムにクライアントに返します．残り時間が 0 になったとき，ゴールが食べ物リストにあれば’はい，食べ物名です.’ と結果を返し，なければ’食べ物を見つけることができませんでした.’と結果を返します．では，詳しく見てみましょう．

- **インポート**（4〜5 行目）：アクションサーバに必要な ActionServer クラス，プログラムリスト 2.14 で定義されているカスタムアクション型 StringCommand をインポートします．
- **コンストラクタ** (9〜15 行目）：11〜14 行目でアクションサーバ (ActionServer) を設定しインスタンスを作成しています． ActionServer は次の引数が必要です．
  1. アクションサーバが属するノードオブジェクト： self は BringmeActionServer クラスのインスタンスを指す
  2. アクション型： StringCommand
  3. アクション名：’command’
  4. コールバック： execute_callback()

  13 行目でコールバックを設定します． execute_callback はゴールを承認したときに呼び出されます[注62]．
- **execute_callback()**(17〜36 行目）：このコールバックで承認したゴールを処理します．引数の goal_handle はゴールを管理するためのオブジェクトで，ゴールやゴール状態の管理，フィードバックの送信，結果通知，キャンセルの処理などに使われます． 18 行目で feedback を取得し， 19 行目で残り時間（処理にかかる時間）を表す count に 5 から 10 の乱数で初期化しています． 21〜26 行目はフィードバック（残り時間）をクライアントに送っています．なお， 23 行目で feedback.process は String 型なので count を文字列に変換しています． 28 行目でゴールリクエスト（とってきてほしい食べ物）を item に代入し， 29 行目で StringCommand.Result クラスのインスタンスを生成して，その結果を保持する準備をしています． 30〜33 行目はゴールに含まれる食べ物がリストと一致するかを確認し，該当する食べ物が見つかった場合は成功を通知し，結果を返します．該当する食べ物が見つからなかった場合は，’その食べ物を見つけることができませんでした．’と結果を返します． 34 行目の goal_handle.succeed() でゴールの成功をクライアントに送信します．食べ物を見つけることができなくても，結果を出すことに成功したので送信します．

2.8.4 アクションクライアントのプログラム

最後に，アクションクライアントのプログラムリスト 2.22 を説明します．

プログラムリスト 2.22　bringme_action_client_node.py

```
3 from rclpy.action import ActionClient
4 from airobot_interfaces.action import StringCommand
5
6 class BringmeActionClient(Node):
7     def __init__(self):  # コンストラクタ
8         super().__init__('bringme_action_client')
9         # アクションクライアントを初期化
```

注 61　ゴールリクエストが食べ物リストにあるか調べるだけです．

注 62　ここでは，ゴールを受信したときに呼び出される goal_callback を省略しています．省略するとすべてのゴールを承認するので，すぐ，execute_callback が呼び出されます．

```
10          self._action_client = ActionClient(self, StringCommand, 'command')
11
12      def send_goal(self, order):  # ゴールの送信
13          goal_msg = StringCommand.Goal()  # ゴールメッセージの作成
14          goal_msg.command = order
15          self._action_client.wait_for_server()  # サーバが準備できるまで待機
16          # ゴールを送信し，フィードバックや結果を非同期で処理
17          return self._action_client.send_goal_async(
18              goal_msg, feedback_callback=self.feedback_callback
19          )
20
21      def feedback_callback(self, feedback):  # フィードバックを受け取り，進捗を表示
22          self.get_logger().info(f'フィードバック受信中:残り{feedback.feedback.process}[s]')
23
24
25  def main(args=None):
26      rclpy.init(args=args)
27      bringme_action_client = BringmeActionClient()
28      order = input('何を取ってきますか')
29
30      # ゴールを送信しFuture オブジェクトを取得
31      future = bringme_action_client.send_goal(order)
32      # ゴール送信が完了するまで待機
33      rclpy.spin_until_future_complete(bringme_action_client, future)
34      goal_handle = future.result()  # ゴールハンドルの取得
35
36      if not goal_handle.accepted:
37          bringme_action_client.get_logger().info('ゴールは拒否されました')
38      else:
39          bringme_action_client.get_logger().info('ゴールが承認されました')
40          result_future = goal_handle.get_result_async()  # 結果を非同期で取得
41          # 結果が完了するまで待機
42          rclpy.spin_until_future_complete(bringme_action_client, result_future)
43          result = result_future.result().result  # 結果を取得
44          bringme_action_client.get_logger().info(f'ゴールの結果: {result.answer}')
45
46      bringme_action_client.destroy_node()
47      rclpy.shutdown()
```

このプログラムで，先ほど作成したアクションサーバにゴールを送信し，サーバの処理が完了するまで非同期で待ちます．その間，サーバからのフィードバックを受信し，ゴールの処理が終了したら最終結果を取得しログに出力します．

- **インポート**（3〜4 行目）：アクションクライアントに必要な ActionClient クラスと StringCommand 型をインポートしています．
- **コンストラクタ**（7〜10 行目）：10 行目はアクションクライアント (`ActionClient`) のインスタンスを作成しています． `ActionClient` には次の 3 つの引数が必要です．
  1. ノードに追加するアクションクライアント： `self`
  2. アクション型： `StringCommand`
  3. アクション名： `'command'`
- `send_goal()`(12〜19 行目）：このメソッドは指定されたアクション番号でゴールメッセージを作成し，アクションサーバに非同期で送信します．その後，フィードバックと結果を受け取るコールバックを設定します．アクションクライアントがアクションサーバと通信するためには，アクション型とアクション名が同じでなければなりません． 13 行目でゴールメッセージ型のインスタンス `goal_msg` を作成し，

14 行目でその属性 command に order(食べ物）を設定しています．15 行目の wait_for_server() でアクションサーバが利用可能になるまで待機し，利用可能になったら次の send_goal_async() でゴール goal_msg を非同期にアクションサーバに送り，フィードバックを受け取る feedback コールバックを設定します．サーバが future オブジェクトを返すまでクライアントは待ちます．

- feedback_callback()(21〜22 行目）：このコールバックは，アクションサーバから送信されるフィードバックを処理するコールバックで，サーバがフィードバックを送信すると呼び出されます．フィードバックの値（この例では残り時間）をログに出力しています．
- main()(25〜47 行目）：28 行目でユーザに何をとってきてほしいかを尋ね，その入力を受け取ります．31 行目の send_goal() でユーザからの入力をサーバにゴールとして送信し，その結果を非同期で処理するためのオブジェクトを作成します．33 行目の spin_until_future_complete() でサーバにゴールが送信され，受理されるまで待機します．34 行目の future.result() でサーバに送信されたゴールの処理結果を受け取ります．goal_handle を使い，ゴールが受け入れられたかや結果を確認します．ゴールが承認されたかどうかを確認し，ログに結果を表示します．ゴールが受理された場合，40 行目で，その結果をサーバから非同期で取得します．42 行目の spin_until_future_complete() で結果が返ってくるまで再び待機します．43 行目で最終的にサーバからの結果を受け取りログに表示します．例えば，「リクエストされた食べ物が見つかりました」などのメッセージを表示します．

2.8.5 ハンズオン

● アクションファイルを含むパッケージの作成

• airobot_interfaces パッケージの作成

まず，アクション通信に使うパッケージ airobot_interfaces を作成します．

```
cd ~/airobot_ws/src/chapter2
ros2 pkg create airobot_interfaces --dependencies rosidl_default_generators --build-type a
ment_cmake
```

• アクション定義ファイル StringCommand.action の作成

プログラムリスト 2.20 と同じアクション定義ファイル StringCommand.action を作成します．

```
mkdir -p ~/airobot_ws/src/chapter2/airobot_interfaces/action
cd ~/airobot_ws/src/chapter2/airobot_interfaces/action
```

• CMakeLists.txt と package.xml の編集

CMakeLists.txt の最後 ament_package() の上にプログラムリスト 2.23 を追加します．

プログラムリスト 2.23　CMakeLists.txt

```
11 rosidl_generate_interfaces(
12     ${PROJECT_NAME}
13     "srv/StringCommand.srv"
14     "action/StringCommand.action"
15 )
```

package.xml の中ほどにある<depend>rosidl_default_generators</depend>の下にプログラムリスト 2.24 の 2 行を追加します．

プログラムリスト 2.24 package.xml

```
13 <exec_depend>rosidl_default_runtime</exec_depend>
14 <member_of_group>rosidl_interface_packages</member_of_group>
```

● ビルド

```
cd ~/airobot_ws
colcon build
```

● bringme_action パッケージの作成

アクションの定義パッケージが作成できたので，次にアクション通信をするサーバとクライアントを含む happy_action パッケージを作成します．

```
cd ~/airobot_ws/src/chapter2
ros2 pkg create bringme_action --build-type ament_python  --node-name bringme_action_serv
er_node --dependencies rclpy airobot_interfaces
```

● setup.py の変更

エントリポイントを追加します．bringme_action_client_node のエントリポイントをプログラムリスト 2.25 のように追加してください．23 行目最後のカンマを追加するのも忘れないでください．

プログラムリスト 2.25 setup.py

```
23        'bringme_action_server_node = bringme_action.bringme_action_server_node:main',
24        'bringme_action_client_node = bringme_action.bringme_action_client_node:main',
```

● アクションサーバとクライアントプログラムの作成

プログラムリスト 2.21 とプログラムリスト 2.22 と同じ内容のファイルを作成します．

- bringme_action_server_node.py
- bringme_action_client_node.py

● ビルドと実行

端末を 2 分割して上の端末で次の一連のコマンドでサーバノードを実行します．

```
cd ~/airobot_ws
colcon build
source install/setup.bash
ros2 run bringme_action bringme_action_server_node
```

下の端末で次の一連のコマンドでクライアントノードを実行しましょう．

```
cd ~/airobot_ws
source install/setup.bash
ros2 run bringme_action bringme_action_client_node
```

サーバを実行すると次のように上の端末に表示されます．途中経過をフィードバックとして返し，最後に結果を返していることがわかります．

```
ros2 run bringme_action bringme_action_server_node
省略
[INFO] [1727680480.234220699] [bringme_action_server]: フィードバック送信中: 残り 3[s]
[INFO] [1727680481.235875235] [bringme_action_server]: フィードバック送信中: 残り 2[s]
[INFO] [1727680482.237424235] [bringme_action_server]: フィードバック送信中: 残り 1[s]
[INFO] [1727680483.239692937] [bringme_action_server]: ゴールの結果: はい, apple です.
```

クライアントの端末では次のように表示されます．フィードバックを受信して，結果を無事に受け取れました．なお，’何を取ってきますか’と表示されたら，’apple’，’banana’，’candy’や他の食品名を入力して結果がどうなるかを確認してみてください．

```
ros2 run bringme_action bringme_action_client_node
何を取ってきますか apple
[INFO] [1727680467.205856400] [bringme_action_client]: ゴールが承認されました
省略
[INFO] [1727680480.234981931] [bringme_action_client]: フィードバック受信中: 残り 3[s]
[INFO] [1727680481.236608332] [bringme_action_client]: フィードバック受信中: 残り 2[s]
[INFO] [1727680482.238157758] [bringme_action_client]: フィードバック受信中: 残り 1[s]
[INFO] [1727680483.240763594] [bringme_action_client]: 最終結果: はい, apple です.
```

ROS 2 で使われるトピック通信，サービス通信，アクション通信のプログラムを学びました．いかがでしたか？　ROS 2 ではノード間の通信によって，ロボットを動かしていきます．ROS 2 を学んだことにより，近い将来，とてもハッピーになることを願って，この章の説明を終わります．

まとめ

- ROS 2 のコマンドについて学びました．
- ROS 2 のシミュレータについて学びました．
- ROS 2 プログラムのつくり方について学びました．
- ワークスペース，パッケージのつくり方について学びました．
- ROS 2 のトピック通信，サービス通信，アクション通信のプログラムについて学び，簡単なプログラムを作成しました．

ミニプロジェクト

ミニプロ 2.1

何事も原典を読むことは重要です．まず，次の ROS 2 公式ドキュメントを読んでみましょう！　次に，ROS 2 に関する書籍[注63] を調べて気になる本を読むとさらに知識が深まります．

- ROS 2 Documentation: Humble, https://docs.ros.org/en/humble/

ミニプロ 2.2

ROS 2 の公式例題プログラムとデモプログラムが以下のサイトにあるので読んで実行してみよう！

- ROS 2 examples: https://github.com/ros2/examples/tree/master/rclpy/services
- ROS 2 examples: https://github.com/ros2/examples/tree/master/rclpy/topics

注 63　C++言語で ROS 2 を勉強したい方には次の本がおすすめです．この章を執筆するうえで参考にさせていただきました．鹿貫悠多：Scamper と Raspberry Pi で学ぶ　ROS 2 プログラミング入門，オーム社，2021．

- ROS 2 demos: https://github.com/ros2/demos/tree/master/demo_nodes_py

ミニプロ 2.3

'Follow me' とリクエストをすると 'I will follow you' とレスポンスするクライアントとサービスのプログラムを書いてください．

ミニプロ 2.4

付録 A を読み，何か 1 つローンチファイルを作り，複数のノードを自動で実行してみよう！

ミニプロ 2.5

本文ではアクション通信の簡単な例を紹介しました．付録 B ではその詳細について説明しています．ゴールのキャンセルや新たなゴールを受け付ける実装などチュートリアルや書籍にあまり書かれていない貴重な情報です．少し実用的なプログラムをつくってください．なお，付録 B のサンプルプログラムは次のコマンドでダウンロード・ビルドできます．

```
cd ~/airobot_ws/src
git clone https://github.com/AI-Robot-Book-Humble/appendixB
colcon build
```

ステップアップ

この章は，ROS 2 公式 チュートリアル[注64] のビギナーの内容をもとに執筆しました．何事も原典をひも解くことはとても大切ですので，ぜひ，公式チュートリアルを読んでみてください．さらにステップアップするためにはチュートリアルの Intermediate（中級），Advanced（上級）にチャレンジしましょう！ ROS 2 の素敵な世界が見えてきます．

注 64 https://docs.ros.org/en/humble/Tutorials.html

AIロボット入門

第3章 音声認識・合成

MISSION

Yu は，ROS 2 の呪文にも少し慣れ，Linux の文化にも少し感化され，ROS 2 のプログラムも少し書けるようになりました．

呪文も何度でも唱えると不思議とわかってくる．これで本格的に Happy Mini の開発に取り組める．まず，Happy Mini と話したい！　ロボットでも話し相手になってくれると心が安らぐから．

みなさんは，SF やアニメで人と同じように音声によって他者とコミュニケーションをとるロボットを見たことがあるでしょう．家族に交ざって会話する愛らしいロボットに憧れたのではないでしょうか？　この本では，ゲーム用コントローラやタブレット画面のボタン操作ではなく，人と同じように音声による言語コミュニケーションに基づいて行動する AI ロボットをつくります．

第 3 章では，まず，ロボットがユーザの発話音声を認識する音声認識技術とロボットが音声を生成する音声合成技術について学びます．次に，ライブラリを用いたロボットとの簡単な会話を実現するサンプルプログラムを紹介します．最後に，ミニプロジェクトとして，Happy Mini がユーザの質問を認識して音声で回答する質問応答タスクを実装します．PC とマイクとスピーカを準備して音声を認識して応答するロボットをつくりましょう！

3.1 音声認識

音声認識は，**機械が人の音声データをテキストに変換する技術**です．この変換は，音素モデルや単語辞書，言語モデルを用いた音声データの解析により達成されます．「今日の天気は？」と聞くと天気を教えてくれるスマートスピーカや，「パパに電話して」というと電話をかけてくれるスマートフォンは，音声認識技術の進歩により実現されました．ここでは，音声認識の歴史と基本的な処理，計算モデルについて概説し，AI ロボットにおける音声認識技術の実装と活用について学びます．

3.1.1 音声認識の歴史

人間が発話する音声を機械が認識する音声認識の研究は，コンピュータの登場によりはじまります．1950 年代，人の発話時の声道の構造を調べる研究が米国で行われました．音を発するときに人間の声道がどう変化するのかを確かめ，それを数学的にモデル化[注1]する試みです．このモデルに従って人間の音声を合成し，音声がどのモデルに近いかを解析することで人間の音声を認識しようとします．1960年代には，IBMが「Shoobox」という音声認識機器を発表し，日本では京都大学が単音節の音声を認識する「音声タイプライタ」を開発しました．

1970年には，米国国防高等研究計画局（DARPA, Defense Advanced Research Projects Agency）により音声認識の最初のプロジェクトが実施されました．この年代に，IBMが民間ではじめて音声認識の開発に着手しました．これらの研究により，人間の音声をモデルで表せるようになります．「あ」という音は，何[Hz]と何[Hz]の音が強いといった特徴を表現するモデルです．このモデルにより，人間の音声に近い音が合成できるようになります．

このモデルを突き詰めていけば，音声認識は完成すると思われました．しかし，こうしたモデルがうまく機能するには，理想的な音声の入力が必要でした．実際の会話では，アナウンサのように一音一音を明瞭に発音している人は少なく，「あ」の音は大きく崩れていることが多かったのです．また，人間の口は，前後の音に関係して滑らかに変化しますが，こうした「調音結合」も表現することができませんでした．IBMが1970年代に考案した隠れマルコフモデル（Hidden Markov Model）という確率モデルがこの問題を解決に導きます．1980年代にカーネギーメロン大学は，このモデルを音声認識に応用します．日本でも，1986年に設立されたATR（国際電気通信基礎技術研究所）が隠れマルコフモデルを用いた音声認識の研究を進めます．この年代には，「隠れマルコフモデル」「混合ガウスモデル」「IBMヴィアボイス」といった音声認識技術が開発されます．

1990年代になってコンピュータやネットワークの処理速度が飛躍的に向上し，音声認識機能を搭載した製品の利用が開始されます．1995年には，マイクロソフト社がWindowsにスピーチツールを搭載しました．そして，クラウド上での処理が本格化した2010年代には，iPhoneにSiriが搭載され，さまざまな企業で同様のサービスが展開されます．2014年には，マイクロソフト社がコルタナを発表しました．2017年には，Apple社がAIスピーカを発表し，Amazon社やGoogle社も同様の製品の販売を開始しています．このようにして，音声認識技術は私たちの身近な存在となってきたのです．

3.1.2 音声認識の基本的な処理

ロボットによる音声認識の基本的な処理の流れを図3.1に示します．音声認識は基本的に以下のような手順で音声データを処理することにより実行されます．

1. 人の発話によって生じた音の振動は，マイクなどのセンサによりコンピュータが処理できる**音声信号**に変換されます．

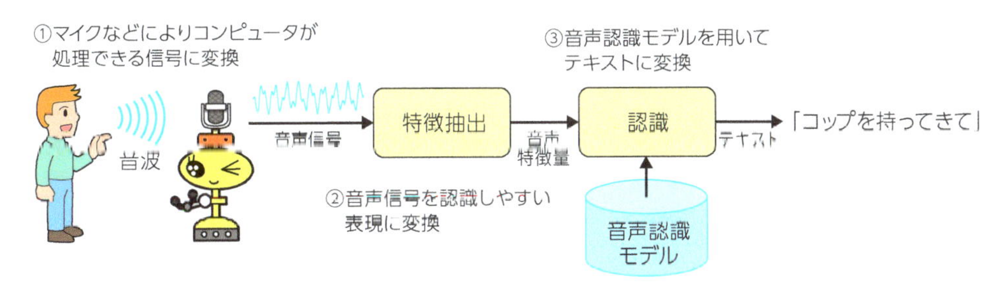

図3.1 音声認識の処理の流れ

注1 実世界の現象の1つの側面を簡略化した数式で表現すること．

2. この音声信号は，後段の認識処理にとって都合のよい表現である**音声特徴量**に変換されます．この処理を**特徴抽出**とよびます．例えば，時間と振幅で表現される音声信号にフーリエ変換を適用して周波数ごとの音の強さに分解する処理などがあります．
3. この音声特徴量は，**音声認識モデル**を用いて認識結果であるテキストに変換されます．

ここで，音声認識モデルは具体的にどのような処理をしているのでしょうか？　図 3.2 を用いて説明します．音声認識モデルは，一般的に音素モデル，単語辞書，言語モデルで構成されます．まず，**音素モデル**は，音声特徴量と音素列の間の確率を計算するモデルです．音素とは，母音や子音で構成される音の最小単位です．例えば，日本語の母音音素は／i，e，a，o，u／の 5 つがあります．音素モデルは，音声特徴量がどの音素であるかの確率を計算します．次に，**単語辞書**は，音素列と単語の対応関係が記述されたリストです．音素列に基づいてありえそうな単語の候補を出力します．最後に，**言語モデル**は，単語の候補からその単語が発話される確率を計算して出力します．例えば，「僕の」の後に続く単語は「トップ」よりも「コップ」のほうが確率が高くなるといった文脈に基づく確率を計算します．このように，入力された音声から音声認識結果となる**テキストの各候補における確率**を計算する計算規則を音声認識モデルとよびます．従来，音声認識モデルは，専門家による分析に基づいて設計されてきましたが，2015 年頃から大規模な音声とテキストのデータセットを用いた**機械学習**によって訓練する方法が主流になってきています．

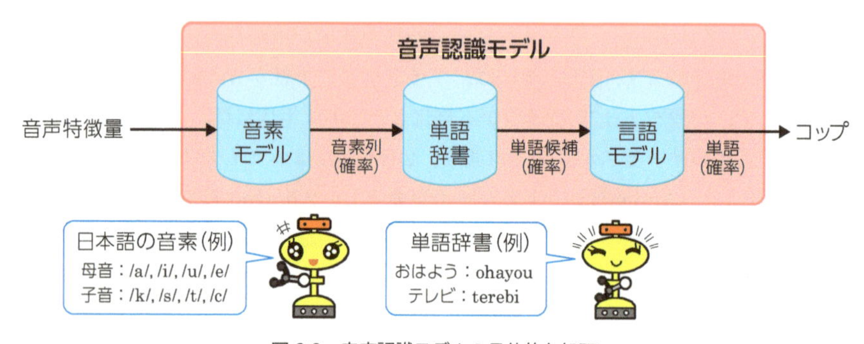

図 3.2　音声認識モデルの具体的な処理

3.1.3　音声信号

人の発話によって生じた音波は，マイクなどの音声入力装置によって計測され，コンピュータが処理可能な音声信号に変換されます．なぜ音波を音声信号に変換する必要があるのでしょうか？　図 3.3 を用いて説明します．マイクが計測する音波は，時間方向と音圧方向に無限の値が詰まった連続値で

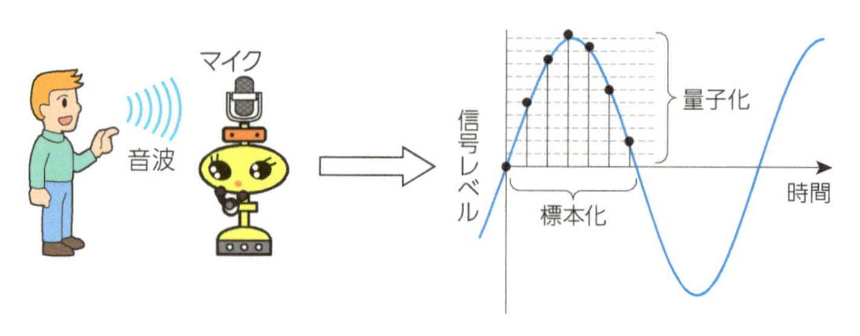

図 3.3　音声波形の離散化

す．しかし，コンピュータは有限の計算能力しか持たないため，連続値をそのまま処理することができません．そこで，音波を時間と音圧について一定の間隔で捉えた音声信号に変換します．連続値である音波を離散値である音声信号に変換することによりコンピュータが処理できるようになります．このとき，時間方向に一定の間隔で音圧を記録することを**サンプリング**(**標本化**）とよび，サンプリングの間隔をサンプリング周期とよびます．この逆数がサンプリング周波数です．また，音圧方向に一定の間隔で数値を割り当てることを**量子化**とよび，量子化に用いた数値の種類の数をサンプルサイズとよびます．サンプリング周期が小さく，サンプルサイズが大きいほうが元の音声を正確に表現することができます．しかし，過度に密度の高い音声信号は後段の処理における計算コストの増大を招きます．例えば，一般にモノラルの音声通話では，8[kHz] のサンプリング周波数，16[bit] のサンプルサイズが使われます．ここで，音声にはモノラルやステレオなどがありますが，これは音声を収録したマイクの数を表しています．マイクの数が 1 つのときはモノラル，2 つのときはステレオです．

3.1.4 音声特徴量

このようにして得られた音声信号は，後段のモデルが認識しやすい音声特徴量に変換されます．ここでは，時間信号（横軸：時間，縦軸：強度）である音波を短時間フーリエ変換によって時間と周波数領域に分解した**スペクトログラム**(横軸：時間，縦軸：周波数，濃度：強度）について紹介します．図 3.4 は，Praat program[注2] を用いて「僕のコップをとって」という発話によって生じた音声信号をスペクトログラムに変換した例です．上部のグラフが音声信号，下部のグラフが変換されたスペクトログラムです．

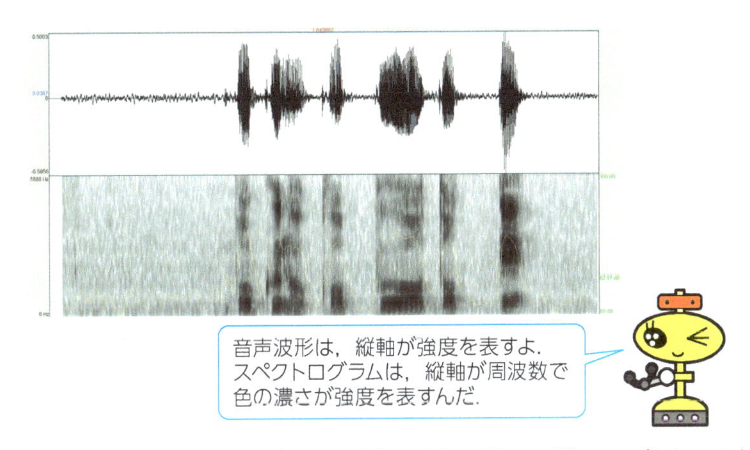

図 3.4 音声波形からスペクトログラムへの変換の例（発話内容：「僕のコップをとって」）

音声認識で使われる音声特徴量として**メル周波数ケプストラム係数** (**MFCC**, Mel Frequency Cepstral Coefficient) が知られています．メル周波数とは，人間の聴覚における音の聞こえ方に基づいたメル尺度により設計された，人間の聴覚に即した周波数スケールです．人間の聴覚の可聴周波数域は，20〜20,000[Hz] ほどですが，低周波数域は分解能が高く，高周波数域は分解能が低い対数スケール（メルスケール）になっています．このメル周波数に基づいて得られた対数メルフィルタバンク特徴量に対して，離散コサイン変換を適用して得られた成分が MFCC です．人間の聴覚や発声のメカニズムに基づいて設計された特徴量なので，後段の音声認識処理で扱いやすい表現になっています．

注 2 https://www.fon.hum.uva.nl/praat/

3.1.5 音声認識モデル

音声認識モデルは確率の計算によって構成されます．ここでは，音声認識モデルがどのような確率を計算しているのか？　その概要を説明します．詳細な式展開や計算方法は，音声認識の専門書[注3]を参照してください．

まず，音声認識の問題は以下のように定式化できます．

$$\hat{w} = \mathrm{argmax}_w P(w|x) \tag{3.1}$$

ここで，x は音声認識モデルの入力となる音声特徴量，w は音声認識モデルの出力となるテキスト候補です．$P(w|x)$ は音声特徴量 x が与えられた下でのテキスト候補 w の条件付き確率[注4]です．そして，argmax_w は，条件付き確率 $P(w|x)$ の値を最大にする w を返します．つまり，音声認識モデルは，モデルに入力された音声特徴量 x が与えられた下でのテキスト候補 w の条件付き確率を計算し，この確率を最大化する w を出力する関数として定式化できます．この式をベイズの定理を用いて変形し，定数項を除去すると以下の式が得られます．

$$\hat{w} = \mathrm{argmax}_w P(x|w)P(w) \tag{3.2}$$

$P(x|w)$ は，テキスト候補 w を発話した条件下で音声特徴量 x が得られる条件付き確率です．この確率を計算するのが音響モデルです．$P(x|w)$ において，テキスト候補 w を音素単位で捉えた音響モデルを音素モデルとよびます．音素モデルは，音素列 p が与えられた下で音声特徴量 x が得られる条件付き確率 $P(x|p)$ を計算します．単語辞書は，単語候補 w が与えられた下で音素列 p が得られる条件付き確率 $P(p|w)$ を定義したものです．$P(w)$ は，テキスト候補 w が得られる確率です．この確率を計算するのが言語モデルです．音素列 p を含めると音声認識の問題は以下のように定式化できます．

$$\hat{w} = \mathrm{argmax}_w P(x|p)P(p|w)P(w) \tag{3.3}$$

ここで，$P(x|p)$ が音素モデル，$P(p|w)$ が単語辞書，$P(w)$ が言語モデルになります．これらの確率を事前に学習することによって音声特徴量 x を入力としたテキスト $\hat{w}$ の出力が可能になります．

3.1.6 音響モデル

ここでは，音声特徴量を入力としてテキスト候補の確率を出力する音響モデルについて説明します．音響モデルは，テキスト候補 w が与えられた下で音声特徴量 x が得られる確率 $P(x|w)$ を計算します．

● テンプレートマッチング

初歩的な音声認識の手法として**テンプレートマッチング**があります．テンプレートマッチングは，ある入力とあらかじめ準備されたテンプレートの距離を計算して最も近いテンプレートのクラスを出力する方法です．まず，図 3.5 のように「コップ」と「ボトル」の発話を集めて作成した音声特徴量のテンプレート A とテンプレート B が得られているとします．音声のテンプレートマッチングでは，入力された音声の特徴量と各テンプレートとの距離をそれぞれ計算し，距離が小さかったテンプレートのクラスを出力します．これにより，1 フレーム間での特徴量間の距離の計算は可能になります．し

注 3　高島遼一：Python で学ぶ音声認識，インプレス，2021.
注 4　ある事象が起こるという条件下で別の事象が起こる確率のことです．

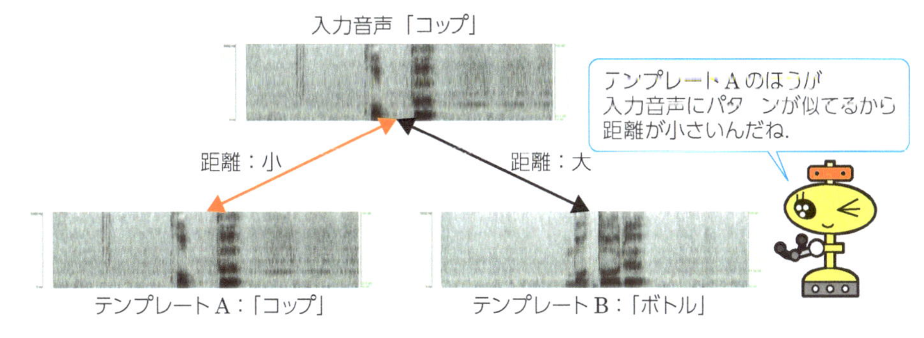

図 3.5　テンプレートマッチングによる入力音声のクラス分類

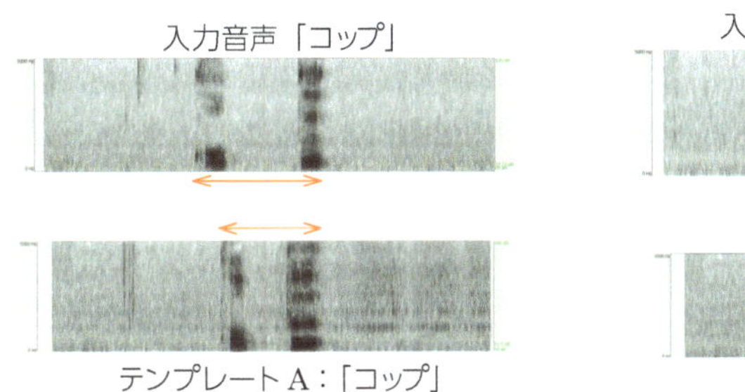

図 3.6　同じ単語でも発話の速度が異なる

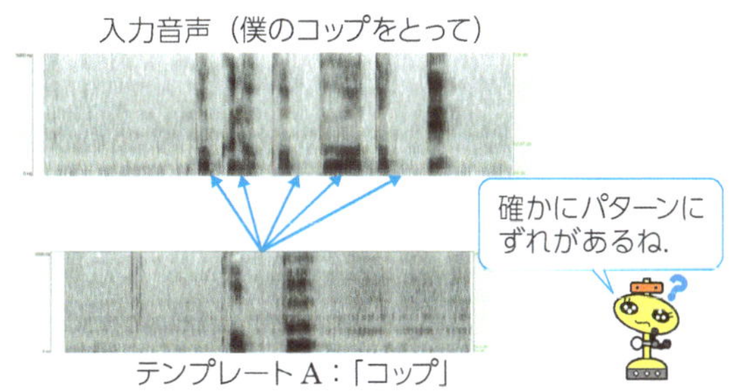

図 3.7　入力音声のどのフレームに対応するかわからない

かし，この方法には 2 つの問題があります．1 つは，同じ「コップ」という発話であっても速度が違うと距離が大きく異なる問題です（図 3.6）．もう 1 つは，ユーザからの入力音声のどのフレームがテンプレートに対応するかわからないという**アライメント問題**です（図 3.7）．

● DP マッチング

発話の速度やアライメント問題を解決する手法として**動的計画法** (Dynamic Programming) に基づく DP マッチングがあります．動的計画法とは，対象となる問題を複数の部分問題に分割し，部分問題の計算結果を記録しながら解いていく手法の総称です．DP マッチングは，「フレーム長が異なるデータ間の距離をどのように計算するか？」という問題を図 3.8 のようにフレームごとの距離に基づく 2 次元配列上における最短経路の探索問題として捉えて，これを動的計画法によって解く手法です．図

編集後の文字列

元の文字列	ロ	ボ	カ	ッ	ッ	プ
ロ	0	1	2	3	4	5
ボ	1	0	1	2	3	4
コ	2	1	1	2	3	4
ッ	3	2	2	1	2	3
プ	4	3	3	2	3	2

図 3.8　DP マッチングによる距離の計算

3.8では，元の文字列「ロボコップ」と編集後の文字列「ロボカップップ」の編集距離[注5]をコストとして文字列間の距離を計算しています．各セルの数値はコストを表しています．編集には3つあります．1つ目は，元の文字列に文字を挿入して編集後の文字列を得る「挿入」です．2つ目は，元の文字列から文字を削除して編集後の文字列を得る「削除」です．3つ目は，元の文字列を置き換えて編集後の文字列を得る「置換」です．編集距離は，それぞれにコスト1を与えます．元の文字列と同じ文字が編集後に追加された場合は，「一致」と考えてコスト0で次のセルに移動します．左上のセルをスタート，右下のセルをゴールとします．スタートからはじめて移動できるのは，右（挿入），下（削除），斜め右下（置換 or 一致）の3種類です．

まず，1行目は，スタートから右にしか移動できないので各セルの最小コストは，0,1,2,3,4,5になります．同様に1列目も下にしか移動できないので各セルの最小コストは，0,1,2,3,4になります．2行2列目は，一致しているので1行1列目からコスト0で移動できます．2行1列目から挿入して移動することもできますが，コストが2になるので，コストが小さい1行1列目からの移動が記録されます．3行3列目は，「コ」を「カ」に置き換える「置換」により2行2列目からコスト1で移動できます．同様にして各セルへの移動コストを計算し，その最小値を記録していきます．最後に記録した最小値の経路を逆順にたどることで最小コストの経路を得ることができます．このようにして，それぞれの部分問題（各セルのコスト）について解いて，これを記録（最小コストの記述）し，他の問題（次のセルのコスト）を解いていくのが動的計画法です．

これにより，発話の速度やアライメント問題を解決できました．しかし，高精度な音声認識を実現するにはまだ不十分です．音声は，発話者によって異なる特徴を持っていますし，同じ話者であっても状況や感情によって話し方は異なります．このような多様な発話のパターンを網羅したテンプレートを準備してDPマッチングで解くことは現実的ではありません．

● 統計モデルによる学習

多様な発話に対応する実用的な音声認識手法として，DPマッチングを統計モデルによって発展させた**GMM-HMM** (Gaussian Mixture Model-Hidden Markov Model) があります．GMM-HMMは，統計モデルを用いて音素を推定するため，多様な発話のパターンを網羅するテンプレートを準備して照合する必要がありません．しかし，各音素の特徴量は，性別の違いや方言などで大きく異なり，1つのガウス分布で近似できるほど単純ではありません．そこで，複数のガウス分布の重み付き和で複雑な確率密度関数を表現するGMM (Gaussian Mixture Model) を用います．例えば，音素/b/について，多様な条件での発話の観測データを集めて，音素から観測データを生成するGMMのパラメータを推定します．このパラメータを用いて，「入力された音声は音素/b/である」という仮説が妥当であるかを判断します．実際には，その仮説の「もっともらしさ」を表す数値である**尤度**を計算します．

統計モデルによる音素の推定が可能になりましたが，音声認識では，音素が時間方向に並んで構成される単語の推定が重要です．**HMM** (Hidden Markov Model) は，記号の出力確率と記号間の状態遷移確率を扱います．音声認識におけるHMMは，記号を音素として，音素の出力確率と音素間の状態遷移確率を扱います．ここで，音素間の状態遷移確率とは，ある音素の続きやすさや他の音素への遷移しやすさを表す確率です．例えば，音素/b/の後には，/x/よりも/o/が続く可能性が高いといった確率です．図3.9は，HMMに基づく音声認識のイメージです．DPマッチングでは，音素のフレーム系列同士を比較しましたが，HMMでは，音素（例：/b/）のフレーム系列とGMMで得られた音素順の分布（例：$p(x|"b")$）の系列を比較します．また，各セルには，各音素に対する各フレームの

注5　編集距離は，2つの文字列がどの程度異なっているかを示す距離です．文字の挿入・削除・置換により他の文字列に変形するのに必要な手順の最小回数として定義されます．

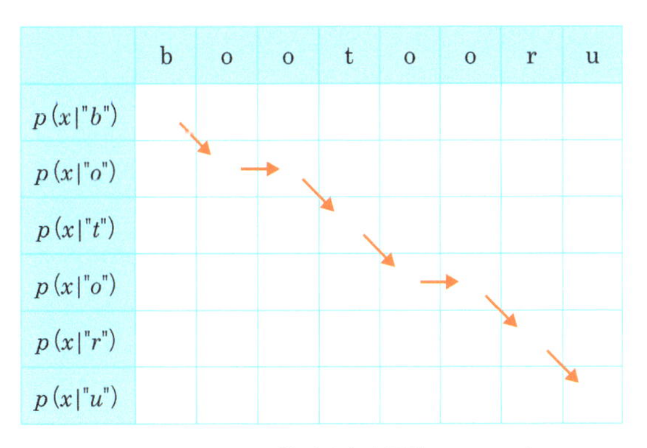

図 3.9　HMM に基づく音声認識のイメージ

音声の生成確率が格納されます．これにより，DP マッチングと同様に，確率が最大となる経路を計算します．

● DNN による学習

話者の違いや，多様な条件を考慮した GMM-HMM について説明してきましたが，GMM-HMM にも限界があります．複数のガウス分布の混合により真の分布を近似する GMM では，表現力の乏しさからミスマッチによる誤認識がありました．このような課題の解決策として，**DNN** (Deep Neural Network) の音声認識への応用があります．DNN は，特徴量の分布を仮定せず，多様な非線形関数が表現できるため，真の分布をよりよく表現することが期待されます．DNN の音声認識への応用には多様な研究がありますが，ここでは，GMM-HMM との比較を通して DNN-HMM[注6] について紹介します．図 3.10 のように，GMM-HMM と DNN-HMM では，音声特徴量の入力と HMM は同じです．2 つのモデルの違いは，HMM で用いる音素の出力確率の計算方法にあります．GMM では，混合正規分布[注7] を仮定した生成モデルにより計算されますが，DNN では，分布を仮定しない識別モデ

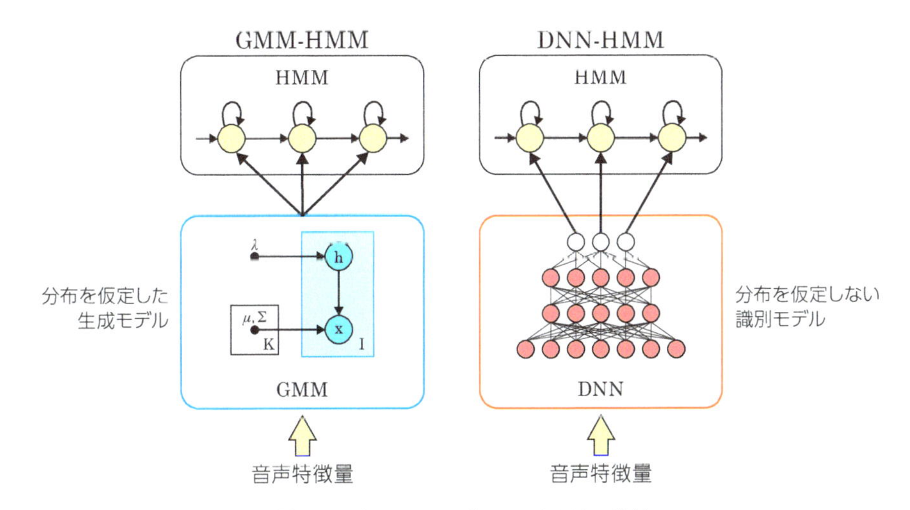

図 3.10　GMM-HMM と DNN-HMM の比較

注 6　G. Hinton et al. Deep Neural Networks for Acoustic Modeling in Speech Recognition: The Shared Views of Four Research Groups. In IEEE Signal Processing Magazine, Vol.29, No.6, pp. 82-97, 2012. doi: 10.1109/MSP.2012.2205597.

注 7　確率密度関数が複数の正規分布の和によって表現される分布のことです．

ルによって計算されます．DNN では，分布を仮定しないので GMM より高い表現力を持っています．HMM への出力は，DNN の最終層の出力を用います．生成モデルは，データの分布をよりよく近似するパラメータを学習するのに対して，識別モデルは，他のクラスを識別するようにパラメータを学習するため音素の識別能力が高くなります．

3.1.7　言語モデル

● 連続音声認識

ここまで，音素や単語を学習し推論するモデルについて説明してきました．しかし，実際のロボットへの言語命令は，「コップ」といった 1 つの単語ではなく，「キッチンから僕のコップを持ってきて」といった連続音声です．このような単語系列を扱うのが言語モデル $P(w)$ です．$P(w)$ は単語系列 w の話されやすさを表す確率です．代表的な言語モデルとして，**bi-gram** が知られています．bi-gram は，「僕」の後に続く単語は，「コップ」よりも「の」である確率が高いといった，ある単語の次にどの単語が出現しやすいかといった確率を学習して計算します．bi-gram は，1 つ前の単語のみから次の単語の確率を計算しますが，tri-gram は，2 つ前の単語も考慮して次の単語の確率を計算します．これを N 単語に拡張したものが **N-gram** モデル[注8]です．N-gram モデルは，以下のように定式化できます．

$$P(w) \approx \prod_{m=0}^{M-1} P(w_m | w_{m-N+1}, \ldots, w_{m-1}) \tag{3.4}$$

ここで，w_m は単語系列 w の m 番目の単語です．単語系列 w の話されやすさを表す確率 $P(w)$ は，式の右辺により計算されます．右辺は，条件付き確率になっていて，m 番目の単語 w_m より前の単語系列が与えられた条件下で，その次の単語 w_m が出現する確率を表しています．一般に考慮する単語の数を意味する N は，大きくしすぎると確率がゼロに近づくため，2 (bi-gram) か 3 (tri-gram) を用いることが多いです．例えば，bi-gram モデルの学習は，文を単語単位で区切った単語列のデータセットを準備し，各単語の次にどういった単語が続いているかをカウントし，この統計量を計算することで達成できます．

● 単語ラティス

ロボットが言語命令を理解するには，発話文を最も小さな文法単位に分割して解析する形態素解析[注9]も重要になります．例えば，「キッチンから僕のコップを持ってきて」という文において，「キッチン」や「コップ」が場所や物体を表現する名詞であり，「持ってくる」がロボットの行動を決める動詞であるといった解析です．日本語においては文から単語を切り出して，その単語の品詞と活用を推定します．形態素解析には，語の品詞，読み，活用形などの情報を持つ単語辞書と語が隣り合って並ぶことができるかについての連接辞書が用いられます．しかし，単語辞書と連接辞書のみで形態素解析結果は 1 つに定まりません．このような形態素解析結果の候補群は単語ラティスの形式で得られます（図 3.11）．図 3.11 から，「やまだがいない」という音素が決まってもその解釈の可能性が多数あることがわかります．この単語ラティス上において，文頭から文末までのコストを最小にする適切な経路を求めることが形態素解析になります．

注 8　F. Jelinek. Self-organized language modeling for speech recognition. Readings in speech recognition, pp. 450-506, 1990.

注 9　自然言語で書かれた文を言語上で意味を持つ最小単位である形態素に分け，それぞれの品詞や変化などを判別すること．

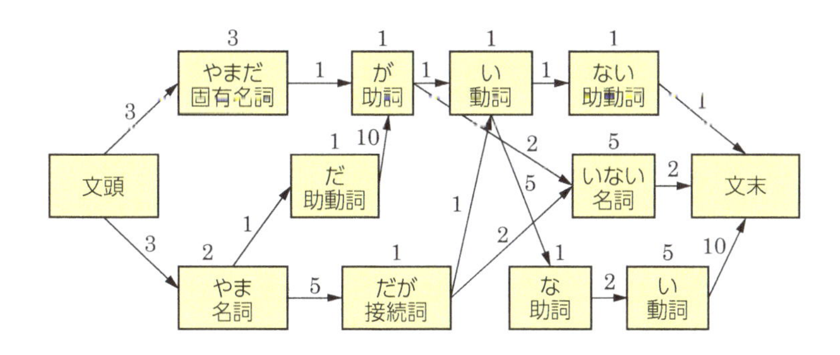

図 3.11　単語ラティスの例
（出典：谷口忠大，イラストで学ぶ人工知能概論　改訂第 2 版，講談社，2020）

3.1.8　End-to-End モデル

● RNN

DNN-HMM では，DNN，HMM，単語辞書，言語モデルを別々に学習して統合して音声認識を行いました．これらを 1 つのニューラルネットワークでモデル化するのが**End-to-End モデル**になります．音声認識における End-to-End モデルとしては，CTC (Connectionist Temporal Classification) や Attention encoder-decoder モデルなどが知られています．ここでは，これらのモデルの基礎となる**RNN** (Recurrent Neural Network) と**LSTM** (Long Short-Term Memory) を紹介します．DNN-HMM では，DNN は各フレームごとに独立して出力を計算していました．しかし，音声は時系列データであるため，現在のフレームの情報を計算するために過去のフレームの情報が手がかりになります．RNN は，過去のフレームで計算した隠れ層の値を以降のフレームにおける隠れ層の計算に使用することで時間的依存関係を表現したモデルです（図 3.12）．しかし，このモデルでは，遠い過去のフレームの情報が勾配消失によって学習に影響しなくなる問題がありました．勾配消失とは，RNN の学習に用いられる通時的誤差逆伝播法において，パラメータの更新に用いられる勾配が小さくなってしまう現象です．

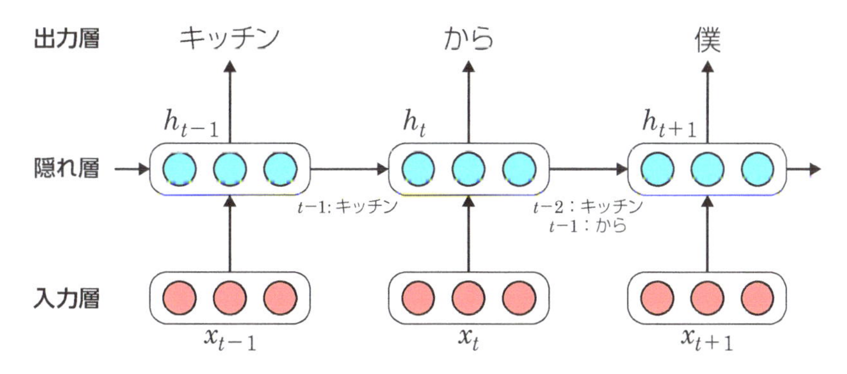

図 3.12　RNN の概略

この問題に対して LSTM[注10] は，前の隠れ層の値に対する勾配を常に 1 にするメモリセルを導入することで長期間の情報を扱えるようにしました．これらのモデルを基盤として，出力テキスト系列が正解にな

注 10　S. Hochreiter and J. Schmidhuber. Long short-term memory. Neural computation, Vol.9, No.8, pp. 1735-1780, 1997.

ることを目的関数としてモデルのパラメータを学習するのがCTCです．Attention encoder-decoderモデルは，言語モデルで扱っていた出力テキスト系列における依存関係も考慮したEnd-to-EndのRNNモデルです．

● モデル適応

End-to-EndのRNNモデルは，高性能な音声認識を実現し，多様な環境で使用されています．その一方では，特定の話者や環境に適応した音声認識モデルへの期待も高まっています．例えば，家庭用生活支援ロボットの競技会であるRoboCup@Homeで特定のタスクを遂行するロボットの音声認識では，特定の人物や物体，家具の名称を高雑音下で頑健に認識する必要があります．具体的には，大規模データセットが学習された世界の動物や都市の名前は必要ありませんが，「スナック」だけでなく，「ポテトチップス」や「リングポテト」を認識する必要が出てきます．このように，特定の環境で得た少ないデータからその環境に適応したパラメータを学習する**モデル適応**の研究が進んでいます．ファインチューニングは，よく使われるモデル適応の技術です．大規模データセットでトレーニングされたモデルに特定の環境で得られた小規模なデータセットを与えてモデルを更新します．こうしたモデル適応を前提とした事前学習モデルとして**BERT** (Bidirectional Encoder Representations from Transformers)[注11]があります．BERTは，2018年にGoogleによって開発された，自然言語処理の事前学習用の機械学習手法です．BERTは，RNNを用いないAttention encoder-decoderモデルであるTransformer[注12]をベースに開発されました．これらの方法は，自然言語処理において，人間の能力に近づいている，あるいは一部人間を超えた能力を示したといわれています．

【クイズ3.1】

1. 音声認識モデルを構成する3つの要素を述べ，各要素の機能を簡素に説明してください．
2. 音声認識における音声特徴量として用いられるMFCCについて簡素に説明してください．
3. 音声認識モデルは確率の計算によって構成されますが，音声認識の問題はどのように定式化できるでしょうか？　式の意味も説明してください．
4. LSTMは，RNNのどのような問題に対応したかを簡素に説明してください．

3.1.9 音声認識の実装

● 音声認識ライブラリ

それでは，ここまで学習した内容を踏まえて，ロボットまたはPCに音声認識を実装してみましょう．しかし，from scratch（ゼロから）で高性能な音声認識器を実装するには高度な専門知識が必要です．そこで，多様な音声認識エンジンやAPIが使える音声認識ライブラリであるSpeech Recognition[注13]をPython言語のソフトウェアのリポジトリであるPyPI (Python Package Index) からインストールします．Speech Recognitionライブラリでは，以下のような音声認識エンジンやAPIがサポートされています．

- CMU Sphinx (works offline)

注11　J. Devlin et al.　BERT: Pre-training of deep bidirectional transformers for language understanding. arXiv:1810.04805, 2018.
注12　A. Vaswani et al. Attention is all you need. Advances in Neural Information Processing Systems, 2017.
注13　`https://pypi.org/project/SpeechRecognition/`

- Google Speech Recognition
- Google Cloud Speech API
- Wit.ai
- Microsoft Azure Speech
- Microsoft Bing Voice Recognition
- Houndify API
- IBM Speech to Text
- Snowboy Hotword Detection (works offline)
- Tensorflow
- Vosk API (works offline)
- OpenAI whisper (works offline)
- Whisper API

ここでは，音声認識エンジンとしてOpenAI whisper[注14]を使用します．Google Speech Recognitionなどの音声認識エンジンは，オンラインでなければ使用できませんが，OpenAI whisperは，works offlineと書かれているようにインターネットに接続しなくても使用できます．OpenAI whisperは，ウェブから収集した68万時間分の多言語音声データを教師ありで学習させた音声認識システムです．エンコーダとデコーダのTransformerを組み合わせたEnd-to-Endモデルのネットワークアーキテクチャにより，高い音声認識精度を実現しています．

この音声認識ライブラリを用いて，Bring Meタスクの音声命令を認識してテキストで出力するプログラムをつくります．Bring Meタスクの音声命令は「Bring me a bottle from kitchen」とします．このテキストを読み上げた音声を入力として，上記のテキストが出力できれば成功です．

● 準備（この本のDockerイメージを使用している場合は，読み飛ばしてください）

まず，使用するライブラリをインストールします．インストールするライブラリは，pyaudio，SpeechRecognition，whisperとsoundfileです．pyaudioは，Pythonでオーディオ関連を扱うためのライブラリです．以下のコマンドでインストールします．

```
sudo apt -y install portaudio19-dev
sudo apt -y install pulseaudio
```

また，Pythonのモジュールとして呼び出すために，以下のコマンドを実行します．

```
pip3 install pyaudio
```

これで，pyaudio関連のインストールは完了です．

SpeechRecognitionは，多様な音声認識エンジンやAPIが使える音声認識ライブラリです．以下のコマンドでインストールします．

注14　A. Radford, et al. Robust speech recognition via large-scale weak supervision. International Conference on Machine Learning, 2023.

```
pip3 install SpeechRecognition
```

音声認識のOpenAI whisperを扱うためのライブラリをインストールします．soundfileは，オーディオファイルの読み書きを行うためのライブラリです．以下のコマンドでインストールします．

```
pip3 install SpeechRecognition[whisper-local] soundfile
```

これにより，音声認識を行うために必要なライブラリのインストールは完了です．

次に，この章で使用する音声認識関連のサンプルプログラムを以下のコマンドでGitHubからクローンします．

```
cd ~/airobot_ws/src
git clone https://github.com/AI-Robot-Book-Humble/chapter3.git
```

ノードを実行するためには，パッケージをビルドする必要があります．以下のコマンドでairobot_wsに移動して，ビルドしましょう．

```
cd ~/airobot_ws
colcon build
```

ビルドが完了したら，ビルドされたパッケージを読み込みましょう．

```
source install/setup.bash
```

● サンプルプログラムの説明

音声認識のサンプルプログラムは，アクション通信，サービス通信，トピック通信のディレクトリに分かれています．ここでは，アクション通信を使用したサンプルプログラムを使用します．

まず，音声認識クライアントのサンプルプログラムについて解説します．VSCodiumで以下のファイルを開いてください．

src/chapter3/speech_action/speech_action/speech_recognition_client.py

以下は，必要なライブラリをインポートしています．

```
1 import threading
2 import rclpy
3 from rclpy.action import ActionClient
4 from rclpy.node import Node
5 from action_msgs.msg import GoalStatus
6 from airobot_interfaces.action import StringCommand
```

threadingはPythonで並列処理を用いるためのモジュールです．rclpyはPythonでROS 2を用いるためのモジュールです．定義したアクション通信で使用するGoalStatusとStringCommandの構造体をインポートしています．

以下は，SpeechRecognitionClientクラスの初期化をしています．

```
9 class SpeechRecognitionClient(Node):
```

```
10      def __init__(self):
11          super().__init__('speech_recognition_client')
12          self.get_logger().info('音声認識クライアントを起動します')
13          self.goal_handle = None
14          self.action_client = ActionClient(
15              self, StringCommand, 'speech_recognition/command')
```

まず，親クラスの初期化を実行し，Logger を取得しています．Logger には複数のレベルでログを残すことができます．ここでは，「音声認識クライアントを起動します」とログを表示します．次に，アクション通信の状態を保持する変数を初期化しています．そして，アクション通信により音声認識の開始をリクエストするための ActionClient を作成します．引数は，アクションクライアントを追加する ROS 2 ノード，型名，アクション名です．

以下は，アクション通信に使用する関数を定義しています．

```
17      def hear(self):
18          self.get_logger().info('アクションサーバ待機...')
19          self.action_client.wait_for_server()
20          goal_msg = StringCommand.Goal()
21          self.get_logger().info('ゴール送信...')
22          self.send_goal_future = self.action_client.send_goal_async(goal_msg)
23          self.send_goal_future.add_done_callback(self.goal_response_callback)
24
25      def goal_response_callback(self, future):
26          goal_handle = future.result()
27          if not goal_handle.accepted:
28              self.get_logger().info('ゴールは拒否されました')
29              return
30          self.goal_handle = goal_handle
31          self.get_logger().info('ゴールは受け付けられました')
32          self.get_result_future = goal_handle.get_result_async()
33          self.get_result_future.add_done_callback(self.get_result_callback)
34
35      def get_result_callback(self, future):
36          result = future.result().result
37          status = future.result().status
38          if status == GoalStatus.STATUS_SUCCEEDED:
39              self.get_logger().info(f'結果:{result.answer}')
40              self.goal_handle = None
41          else:
42              self.get_logger().info(f'失敗ステータス:{status}')
43
44      def cancel_done(self, future):
45          cancel_response = future.result()
46          if len(cancel_response.goals_canceling) > 0:
47              self.get_logger().info('キャンセル成功')
48              self.goal_handle = None
49          else:
50              self.get_logger().info('キャンセル失敗')
51
52      def cancel(self):
53          if self.goal_handle is None:
54              self.get_logger().info('キャンセル対象なし')
55              return
56          self.get_logger().info('キャンセル')
57          future = self.goal_handle.cancel_goal_async()
58          future.add_done_callback(self.cancel_done)
```

これらの関数は，この本のアクション通信において共通のため，第 2 章のアクション通信の説明を参照してください．

以下は，音声認識の main() 関数です．

```
61 def main():
62     # ROS クライアントの初期化
63     rclpy.init()
64 
65     # ノードクラスのインスタンス
66     node = SpeechRecognitionClient()
67 
68     # 別のスレッドでrclpy.spin()を実行する
69     thread = threading.Thread(target=rclpy.spin, args=(node,))
70     threading.excepthook = lambda x: ()
71     thread.start()
72 
73     try:
74         while True:
75             s = input('> ')
76             if s == '':
77                 node.hear()
78             elif s == 'c':
79                 node.cancel()
80             else:
81                 print('無効なコマンドです')
82     except KeyboardInterrupt:
83         pass
84 
85     rclpy.try_shutdown()
```

まず，rclpy を初期化し，音声認識クライアントノードを初期化します．次に，別のスレッドで音声認識クライアントノードを実行します．そして，ノードが切れるまで繰り返し処理を行い，キーボード入力を待ちます．このとき，何もキーを入力せずに Enter キーが押された場合は，音声認識開始のリクエストが送られます．また，実行中に c を入力して Enter キーが押された場合は，実行がキャンセルされます．エラーが起きた場合は，例外処理としてノードが削除されます．

次に，音声認識サーバのサンプルプログラムについて解説します．VSCodium で以下のファイルを開いてください．

src/chapter3/speech_action/speech_action/speech_recognition_server.py

以下は，必要なライブラリをインポートし，pyaudio の警告表示を抑制しています．

```
 1 import threading
 2 import rclpy
 3 from rclpy.node import Node
 4 from rclpy.action import ActionServer, CancelResponse
 5 from rclpy.callback_groups import ReentrantCallbackGroup
 6 from rclpy.executors import MultiThreadedExecutor
 7 from airobot_interfaces.action import StringCommand
 8 from ctypes import CFUNCTYPE, c_char_p, c_int, c_char_p, c_int, c_char_p, cdll
 9 from speech_recognition import (
10     Recognizer, Microphone, UnknownValueError, RequestError, WaitTimeoutError)
11 
```

```
12
13 # pyaudio の警告表示抑制
14 # https://stackoverflow.com/questions/7088672/pyaudio-working-but-spits-out-error-
       messages-each-time
15 ERROR_HANDLER_FUNC = CFUNCTYPE(None, c_char_p, c_int, c_char_p, c_int, c_char_p)
16 def py_error_handler(filename, line, function, err, fmt):
17     pass
18 c_error_handler = ERROR_HANDLER_FUNC(py_error_handler)
19 asound = cdll.LoadLibrary('libasound.so')
20 asound.snd_lib_error_set_handler(c_error_handler)
```

まず，定義したアクションで使用する StringCommand の構造体をインポートしています．pyaudio の警告表示を抑制するために必要な関数をインポートしています．音声認識を行う speech_recognition をインポートしています．最後に，pyaudio の警告表示抑制を行っています．

以下は，音声認識サーバクラスの初期化をしています．

```
23 class SpeechRecognitionServer(Node):
24     def __init__(self):
25         super().__init__('speech_recognition_server')
26         self.get_logger().info('音声認識サーバを起動します')
27         # self.lang = 'ja'
28         self.lang = 'en'
29         self.recognizer = Recognizer()
30         self.goal_handle = None
31         self.goal_lock = threading.Lock()
32         self.execute_lock = threading.Lock()
33         self.action_server = ActionServer(
34             self,
35             StringCommand,
36             'speech_recognition/command',
37             self.execute_callback,
38             cancel_callback=self.cancel_callback,
39             handle_accepted_callback=self.handle_accepted_callback,
40             callback_group=ReentrantCallbackGroup(),
41         )
```

まず，親クラスを初期化し，Logger を取得しています．ここでは，「音声認識サーバを起動します」とログを表示します．次に，録音された音声データを OpenAI whisper で認識するための設定やアクション通信に関する設定を初期化しています．self.lang = 'en' では，英語を選択言語としています．日本語にする場合は，この行をコメントアウトして，self.lang = 'ja' を有効にします．最後に，音声認識を実行し，結果を返すための ActionServer を作成します．必要な引数は，アクションクライアントを追加する ROS 2 ノード，型名，アクション名，受け入れた目標を実行するためのコールバック関数です．他はオプションです．ここでは，アクション通信で cancel が送られたときに実行するコールバック関数，新しく目標を受け入れるときに呼び出されるコールバック関数，アクションサーバを追加するコールバック関数のグループが引数に入っています．

以下は，アクション通信に必要な関数を定義しています．

```
43     def handle_accepted_callback(self, goal_handle):
44         with self.goal_lock:
45             if self.goal_handle is not None and self.goal_handle.is_active:
46                 self.get_logger().info('前の音声入力を中止')
47                 self.goal_handle.abort()
48             self.goal_handle = goal_handle
```

```
49         goal_handle.execute()
50
51     def execute_callback(self, goal_handle):
52         with self.execute_lock:
53             self.get_logger().info('実行...')
54             result = StringCommand.Result()
55             result.answer = 'NG'
56             with Microphone() as source:
57                 self.get_logger().info('音声入力')
58                 self.recognizer.adjust_for_ambient_noise(source)
59                 try:
60                     audio_data = self.recognizer.listen(
61                         source, timeout=10.0, phrase_time_limit=10.0)
62                 except WaitTimeoutError:
63                     self.get_logger().info('タイムアウト')
64                     return result
65
66             if not goal_handle.is_active:
67                 self.get_logger().info('中止')
68                 return result
69
70             if goal_handle.is_cancel_requested:
71                 goal_handle.canceled()
72                 self.get_logger().info('キャンセル')
73                 return result
74
75             text = ''
76             try:
77                 self.get_logger().info('音声認識')
78                 text = self.recognizer.recognize_whisper(audio_data, model="medium",
    language=self.lang) #[*] Whisper に収音データを送り，音声認識の結果を受け取ります
79                 # text = self.recognizer.recognize_google(audio_data, language=self.lang
    )
80             except RequestError:
81                 self.get_logger().info('API 無効')
82                 return result
83
84             except UnknownValueError:
85                 self.get_logger().info('認識できない')
86
87             if not goal_handle.is_active:
88                 self.get_logger().info('中止')
89                 return result
90
91             if goal_handle.is_cancel_requested:
92                 goal_handle.canceled()
93                 self.get_logger().info('キャンセル')
94                 return result
95
96             goal_handle.succeed()
97             result.answer = text
98             self.get_logger().info(f'認識結果：{text}')
99             return result
100
101     def cancel_callback(self, goal_handle):
102         self.get_logger().info('キャンセル受信')
103         return CancelResponse.ACCEPT
```

音声認識を実行し，結果をクライアントに返す execute_callback 関数について説明します．まず，音声認識のサービスからマイクを音源として 10 秒間の音声を録音します．ログには，「音声認識」と表示します．次に，録音した音声を OpenAI whisper により認識し，結果となるテキストを得ます．ログには，「認識結果 "text"」と表示します．最後に，認識結果のテキストが格納されている変数 text を StringCommand 型のメッセージの result.answer に代入し，結果を返します．

以下は，音声認識の main() 関数です．

```
42 def main():
43     rclpy.init()
44     node = SpeechRecognitionServer()
45     executor = MultiThreadedExecutor()
46     try:
47         rclpy.spin(node, executor=executor)
48     except KeyboardInterrupt:
49         pass
50
51     rclpy.try_shutdown()
```

まず，rclpy を初期化します．次に，音声認識サーバのノードと実行するスレッドを初期化します．そして，rclpy.spin に node を渡すことで，音声認識ノードを実行しています．エラーが起きた場合は，例外処理としてノードを削除します．

● 実行手順

それでは，プログラムを実行してみましょう！

まず，端末を立ち上げ，以下のコマンドを入力し，speech_recognition_server を起動します．初回の実行時は，1GB ほどのモデルファイルがダウンロードされるため，完了まで待ちます．

```
ros2 run speech_action speech_recognition_server
```

起動すると，以下のように表示されます．

```
1 [INFO] [1720755693.246463026] [speech_recognition_server]: 音声認識サーバを起動します
```

次に，新たな端末を立ち上げ，以下のコマンドを入力し，speech_recognition_client を起動します．

```
ros2 run speech_action speech_recognition_client
```

起動すると，以下のように表示されます．

```
1 [INFO] [1720756055.438386539] [speech_recognition_client]: 音声認識クライアントを起動します
2 >
```

音声認識クライアントの端末で Enter キーを押すと，音声認識が開始されます．試しに「Bring me a bottle from kitchen」とマイクに向かって発話してみましょう．発話した後に，画面に以下のようなテキストが出力されれば成功です．

クライアント側

```
1 [INFO] [1720756055.438386539] [speech_recognition_client]: 音声認識クライアントを起動します
2 >
3 [INFO] [1720756247.622211271] [speech_recognition_client]: アクションサーバ待機...
4 [INFO] [1720756247.623058734] [speech_recognition_client]: ゴール送信...
5 > [INFO] [1720756247.626102984] [speech_recognition_client]: ゴールは受け付けられました
6 [INFO] [1720756265.393852703] [speech_recognition_client]: 結果:  Bring me a bottle
      from kitchen
```

サーバ側

```
1 [INFO] [1720756037.491302545] [speech_recognition_server]: 音声認識サーバを起動します
2 [INFO] [1720756247.627898331] [speech_recognition_server]: 実行...
3 [INFO] [1720756247.667102682] [speech_recognition_server]: 音声入力
4 [INFO] [1720756256.601300572] [speech_recognition_server]: 音声認識
5 [INFO] [1720756265.393008416] [speech_recognition_server]: 認識結果：  Bring me a bottle
      from kitchen
```

音声は，マイクの性能や周囲の環境ノイズ，話者の発話特性によって誤認識される場合があります．誤認識が多い場合は，周囲の環境やマイクのボリューム，発話の方法を変えて試してみてください．OpenAI whisper の認識結果で「ご視聴ありがとうございました」や「Thank you for watching」が頻繁に出力される場合があります．このような場合は，マイクのボリュームが適切ではない可能性があります．調整してから再度試してみてください．

Happy Mini のミニ知識　AI は言葉を理解できる？

ある機械が「人間的」かどうかを判定するためのテストとして，チューリングテストが有名です．このテストでは，「審査員」と「機械／人間」は別々の部屋にいる状態で，コンピュータのディスプレイとキーボードを通じて自然言語の会話を行います．審査員は，機械または人間（どちらかわからない）を相手に，「休日は何をしますか？」「一番楽しかったことを教えてください」など，機械か人間かを判定するための質問を行い，相手の反応を読み取ります．このとき，質問に対して正しい回答を出せているかどうかは問題とされず，人間に似た反応をするかだけが問題となります．審査員は，会話相手が機械か人間かを判定し，機械が「人間である」と判定されるケースが多ければ，テストに合格したことになります．合格すれば，「この機械は人間的である」，つまり「人間のように知的である」と見なせるとなるわけです．この方法論は，1950 年にアラン・チューリング (Alan Turing) によって提案されました．「機械 (AI) は考えることができるのか？」という問いを「ある種のゲームをうまくこなせるか？」という問いに置き換えたユニークな提案です．また，チューリングテストへの代表的な反論として，「中国語の部屋」があります．この反論は，中国語がまったく読めない英国人が部屋の中にいて，中国語で書かれた質問を受け取り，部屋にある質問応答のマニュアルから対応する応答文を書き写して返答した場合，部屋の外からは質問応答は成立したように見えるが，その英国人は質問応答の内容を理解したといえるのかというものです．もちろん，英国人は，マニュアルどおりに書き写しただけなので，中国語で書かれた質問応答の内容をまったく理解していません．理解していないのならば，人間がやっているのと同じ意味で「思考」しているとはいえなくなります．このような，機械 (AI) が言葉（記号）の意味を理解できるのかという問題は，スティーブン・ハルナッド (Stevan Harnad) が提示した記号接地問題として知られており，現在でも未解決の重要問題といわれています．

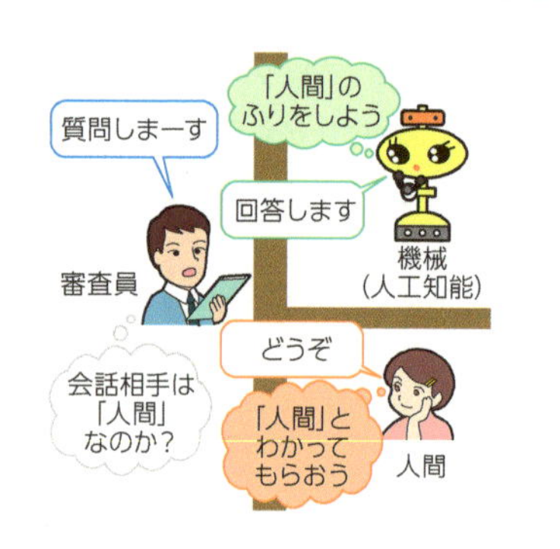

3.2 音声合成

3.2.1 音声合成の基礎

音声合成は，**音声をコンピュータなどにより人工的に合成する技術**です．何を入力にして音声を合成するかはさまざまありますが，ここでは，テキストを入力として音声を合成する**テキスト音声合成**(text-to-speech) について説明します．最初のテキスト音声合成は，1939 年に開発された，鍵盤を押すとその周波数に応じた音声を電気回路で再現する電気式音声合成システムであるといわれています．その後，1980 年代に韻律やフォルマントの規則に基づく規則合成方式，1990 年代に音声言語データに基づく音声合成方式へと発展します．そして，2000 年代に機械学習に基づく音声合成として，統計的音声合成の研究開発が進みます．この手法では，音声のパラメータを表現する音響モデルとよばれる統計モデルを学習します．これにより，テキストから音声パラメータを生成することが可能になりました．さらに，2010 年代には，End-to-End での DNN による音声合成の技術が発展します．これは，音声合成のすべての過程をニューラルネットワークで構築した手法です．この章では，統計的音声合成と DNN による音声合成について説明し，音声合成の実装を体験します．

3.2.2 統計的音声合成

与えられたテキストから，それに対応する音声波形を求めるのがテキスト音声合成です．しかし，テキストに対する音声波形の関係は一対一ではありません．例えば，同じテキストを読み上げても話者によって音声波形は違いますし，同じ話者でも感情や状況などの要因によって，その音声はゆらぐからです．このような，音声の確率的なゆらぎを捉えるために**統計モデル**が用いられます．統計モデルは，テキストから音声を生成する過程で生じる不確実性を数学的に扱うことができます．統計モデルには，識別モデルと生成モデルがあります．テキストから音声を生成する音声合成では，音声波形の特徴とラベルの同時分布を学習する生成モデルが適しています．しかし，テキストから音声波形の合成を直接にモデル化するのは容易ではありません．そこで，テキストからの**言語特徴量**の予測，言語特徴量からの**音響特徴量**の予測，音響特徴量からの**音声波形**の予測の 3 つに問題を分けます．図 3.13 に，言語特徴量，音響特徴量，音声波形の 3 つの予測で構成される音声合成時のグラフィカルモデルを示します．グラフィカルモデルは，確率変数間の依存関係を示すグラフです．

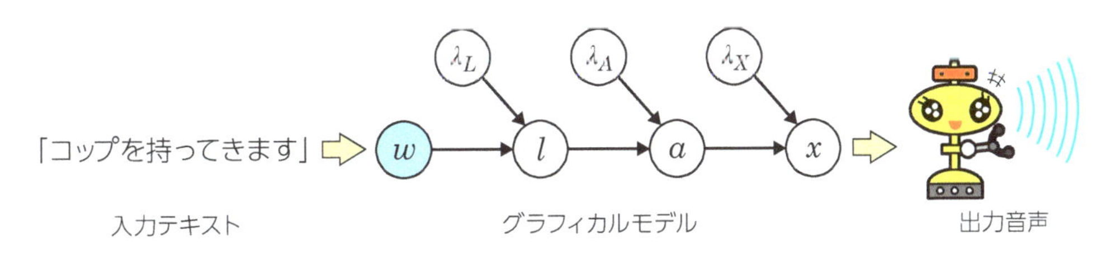

図 3.13 テキストから音声を合成するときのグラフィカルモデル

水色で示された w は，入力となるテキストです．3 つの λ は，特徴量や音声を生成する分布のパラメータです．l, a, x は，それぞれ言語特徴量，音響特徴量，音声波形です．このモデルに基づいて，言語特徴量，音響特徴量，音声波形に対する確率は，以下のように定式化できます．

$$p(x, a, l|w, \lambda) = p(l|w, \lambda_L)p(a|l, \lambda_A)p(x|a, \lambda_X) \tag{3.5}$$

ここで，右辺は，言語特徴量，音響特徴量，音声波形の条件付き確率の積になっています．この式を計算するには，λ_L, λ_A, λ_X が必要になりますが，これらは，それぞれテキストから言語特徴量を予測するモデル，言語特徴量から音響特徴量を予測するモデル，音響特徴量から音声波形を予測するモデルのパラメータです．統計的音声合成では，これらのモデルのパラメータを学習します．特に，言語特徴量から音響特徴量を予測する音響モデルは音声合成の品質に強く影響する重要なモジュールです．図 3.14 に統計的音声合成における音響モデルの学習と音声波形の生成の概要図を示します．

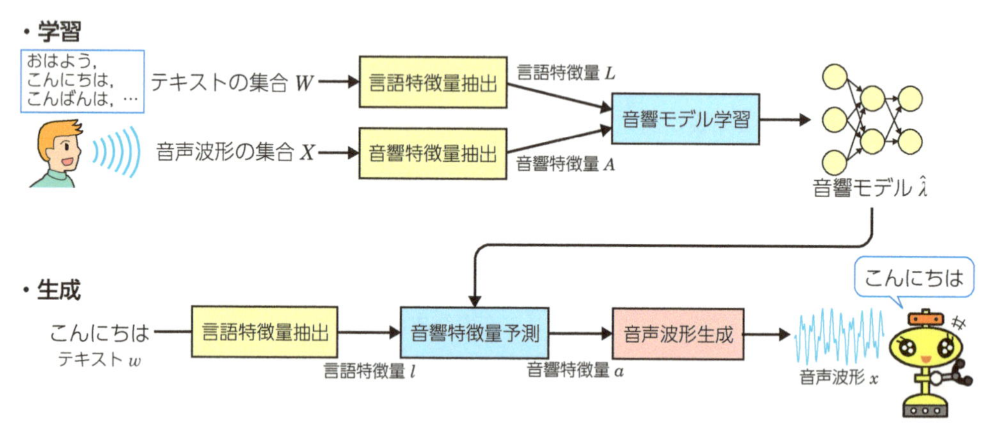

図 3.14　統計的音声合成における音響モデルの学習と音声波形の生成
（山本龍一，高道慎之介：Python で学ぶ音声合成．インプレス，2021 を参考に作成）

まず学習では，あらかじめ準備したテキストと対応する音声波形のデータセットを入力として，言語特徴量抽出と音響特徴量抽出を行い，言語特徴量の集合 L と音響特徴量の集合 A を得ます．この 2 つの特徴量の集合から音響モデル $\hat{\lambda}$ を学習します．生成では，学習した音響モデルを用いて，入力のテキスト w から言語特徴量 l，音響特徴量 a，音声波形 x の順に音声を合成します．音響モデルの学習においては，音声認識で用いられた DNN-HMM が使えます．音声合成においても，DNN-HMM は，HMM ベースの音声合成よりも高品質な音声合成を実現しています．

3.2.3　DNN による音声合成

● 概　要

音声合成においても音声認識と同様にテキストから音声波形まですべてをニューラルネットワークで構成する End-to-End の方法があります．図 3.15 に DNN による音声合成の概要を示します．DNN による音声合成では，系列長が異なる特徴量間の変換を直接に行うのは困難です．このため，音素単位の言語特徴量を入力として音素継続長を予測する**継続長モデル**，フレーム単位の言語特徴量から音響特徴量を予測する**音響モデル**の 2 つのモデルがあります．これらのモデルを学習するためには，音声データ，テキストデータが必要です．さらに，語や句などの言語的コンテキストの情報である言語特徴量，音声から抽出した音響特徴量，テキストデータの音素と音声データの時間的な対応付けの情報である音素アライメントが必要になります．

● 言語特徴量の抽出

テキストから音声波形を合成するために，そのテキストが持つ言語特徴量を抽出します．言語特徴量には，母音を中心とした音の塊である音節や，音節よりも小さい単位であるモーラ，音節より大き

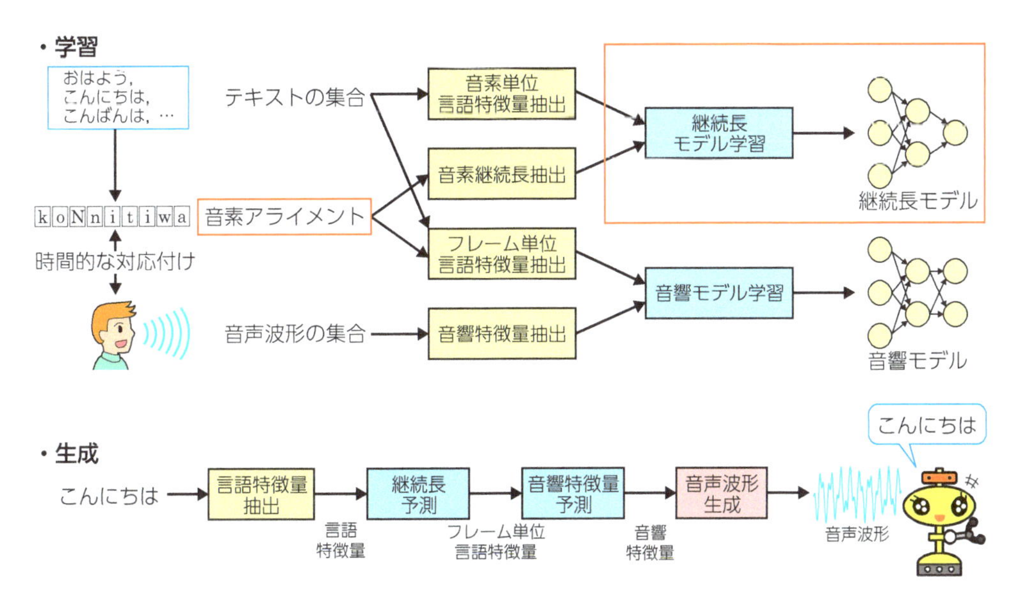

図 3.15　DNN による音声合成の概要
（山本龍一，高道慎之介： Python で学ぶ音声合成．インプレス， 2021 を参考に作成）

い単位である語，語が連鎖した句，語や句におけるアクセントなどの情報が含まれます．テキストに潜む言語の特徴を抽出します．例えば，「ロボカップがすきだ」というテキストを「ロボカップ/が/すき/だ」と分節化した場合と「ロボ/カップ/がす/きだ」と分節化した場合では，アクセントが異なります．日本語の言語特徴量の抽出には，HMM ベースの日本語音声合成システムである Open JTalk[注15] のテキスト解析が使用できます．

● 音響特徴量の抽出

音声波形を合成するための音響特徴量を抽出します．テキストと言語特徴量のみでは，話者の特性を考慮した音声合成はできません．同じ語や句であっても，男性と女性，大人と子ども，さらには話者によって音声は異なります．このような話者の特性に依存する音声の物理的な特徴を表すパラメータが音響特徴量です．音響特徴量は，話者にさまざまなテキストを読み上げてもらい，音声分析変換合成システムなどを用いて基本周波数，有声／無声フラグ，メルケプストラム，帯域非周期性指標などの音声パラメータを抽出し，次元削減を行って抽出します．音声パラメータの抽出には，音声生成の物理モデルに基づく音声分析変換合成システムである **WORLD ボコーダ**[注16] が使用できます．ボコーダとは，音声波形をパラメータに符号化し，そのパラメータから音声波形を復号する枠組みです．

● 音声波形の生成

これで，言語特徴量と音響特徴量が抽出できました．音声波形の生成では，音響モデルから出力された音響特徴量から音声波形を合成します．音響モデルから出力された音響特徴量は，基本周波数，有声／無声フラグ，メルケプストラム，帯域非周期性指標などの音声パラメータに分離されます．また，音響特徴量の抽出において次元削減をしているため，ボコーダを使って元の音声パラメータ表現に戻す処理を行います．この処理には，音響特徴量の抽出で用いた WORLD ボコーダが使用できます

注 15　https://open-jtalk.sp.nitech.ac.jp/
注 16　https://www.isc.meiji.ac.jp/~mmorise/world/index.html

【クイズ 3.2】
1. 統計的な音声合成は，３つの予測問題に分けられます．それぞれの問題について簡素に説明してください．
2. 継続長モデルと音響モデルについて簡素に説明してください．
3. 音響特徴量について簡素に説明してください．

3.2.4 音声合成の実装

● 音声合成のライブラリ

それでは，ここまで学習した内容を踏まえて，音声合成を実装してみましょう！　音声認識と同様にライブラリを使って実装します．音声合成で使用するライブラリは，Google Text-to-speech (gTTS)[注17]です．gTTS は，Google Translate's text-to-speech API を利用した Python ライブラリで，日本語読み上げにも対応しています．Bring Me タスクでロボットがこれから実行する行動をユーザに音声で伝えるプログラムをつくります．Bring Me タスクでのロボットの行動を説明する文は「I will go to the kitchen and grab a bottle」です．

● 準備（この本の Docker イメージを使用している場合は，読み飛ばしてください）

音声合成で使用するライブラリをインストールします．インストールするライブラリは gTTS です．gTTS は，Google が提供している音声合成 API へアクセスするためのライブラリです．以下のコマンドでインストールします．

```
pip3 install gTTS
```

音声データを再生するライブラリを以下のコマンドでインストールします．

```
sudo apt -y install mpg123
pip3 install mpg123
```

これにより，音声合成に必要なライブラリのインストールは完了です．

次に，実行の準備として，speech_action をビルドします．以下のコマンドで airobot_ws に移動して，パッケージをビルドしましょう．

```
cd ~/airobot_ws
colcon build
```

ビルドが完了したら，パッケージを読み込みましょう．

```
source install/setup.bash
```

● サンプルプログラムの説明

それでは，アクション通信を使用した音声合成クライアントのサンプルプログラムについて解説します．VSCodium で以下のファイルを開いてください．

注 17　https://pypi.org/project/gTTS/

src/chapter3/speech_action/speech_action/speech_synthesis_client.py

以下は，必要なライブラリをインポートしています．

```
1 import threading
2 import rclpy
3 from rclpy.action import ActionClient
4 from rclpy.node import Node
5 from action_msgs.msg import GoalStatus
6 from airobot_interfaces.action import StringCommand
```

音声認識クライアントのプログラムと同じライブラリをインポートしているため，説明は省略します．

以下は，SpeechSynthesisClient クラスを初期化しています．

```
 9 class SpeechSynthesisClient(Node):
10     def __init__(self):
11         super().__init__('speech__client')
12         self.get_logger().info('音声合成クライアントを起動します')
13         self.goal_handle = None
14         self.action_client = ActionClient(
15             self, StringCommand, 'speech_synthesis/command')
```

基本的には，音声認識クライアントの親クラス初期化と同じ手順です．異なるのは，ログの表示が「音声合成クライアントを起動します」になっていること，アクションクライアントのアクション名が'speech_synthesis/command' になっている部分です．

以下は，音声合成の処理です．

```
17     def say(self, s):
18         self.get_logger().info('アクションサーバ待機...')
19         self.action_client.wait_for_server()
20         goal_msg = StringCommand.Goal()
21         goal_msg.command = s
22         self.get_logger().info('ゴール送信...')
23         self.send_goal_future = self.action_client.send_goal_async(goal_msg)
24         self.send_goal_future.add_done_callback(self.goal_response_callback)
25
26     def goal_response_callback(self, future):
27         goal_handle = future.result()
28         if not goal_handle.accepted:
29             self.get_logger().info('ゴールは拒否されました')
30             return
31         self.goal_handle = goal_handle
32         self.get_logger().info('ゴールは受け付けられました')
33         self.get_result_future = goal_handle.get_result_async()
34         self.get_result_future.add_done_callback(self.get_result_callback)
35
36     def get_result_callback(self, future):
37         result = future.result().result
38         status = future.result().status
39         if status == GoalStatus.STATUS_SUCCEEDED:
40             self.get_logger().info(f'結果:{result.answer}')
41             self.goal_handle = None
42         else:
43             self.get_logger().info(f'失敗ステータス:{status}')
```

```
44
45     def cancel_done(self, future):
46         cancel_response = future.result()
47         if len(cancel_response.goals_canceling) > 0:
48             self.get_logger().info('キャンセル成功')
49             self.goal_handle = None
50         else:
51             self.get_logger().info('キャンセル失敗')
52
53     def cancel(self):
54         if self.goal_handle is None:
55             self.get_logger().info('キャンセル対象なし')
56             return
57         self.get_logger().info('キャンセル')
58         future = self.goal_handle.cancel_goal_async()
59         future.add_done_callback(self.cancel_done)
```

say() 関数で，アクションサーバにリクエストを送っています．その他は，アクション通信に使用する関数を定義しています．

以下は，音声合成の main() 関数です．

```
62 def main():
63     # ROS クライアントの初期化
64     rclpy.init()
65
66     # ノードクラスのインスタンス
67     node = SpeechSynthesisClient()
68
69     # 別のスレッドでrclpy.spin()を実行する
70     thread = threading.Thread(target=rclpy.spin, args=(node,))
71     threading.excepthook = lambda x: ()
72     thread.start()
73
74     try:
75         while True:
76             s = input('> ')
77             if s == '':
78                 node.cancel()
79             else:
80                 node.say(s)
81     except KeyboardInterrupt:
82         pass
83
84     rclpy.try_shutdown()
```

基本的には，音声認識クライアントと同じ手順です．キーボード入力待ちのときに，任意の文章を入力し Enter キーを押すことで入力した文章が発話されます．

次に，音声合成サーバのサンプルプログラムについて解説します．VSCodium で以下のファイルを開いてください．

src/chapter3/speech_action/speech_action/speech_synthesis_server.py

以下は，必要なライブラリをインポートしています．

```
 1 import threading
 2 import rclpy
 3 from rclpy.node import Node
 4 from rclpy.action import ActionServer, CancelResponse
 5 from rclpy.callback_groups import ReentrantCallbackGroup
 6 from rclpy.executors import MultiThreadedExecutor
 7 from airobot_interfaces.action import StringCommand
 8 from gtts import gTTS
 9 from io import BytesIO
10 from mpg123 import Mpg123, Out123
```

基本的に音声認識サーバでインポートしているライブラリと同じです．異なるのは，音声合成に用いるライブラリのインポートです．まず，合成した音声データを mp3 形式でファイルに保存するため，gTTS モジュールを読み込みます．次に，メモリ上で音声のバイナリデータを扱うために `BytesIO` モジュールを読み込みます．最後に，`Mpg123`, `Out123` は，ファイルを読み込み，オーディオデバイスに出力するモジュールです．

以下は，音声合成クラスを初期化しています．

```
13 class SpeechSynthesisServer(Node):
14     def __init__(self):
15         super().__init__('speech_synthesis_server')
16         self.get_logger().info('音声合成サーバを起動します')
17         # self.lang = 'ja-JP'
18         self.lang = 'en'
19         self.out = Out123()
20         self.goal_handle = None
21         self.goal_lock = threading.Lock()
22         self.execute_lock = threading.Lock()
23         self.action_server = ActionServer(
24             self,
25             StringCommand,
26             'speech_synthesis/command',
27             self.execute_callback,
28             cancel_callback=self.cancel_callback,
29             handle_accepted_callback=self.handle_accepted_callback,
30             callback_group=ReentrantCallbackGroup(),
31         )
```

基本的に，音声認識サーバと同じ手順です．異なるのは，ログの表示が「音声合成サーバを起動します」になっていること，音声合成のための変数の初期化，アクションクライアントのアクション名が`'speech_synthesis/command'` になっている部分です．

以下は，音声合成の処理です．

```
33     def handle_accepted_callback(self, goal_handle):
34         with self.goal_lock:
35             if self.goal_handle is not None and self.goal_handle.is_active:
36                 self.get_logger().info('前の発話を中止')
37                 self.goal_handle.abort()
38             self.goal_handle = goal_handle
39         goal_handle.execute()
40 
41     def execute_callback(self, goal_handle):
```

```
42          with self.execute_lock:
43              self.get_logger().info('実行...')
44              result = StringCommand.Result()
45              result.answer = 'NG'
46              if goal_handle.request.command != '':
47                  text = goal_handle.request.command
48                  self.get_logger().info(f'発話：{text}')
49                  tts = gTTS(text, lang=self.lang[:2])
50                  fp = BytesIO()
51                  tts.write_to_fp(fp)
52                  fp.seek(0)
53                  mp3 = Mpg123()
54                  mp3.feed(fp.read())
55                  for frame in mp3.iter_frames(self.out.start):
56                      if not goal_handle.is_active:
57                          self.get_logger().info('中止')
58                          return result
59
60                      if goal_handle.is_cancel_requested:
61                          goal_handle.canceled()
62                          self.get_logger().info('キャンセル')
63                          return result
64
65                      self.out.play(frame)
66
67                  goal_handle.succeed()
68                  result.answer = 'OK'
69              return result
70
71      def cancel_callback(self, goal_handle):
72          self.get_logger().info('キャンセル受信')
73          return CancelResponse.ACCEPT
```

`execute_callback` 関数で，音声合成を実行し，結果をクライアントに返しています．まず，ログに「実行...」と表示し，発話させたいテキストを変数 `text` に代入します．次に，受信したテキストを Google Text-to-speech へ送ります．そして，合成された音声をファイルに保存します．次に，保存された合成音声ファイルを再生する機能を作成しています．最後に，音声合成ファイルをオーディオから再生します．その他は，アクション通信に使用する関数です．

以下は，音声合成の `main()` 関数です．

```
76 def main():
77     rclpy.init()
78     node = SpeechSynthesisServer()
79     executor = MultiThreadedExecutor()
80     try:
81         rclpy.spin(node, executor=executor)
82     except KeyboardInterrupt:
83         pass
84
85     rclpy.try_shutdown()
```

まず，`rclpy` を初期化します．次に，音声合成サーバノードと実行するスレッドを初期化します．そして，`rclpy.spin` に `node` を渡すことで，音声合成ノードを実行しています．エラーなどが起きた場合は，例外処理としてノードを削除します．

● 実行手順

端末を立ち上げ，以下のコマンドを入力し，speech_synthesis_server を起動します．

```
ros2 run speech_action speech_synthesis_server
```

起動すると，以下のように表示されます．

```
1 [INFO] [1720794053.898801125] [speech_synthesis_server]: 音声合成サーバを起動します
```

別の端末を立ち上げ，以下のコマンドを入力し，speech_synthesis_client を起動します．

```
ros2 run speech_action speech_synthesis_client
```

起動すると，以下のように表示されます．

```
1 [INFO] [1720794086.877722516] [speech_synthesis_client]: 音声合成クライアントを起動します
2 >
```

「I will go to the kitchen and grab a bottle」をクライアント側に入力して Enter キーを押すと，コンピュータから「I will go to the kitchen and grab a bottle」と合成音声が出力されれば成功です！このとき，次のようにログが表示されます．ログの表示は正しいが，スピーカから音声が出ない場合は，実行環境で音楽ファイルなどを再生してスピーカから音が出ることを確認してください．

クライアント側

```
1 [INFO] [1720794086.877722516] [speech_synthesis_client]: 音声合成クライアントを起動します
2 > I will go to the kitchen and grab a bottle
3 [INFO] [1720795011.089098190] [speech_synthesis_client]: アクションサーバ待機...
4 [INFO] [1720795011.089762883] [speech_synthesis_client]: ゴール送信...
5 > [INFO] [1720795011.092990055] [speech_synthesis_client]: ゴールは受け付けられました
6 [INFO] [1720795014.008370803] [speech_synthesis_client]: 結果: OK
```

サーバ側

```
1 [INFO] [1720794053.898801125] [speech_synthesis_server]: 音声合成サーバを起動します
2 [INFO] [1720795011.095119599] [speech_synthesis_server]: 実行...
3 [INFO] [1720795011.095570236] [speech_synthesis_server]: 発話: I will go to the
      kitchen and grab a bottle
```

● 日本語の音声合成ソフトウェア

日本語の読み上げを得意とする音声合成ソフトウェアも開発されています．2021年8月1日にヒホ（ヒロシバ）によってリリースされた VOICEVOX[注18] は，ディープラーニングを組み込んでおり，文字単位での細かなイントネーションの調整が可能なことが特徴となっています．また，本節で紹介した gTTS モジュールは，オンラインでの使用に限られますが，VOICEVOX はオフラインでも使用できるのが魅力です．音声合成の品質は，ウェブ版 VOICEVOX[注19] で確認できます．

注18 https://voicevox.hiroshiba.jp/
注19 https://www.voicevox.su-shiki.com/

3.3 音声認識と音声合成の統合

音声認識と音声合成のノードをそれぞれ実装して動作を確認してきました．次に，実装した音声認識と音声合成を統合して，オウム返しのように，ユーザが発話した音声と同じ音声を返すプログラムを実装してみましょう．具体的には，音声認識によりユーザの音声をテキストに変換し，変換したテキストを音声合成により発話するプログラムをつくります．ここでは，アクション通信を用いてオウム返しを実装します．

3.3.1 アクション通信によるオウム返しの実装

● サンプルプログラムの説明

それでは，アクション通信によるオウム返しのサンプルプログラムについて解説します．VSCodium で以下のファイルを開いてください．

src/chapter3/speech_action/speech_action/speech_client.py

以下は，必要なモジュールをインポートしています．

```
1 from threading import Thread, Event
2 import rclpy
3 from rclpy.action import ActionClient
4 from rclpy.node import Node
5 from action_msgs.msg import GoalStatus
6 from airobot_interfaces.action import StringCommand
```

アクション通信のため，独自のアクション型の StringCommand を読み込んでいます．

以下は，アクションクライアントのクラスを定義しています．

```
 9 class StringCommandActionClient:
10     def __init__(self, node, name):
11         self.name = name
12         self.logger = node.get_logger()
13         self.action_client = ActionClient(node, StringCommand, name)
14         self.event = Event()
15 
16     def send_goal(self, command: str):
17         self.logger.info(f'{self.name} アクションサーバ待機...')
18         self.action_client.wait_for_server()
19         goal_msg = StringCommand.Goal()
20         goal_msg.command = command
21         self.logger.info(f'{self.name} ゴール送信... command: \'{command}\'')
22         self.event.clear()
23         self.send_goal_future = self.action_client.send_goal_async(goal_msg)
24         self.send_goal_future.add_done_callback(self.goal_response_callback)
25         self.action_result = None
26         self.event.wait(20.0)
27         if self.action_result is None:
28             self.logger.info(f'{self.name} タイムアウト')
29             return None
30         else:
31             result = self.action_result.result
32             status = self.action_result.status
```

```
33              if status == GoalStatus.STATUS_SUCCEEDED:
34                  self.logger.info(f'{self.name} 結果: {result.answer}')
35                  self.goal_handle = None
36                  return result.answer
37              else:
38                  self.logger.info(f'{self.name} 失敗ステータス: {status}')
39                  return None
40
41      def goal_response_callback(self, future):
42          goal_handle = future.result()
43          if not goal_handle.accepted:
44              self.logger.info(f'{self.name} ゴールは拒否されました')
45              return
46          self.goal_handle = goal_handle
47          self.logger.info(f'{self.name} ゴールは受け付けられました')
48          self.get_result_future = goal_handle.get_result_async()
49          self.get_result_future.add_done_callback(self.get_result_callback)
50
51      def get_result_callback(self, future):
52          self.action_result = future.result()
53          self.event.set()
```

StringCommandActionClient クラスは，ノードの名前とアクション名を与えてクラスのインスタンスを作成する汎用的なアクションクライアントになっています．構成は，これまでのアクションクライアントと同じなので，説明は省略します．

以下は，オウム返しのクラスを定義しています．

```
56  class SpeechClient(Node):
57      def __init__(self):
58          super().__init__('speech_client')
59          self.get_logger().info('音声対話ノードを起動します')
60          self.recognition_client = StringCommandActionClient(
61              self, 'speech_recognition/command')
62          self.synthesis_client = StringCommandActionClient(
63              self, 'speech_synthesis/command')
64          self.thread = Thread(target=self.run)
65          self.thread.start()
66
67      def run(self):
68          self.running = True
69          while self.running:
70              text = self.recognition_client.send_goal('')
71              if text is not None and text != '':
72                  self.get_logger().info(f'入力：{text}')
73                  # text2 = text + 'だよね'
74                  text2 = text
75                  self.get_logger().info(f'出力：{text2}')
76                  self.synthesis_client.send_goal(text2)
```

SpeechClient は，音声認識サーバと音声合成サーバのために，2つの StringCommandActionClient のインスタンスを作成しています．また，run() 関数内で音声認識サーバから返ってきた文字列を，音声合成サーバに送ることで，オウム返しを実現しています．

以下は，オウム返しの main() 関数です．

```
80 def main():
81     rclpy.init()
82     node = SpeechClient()
83     try:
84         rclpy.spin(node)
85     except KeyboardInterrupt:
86         node.running = False
87         pass
88
89     rclpy.try_shutdown()
```

これまでのアクションクライアントのmain()関数と同じ手順のため，説明を省略します．

● 実行手順

それでは，実装したアクション通信によるオウム返しのプログラムを実行してみましょう．

まず，2つの端末を開いて，それぞれの端末に以下のコマンドを入力し，音声認識サーバと音声合成サーバを起動します．

```
ros2 run speech_action speech_recognition_server
```

```
ros2 run speech_action speech_synthesis_server
```

次に，3つ目の端末を開いて，以下のコマンドを入力し，オウム返しのプログラム(speech_client.py)を実行します．

```
ros2 run speech_action speech_client
```

コマンドを実行すると音声認識が開始されるので，「Good morning」といってみましょう．次のようなログが表示されると同時に，「Good morning」とスピーカから出力されれば成功です！speech_client.pyを実行した端末のログを以下に示します．他のフレーズも試して音声認識の精度を確認してみましょう．

```
1 [INFO] [1720769390.363528928] [speech_client]: 音声対話ノードを起動します
2 [INFO] [1720769390.366754986] [speech_client]: speech_recognition/command アクションサーバ
   待機...
3 [INFO] [1720769390.618208659] [speech_client]: speech_recognition/command ゴール送信...
   command: ''
4 [INFO] [1720769390.621874216] [speech_client]: speech_recognition/command ゴールは受け付け
   られました
5 [INFO] [1720769400.934853726] [speech_client]: speech_recognition/command 結果: Good
   morning
6 [INFO] [1720769400.935071481] [speech_client]: 入力: Good morning
7 [INFO] [1720769400.935256309] [speech_client]: 出力: Good morning
8 [INFO] [1720769400.935430598] [speech_client]: speech_synthesis/command アクションサーバ待
   機...
9 [INFO] [1720769400.935642111] [speech_client]: speech_synthesis/command ゴール送信...
   command: ' Good morning'
10 [INFO] [1720769400.936648685] [speech_client]: speech_synthesis/command ゴールは受け付けら
   れました
11 [INFO] [1720769402.028514970] [speech_client]: speech_synthesis/command 結果: OK
```

チャレンジ 3.1

音声認識と音声合成を組み合わせてユーザの発話文から物体と場所の名前を取り出すプログラムをつくりましょう！　まず，音声合成で「I'm ready」と発話します．次に，ユーザの発話を音声認識で認識します（例：「Bring me a bottle from the kitchen」）．そして，認識したテキストからキーワードとなる物体や場所の名前を取り出します（例：bottle, kitchen）．最後に，取り出したキーワードに基づいて返答文を作成し，音声合成で発話します（例：「I will go to the kitchen and grab a bottle」）．このようにして，ユーザの発話文を認識し，行動をユーザに確認することができます．

まとめ

- 音声認識は，前処理としての特徴抽出と認識に分けられます．
- 音声認識モデルは，音素モデル，単語辞書，言語モデルから構成されます．
- 音声認識モデルの学習には，統計モデルや End-to-End モデルなどが用いられます．
- 音声合成には，統計的手法や DNN による手法などがあります．
- 音声認識や合成のプログラムについて学び，簡単なプログラムを作成しました．

ミニプロジェクト

ミニプロ 3.1

テキストによる質問応答のプログラムを作成しよう！　具体的には，質問の文字列（入力）に応じて適切な応答の文字列（出力）が選択される機能を実装しましょう．例えば，「What planet are we on?」という文字列を受け取った場合には，「Earth」という文字列を出力し，「What country are we in?」という文字列を受け取った場合には，「Japan」という文字列を出力するプログラムをつくりましょう．

また，応用編として，音声認識には誤りが含まれるため，文字列の完全な一致が期待できない場合を想定しましょう．解決策として，認識された文字列と複数の質問文の距離を計算し，最も距離が小さい質問文について応答する方法が考えられます．2 つの文字列がどの程度異なるかを示す距離としてレーベンシュタイン距離があります．Python では，以下のコマンドで Levenshtein モジュールがインストールできます．

```
pip3 install python-Levenshtein
```

ミニプロ 3.2

音声による質問応答のプログラムを作成しよう！　具体的には，ミニプロ 3.1 のプログラムに音声認識と音声合成のサーバを統合して，RoboCup@Home の Speech and Person Recognition タスク[注20]における音声による質問応答を行う機能を実装しましょう．音声認識サーバにより得られた文字列を質問文として，質問文に対応する応答文を音声合成サーバにより発話します．このとき，質問文と応答文のセットはあらかじめプログラムに与えておきます．RoboCup2018@Home で使用された質問応答のリストは GitHub のリンク[注21]にあります．

注 20　https://github.com/RoboCupAtHome/Montreal2018
注 21　https://github.com/RoboCupAtHome/Montreal2018/blob/master/Files/Questions.csv

ステップアップ

この章で実装した音声認識のプログラムを屋外やカフェなどの高雑音下で実行してみましょう．静かな環境と比べて音声認識の精度はどうなったでしょうか？　生活支援ロボットは，周囲の人が会話し，テレビの音や音楽が流れる環境でユーザの発話を認識しなければなりません．環境の雑音を低減して音声を認識するには，どのようなアルゴリズムがあるのでしょうか？　また，どのようなハードウェア（マイクなど）を用いるのがよいのでしょうか？　調べてみましょう．例えば，複数のマイクロフォンからなるマイクロフォンアレイを用いて，実時間で音源の方向推定（音源定位），特定の方向の音の分離抽出（音源分離），分離した音の認識（分離音の音声認識）の 3 つの機能を柱とするソフトウェア HARK[注22] などが知られています．この章では，音声認識と音声合成について概観的な説明にとどめましたが，より深く学びたい人は，以下の書籍も読んでみましょう．

- 高島遼一：Python で学ぶ音声認識，インプレス，2021.
- 山本龍一，高道慎之介：Python で学ぶ音声合成，インプレス，2021.
- 荒木雅弘：イラストで学ぶ音声認識，講談社，2015.
- 谷口忠大：イラストで学ぶ人工知能概論　改訂第 2 版，講談社，2020.

注 22　https://hark.jp/

AIロボット入門

第4章 ナビゲーション

MISSION

Yu のおかげで音が聞こえ，声が出せるようになったわ．
サンキュー♡
でも，動けないし，外の世界を冒険できないの…

これで，Happy Mini と何とか会話ができるようになった．
外の世界を冒険できるようにしてあげたい．
でも，ムズそう…

Yu は気を取り直し

Mini．今度は外の世界を冒険する能力，ナビゲーションを授けるよ．まず，自分の位置を知る自己位置推定，地図のつくり方，障害物回避，地図上の通過点を順番にたどるウェイポイントナビゲーション，通る経路を見つける経路探索，最後に未知の世界を冒険するための秘術，自己位置と地図生成を同時にやる SLAM（スラム）の能力だよ．

Mini は SLAM という言葉が引っかかった

まさか，スラム街を探索することじゃ…

第 4 章では AI ロボットに必要不可欠なナビゲーションについて学び，プログラムを実際につくり，シミュレータと実機でロボットを動かします．

4.1 ナビゲーションとは

ナビゲーションは，目的地へ移動することです． ただ目的地へ移動するといっても，それを実現するためには，次のようないろいろな能力が必要になります．この章ではこれらを学びます．

- **自己位置推定：** 自分の位置を知ること．地図が必要．
- **地図作成：** 地図を作ること．
- **経路計画：** 移動する経路を決めること．未知の場所は経路を探して決めるしかないが，既知の場所は経路の途中に何点か経由点（ウェイポイント）を設定して，それを順番に通過することが多い．
- **移　動：** ウェイポイントやゴールに向かって進むこと．
- **障害物回避：** 木，壁などの動かない物体や人，自転車など動く物体に衝突せずに移動すること．

はじめに，ナビゲーションの対象となる移動ロボットのタイプを決めます．移動ロボットには，車輪型，クローラ型[注1]，脚型などがありますが，生活支援ロボットで一般的な車輪型移動ロボットを考えます．車輪型移動ロボットは次の 3 種類に分類できます．

1. **差動駆動型** (differential drive)：左右の車輪の速度差によって進行方向を変えて移動するロボットです．小まわりにすぐれ機構もシンプルなので多くの自律移動ロボットに採用されています．第 1 章で紹介した Create，Roomba，Kobuki，TurtleBot3，カチャカもこのタイプです．**左右独立駆動型**ともよびます．駆動用のモータが 2 個必要です．
2. **ステアリング型** (steering drive)：自動車のように車輪の向きが変わる操舵輪で進行方向を変えて移動するロボットです．直進安定性にすぐれているので屋外で移動するロボットに多いです．**操舵型**ともよばれます．駆動用のモータが 1 個，操舵用のモータが 1 個必要です．
3. **全方向移動型** (omni directional drive)：オムニホイールとよばれる特殊な車輪を使って全方向に進行方向を変えて移動できるロボットです．狭い場所を高速に移動する必要がある特殊な環境，例えば，ロボット競技会などでよく使われています．オムニホイールが必要で，モータが 3 個または 4 個必要になるのでコストがかかります．

この本では，差動駆動移動ロボットを扱います．ロボットは 2 次元平面の地面上を移動し，車輪はスリップしないものとします．

4.2 差動駆動ロボットの運動学

4.2.1 順運動学

これからロボットの自己位置を計算するためには，ロボットの車輪の回転速度とロボット台車の速度の関係を理解する必要があります．車輪の回転速度（角速度）からロボット台車の速度を求めることを**順運動学** (forward kinematics)，あるいは**運動学** (kinematics) とよびます．その逆に，ロボット台車の速度から車輪の角速度を求めることを**逆運動学** (inverse kinematics) とよびます．

では，運動学の式を求めてみましょう．差動駆動ロボットは図 4.1 に示すように，ロボットの中心と左右の駆動輪の中心が直線上に並んでいます．車輪の半径 r，ロボット中心 P から車輪の中心までの距離 d，左右の車軸の角速度をそれぞれ ω_l, ω_r とし，ロボット中心の x 座標，y 座標を x，y，向きを θ とします．$\dot{x}, \dot{y}, \dot{\theta}$ はその微分を表し，台車の並進速度 V の x 成分を V_x，y 成分を V_y，角速度を Ω とします．図 4.1 から運動学の式 (4.1)〜(4.4) を導くことができます．

$$V_x = \dot{x} = \frac{1}{2}(v_r + v_l)\cos\theta = \frac{r}{2}(\omega_r + \omega_l)\cos\theta \tag{4.1}$$

$$V_y = \dot{y} = \frac{1}{2}(v_r + v_l)\sin\theta = \frac{r}{2}(\omega_r + \omega_l)\sin\theta \tag{4.2}$$

$$V = \sqrt{{V_x}^2 + {V_y}^2} = \frac{1}{2}(v_r + v_l) = \frac{r}{2}(\omega_r + \omega_l) \tag{4.3}$$

$$\Omega = \dot{\theta} = \frac{v_r}{2d} - \frac{v_l}{2d} = \frac{r}{2d}(\omega_r - \omega_l) \tag{4.4}$$

車輪がスリップしないと仮定すると，左右の車輪の並進速度 v_l, v_r はそれぞれ $r\omega_l, r\omega_r$（車輪の並進速度 $v =$ 車輪半径 $r\times$ 車輪の角速度 ω）となります．ではなぜ，$v = r\omega$ になるのでしょうか？

注 1　クローラは無限軌道ともよばれ，重機によく使われる移動機構です．キャタピラ（製品名）のほうが馴染みがあるかもしれません．

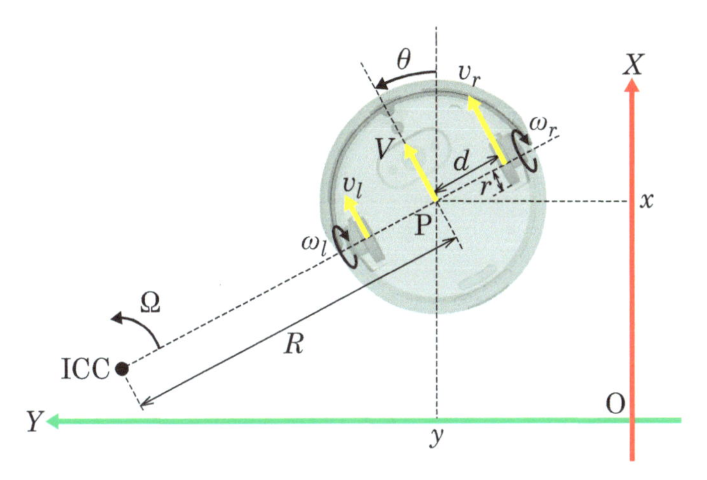

図 4.1　差動駆動ロボットの運動学

- **解法 (I) 平均速度：**微分を使わない平均速度による解法を説明します．図 4.2 を見てください．図で車輪が 1 回転したときの移動距離は車輪の半径が r なので $2\pi r$ になります．そのときに t 時間かかったとすると車輪の並進速度 v は $2\pi r/t$ です．車輪の角速度（回転速度） ω は車輪が 1 回転すると $2\pi[rad]$ 回転するので $2\pi/t$ になります．これから車輪の並進速度 $v = r\omega$ になります．
- **解法 (II) 瞬間速度：**もう少し厳密に微分を使った瞬間速度による解法です．円弧の長さ x，半径 r，中心角 θ には $x = r\theta$ の関係式が成り立ちます[注2]．両辺を時間 t で微分すると $v = r\omega$ が求まります．

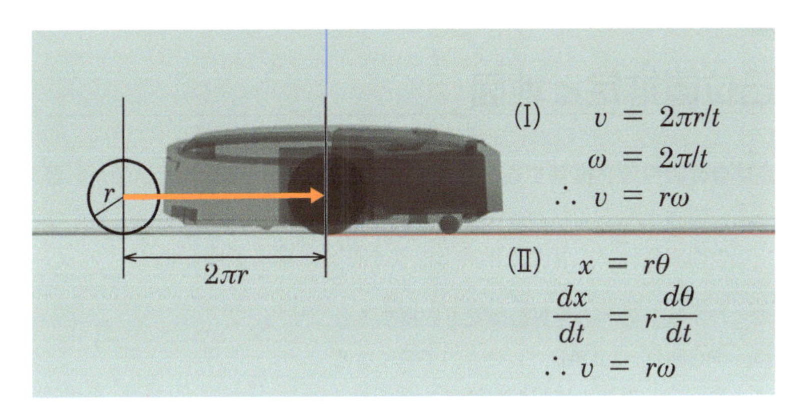

図 4.2　速度と角速度の関係

式 (4.1)，(4.2) に $\frac{1}{2}$ が出てくるのは，ロボット中心の並進速度 V は左右の車輪の並進速度 v_l と v_r の平均になるからです．また，$\sin\theta, \cos\theta$ が出てくるのはロボットの向きが x 軸に対して θ だけ傾いているからです．式 (4.4) も $v = r\omega$ の式から導出しています．

4.2.2　逆運動学

次に，ロボット台車の並進速度 V と角速度 Ω から左右の車輪の角速度 ω_l, ω_r を求める逆運動学を求めてみましょう．図 4.1 を見てください．左右の車輪の角速度が違う場合は，ロボットの軌跡は円になります．その円の中心は**瞬間曲率中心** (ICC, Instantaneous Center of Curvature) とよばれ，左

注 2　この関係式が成り立つのは θ の単位としてラジアン [rad] を使った場合です．

右の車軸上にあります．では，この円の半径 R を求めてみましょう．左車輪，右車輪の並進速度を v_l, v_r，ロボット中心から各車輪の中心までの距離を d，ICC を中心としたロボットの角速度を Ω とすると先ほど説明した $v = r\omega$ の関係式から次式が求まります．

$$v_l = r\omega_l = (R - d)\Omega \tag{4.5}$$

$$v_r = r\omega_r = (R + d)\Omega \tag{4.6}$$

上式と $V = R\Omega$ から，逆運動学は次式になります．

$$\omega_l = \frac{(R - d)\Omega}{r} = \frac{V - \Omega d}{r} \tag{4.7}$$

$$\omega_r = \frac{(R + d)\Omega}{r} = \frac{V + \Omega d}{r} \tag{4.8}$$

また，式 (4.5)，(4.6) から円の半径 R，ロボットの角速度 Ω を次式で求めることができます．

$$R = d\left(\frac{v_r + v_l}{v_r - v_l}\right) \tag{4.9}$$

$$\Omega = \frac{v_r - v_l}{2d} \tag{4.10}$$

ここで，v_l と v_r が等しいときは円の半径 R は無限大，つまり，ロボットの軌跡は直線になります．v_l または v_r が 0 のときは R はロボット中心から車輪中心までの距離 d になります．つまり，その場で回転します．

4.3 自己位置推定と地図

自己位置推定は自分の位置を推測することです[注3]**．これには，センサと地図が必要です．** センサから得た情報と地図の情報を照らし合わせて自己位置推定をします．センサは大きく分けて次の 2 つに分類できます．この節では外界センサと内界センサを使う方法を説明します．

1. **外界センサ：**ロボットの外の世界の情報を取得するセンサ
   例：カメラ，RGB-D，LiDAR，レーダ，GPS など
2. **内界センサ：**ロボット内部の情報を取得するセンサ
   例：エンコーダ，ジャイロセンサ，電流センサ，トルクセンサ，力覚・触覚センサなど

4.3.1 外界センサを使う方法

● LiDAR

この章では外界センサとして LiDAR を使います．**LiDAR は距離精度が極めて高く，方位もわかり，アクティブセンサなので照明の影響を受けづらいため屋外でも使えます．そのため，屋内外の自律移動ロボットになくてはならないセンサになっています．** ここでは 2 次元 LiDAR の原理を説明します．LiDAR はレーザ光を送信部から出し，受信部でそれを受け取ったときの光の位相差を計測して距離と方位を測ります．送信部は鉛直軸（Z 軸）を中心に反時計まわりに回転し，一定の角度ごと

注 3　ロボットの本当の位置は神様しかわからないので，ロボットは推定した位置を信じるしかありません．ベイズ推定を使うと信じる度合いを定量的に評価できます．

にデータを取得します．図4.3のLiDARは2[°]刻み注4でデータを1周360[°]分取得できます．取得できるデータ群はレーザ光線が物体にあたった点の距離と方位の集合で，これを**点群**あるいは**ポイントクラウド**(point cloud)とよびます．また，LiDARの製品によっては，距離と方位のデータ以外に，物体の**反射強度**注5がわかるものがあります．これを使うと物体の識別も可能になります．

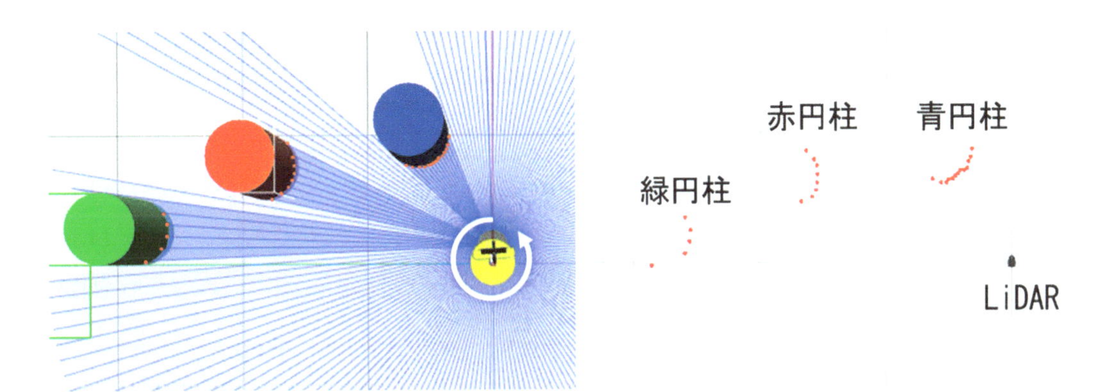

図4.3 LiDARの取得するデータ：左図はGazeboシミュレータの画像で，青線はLiDARが照射したレーザ光．赤点はレーザ光が円柱にあたった点であり，LiDARからこの点までの距離と方位がデータとして取得できます．レーザ光は可視物体を透過しないので円柱より後ろにレーザ光は伸びていません．右図はRVizに表示したシミュレータで取得したLiDARの点群．図中の円柱は同じサイズなので距離が遠くなると取得できる点群の数は少なくなっています．

LiDARを使う場合に気を付けなければいけない点をまとめます．

- LiDARはレーザ光を使っているので，高出力のレーザの場合は目にあたると危険です．そのためレーザ製品の安全基準が定められています．一番安全なのはクラス1で長時間目に照射されても安全です．生活支援ロボットはクラス1のLiDARを使うべきです．
- レーザ光はペットボトル，ガラスなどの透明物体は透過や反射するので検出できません．ガラスドアや壁面がガラスの環境ではLiDARでは検出できないのでガラス面に紙などを貼るか，超音波センサなどをロボットに搭載する必要があります．
- 物体がLiDARから遠くなるにつれて，得られる点群の数は少なくなるので，点群の形状を使って物体を識別する場合は注意が必要です．

● 外界センサを使う3手法

外界センサを使う方法は次の3手法に分類できます．

1. **距離を使う方法：ランドマーク**（landmark，陸標）注6までの距離だけを使う自己位置推定手法
2. **方位を使う方法：** ランドマークまでの方位だけを使う自己位置推定手法
3. **形状を使う方法：** ランドマークの形状を使う自己位置推定手法

● 距離を使う方法

LiDARなどランドマークまでの距離が正確にわかるセンサを使う場合は，距離を使う方法を使うのがおすすめです．この方法には正確な地図が必要となり，自己位置を推定するために3点以上のランドマークが必要です．

求める方法を説明します．ロボットから各ランドマークまでの距離を計測し，地図上で各ランド

注4 図で見やすいように2[°]刻みにしていますが，この本で使っているLiDAR (LDS-01)は1[°]刻みで計測可能です．
注5 物体表面がレーザ光線をどのくらい反射しやすいかを示す値．
注6 ランドマークは計測の目標となる建物や木などの物体．

マークを中心にして，それに対応する距離を半径とする円を描き，その交点がロボットの位置です．これを式にします．図 4.4 を参照してください．ランドマーク L_1, L_2, L_3 の絶対座標での位置を $(x_1, y_1), (x_2, y_2), (x_3, y_3)$，ロボットから L_1, L_2, L_3 までの距離を r_1, r_2, r_3 とします．ロボットから L_1 までの距離が r_1 なので，ロボットは L_1 を中心とした半径 r_1 の円周上のどこかの地点にいます．L_2 についても同様に円 2 の円周上のどこかの地点にいます．ロボットは，円 1 と円 2 の両方の円周上の地点にいなければならないので円 1 と円 2 の交点 A または点 O のどちらかにいます．これでは位置を特定できないので，もう 1 つランドマークが必要です．L_3 を計測すると，円 1 と円 2 と円 3 が 1 点で交差してロボットの位置が特定できるのです．

$$(x - x_1)^2 + (y - y_1)^2 = {r_1}^2 \tag{4.11}$$

$$(x - x_2)^2 + (y - y_2)^2 = {r_2}^2 \tag{4.12}$$

$$(x - x_3)^2 + (y - y_3)^2 = {r_3}^2 \tag{4.13}$$

では，自己位置を求めます．3 つの円の交点から求めることもできますが，計算はとても複雑になります．ここでは，よりエレガントな方法を使います．円 1 と円 2 の交点を O, A とし，円 2 と円 3 の交点を O, B，円 3 と円 1 の交点を O, C とします．O は 3 つの円の交点です．直線 OA を l_1，直線 OB を l_2 とすると自己位置は直線 l_1 と l_2 の交点となります．なお，直線 l_1, l_2 は式 (4.11), (4.12), (4.13) を互いに引き算すると 2 乗項が消えて簡単に求めることができます．

$$2(x_1 - x_2)x + 2(y_1 - y_2)y - {x_1}^2 + {x_2}^2 - {y_1}^2 + {y_2}^2 = {r_2}^2 - {r_1}^2 \tag{4.14}$$

$$2(x_2 - x_3)x + 2(y_2 - y_3)y - {x_2}^2 + {x_3}^2 - {y_2}^2 + {y_3}^2 = {r_3}^2 - {r_2}^2 \tag{4.15}$$

上式を行列にまとめると式 (4.16) になります．

$$2\begin{bmatrix} x_1 - x_2 & y_1 - y_2 \\ x_2 - x_3 & y_2 - y_3 \end{bmatrix}\begin{bmatrix} x \\ y \end{bmatrix} = \begin{bmatrix} {x_1}^2 - {x_2}^2 + {y_1}^2 - {y_2}^2 + {r_2}^2 - {r_1}^2 \\ {x_2}^2 - {x_3}^2 + {y_2}^2 - {y_3}^2 + {r_3}^2 - {r_2}^2 \end{bmatrix} \tag{4.16}$$

式 (4.16) に，同式の左辺の行列の逆行列を左からかけて整理すると式 (4.17) になります．

$$\begin{bmatrix} x \\ y \end{bmatrix} = \frac{1}{2D}\begin{bmatrix} y_2 - y_3 & -y_1 + y_2 \\ -x_2 + x_3 & x_1 - x_2 \end{bmatrix}\begin{bmatrix} {x_1}^2 - {x_2}^2 + {y_1}^2 - {y_2}^2 + {r_2}^2 - {r_1}^2 \\ {x_2}^2 - {x_3}^2 + {y_2}^2 - {y_3}^2 + {r_3}^2 - {r_2}^2 \end{bmatrix} \tag{4.17}$$

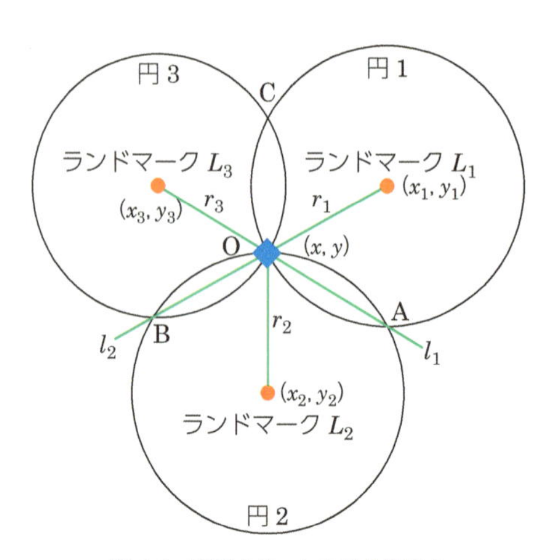

図 4.4　距離を使った自己位置推定

ここで，$D = (x_1 - x_2)(y_2 - y_3) - (y_1 - y_2)(x_2 - x_3)$ です．

● 方位を使う方法

カメラではランドマークまでの距離を正確に知ることができませんが，方位は比較的正確にわかります[注7]．単眼カメラではランドマークの大きさがわからないと距離を推定できません．ステレオカメラでも距離が遠くなると距離の推定精度がとても悪くなります．そこで，ランドマークの方位だけを使い三角測量の原理で自己位置を計算します．計算するためには正確な地図が必要となります．

ここでは文献[注8]による方法を紹介します．図 4.5 を参照してください．ロボットの位置 (x, y)，姿勢角[注9]θ，ランドマーク L_i の位置 (x_i, y_i)，針路[注10]から測ったランドマークの方位を β_i とすると次式の関係が成り立ちます．ここで，$\Longleftrightarrow$ は同値（式変形）という意味です．

$$\frac{x_1 - x}{y_1 - y} = \tan(\beta_1 + \theta) \Longleftrightarrow \beta_1 = atan2(x_1 - x, y_1 - y) - \theta \tag{4.18}$$

$$\frac{x_2 - x}{y_2 - y} = \tan(\beta_2 + \theta) \Longleftrightarrow \beta_2 = atan2(x_2 - x, y_2 - y) - \theta \tag{4.19}$$

$$\frac{x_3 - x}{y_3 - y} = \tan(\beta_3 + \theta) \Longleftrightarrow \beta_3 = atan2(x_3 - x, y_3 - y) - \theta \tag{4.20}$$

上式で問題になるのは絶対座標系での姿勢角 θ です．**ロボットにとってこの姿勢角を精度よく求めることはとても難しいのです[注11]．** 姿勢角 θ を求めずに，自己位置を求めることができれば最高です．そのため，式 (4.18)〜(4.20) を連立して θ を消して求めた自己位置 (x, y) は次式となります．

$$x = \frac{1}{D}[(b_{31} - b_{23})(c_{23} - c_{12}) - (b_{23} - b_{12})(c_{31} - c_{23})] \tag{4.21}$$

$$y = -\frac{1}{D}[(a_{31} - a_{23})(c_{23} - c_{12}) - (a_{23} - a_{12})(c_{31} - c_{23})] \tag{4.22}$$

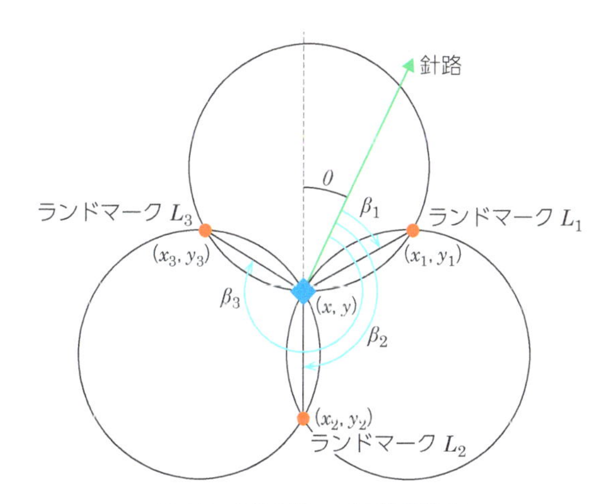

図 4.5 方位を使った自己位置推定

注 7 全周を見わたせる全方位カメラだとかなり正確に推定できます．RoboCup サッカー中型ロボットリーグのロボットはほとんど全方位カメラを搭載しています．

注 8 瀧口純一，竹家章仁 他：全方位視覚情報に基づいた自己位置標定システム，日本機械学会論文集（C 編），Vol.68, No.673, pp. 206-213, 2002.

注 9 姿勢角はヨー角，ピッチ角，ロール角の自由度ありますが，ここでは鉛直軸に対する回転ヨー角だけを考えます．

注 10 針路（heading）は移動体（船，航空機，ロボットなど）の向いている方向を示す角度のことです．羅針盤が航海において重要だった時代から続く歴史的な用語です．

注 11 自律移動ロボットが正確な光ファイバジャイロを搭載していれば絶対座標系での姿勢を精度よく求めることができますが，高価なので個人では手が届きません．安価なジャイロでは時間とともにドリフト誤差が蓄積されて精度がよくありません．

ここで，$a_{ij}, b_{ij}, c_{ij}, d_{ij}, D$ は次のとおりです．

$$a_{ij} = x_i + x_j + \frac{y_j - y_i}{d_{ij}} \tag{4.23}$$

$$b_{ij} = y_i + y_j - \frac{x_j - x_i}{d_{ij}} \tag{4.24}$$

$$c_{ij} = x_i x_j + y_i y_j - \frac{x_j y_i - x_i y_j}{d_{ij}} \tag{4.25}$$

$$d_{ij} = \tan(\beta_j - \beta_i) \tag{4.26}$$

$$D = (a_{23} - a_{12})(b_{31} - b_{23}) - (b_{23} - b_{12})(a_{31} - a_{23}) \tag{4.27}$$

【クイズ 4.1】

式 (4.18)〜(4.20) から自己位置 (x, y) の式 (4.21)，(4.22) を求めてください．

これは幾何学的にも説明できます．**幾何学的に考えることは直感的に理解できるのでとても重要です．** 図 4.6 を参照してください．ランドマーク L_1, L_2 から円周上の点とのなす角 $\beta_2 - \beta_1$ は，ロボットの位置 A, B, C に関係なく円弧 L_1L_2 上にいるなら，すべて同じ角度 $\beta_2 - \beta_1$ となります．これは**円周角の定理**です．2 つのランドマークだけでは円周上のどこにいるかわからないので，3 つ目のランドマーク L_3 を使い，L_1 と L_3 でできる円 13，L_2 と L_3 でできる円 23，それと先ほどつくった円 12 の 3 つの円の交点を求めます．これが，式 (4.21)，(4.22) で与えられるロボットの位置となります．

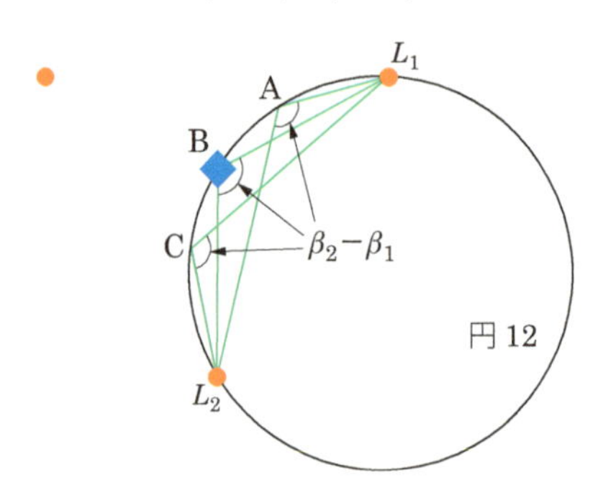

図 4.6　円周角の定理

Happy Mini のミニ知識　正確に推定するには

距離ならびに方位を使う方法で正確に自己位置を推定するためにはどうすればよいでしょうか？ **答えはできるだけ多くのランドマークを方位に偏りがないように選ぶことです．** 3 つの円の交点は 1 点で交わると説明してきましたが，実際には計測誤差やランドマークと地図上の地点の誤対応などで 1 点では交わらず，2 点や 3 点になったり，あるいは交点がない場合もあります．そのため，できるだけ多くのランドマークを使い，多くの円が交差する地点を自己位置にすると正確に求めることができます．

また，ランドマークの方位に関して偏りがないように，できるだけ円周上の均等の位置にあるランドマークを選ぶことも重要です．ランドマーク数が 3 個の場合は 120 度ずつ方位が違うものを選んでください．偏りがあると円の交差領域が細長くなり，ロボットの位置を正確に求めることが難しくなります．

● 形状を使う方法

よりロバスト（頑強）な方法は形状を使う方法です．環境にある多くのランドマークを取得するためにセンサとして LiDAR を使います．LiDAR を使うと多くの点群を取得できます．事前に LiDAR

を使って点群で構成される地図を作り，その地図の点群の形状とセンサから得た点群の形状を照らし合わせることで自己位置を推定します．これを**スキャンマッチング**とよびます．

スキャンマッチングの代表的なアルゴリズムは**ICP** (Iterative Closest Point)[注12] で，図 4.7 はアルゴリズムのイメージ図です．これは 2 つの点群の位置を合わせる方法で，対応点間の誤差を最小にするように繰り返し計算を行います．アルゴリズムは次のとおりです．まず，点群が 2 つ与えられているとします．ここで，M は地図を表す点群（地図点群），P は LiDAR のスキャンから得られた点群（スキャン点群）で，N_m は地図点群 M，N_d はスキャン点群 P に含まれる点の数です．

$$M = \{\boldsymbol{m}_1, \cdots, \boldsymbol{m}_{N_m}\} \tag{4.28}$$

$$P = \{\boldsymbol{p}_1, \cdots, \boldsymbol{p}_{N_d}\} \tag{4.29}$$

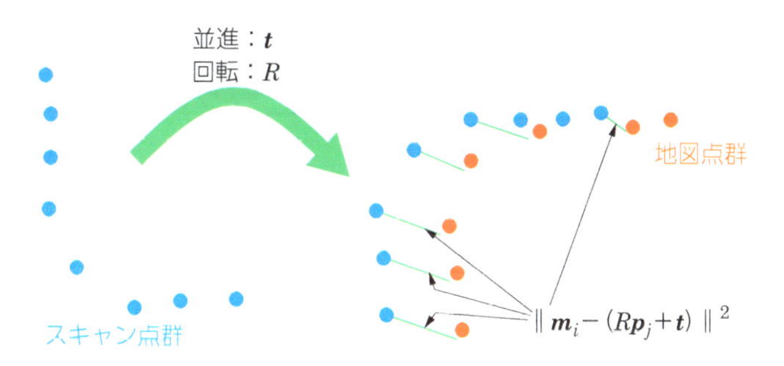

図 4.7　ICP のイメージ図
(http://4c281b16296b2ab02a4e0b2e3f75446d.cdnext.stream.ne.jp/randc/mirai/1-3_Localization.pdf, p22)

アルゴリズム 1　ICP のアルゴリズム

1: 地図点群とスキャン点群の最近傍点を決める
2: 評価関数 $E(R, \boldsymbol{t})$ を最小にする並進 $\boldsymbol{t}$ と回転 R を繰り返し計算で求める

では，対応点はどのように求めるのでしょうか？　図 4.8 に示すように，点群 P の点 $\boldsymbol{p}_i$ の対応点は，地図点群 M の中で最も距離が近い点（**最近傍点**）です．図で破線の矢印で示している点が対応点です．スキャン点群の点 $\boldsymbol{p}_1$ に対応している点は最近傍点 $\boldsymbol{m}_1$，点 $\boldsymbol{p}_2$ に対応している点は最近傍点 $\boldsymbol{m}_1$ になり，地図の点群と計測データの点群の各点が一対一に対応しているわけではありません．

次に，スキャン点群 P 全体を少しずつ並進移動，回転させて，評価関数を式 (4.30) で示す 2 乗誤差和として，これを最小にする並進ベクトル $\boldsymbol{t}$ と回転行列 R を求めることで自己位置を推定します．評価関数のしきい値 ϵ を決めて，評価関数の値がしきい値より小さくなるまで繰り返し計算をして求めます．

$$E(R, \boldsymbol{t}) = \frac{1}{N} \sum_{i=1}^{N_m} \sum_{j=1}^{N_d} w_{ij} \| \boldsymbol{m}_i - R\boldsymbol{p}_j - \boldsymbol{t} \|^2 \tag{4.30}$$

ここで，$\sum$ は足し算をまとめて書く便利な記法で，$\sum_{i=1}^{n} i = 1 + 2 + 3 + \cdots + n$ と定義されています．w_{ij} は i と j が対応点なら 1，そうでなければ 0 の値を持ち，これにより対応点以外は評価関数に影響を与えません．$\| \boldsymbol{m}_i - R\boldsymbol{p}_j - \boldsymbol{t} \|^2$ は，点 $\boldsymbol{m}_i$ と移動した点 $\boldsymbol{p}_j$ との距離です．

注 12　P. Besl and H. McKay. A method for registration of 3-D shapes, IEEE Transactions on Pattern Analysis and Machine Intelligence, Vol.14, No.2, pp. 239-256, 1992.

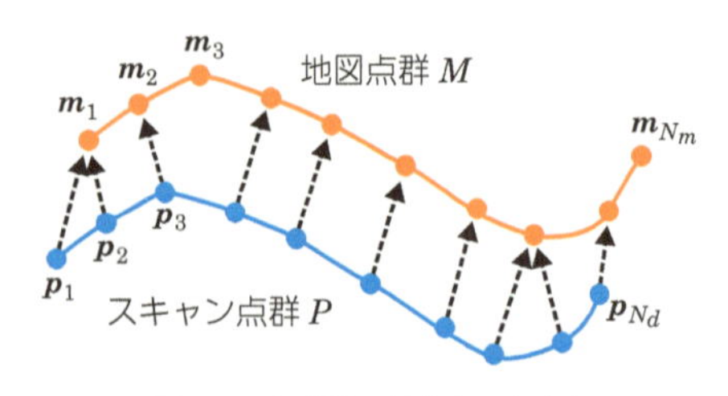

図 4.8　点群間の対応点の求め方

ICP の問題点としては，繰り返し計算なので適切な初期値が必要です．初期値が適切でないと計算に長時間かかったり，よい解を求めることができません． 適切な初期値として次節で説明するデッドレコニングで求めた向きを使う場合が多いです．なお，ICP の実装に関してはこの本の範囲を超えるので省きます．文献[注13] には実装についても詳しく書かれていますのでおすすめです．

4.3.2　内界センサを使う方法（デッドレコニング）

デッドレコニング (dead reckoning) は文献[注14] によると「内界センサにより自己位置を推定する方法（盲目航法）」であり，これは船舶でコロンブスの時代から使われている「天測航法 (star reckoning)」に対比する言葉です．

Happy Mini のミニ知識　天測航法の精度はどのくらい？

天測航法では，六分儀（右図）とよばれる望遠鏡と角度計の付いた機器を使って水平線から星までの角度を 3 点以上測り自船の位置（船位）を推定します．この航法は，太古から船舶が陸地が見えない大洋を航行するときに船位を知るための有効な手段でした． 20 世紀にロランなどの電波航法が開発されても熟練した船員の天測航法の精度は条件次第では電波航法の精度に匹敵したため（数百 [m] 程度），天測航法は長らく船員にとって必須の技能でした． 1990 年代からは極めて高精度（誤差数 [m]～数十 [m]）の GPS が船位測定手段として主に利用されるようになりましたが，近年， GPS のバックアップ手段としての天測航法の重要性が見直されつつあり，各国の海軍や船員教育においても必修の教育項目となっています．

画像提供：タマヤ計測システム株式会社　MS-2L

自律移動ロボットのデッドレコニングには**オドメトリ** (odometry) が使われています．これは車輪の回転数から速度を計算し，それを積分することにより自己位置を求める方法です．**この方法では地面の凸凹，車輪のスリップや機械的なガタつきなどがあるため誤差が蓄積されどんどん増加していくので定期的に自己位置の補正が必要となってきます．**

では，デッドレコニングの式を求めましょう．運動学では速度を求めたので，初期位置がわかっていれば，式 (4.1)～(4.4) を時間で積分すると絶対座標系でのロボットの位置 x, y と向き θ を次式で求めることができます．ここで，$\omega_r, \omega_l, \theta$ は定数ではなく時間とともに変わる時間の関数なので，正確に書くと $\omega_r(t), \omega_l(t), \theta(t)$ となります．x_0, y_0, θ_0 は絶対座標系でのロボットの初期姿勢です．

注 13　友納正裕：SLAM 入門（改訂 2 版），オーム社，2024.
注 14　日本ロボット学会（編）：新版　ロボット工学ハンドブック（第 3 版），コロナ社，2023.

$$x = x_0 + \frac{r}{2}\int_0^t (\omega_r + \omega_l)\cos\theta dt \tag{4.31}$$

$$y = y_0 + \frac{r}{2}\int_0^t (\omega_r + \omega_l)\sin\theta dt \tag{4.32}$$

$$\theta = \theta_0 + \frac{r}{2d}\int_o^t (\omega_r - \omega_l) dt \tag{4.33}$$

Happy Miniのミニ知識　数値積分しよう！

数値計算は数式をコンピュータで解く学問で，ロボットをプログラミングするうえで必要な知識です．数値積分には台形法，シンプソン法，ガウス型数値積分法などがありますが，ここでは一番簡単な**台形法**を説明します．積分を小さな区間の足し算で近似し，台形法では小さな区間を台形で近似します．

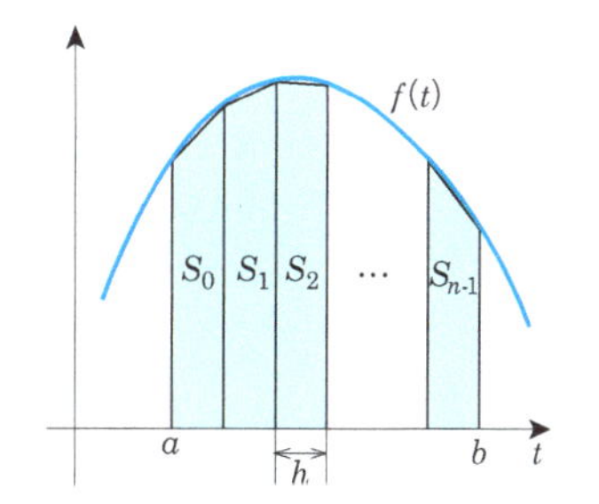

$$\int_a^b f(t)dt \fallingdotseq S_0 + S_1 + \cdots + S_{n-1} \fallingdotseq \sum_{i=0}^{n-1} S_i \tag{4.34}$$

$$S_i = \frac{h\{f(t_i) + f(t_{i+1})\}}{2} \tag{4.35}$$

ここで，S_i は「小さな区間での台形 i の面積=高さ ×(上底+下底)/2」です．h は台形の高さ $\frac{(b-a)}{n}$，$f(t_i)$ は上底，$f(t_{i+1})$ は下底です．また，h のことを積分のステップサイズといいます．式 (4.34) を整理すると次式になります．

$$\int_a^b f(t)dt \fallingdotseq \frac{h}{2}\sum_{i=1}^{n}\{f(h\times(i-1)+a) + f(h\times i + a)\} \tag{4.36}$$

これを Python プログラムにすると次のようになります．

```
a = 積分の始点
b = 積分の終点
n = 区間の分割数
S = 0                          # S は積分の値
h = (b - a)/n                  # h は積分のステップサイズ
for i in range(1, n) :
    S += h * (f(h*(i-1)+a) + f(h*i+a)) / 2  # f()は積分する関数
```

4.3.3 シミュレータとリアルロボットを動かす方法

● 準備（この本の Docker イメージを使っている場合は，読み飛ばしてください）

これからこの章で利用するソフトウェアをインストールします．まず，ROS 2 のナビゲーション関連のパッケージやサンプルプログラムに必要なモジュールなどをインストールします．

```
sudo apt -y install ros-humble-navigation2 ros-humble-nav2-bringup
sudo apt -y install ros-humble-slam-toolbox ros-humble-teleop-tools
sudo apt -y install ros-humble-cartographer ros-humble-cartographer-ros
sudo apt -y install ros-humble-dynamixel-sdk ros-humble-xacro
```

```
sudo apt -y install ros-humble-ament-cmake-clang-format
pip3 install matplotlib seaborn
```

TurtleBot3 関連のパッケージをすべて git clone します．

```
cd ~/airobot_ws/src/
git clone -b humble-devel https://github.com/ROBOTIS-GIT/turtlebot3_msgs.git
```

この本ではノード間の通信遅延を低減させるために，ROS 2 の通信ミドルウェア DDS (Data Distribution Service) をデフォルトの Fast DDS から Cyclone DDS に変更します．そのため，ros-humble-rmw-cyclonedds-cpp パッケージをインストールします．

```
sudo apt -y install ros-humble-rmw-cyclonedds-cpp
```

さらに，.bashrc に次の 1 行を追加して環境変数 RMW_IMPLEMENTATION を設定してください．

```
export RMW_IMPLEMENTATION=rmw_cyclonedds_cpp
```

次に，この本のサンプルプログラムをインストールします．

```
cd ~/airobot_ws/src
git clone https://github.com/AI-Robot-Book-Humble/chapter4.git
git clone https://github.com/AI-Robot-Book-Humble/turtlebot3_happy_mini.git
cd ~/airobot_ws
rosdep install --default-yes --from-paths src --ignore-src
colcon build
source install/setup.bash
```

これでインストールは終わりです．Happy Mini シミュレータは TurtleBot3 シミュレータに Happy Mini のモデルを入れてカスタマイズしたもので，TurtleBot3 の Burger(burger)，Waffle(waffle)，Waffle Pi(waffle_pi) のモデルも使えます．シミュレータの環境変数を設定し，常にシミュレータで Happy Mini が現れるように環境変数も設定します．エディタで /.bashrc に次の 2 行を挿入して保存してください．

```
source /usr/share/gazebo/setup.sh
export TURTLEBOT3_MODEL=happy_mini
```

保存が終わったら，次のコマンドで設定を反映させましょう．

```
source ~/.bashrc
```

● シミュレータを動かす方法

端末を 3 分割します．シミュレータを動かす場合は，上段の端末で次のコマンドを実行しシミュレータを起動し，次の項目を飛ばして，「リモコン操作でオドメトリの確認」を実行してください．

```
ros2 launch turtlebot3_gazebo empty_world.launch.py
```

● リアルロボットを動かす方法

端末を 3 分割します．台車に TurtleBot3 Waffle Pi を使っている場合は，上段の端末で次のコマンドを実行してリアルロボット (実機) を動かす準備をします．なお，**実機を準備するコマンドはロボットによって異なります．ここでの説明はあくまで TurtleBot3 Waffle Pi を動かす場合です．他の台車を動かす方法については製品に関連する資料を参照してください．**

```
ros2 launch turtlebot3_bringup robot.launch.py
```

ROS 2 では同じサンプルプログラムでシミュレータも実機も動かすことができます．シミュレータと実機の違いは，シミュレータを起動するコマンドを実行するか，実機の準備をするコマンドを実行するかだけです．

● リモコン操作でオドメトリの確認

ROS 2 に対応しているロボットでは，オドメトリ (odometry) が実装されていて/odom トピックでその情報を知ることができ，ロボットの姿勢（位置と向き）がわかります．中段の端末で，遠隔操作ノード teleop_twist_keyboard を起動します．

```
ros2 run teleop_twist_keyboard teleop_twist_keyboard
```

次のキー操作でロボットを動かします．

キーボードでのロボットの動かし方 (teleop_twist_keyboard)

- i/, ：前進／後進
- u/o ：左前方旋回／右前方旋回
- j/l ：左回転／右回転
- k ：停止
- m/. ：左後方旋回／右後方旋回
- q/z ：最大速度の増加／減少（10%ごと）
- w/x ：最大並進速度の増加／減少（10%ごと）
- e/c ：最大角速度の増加／減少（10%ごと）
- Ctrl+C ：終了
- その他：停止

下段の端末で，遠隔操作ノードを使いロボットを動かしながら，次のコマンドで/odom トピックの値を見ましょう．ロボットが移動するにつれて，位置と向きが変化していることがわかります．

```
ros2 topic echo /odom
```

図 4.9 に Gazebo と/odom トピックを出力している端末を表示しています．**ROS 2 のロボット座標系はロボット台車の正面方向（進行方向とは限らない）が x 軸，左手方向が y 軸，上方向が z 軸です．** Gazebo に表示されているグリッドは 1[m] 単位になっています．

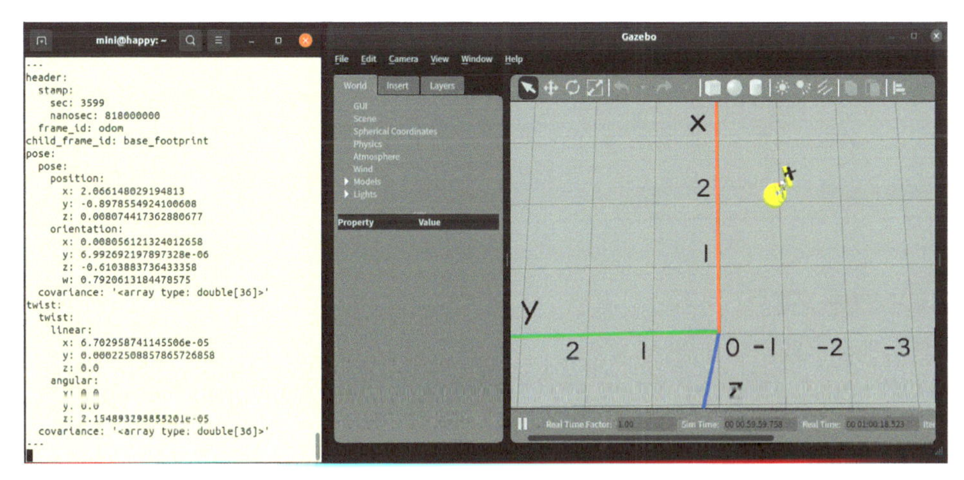

図 4.9 /odom トピックと Gazebo の座標系

/odom トピックは次の構成です．header はトピックの最初の部分で，タイムスタンプ（UNIX 時間[注15]），座標系は odom 座標系，チャイルド座標系は base_footprint 座標系です．pose（姿勢）は odom 座標系で，position（位置）と orientation（向き）が要素です．position は直交座標系の x, y, z [m]，orientation はクォータニオンなので x, y, z, w の 4 つの成分があります[注16]．なお，ROS 2 では向きをクォータニオンで表し，covariance（分散共分散行列）は分布を表すものです．

/odom トピックの構成

- header（ヘッダ）
  - stamp（タイムスタンプ）：UNIX 時間
  - frame_id（基準となる座標系の名前）：odom
- child_frame_id（ロボット座標系の名前）：base_footprint
- pose（姿勢）
  - pose：姿勢
    - position：位置（x, y, z：デカルト座標系）[m]
    - orientation：向き（x, y, z, w：クォータニオン）
  - covariance：分散共分散行列
- twist（ツイスト）
  - twist：ツイスト
    - linear：並進速度 (x, y, z) [m/s]
    - angular：角速度 (x, y, z) [rad/s]
  - covariance：分散共分散行列

なお，/odom トピックのメッセージ型は Odometry で次のように定義されています．

Odometry メッセージ型

```
std_msgs/msg/Header header                         # ヘッダ
string child_frame_id                              # チャイルド座標系の ID
geometry_msgs/msg/PoseWithCovariance pose          # ロボットの姿勢
geometry_msgs/msg/TwistWithCovariance twist        # ロボットの速度
```

次の Twist（ツイスト）メッセージ型は，Vector3（3 次元ベクトル）型の並進速度 linear[m/s] と角速度 angular[rad/s] をメンバに持ち速度指令に使われます．Vector3 型の各要素は x, y, z 軸の成分で，差動駆動ロボットの場合，twist.linear.x は並進速度 V，twist.angular.z は角速度 Ω になります．なお，twist はチャイルド座標系（base_footprint 座標系）での並進速度と角速度で，ROS 2 では角度をラジアンで表します．

Twist メッセージ型

```
geometry_msgs/Vector3 linear
  float64 x  # 差動駆動ロボットの場合は並進速度
```

注 15　UNIX で標準的に使われる時間．1970 年 1 月 1 日からの経過秒数で表します．
注 16　姿勢は frame_id で指定された座標系（この場合は odom）に対するものです．

```
    float64 y
    float64 z
geometry_msgs/Vector3 angular
    float64 x
    float64 y
    float64 z    # 差動駆動ロボットの場合は角速度
```

● リモコン操縦プログラムをつくろう！

ロボットをキーボードから動かす遠隔操作ノードを自作しましょう．プログラムリスト 4.1 の happy_teleop パッケージを作ります．では，コードを説明します．

プログラムリスト 4.1 happy_teleop_node.py

```
 7 class HappyTeleop(Node):  # キー操作により速度指令値をパブリッシュするクラス
 8     def __init__(self):   # コンストラクタ
 9         super().__init__('happy_teleop_node')
10         self.publisher = self.create_publisher(Twist, 'cmd_vel', 10)
11         self.timer = self.create_timer(0.01, self.timer_callback)
12         self.vel = Twist()          # Twist メッセージ型インスタンスの生成
13         self.vel.linear.x = 0.0     # 並進速度
14         self.vel.angular.z = 0.0    # 角速度
15
16     def timer_callback(self):       # タイマのコールバック
17         key = input('f, b, r, l, s キー入力後に Enter キーを押下 <<')  # キー取得
18         # キーの値により並進速度や角速度を変更
19         if key == 'f':
20             self.vel.linear.x += 0.1
21         elif key == 'b':
22             self.vel.linear.x -= 0.1
23         elif key == 'l':
24             self.vel.angular.z += 0.1
25         elif key == 'r':
26             self.vel.angular.z -= 0.1
27         elif key == 's':
28             self.vel.linear.x = 0.0
29             self.vel.angular.z = 0.0
30         else:
31             print('入力キーが違います．')
32         self.publisher.publish(self.vel)  # 速度指令メッセージのパブリッシュ
33         self.get_logger().info(f'並進速度={self.vel.linear.x}
               角速度={self.vel.angular.z}')
```

- **HappyTeleop クラス**（7 行目）：HappyTeleop クラスは，タイマを使い一定の周期でキー入力の値を取得し，その値に応じて並進速度や角速度を増減し，それを速度指令値としてパブリッシュします．
- **コンストラクタ**（8〜14 行目）：create_publisher() の 1 番目の引数のメッセージ型は，速度指令値の通信に使われる Twist 型です． Twist 型はメンバに dVector3 型の並進速度成分 linear，角速度成分 angular を持ち，それぞれ 0.0 で初期化しています． 2 番目の引数 cmd_vel は速度指令値を送るために使われるトピック名です．**Twist 型と cmd_vel トピックはとても重要なのでしっかり覚えておきましょう．**
- **コールバック**（16〜33 行目）：input() 関数で入力キーの値を取得し，次の if 文でキーの値により並進速度および角速度を変更しています． publish() で，速度指令メッセージ vel をパブリッシュ

しています．次の get_logger().info() でログを取得して端末に並進速度と角速度を表示しています． linear.x は前後方向の並進速度 [m/s]， angular.z は角速度 [rad/s] です．なお，**input() 関数はブロックされるので，キーを入力した後に Enter キーを押さなければ速度は変更されません．**

● ハンズオン

次の要領で happy_teleop ノードを実行してください．端末を 2 分割します．上段の端末でシミュレータを起動します．

```
cd ~/airobot_ws
ros2 launch turtlebot3_gazebo turtlebot3_house.launch.py
```

下段の端末で happy_teleop_node ノードを起動します．

```
cd ~/airobot_ws
ros2 run happy_teleop happy_teleop_node
```

次に happy_teleop ノードを起動した端末にマウスカーソルを持っていきます．f, b, l, r キーでロボットが移動し，s キーで停止したら成功です．キーを押した後は Enter キーを押さないと動きません．動いたら成功です．

● 自動でロボットを動かしてみよう！

ここまで，リモコンでロボットを動かすプログラムを学びました．次はロボットが自動で動くプログラムを学びます．移動距離や回転角度を指定してそのとおりロボットを動かします．プログラムリスト 4.2 では，/odom トピックから Odometry 型のメッセージをサブスクライブして，オドメトリ座標系での自分の位置と向きを知り，指定された移動距離や回転角度になるように cmd_vel トピックへ Twist 型のメッセージをパブリッシュしてロボットを動かしています．

プログラムリスト 4.2　happy_move_node.py

```
 7  from geometry_msgs.msg import Twist   # Twist メッセージ型をインポート
 8  from nav_msgs.msg import Odometry     # Odometry メッセージ型をインポート
 9  from tf_transformations import euler_from_quaternion
10
11
12  class HappyMove(Node):     # 簡単な移動クラス
13      def __init__(self):    # コンストラクタ
14          super().__init__('happy_move_node')
15          self.pub = self.create_publisher(Twist, 'cmd_vel', 10)
16          self.sub = self.create_subscription(Odometry, 'odom', self.odom_cb, 10)
17          self.timer = self.create_timer(0.01, self.timer_callback)
18          self.x, self.y, self.yaw = 0.0, 0.0, 0.0
19          self.x0, self.y0, self.yaw0 = 0.0, 0.0, 0.0
20          self.vel = Twist()        # Twist メッセージ型インスタンスの生成
21          self.set_vel(0.0, 0.0)    # 速度の初期化
22
23      def get_pose(self, msg):      # 姿勢を取得する
24          x = msg.pose.pose.position.x
25          y = msg.pose.pose.position.y
26          q_x = msg.pose.pose.orientation.x
27          q_y = msg.pose.pose.orientation.y
28          q_z = msg.pose.pose.orientation.z
29          q_w = msg.pose.pose.orientation.w
30          (roll, pitch, yaw) = tf_transformations.euler_from_quaternion(
31              (q_x, q_y, q_z, q_w))
```

```
32            return x, y, yaw
33
34        def odom_cb(self, msg):        # オドメトリのコールバック
35            self.x, self.y, self.yaw = self.get_pose(msg)
36            self.get_logger().info(
37                f'x={self.x: .2f} y={self.y: .2f}[m] yaw={self.yaw: .2f}[rad/s]')
38
39        def set_vel(self, linear, angular):  # 速度を設定する
40            self.vel.linear.x = linear       # [m/s]
41            self.vel.angular.z = angular     # [rad/s]
42
43        def move_distance(self, dist):  # 指定した距離dist を移動する
44            error = 0.05  # 距離の許容誤差 [m]
45            diff = dist - math.sqrt((self.x-self.x0)**2 + (self.y-self.y0)**2)
46            if math.fabs(diff) > error:
47                self.set_vel(0.25, 0.0)
48                return False
49            else:
50                self.set_vel(0.0, 0.0)
51                return True
52
53        def rotate_angle(self, angle):  # 指定した角度angle を回転する
54            # このメソッドは間違っています．move_distance を参考に完成させてください
55            self.set_vel(0.0, 0.25)
56            return False
57
58        def timer_callback(self):       # タイマのコールバック
59            self.pub.publish(self.vel)  # 速度指令メッセージのパブリッシュ
60
61        def happy_move(self,  distance, angle):  # 簡単な状態遷移
62            state = 0
63            while rclpy.ok():
64                if state == 0:
65                    if self.move_distance(distance):
66                        state = 1
67                elif state == 1:
68                    if self.rotate_angle(angle):
69                        break
70                else:
71                    print('エラー状態')
72                rclpy.spin_once(self)
```

- **コンストラクタ**（13〜21 行目）：15 行目の `create_publisher()` で速度指令値をロボットに送るためパブリッシャを生成し，16 行目の `create_subscription()` でオドメトリを受信するためのサブスクライバを生成しています．17 行目の `create_timer()` は一定周期で速度指令値をパブリッシュするためのタイマを生成しています．それ以降は位置や速度の初期化をしています．**ロボットが起動してすぐ暴走しないように初期化することはとても大切です．**
- **get_pose**（23〜32 行目）：`Odometry` 型メッセージから位置と姿勢（クォータニオン）を取得して，クォータニオンはわかりづらいので `euler_from_quaternion()` でロール，ピッチ，ヨーに変換しています．位置 x, y と向き yaw を返しています．
- **odom_cb()**（34〜37 行目）：サブスクライバで設定したオドメトリを取得するコールバックです．メッセージ msg から姿勢を取得しています．
- **move_distance()**（43〜51 行目）：指定した距離を移動するメソッドです．error は距離の許容誤差です．ここでは簡単のために 0.05[m] にしています．必要に応じて変更してください．45 行目

で指定された距離と移動した距離の差をとっています．その差の絶対値をとったものが許容誤差より大きい場合は set_vel(0.25, 0.0) で並進速度を 0.25[m/s]，角速度を 0.0[rad/s] に設定しています．この速度指令をパブリッシュしてロボットを動かしているのが 58 行目のタイマコールバック timer_callback() になります．

- happy_move()（61〜72 行目）：簡単な状態遷移のメソッドで，state が 0 なら move_distance() で指定された距離を移動して，state が 1 なら rotate_angle() で指定された角度を回転します．

● ハンズオン

次の要領で happy_move_node ノードを実行しましょう．端末を 2 分割します．上段の端末でシミュレータを起動します．

```
ros2 launch turtlebot3_gazebo empty_world.launch.py
```

下段の端末で happy_move_node ノードを起動します．

```
ros2 run happy_move happy_move_node
```

チャレンジ 4.1

プログラムリスト 4.2 の 53 行目 rotate_angle は未完成で間違っています．指定された角度でロボットが停止するように完成させてください．

チャレンジ 4.2

指定した時間 [s] の間，指定した速度 [m/s] と角速度 [rad/s] で移動する move_time(self, time, linear_vel, angular_vel) メソッドをつくってください．

チャレンジ 4.3

次の軌跡を描くようにロボットを動かすメソッドをつくってください．

- 1 辺が x[m] の正方形 draw_square(self, x)
- 半径 r[m] の円 draw_circle(self, r)

チャレンジ 4.4

オドメトリ座標系で指定されたゴール地点へロボットが移動して停止するプログラムを作成してください．まず，ロボットはその場で回転してゴール地点へ向いたら停止します．次に，指定された並進速度で移動して，ゴール地点へまっすぐ進むように角速度を増減します．

チャレンジ 4.5

逆運動学の式 (4.7)，(4.8) を使い，/odom トピックの twist から車輪の角速度を取得するメソッドを作ってください．並進速度 V，角速度 Ω は，それぞれ Twist 型の linear.x, angular.z です．必要なパラメータを自分で調べ，シミュレータのロボット台車は TurtleBot3 Waffle Pi とします．

● LiDAR の使い方

LiDAR が出てきたので使い方を詳しく説明していきます．ここでは Happy Mini シミュレータや TurtleBot3 で使われている HLDS 社の LDS-01 を使います．表 4.1 がスペックです．多くの 2 次元 LiDAR は 1 個の送信部がモータで回転することで周囲の距離とモータの回転量からその方位を計測

表 4.1 LiDAR LDS-01 のスペック

検出距離範囲	120〜3,500 [mm]
距離正確度 (120〜499 [mm])	±15%
距離正確度 (500〜3,500 [mm])	±5.0%
スキャンレート	300 ±10 [rpm]
角度範囲	360 [°]
角度分解能	1 [°]

しています．LDS-01 は計測可能な角度範囲が全周 360 [°] で，角度分解能が 1 [°] なので 1 回転（スキャン）で 360 個のデータを取得できます．

次に，LiDAR からのデータ取得法を説明します．**LiDAR データのトピック名は/scan，メッセージ型は sensor_msgs/LaserScan** で，次のように定義されています．

/scan トピック（sensor_msgs/LaserScan 型）の構成

- Header **header** ：ヘッダのタイムスタンプはスキャンした最初の光線を取得した時間
- float32 **angle_min** ：スキャンの開始角度 [rad]
- float32 **angle_max** ：スキャンの終了角度 [rad]
- float32 **angle_increment** ：計測の角度間隔 [rad]
- float32 **time_increment** ：計測の時間間隔 [s]
- float32 **scan_time** ：スキャンの間隔 [s]
- float32 **range_min** ：最小計測距離 [m]
- float32 **range_max** ：最大計測距離 [m]
- float32[] **ranges** ：距離データ [m]
- float32[] **intensities** ：反射強度データ [単位はデバイス依存]

ここで，**必ず使うものは計測データが格納されている ranges です．1 スキャンの計測データが反時計まわり**[注17] **にリストに格納されています．** このシミュレータの LiDAR では，図 4.10 に示すように ranges[0] がロボット正面のデータで，それから反時計まわりに 1[°] ずつインデックスが増えて，ranges[90] が左横，ranges[180] が真後ろ，ranges[270] が右横，最後の ranges[359] で正面まで戻ってきて 1 周分 360 個のデータを取得できます．

また，intensities は物体の反射強度のデータです．これをうまく使うと物体を識別することも可能です[注18]．ただ，安価な LiDAR は検出できない機種が多く，LDS-01 もこのデータは使えません．

● ドアオープンを実装しよう！

RoboCup@Home の競技では，アリーナ（競技場）の入口にドアがあり，競技開始前はドアは閉まっていて（ドアクローズ），外でロボットが待機しています．入口のドアを開ける（**ドアオープン**）ことで競技がスタートするタスクが多いです．そのため，ロボットはドアオープンを検出する機能が必要です．その例となっているプログラムリスト 4.3 を説明します．

注 17　LiDAR を上から見た場合で，上下反対に取り付けると時計まわりになります．
注 18　反射強度が極めて高い再帰性反射テープを物体に貼って識別する手法がよく使われます．

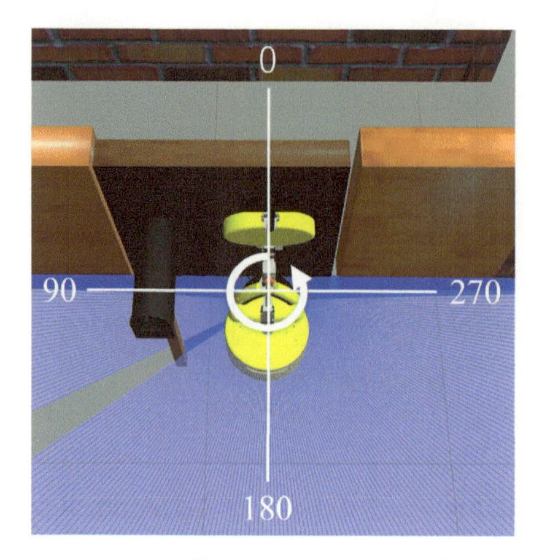

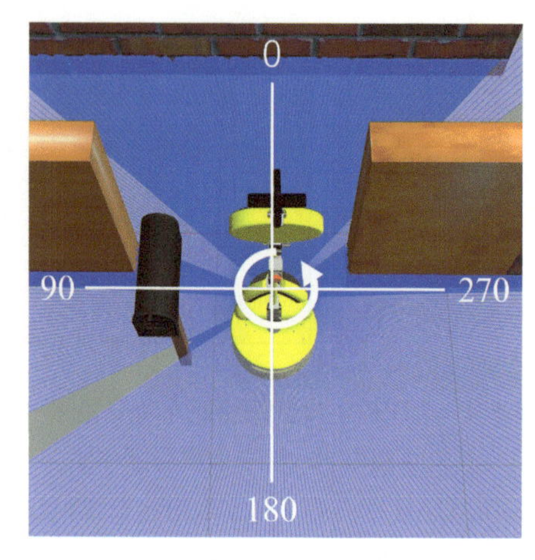

図 4.10　アリーナ入口（左：開始前はドアクローズ，右：開始後はドアオープン）．数字は距離データ ranges のインデックス

プログラムリスト 4.3　LiDAR のコード (happy_lidar_node.py)

```
18 class HappyLidar(Node):  # 簡単なLiDAR クラス
19   def __init__(self):    # コンストラクタ
20       super().__init__('happy_lidar_node')
21       self.timer = self.create_timer(0.01, self.timer_callback)
22       self.pub = self.create_publisher(Twist, 'cmd_vel', 10)
23       self.sub = self.create_subscription(Odometry, 'odom', self.odom_cb, 10)
24       self.x, self.y, self.yaw = 0.0, 0.0, 0.0
25       self.x0, self.y0, self.yaw0 = 0.0, 0.0, 0.0
26       self.vel = Twist()      # Twist メッセージ型インスタンスの生成
27       self.set_vel(0.0, 0.0)  # 速度の初期化
28       # LiDAR を使うため追加
29       self.sub = self.create_subscription(LaserScan, 'scan', self.lidar_cb, 10)
30       self.scan = LaserScan()  # LaserScan メッセージ型インスタンスの生成
31       self.scan.ranges = [-99.9] * 360 # 取得したデータと区別するため負値で初期化
32
33   def lidar_cb(self, msg):  # LiDAR のコールバック
34       self.scan = msg
35       for i in range(len(msg.ranges)):
36           if msg.ranges[i] < msg.range_min or msg.ranges[i] > msg.range_max:
37               pass # 計測範囲外のデータは使わないような処理が必要．ここではパス
38           else:
39               self.scan.ranges[i] = msg.ranges[i]
40
41   def happy_lidar(self): # ドアオープンしたら前進するメソッド
42       steps = 0
43       self.load_gazebo_models()  # ドアのロード
44       time.sleep(3)              # ドアがシミュレータに反映されるまで少し待つ
45       self.set_vel(0.0, 0.0)     # 停止
46       rclpy.spin_once(self)      # コールバックを呼び出す
47
48       while rclpy.ok():
49           print(f'step={steps}')
50           if steps == 100:
51               self.delete_gazebo_models()  # ドアの削除（ドアオープン）
52           dist = 0.5                       # スタートする距離 [m]
53           if self.scan.ranges[0] > dist:   # ドアオープンしたときの処理
54               self.set_vel(0.2, 0.0)       # 前進
55           else:
56               self.set_vel(0.0, 0.0)       # 停止
```

```
57
58          rclpy.spin_once(self)
59          # self.print_lidar_info() # scan トピックの値を表示するときはコメントアウト
60          print(f'r[{  0}]={self.scan.ranges[0]}')      # 前
61          print(f'r[{ 90}]={self.scan.ranges[90]}')     # 左
62          print(f'r[{180}]={self.scan.ranges[180]}')    # 後
63          print(f'r[{270}]={self.scan.ranges[270]}')    # 右
64
65          time.sleep(0.1)  # 0.1 [s]
66          steps += 1
```

- **コンストラクタ**（19～31 行目）：LiDAR を使うためコンストラクタに追加したコードは 29～31 行目です．まず，29 行目で LiDAR からのデータを受信するサブスクライバを生成します．30 行目で LaserScan 型のインスタンス scan を生成し，31 行目で距離データ 360 個分を取得したデータと区別できるように負の値-99.9 で初期化しています．
- **LiDAR のコールバック**（33～39 行目）：LiDAR からのデータ msg を取得します．35～39 行目で msg.ranges のデータをチェックして，最小計測距離 range_min より小さい，または，最大計測距離 range_max より大きい場合は，使わないための処理が必要ですがここでは何もしていません．なお，このシミュレータでは，最大計測距離より遠い場合は inf[注19] が入ります．
- **happy_lidar**（41～66 行目）：ここでドアオープンの処理が書かれています．43 行目の load_gazebo_models() でドアの 3 次元モデルを Gazebo にロードしています．46 行目の spin_once() でコールバックを 1 回呼び出して，LiDAR からのデータを受信したり，速度指令値を送信しています．50 行目でループの回数が 100 になったら，次の delete_gazebo_models() でドアを消すことでドアオープンを実現しています．ドアオープンしたときの処理は 52～56 行目です．scan.ranges[0] はロボット正面の LiDAR の値です．この値が dist（この例では 0.5[m]）より大きくなったらドアがオープンしたと判定して，set_vel(0.2, 0.0) で並進速度 0.2[m/s]，角速度 0.0[rad/s] で前進します．それ以外は停止します．

チャレンジ 4.6：ドアオープン

ハンズオンのサンプルプログラムでは，ドアがオープンされたかをロボット正面のデータ scan.ranges[0] だけから判断していました．これでは不十分です．ロボットが余裕を持って通れるように，ロボット正面の矩形領域（横幅+5[cm]）×1[m] に障害物がないかを調べてから前進するようにコードを改良してください．

コードを改良したら，次の要領で happy_lidar_node ノードを実行しましょう．まず，端末を 2 分割します．上の端末でロボットの初期姿勢を設定できるように turtlebot3_house.launch.py を改良したローンチファイル turtlebot3_house2.launch.py でシミュレータを起動します．ここで，x_pose，y_pose は初期位置 $(x, y[\mathrm{m}])$，yaw_pose は初期向き（Yaw 角 [rad]）です．ドアの正面を向く初期姿勢になります．

```
ros2 launch turtlebot3_gazebo turtlebot3_house2.launch.py x_pose:=1.25 y_pose:=-1.0 yaw_p
ose:=1.57
```

次に，下の端末で happy_lidar_node ノードを起動して，動作を確認してください．

注 19　inf は Python の float 型で無限大を表します．

```
ros2 run happy_lidar happy_lidar_node
```

4.3.4 占有格子地図

占有格子地図 (Occupancy Grid Map)[注20] **は環境を碁盤の目状に区切った地図です．** その1つの碁盤の目を**格子**あるいは**グリッドセル** (grid cell) とよび，障害物の存在する確率を推定しています．障害物が存在しない格子の値は0で図4.11では白色，存在する格子の値は1で図では黒色，計測していない格子の値はわからないので0.5とし，図では灰色で表しています．格子の位置 (x, y) の確率は次式で計算します．

$$p(x, y) = \frac{\mathrm{hits}(x, y)}{\mathrm{hits}(x, y) + \mathrm{misses}(x, y)} \tag{4.37}$$

ここで，$\mathrm{hits}(x, y)$ はLiDARのレーザ光線が位置 (x, y) で終了した，つまり，その格子に障害物がある場合の合計回数，$\mathrm{misses}(x, y)$ はレーザ光線が位置 (x, y) を通過した，つまり，障害物がない場合の合計回数です．全格子に対してこの方法で確率を計算すれば占有格子地図の完成です．簡単なようですが，これを実装するためには，ロボットがロボット座標系で計算した格子の位置を地図座標系に変換する必要があります．つまり，座標系の知識が必要になり，ROS 2ではこれを**tf**で実現します（座標系とtfの詳細は付録Eを参照してください）．また，正確な地図を作るためには，ロボットが地図座標系での正確な位置を知る必要があります．測量用の精密なGPSを使えば天空が開けた屋外なら可能かもしれませんがコストもかかりますし，屋内なら不可能です．そもそも地図がないのに地図座標系とは意味不明ですし，地図がないのにどうやって，地図の特徴などから自己位置を推定するのかという根源的な問題があります．そのため後で学ぶ，自己位置推定と地図生成を同時にする**SLAM**が必要になるのです．

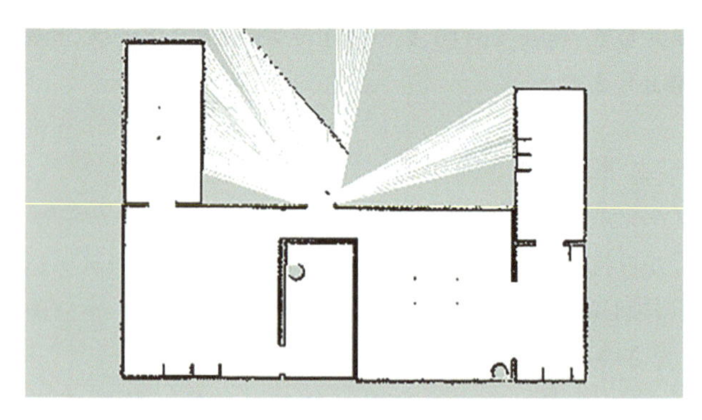

図4.11　SLAMで作成した占有格子地図（house.pgm）

● ROS 2の地図フォーマット

占有格子地図の作成は4.3.8節で学びます．ここではSLAMを使って作成した地図がどのようなフォーマットになっているかを実際に見てみましょう．図4.12がこの章で使うシミュレータ環境で，それをSLAMで作成した地図が図4.11の `house.pgm` になります．ROS 2ではこの画像ファイルの他に，地図の設定が書かれた `house.yaml` ファイルがあります．エディタで `~/map/house.yaml` ファイルの中身を見てみましょう．コメントはその説明です．

注20　占有格子地図はモラベック (Moravec) とエルフェス (Elfes) によって1985年に提案されました．

図 4.12 家環境を上から見た図

```
image: house.pgm                    # 画像ファイルのパス．絶対パスでも相対パスでもよい
resolution: 0.05                    # 解像度 [m/pixel]
origin: [-100.0, -100.0, 0.0]       # 地図の左下端ピクセルの座標（x, y, yaw）
negate: 0                           # 画像ファイルの白と黒の反転
occupied_thresh: 0.65               # これより高い確率の場合，障害物があるとする
free_thresh: 0.196                  # これより確率が低いと空き領域（free space）とする
```

先の説明では，確率が 0.5 の場合はよくわからない不明領域 (unknown space) としましたが，実際は観測に誤差やノイズなどがあるので，上の例のように，占有領域 (occupied space)，不明領域，空き領域 (free space) を確率のしきい値で決めています．

【クイズ 4.2】
家環境のシミュレータを起動して，占有格子地図 house.pgm とよく見比べてください．この地図はロボットに搭載している 2 次元 LiDAR で作成したものです．LiDAR の取り付け高さを考えてみてください．また，この地図の解像度は 0.05[m/pixel] です．家のサイズはどの程度でしょうか．あなたの家と比較してみてください．

4.3.5 カルマンフィルタとパーティクルフィルタ

カルマンフィルタと**パーティクルフィルタ**などの**ベイズフィルタ**はロボットなどの状態を確率的に推定・更新するアルゴリズムで，4.3.1 節で説明した外界センサによる自己位置推定と 4.3.2 節で説明した内界センサによるデッドレコニングを組み合わせた自己位置推定の手法として広く使われています．

まず，デッドレコニングによる内界センサで動きを計測して次の位置を予測します．その後，カメラ，LiDAR や GPS などの外界センサで周囲の環境を観測し，その情報をもとに予測を修正します．この過程はベイズの定理に基づき，観測データと予測結果を組み合わせて，最も信頼できる自己位置を推定します．新しいセンサデータが入力されるたびに，ロボットの自己位置がどんどん正確に更新されていくのがベイズフィルタの仕組みです．

外界センサから求めた自己位置は一般的にバラツキ（分散）が大きいですが，時間が進んでも誤差は大きくなりません．一方，内界センサによるデッドレコニングで求めた自己位置の分散はとても小さいので，推定開始時はとても誤差が小さく正確に自己位置を推定できますが，時間が進むにつれて

誤差が急速に大きくなっていきます．ベイズフィルタはそれら 2 つを組み合わせた，いいとこどりの手法です．

理論的な詳細はこの本の範囲を超えるので，必要に応じて確率ロボティクスのバイブルとよばれている文献[注21]や基礎理論とその Python 言語による実装がある文献[注22]を参照してください．

4.3.6 ROS 2 での自己位置取得法

カルマンフィルタとパーティクルフィルタの実装はこの本の範囲を超えるので，ROS 2 で実装されているパーティクルフィルタ AMCL (Adaptive Monte Carlo Localization) で算出した自己位置をプログラムで取得する方法を説明します．プログラムリスト 4.4 を参照してください．このコードでは，AMCL やオドメトリによって求められた自己位置情報の`/amcl_pose` トピックや`/odom` トピックをサブスクライブして，姿勢を端末に表示します．詳しく見ていきます．

プログラムリスト 4.4　amcl_subscriber.py

```
 4 import tf_transformations as tf_trans
 5 from nav_msgs.msg import Odometry
 6 from geometry_msgs.msg import Twist, Quaternion
 7 from geometry_msgs.msg import PoseWithCovarianceStamped, Pose
 8 from tf_transformations import euler_from_quaternion
 9
10 class AMCLSubscriber(Node):
11     def __init__(self):         # コンストラクタ
12         super().__init__('amcl_subscriber_node')
13         self.create_subscription(PoseWithCovarianceStamped,
14             'amcl_pose', self.amcl_cb, 10)
15         self.create_subscription(Odometry,'odom',self.odom_cb, 10)
16         self.create_timer(0.1, self.timer_cb)
17         self.last_amcl_msg = Pose()
18         self.last_odom_msg = Pose()
19
20     def get_pose(self,msg):        # 姿勢の取得
21         pos = msg.position
22         q = msg.orientation
23         (roll, pitch, yaw) = tf_trans.euler_from_quaternion((q.x, q.y, q.z, q.w))
24         return pos.x, pos.y, yaw
25
26     def amcl_cb(self, msg):        # AMCL のコールバック
27         self.last_amcl_msg = msg.pose.pose
28
29     def odom_cb(self, msg):        # ODOM のコールバック
30         self.last_odom_msg = msg.pose.pose
31
32     def timer_cb(self):            # タイマコールバック
33         for name, msg in [('AMCL',self.last_amcl_msg),('ODOM',self.last_odom_msg)]:
34             x, y, yaw = self.get_pose(msg)
35             if msg:
36                 self.get_logger().info(f'{name}: x={x:.2f} y={y:.2f} [m] theta={yaw:.2f
      }[rad/s]')
37             else:
38                 self.get_logger().info(f'No {name} received yet.')
```

注 21　S. Thrun, W. Burgard and D. Fox. Probabilistic Robotics, MIT Press, 2005.
注 22　上田隆一：詳解　確率ロボティクス，講談社，2019.

- **インポート**（4～8 行目）：/odom トピックに使うメッセージ型 Quaternion と PoseWithCovarianceStamped[注23] を geometry_msgs.msg モジュールからインポートし，8 行目はクォータニオンからオイラー角を計算する euler_from_quaternion をインポートしています．
- **コンストラクタ**（11～18 行目）：PoseWithCovarianceStamped 型の amcl_pose トピックと Odometry 型の/odom トピックのサブスクライバを生成しています．コールバックはそれぞれ amcl_cb と odom_cb です．両トピックはデータ更新の頻度が違うのでタイマを使い同時にログ出力しています．
- **メッセージから姿勢の取得** get_pose() メソッド（20～24 行目）：メッセージから位置 position と向き orientation を取り出し，向きはクォータニオンなのでわかりやすいようにオイラー角に変換して，ロボットの位置 pos.x, pos.y[m] と向き yaw [rad] を返しています．
- **コールバック** amcl_cb()，odom_cb() と timer_cb()（26～38 行目）：これらのコールバックでメッセージからロボットの姿勢を取り出して一定周期で表示しています．

● ハンズオン

シミュレータの起動：まず，家環境のシミュレータを起動します．起動すると図 4.13 のウィンドウが開きます[注24]．

```
ros2 launch turtlebot3_gazebo turtlebot3_house.launch.py
```

図 4.13　家環境でのスタート地点

地図ファイルのコピー：次に，地図ファイルを準備します．この本では，map ディレクトリのパスは$HOME/map なので次のコマンドで chapter4 ディレクトリからファイルをコピーします．

```
cp -r ~/airobot_ws/src/chapter4/map ~
```

注 23　タイプスタンプの付いた姿勢と分散共分散行列を含むメッセージ型．
注 24　当たり前ですが，実機の場合は必要ありません．実機の場合でも，実環境と同じようなシミュレーション環境を用意する場合が多いです．ロボットが壊れないように実機で動かす前のテストやリモート勤務などで実機がない場合にソフトウェアを開発するために必要になるからです．

Nav2 の実行： Nav2[注25] の各サーバをローンチファイルで起動します[注26]．最後の map にはナビゲーションに使用する地図の yaml ファイル（ここでは家環境の地図[注27]）を指定します．起動に成功すると RVis2 に地図が表示されます[注28]．

```
ros2 launch turtlebot3_navigation2 navigation2.launch.py use_sim_time:=true map:=$HOME/ma
p/house.yaml
```

amcl_subscriber_node の実行： 次のコマンドを実行すると AMCL とオドメトリで推定した自己位置が表示されます．この段階では AMCL の初期位置が $x = 0.0$，$y = 0.0$ になっています．

```
ros2 run amcl_subscriber amcl_subscriber_node
```

ロボットの初期位置を設定： AMCL の初期位置をシミュレータと一致させるために，次のコマンドで/initialpose トピックに初期位置を 1 回だけパブリッシュします．実行すると AMCL の初期位置が $x = -2.0$，$y = -0.5$ となり，オドメトリとシミュレータ上での位置と一致します．

```
ros2 topic pub --once /initialpose geometry_msgs/PoseWithCovarianceStamped '{header: {fra
me_id: "map"}, pose: {pose: {position: {x: -2.0, y: -0.5, z: 0.0}, orientation: {x: 0.0,
y: 0.0, z: 0.0, w: 1.0}}}}'
```

ロボットの操作と自己位置の確認： 次のコマンドを使いキーボード操作でロボットを移動させ，AMCL を使った自己位置/amcl_pose とオドメトリ/odom の値を確認してみましょう．

```
ros2 run teleop_twist_keyboard teleop_twist_keyboard
```

【クイズ 4.3】

サポートサイトのサンプルプログラム pose_subscriber.py を実行して，ハンズオンと同様にシミュレータのロボットをキーボードで動かしてください．このプログラムでは真値に対して AMCL (/amcl_pose) とオドメトリ (/odom) の誤差を表示します．値を比較するとシミュレータでは，オドメトリのほうが誤差が少ないという意外な結果になりました．これはなぜでしょうか？

4.3.7 SLAM

SLAM (Simultaneous Localization And Mapping) **は地図を作りながら同時に自分の位置を推定することです．これは，災害現場，深海探査や宇宙探査など**[注29] **事前に地図を準備できない未知の環境で必須になる重要な技術で，自己位置推定や地図生成よりはるかに難しい問題になります．**この問題はよく鶏と卵の関係に例えられるように，自己位置推定には地図が必要で，地図生成には自己位置が必要になるからです．

自己位置推定と SLAM を式で表します．自己位置推定は式 (4.38) で与えられます．ここで，x_t は

注 25　Nav2 は ROS 2 のナビゲーション用のメタパッケージです．詳細は 139 ページで説明します．

注 26　ここではシミュレータを使っているので，use_sim_time のオプションを true にしています．実機の場合は必要ありません．

注 27　https://github.com/RoboticaUtnFrba/create_autonomy/tree/kinetic-devel/navigation/ca_mapping/maps ディレクトの house.pgm と house.yaml

注 28　地図が表示されない場合は，/opt/ros/humble/share/turtlebot3_navigation2/param/waffle_pi.yaml の 29 行目にある robot_model_type:"differential"を robot_model_type:"nav2_amcl::DifferentialMotionModel"に変更してください．

注 29　RoboCup@Home のレストラン競技では，練習なしで本番にいきなりレストランに連れていかれ，そこでロボットが接客業務をするチャレンジングなタスクがありました．SLAM が必須な競技でした．

t 時刻のロボットの位置，$z_{1:t}$ は時刻 1 から t までの全計測値，$u_{1:t}$ は時刻 1 から t までの全制御値，m は地図です．これは条件付き確率の式で，| の右側が条件あるいは原因となり，左側がその結果を表します．全計測値，全制御値と地図が与えられたときに，結果が位置 x_t になる確率です．関数として考えると原因が入力，結果が出力になります．

$$p(x_t|z_{1:t}, u_{1:t}, m) \tag{4.38}$$

SLAM は**オンライン SLAM** (Online SLAM) と**完全 SLAM** (Full SLAM) に分けることができます．オンライン SLAM を式 (4.39) と図 4.14 に示します．自己位置推定の式と違うのは，条件の地図 m が結果に移動している点です．つまり，自己位置推定より少ない種類の入力で，多い種類の出力を計算しなければなりません．

$$p(x_t, m|z_{1:t}, u_{1:t}) \tag{4.39}$$

式 (4.40) で示す完全 SLAM はさらに計算が難しくなります．図 4.15 に示すように，オンライン SLAM では出力として求めたい位置 x_t が t 時刻だけでよかったのに対し時刻 1 から t までの全位置 $x_{1:t}$ まで求めなければならず，求めたい値が桁違いに増えています．つまり，完全 SLAM はロボットの軌跡と地図を求める問題になっています．

$$p(x_{1:t}, m|z_{1:t}, u_{1:t}) \tag{4.40}$$

SLAM を求める方法は大きく分けて次の 3 手法があります．

1. EKF-SLAM ：オンライン SLAM
2. Fast-SLAM ：完全 SLAM． ROS1 の gmapping パッケージ
3. グラフベース SLAM ：完全 SLAM． ROS 2 の slam_toolbox パッケージ

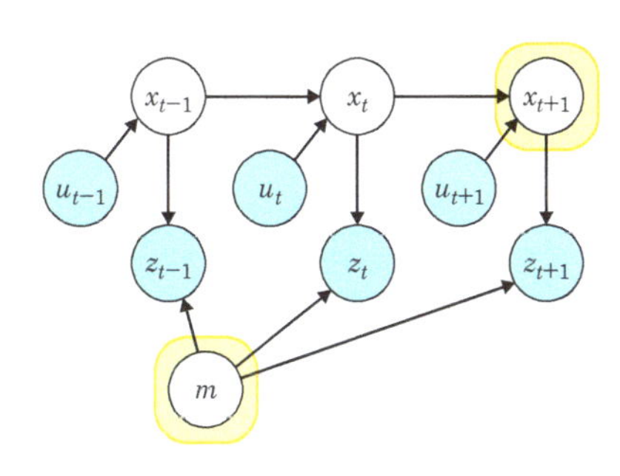

図 4.14　オンライン SLAM のグラフ表現

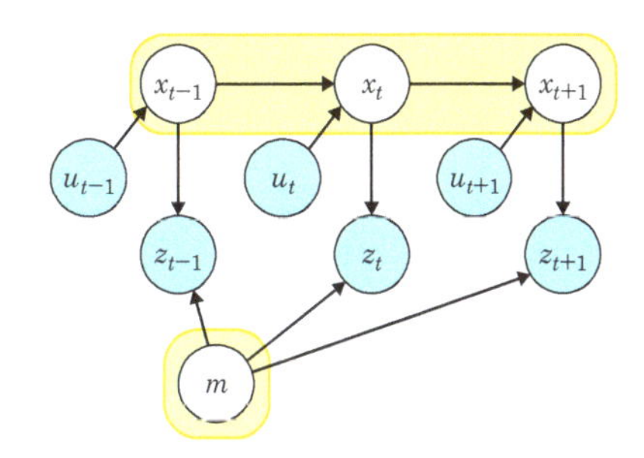

図 4.15　完全 SLAM のグラフ表現

4.3.8 ROS 2 での地図作成法

ROS 2 では SLAM を使って地図を作成します． ここでは，ROS 2 の標準 SLAM パッケージ `slam_toolbox`[注30] を使った地図作成法を説明します．これはグラフベース手法を採用しています[注31]．`slam_toolbox` には次の 2 つのモードがあります．

- **同期モード**：すべてのスキャンデータを使う SLAM モードです． ROS バッグ 2 で保存したセ

注 30　`https://github.com/SteveMacenski/slam_toolbox`
注 31　ROS1 でよく使われている gmapping は Fast-SLAM ベースです．

ンサデータから地図を作成する場合など品質の高い地図を作成する場合に使います．ノードは sync_slam_toolbox_node，ローンチファイルは offline_launch.py を使います．

- **非同期モード**：リアルタイム性を保証するために，更新基準を満たしたスキャンデータだけを使う SLAM モードです．ロボットを動かしながらリアルタイムで地図を作成し自己位置推定する場合に使います．ノードは async_slam_toolbox_node，ローンチファイルは online_async_launch.py を使います．

● シミュレータと遠隔操作ノードの起動

まず，端末を開いて 2 分割します．上の端末で次のコマンドでシミュレータを起動しましょう．ここでは，家環境を使います．

```
export TURTLEBOT3_MODEL=happy_mini
ros2 launch turtlebot3_gazebo turtlebot3_house.launch.py
```

次に下の端末で，遠隔操作ノードを起動しましょう！

```
ros2 run turtlebot3_teleop teleop_keyboard
```

● slam_toolbox ノードの起動

もう 1 つ端末を開き 3 分割します．上段の端末で次のローンチファイル online_async_launch.py[注32] を使って async_slam_toolbox_node ノードを起動します．

```
ros2 launch slam_toolbox online_async_launch.py
```

● RViz2 の使い方

地図の生成をリアルタイムで見るために，次のコマンドを中段の端末に入力して RViz2 を起動します．地図情報は/map トピックで送られてきます．そのままでは地図が表示されないので，図 4.16 に示すように，左下の [Add] をクリックすると RViz2 のウィンドウが開くので [Map] を選択して [OK] をク

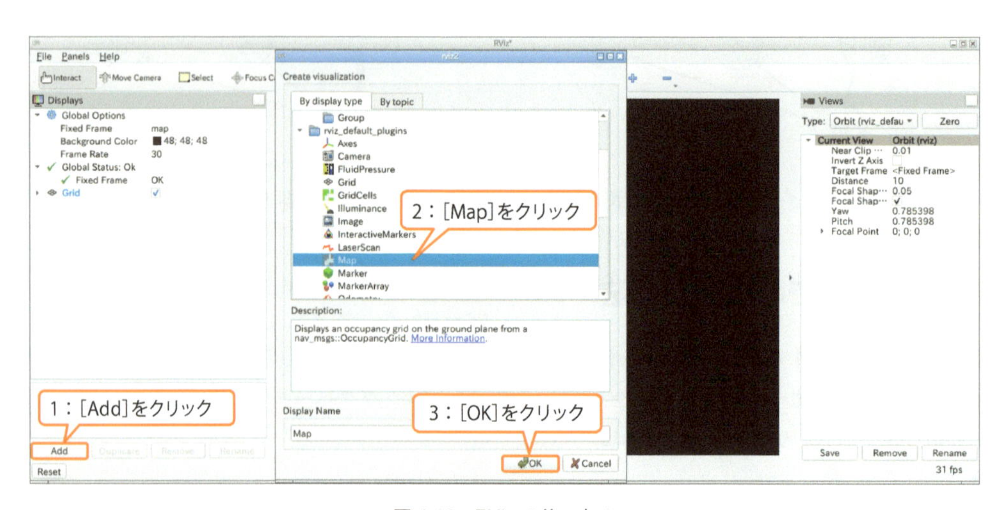

図 4.16　RViz の使い方 1

注 32　ここで async は asynchronous（非同期）の略で，センサからのデータ収集と地図の作成が同時でないという意味で，sync は synchronous（同期）の略で，データ収集と地図作成が同時であるということです．

図 4.17　RViz の使い方 2

リックします．そうすると図 4.17 のように [Displays] 欄に [Map] が追加されます．[Map] の [Topic] から [/map] を選ぶと右のウィンドウに地図が現れます．

```
ros2 run rviz2 rviz2
```

遠隔操作ノードのキー操作で図 4.18 のようにロボットを移動させると地図がリアルタイムでどんどん生成され，図 4.19 のように RViz で生成される地図を確認できます．地図の生成には LiDAR の情報が使われています．コツとしては，ところどころでロボットを 1 回転させて全周の情報を LiDAR で取得することです．

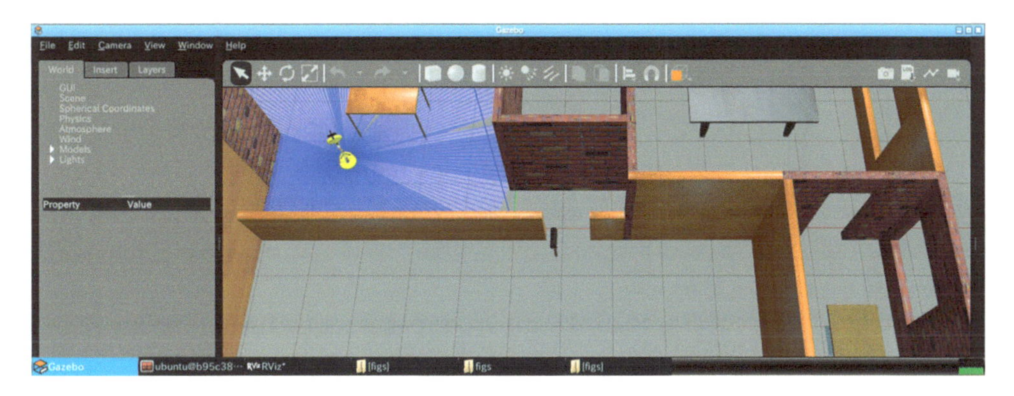

図 4.18　Gazebo の家環境で地図を生成する Happy Mini

● 地図の保存

キー操作によりロボットを動かし環境の地図を作成できたら，下段の端末に次のコマンドを入力してください．まず，地図を保存するディレクトリ map を作り，そこに地図データを保存します．地図データは拡張子が pgm の画像ファイルと yaml の設定ファイルの 2 つに保存されます．ここで，`-f` の後には保存する地図データに付けるファイル名（拡張子を除いたもの）を入れます．**なお，すでに同じファイル名の地図ファイルがあると，上書きされずにエラーになります．しかも，エラーに timeout と表示されてわかりづらいので注意が必要です．**

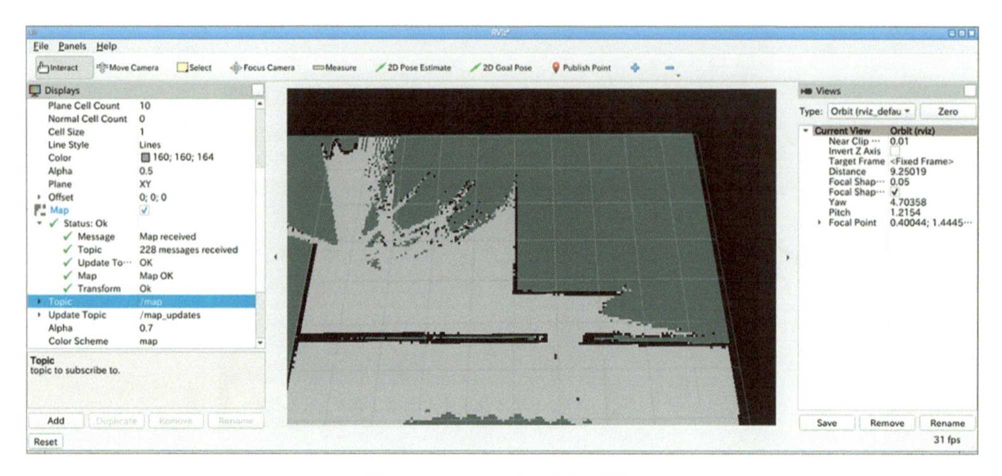

図 4.19　RViz で表示される地図

```
mkdir ~/map
ros2 run nav2_map_server map_saver_cli -f ~/map/house2
```

ホームディレクトリの中のディレクトリ map に図 4.11[注33] のような house2.pgm ファイルと house2.yaml ファイルが保存されたら成功です．作成した地図と家環境（図 4.12）を見比べてください．壁の形が再現できていますね．ただし，テーブルなどは脚の形状しか再現できていません．これはこの地図の作成に使用した LiDAR が水平方向の 2 次元をスキャンするだけなので，LiDAR を取り付けた高さの情報しかわからないからです．テーブルには天板もあるのでロボットを動かすときにぶつからないように注意が必要です．

チャレンジ 4.7

違う環境の地図を実際につくってみましょう．リアルロボットを使える人は自宅や学校などの地図を作成してください．そうでない人は，TurtleBot3 ワールド環境 (~/airobot_ws/src/happy_mini_turtlebot3_sim/turtlebot3_gazebo/turtlebot3_worlds) の地図を作成してください．

また，第 2 章で学んだ ROS バッグ 2 を使い地図作成中の全トピックを収録します．その後，保存したデータを再生し，async_slam_toolbox_node ノードで地図を作成して，sync_slam_toolbox_node で作成した地図と比較してください．

ヒント：地図を作成するコツは，地図がつながるように同じ箇所を何回か通り，ところどころでその場で回転して全周の情報を取り込むことです．また，地図作成にオドメトリの情報も使っているので，車輪がスリップするような急発進，急停止や急回転は厳禁です．できるだけ多くの LiDAR 情報を使いたいので，ゆっくり進むことも重要です．人やペットなども障害物として地図に残るので，可能ならいないときに作成するのがよいでしょう[注34]．

また，async_slam_toolbox_node ノードはデータさえあれば地図を作成できます．資料[注35] によると同期ノードで面積約 18,580 [m^2] まで，それ以上は非同期ノードが使えるそうです．ROS バッグ 2 があれば簡単にデータを収録ならびに再生できるので，使い方をしっかり覚えておきましょう．

注 33　シミュレータの環境と比較しやすいようにオリジナルの画像を 180 度回転して表示しています．
注 34　なお，サポートサイトに TurtleBot3 ワールド環境で作成した地図 (turtlebot3_world_map.pgm) があるので確認してください．
注 35　https://github.com/SteveMacenski/slam_toolbox

チャレンジ 4.8

Cartographer は，Google が 2016 年に公開した SLAM ライブラリで，Slam toolbox より高精度な地図を作れ，TurtleBot3 のパッケージでは Cartographer を簡単に使えるので紹介します．

まず，次のコマンドでシミュレータを起動しましょう．

```
ros2 launch turtlebot3_gazebo turtlebot3_house.launch.py
```

次に，Cartographer と rviz2 を起動します．

```
ros2 launch turtlebot3_cartographer cartographer.launch.py
```

遠隔操作ノードと地図の保存方法は Slam toolbox の説明と同じです．Slam toolbox と比較してください．なお，残念ながら現在は Cartographer の新規の開発やメンテナンスは行われていませんが，TurtleBot3 では簡単に使え，精度もよいのでおすすめです．

4.4 ナビゲーション

4.4.1 概 要

地図の作成方法がわかったので，これでナビゲーションの準備が整いました．まず，**ナビゲーションの最も基本的なウェイポイントナビゲーションを説明します．これは，スタート地点からゴール地点まで行く間に，ウェイポイント（waypoint, 以降，WP と表記）とよばれる経由点を複数設定して，それを順番に通っていくシンプルな方法です．**ただし，この方法だけではゴールにたどり着けません．例えば，障害物を避けなければなりませんし，経路のある区間が工事中などで迂回しなければならない場合などにも対応できません．これらに対応するためには，障害物回避や経路探索の機能が必要になります．

4.4.2 ROS 2 のナビゲーション 2

ROS 2 では**ナビゲーション 2**（Navigation 2，以降，**Nav2** と表記）メタパッケージがナビゲーションを担当します．Nav2 には，ロボットがある 2 点間を安全に移動するために，動的な経路計画，速度計算，障害物回避，復帰動作などが実装されています．図 4.20 はその構成です．**行動木**（ビヘイビアツリー，behavior tree, BT）を使い経路計画，復帰動作，経路追従などのアクションを計算するために BT ナビゲータサーバを介して各サーバを呼び出します．Nav2 の入力は他に，座標変換 TF，地図，センサデータなどがあり，出力は速度指令 `cmd_vel` としてロボット台車のコントローラに送られます．その他にプラグインとして，最短経路を計算する NavFn や障害物回避経路を計算する DWB などがあります．Nav2 の主要なコンポーネント[注36]を紹介します．

- **地図サーバ**：地図のロード，配信，保存
- **BT ナビゲータサーバ**：行動木を使用して，全体のナビゲーションタスク（計画，制御，回復など）を管理し，タスク実行を制御
- **コントローラサーバ**：ロボットがゴールに向かって安全に進むための制御コマンドを生成
- **プランナサーバ**：ゴール地点への経路計画．環境全体の経路を計算
- **行動サーバ**：複雑な行動を実行・管理

注 36　システムの一部で，特定の機能を持つ最小単位．

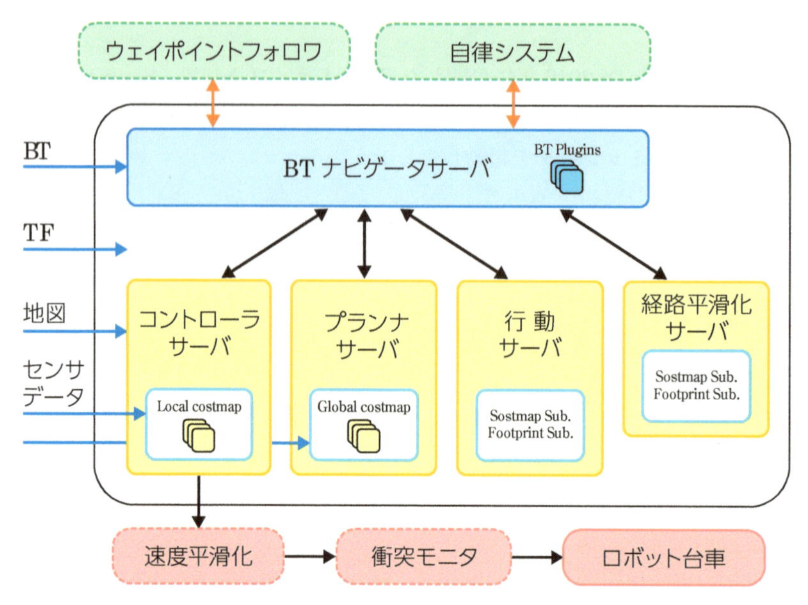

図 4.20　ナビゲーション 2 の構成図
（https://docs.nav2.org/_images/nav2_architecture.png を参考に作成）

- **経路平滑化サーバ**：ロボットの移動をスムーズにするために経路を滑らかにする

Happy Mini のミニ知識　進化する Nav2 ！ Humble でロボットはもっとスムーズに賢く！

ROS 2 が Foxy から Humble にアップデートされ， Nav2 は大きく進化しました！　まず， Python を使って簡単なスクリプトでロボットを操作できる Nav2 Simple Commander が追加され，プログラムの初心者でも簡単にナビゲーションを使えるようになり，使いやすさが向上しました．さらに，経路を滑らかにするサーバや速度をスムーズに調整するモジュールが追加され，ロボットの動きが滑らかになり，急な加速や減速がなくなりました．加えて，衝突を防ぐモジュールが強化され，ロボットが障害物にぶつからないよう安全性が向上しました．また，複数の場所を通って決まった姿勢で移動できる Navigate Through Poses が導入され，倉庫などでの作業がより効率的になりました． Humble により， Nav2 はさらに賢く，強力なナビゲーションシステムへと進化したのです．

4.4.3　GUI を使ったナビゲーションの方法

ウェイポイントナビゲーションは基本的なナビゲーションなので，Nav2 には**ウェイポイントフォロワ**という機能で実装されています．これは，プログラミングなしで，**RViz2** を使った GUI 操作だけで実行可能です．ROS 2 ではプログラミングしないでロボットを動かすこともできるのでビギナーにもハードルが低いです．まず，GUI でロボットを動かす方法を説明します．

● シミュレータの起動

端末を 2 分割して，上段の端末で家環境のシミュレーションを起動します．

```
ros2 launch turtlebot3_gazebo turtlebot3_house.launch.py
```

● ナビゲーションの実行

次に下段の端末で Nav2 を実行します．

```
ros2 launch turtlebot3_navigation2 navigation2.launch.py use_sim_time:=true map:=$HOME/ma
p/house.yaml
```

● 初期姿勢の設定

ナビゲーションをスタートする前に，まず，初期姿勢を設定しなければなりません．次の要領で LiDAR のデータと地図の形状を一致させます（図 4.21）．

- **STEP 1** ： RViz2 のメニューバーにある [**2D Pose Estimate**] ボタンをクリックする．
- **STEP 2** ： RViz2 の地図上でロボットがいる地点をクリックして，進行方向に緑色の矢印をドラッグする．保存した地図と LiDAR のデータが一致するように STEP1 と 2 を繰り返す．

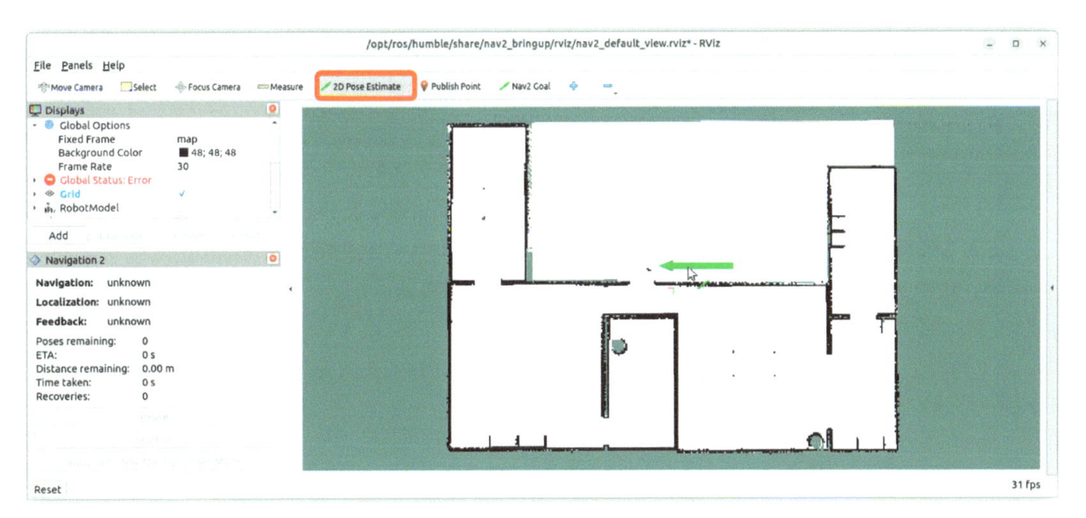

図 4.21　初期姿勢の設定

● ゴール地点の設定

まず，WP が 1 個の場合を考えます．ROS 2 では経路計画と障害物回避が実装されているので，ゴールを指定するだけでもゴールにたどり着ける場合があります．まず，その方法を説明します（図 4.22）．

- **STEP 1** ： RViz2 のメニューバーにある [**Nav2 Goal**] ボタンをクリックする．
- **STEP 2** ： RViz2 の地図上でゴール地点をクリックして，その地点でのロボットの姿勢をドラッグする[注 37]．

● ウェイポイントナビゲーション

次に，この節の目標としているウェイポイントナビゲーションの実行方法を説明します．基本的には WP が 1 個の場合と同じで，違いはゴールを複数設定するところです[注 38]．

- **STEP 1** ： RViz2 の左欄の一番下にある [**Waypoint/Nav Through Poses Mode**] ボタンをクリック

注 37　これにより，ゴールでの位置と姿勢が設定されて，ロボットがゴールへ向かい自動で動き出します．
注 38　ROS1 ではこの機能が実装されていなかったので便利になりました．

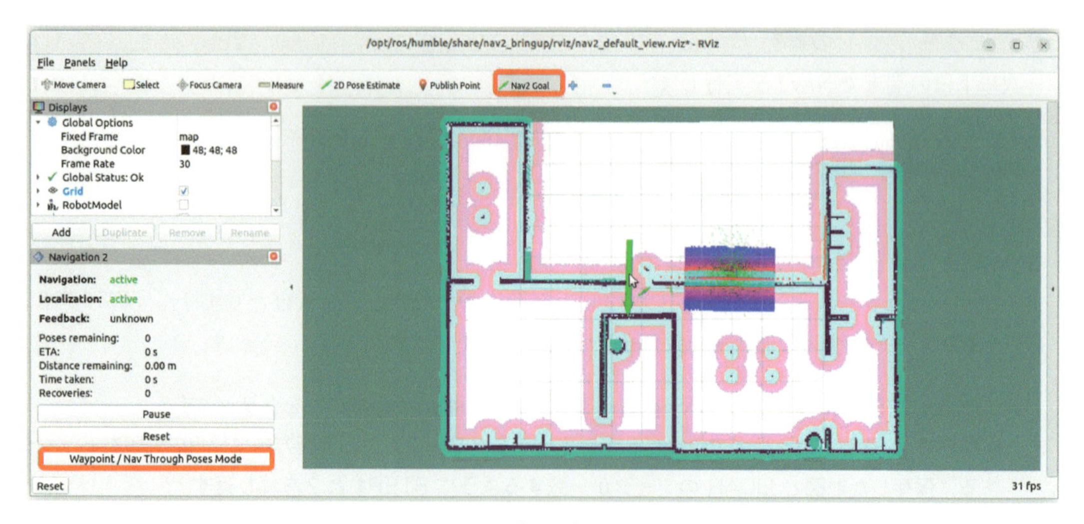

図 4.22　ゴール地点の設定

する．クリックすると [Start Nav Through Poses]，[Cancel Accumulation] と [Start Waypoint Following] ボタンに変わる．

- **STEP 2** ： RViz2 のメニューバーにある [Nav2 Goal] ボタンをクリックする．
- **STEP 3** ： RViz2 の地図上でゴール地点を設定したのと同じ要領で WP を通過する順番に設定する．これを最後の WP まで繰り返す．設定が終わったら，[Start Waypoint Following] をクリックすると，ロボットが設定した WP を順番に通り最終 WP まで移動する．

図 4.23 では WP を 6 個設定して，わかりやすいように WP1 から WP6 まで表示しています．この図では読みとれませんが，RViz2 上では小さな矢印で WP でのロボットの姿勢を示しています注39．

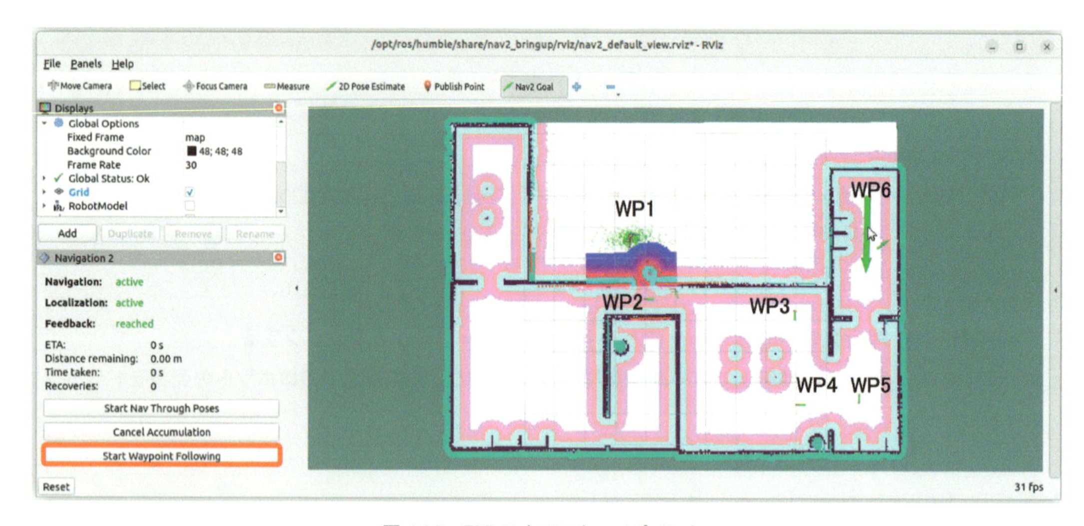

図 4.23　RViz2 上でのウェイポイント

注 39　WP6 の矢印が大きいのは WP を設定したときに画面をキャプチャしたためです．

チャレンジ 4.9

ハンズオンと同じ要領で，家環境の全部屋を通ってスタート地点に戻るようにウェイポイントナビゲーションを実行してみよう．

ヒント：WP の位置と数が変わるだけで，ハンズオンのとおりにやればできるのでヒントは必要ないでしょう．ただ注意することは，WP が少ないと最短経路を通ろうとします．そのため，壁に接触したり，地図にはないテーブルの天板に衝突したりします．特に，曲がり角は要注意！多めに WP を設定するほうがナビゲーションに失敗しない確率が高くなります．

4.4.4 プログラムを使ったナビゲーション

次に，ナビゲーションのプログラムリスト 4.5 を説明します．サンプルプログラムには ROS 2 Galactic から導入された**Nav2 Simple Commander という ROS 2 の Navigation2 パッケージで提供されている Python のライブラリを使っています．これはナビゲーション関連のプログラムを簡略に開発できるように高レベル API を提供します．ユーザはアクション通信を意識する必要も複雑な設定やコールバックを管理する必要もなく，Foxy と比べてとても簡単に書けるようになりました．**

プログラムリスト 4.5 waypoint_navi.py

```
12 class WayPointNavi(Node):
13     def __init__(self):
14         super().__init__('waypoint_navi') # ノードの初期化
15         self.wp_num = 0                   # ウェイポイント番号の初期化
16         self.init_pose = [-2.0, -0.5, 0.0] # 初期姿勢 (x, y, yaw)
17         self.navigator = BasicNavigator() # BasicNavigator オブジェクトの作成
18 
19     def do_navigation(self):  ### ナビゲーションを実行するメソッド ###
20         way_point = [         # ウェイポイントのリスト
21             [1.2, -1.5, pi/2], [1.0, 0.5, pi], [-4.0, 0.8, pi/2], [-4.0, 3.9, pi],
22             [-6.5, 4.0, -pi/2], [-6.5, -3.0, pi/2], [999.9, 0.0, 0.0]
23         ]
24         self.set_init_pose()  # 初期姿勢の設定
25         self.navigator.waitUntilNav2Active()           # Nav2 がアクティブになるまで待機
26         while rclpy.ok():     # ナビゲーションのループ
27             if way_point[self.wp_num][0] == 999.9:     # 終了条件のチェック
28                 self.get_logger().info('ナビゲーションを終了します．')
29                 sys.exit(0)                            # プログラムの正常終了
30             pose_msg = self.to_pose_msg(way_point[self.wp_num]) # メッセージ型へ変換
31             result = self.navigate_to_goal(pose_msg)   # ゴールへナビゲーション
32             time.sleep(1)
33 
34     def set_init_pose(self):  ### Nav2 に初期姿勢を設定するメソッド ###
35         init_pose_msg = self.to_pose_msg(self.init_pose)   # メッセージ型に変換
36         self.get_logger().info('初期位置を設定します．')
37         self.navigator.setInitialPose(init_pose_msg)       # Nav2 に初期姿勢を設定
38 
39     def navigate_to_goal(self, goal_pose):  ### ゴールへナビゲーション ###
40         self.get_logger().info(f"WP{self.wp_num + 1}({goal_pose.pose.position.x},{
       goal_pose.pose.position.y})に行きます．")
41         self.navigator.goToPose(goal_pose)            # ゴールを指定してナビゲーションを開始
42         while not self.navigator.isTaskComplete():    # タスクの完了を待つループ
43             feedback = self.navigator.getFeedback()   # フィードバックの取得
44             if feedback:
45                 self.get_logger().info(f"残り：{feedback.distance_remaining:.2f}[m]")
46                 self.get_logger().info(f"経過時間：{feedback.navigation_time.sec}[s]")
```

```
47                  if feedback.navigation_time.sec > 99: # ナビゲーションの経過時間が超過すると
48                      self.navigator.cancelTask()       # タスクをキャンセル
49              time.sleep(0.5)                           # フィードバックを取得する間隔
50          result = self.navigator.getResult()           # 結果の取得
51          if result == TaskResult.SUCCEEDED:            # 成功した場合
52              self.get_logger().info(f'WP{self.wp_num + 1}に着きました．')
53              self.wp_num += 1                          # 次のウェイポイントに進む
54          elif result == TaskResult.CANCELED:           # キャンセルされた場合
55              self.get_logger().info(f"WP{self.wp_num + 1}はキャンセルされました．")
56              self.wp_num += 1                          # 1つ飛ばして次のウェイポイントに進む
57          else:                                         # その他の場合
58              self.get_logger().info(f'WP{self.wp_num + 1}は失敗しました．')
59              sys.exit(1)                               # プログラムの異常終了
60
61      def to_pose_msg(self, pose):  ### メッセージ型に変換するメソッド ###
62          pose_msg = PoseStamped()                  # ウェイポイントの姿勢を設定
63          pose_msg.header.stamp = self.navigator.get_clock().now().to_msg()  # 現在時間
64          pose_msg.header.frame_id = "map"          # フレームID の設定
65          pose_msg.pose.position.x = pose[0]        # x 座標
66          pose_msg.pose.position.y = pose[1]        # y 座標
67          q = tf_transformations.quaternion_from_euler(0, 0, pose[2])  # 角度の変換
68          pose_msg.pose.orientation.x, pose_msg.pose.orientation.y, \
69          pose_msg.pose.orientation.z, pose_msg.pose.orientation.w = q
70          return pose_msg
```

このプログラムは，指定された一連のウェイポイントをロボットに順番に移動させるものです．

- **コンストラクタ**（13〜17 行目）：Nav2 Simple commander の `BasicNavigator` クラスのインスタンスを生成しています．
- **do_navigation**（19〜32 行目）：このメソッドは，ロボットに一連のウェイポイントをナビゲーションさせるためのメインループを実行します．最初にロボットの初期姿勢を設定し，その後，各ウェイポイントを順番に移動します．ウェイポイントの座標はリストで定義されており，最後のウェイポイントに到達するとプログラムを終了します．
- **set_init_pose**（34〜37 行目）：このメソッドでロボットの初期姿勢を Nav2 のサーバに送信しています．35 行目の `to_pose_msg(init_pose)` で `init_pose` をアクション通信で送信するためにメッセージ型に変換します．37 行目の `setInitialPose(init_pose_msg)` で Nav2 にアクション通信で初期姿勢を送っています．
- **navigate_to_goal**（39〜59 行目）：このメソッドはウェイポイント間のナビゲーションを実行します．41 行目の `goToPose(goal_pose)` メソッドを使用して，ウェイポイントの目標姿勢をサーバに送りナビゲーションを開始します．42〜49 行目の `while` ループはタスクが完了（この場合は目標のウェイポイントに到着）するまで繰り返します．`waitUntilNav2Active()` は Nav2 のすべての関連ノードがアクティブな状態になるまで非同期で状態をチェックし続け，必要なノードがすべてアクティブ状態になるまでブロックします．このため，ユーザが明示的にシステムの準備状況を管理する必要はありません．43 行目の `getFeedback()` でサーバからのフィードバックを取得し，残り時間と経過時間をログ出力し，経過時間が 99 秒を経過すると目標のウェイポイントに到着することを諦めて[注40]，次のウェイポイントに行くために `cancelTask()` でこのタスクをキャンセルします．50 行目の `getResult()` で結果を取得します．結果が成功ならウェイポイントに着いたことをログ出力し

注 40　ウェイポイントのまわりに障害物があり到達できない場合やロボットの自己位置がずれることにより，ロボットから見てウェイポイントが建物や障害物の中に設定されている場合など，ウェイポイントにたどり着けない場合があります．この処理は実用上とても大切です．

て，次のゴールになるウェイポイントの番号を 1 つ足します．結果がキャンセルの場合は「キャンセルされました」と出力し，同様にウェイポイントを 1 つ進めます．結果がその他の場合は，「失敗しました」と出力し，`sys.exit(1)` でプログラムを終了します．

- **to_pose_msg**（61～70 行目）：このメソッドは，ウェイポイントの位置と姿勢のリストをサーバと通信するために `PoseStamped` メッセージ型に変換します．このメッセージ型に必要な情報は，現在時刻，フレーム ID，位置と向きです．向きはクォータニオンでなければいけないので，`quaternion_from_euler(0, 0, pose[2])` でロール・ピッチ・ヨー角をクォータニオンに変換しています．

では，端末を 3 分割して上の端末でシミュレータを起動しましょう．

```
ros2 launch turtlebot3_gazebo turtlebot3_house.launch.py
```

真ん中の端末で Nav2 を起動します．

```
ros2 launch turtlebot3_navigation2 navigation2.launch.py use_sim_time:=true map:=$HOME/m
ap/house.yaml
```

下の端末で，ウェイポイントナビゲーションをスタートしましょう．GUI で実行したときと同様に WP を順番にたどり，最後の WP で停止するのを確認できます．

```
ros2 run waypoint_navi waypoint_navi
```

チャレンジ 4.10

チャレンジ 4.9 と同じですが，プログラムで実行してみましょう！

4.5 制 御

前節までは，ROS 2 の機能を使いロボットを動かしてきました．ここでは，その実現のための基本的な理論について学びます．さて，**ロボットを目的地まで移動させるためには，左右の車輪の回転速度を変化させて目的地に向かって進まなければなりません．このように目標に近づくように車輪の回転速度などを変えることを制御とよびます．**

4.5.1 P（比例）制御

P 制御は目標値 θ_d と現在値 $\theta(t)$ の差に比例して操作量 $u(t)$ を変える制御方法で次式になります．

$$e(t) = \theta_d - \theta(t) \tag{4.41}$$

$$u(t) = K_p e(t) \tag{4.42}$$

ここで，操作量 $u(t)$ は制御するためにモータなどの制御対象に与える量で位置（角度）や速度（角速度）になります．$e(t)$ は目標値 θ_d と時刻 t での値 $\theta(t)$ の差で**偏差**あるいは**残差**とよびます．K_p は正の比例定数で**ゲイン** (gain) とよばれています．

プログラムリスト 4.6 は P 制御の疑似コードです．3 行目の `get_joint_angle()` は車輪の現在の角度を取得し，`diff` は偏差，5 行目の `u` は操作量で，この場合は偏差 `diff` に比例ゲイン `kp` をかけたものを代入しています．6 行目で操作量 `u` を車輪の角速度に設定しています．

これにより現在の角度が目標角度に近づくにつれて目標角速度を0に近づけ，現在の角度が目標角度を通りすぎると偏差 `diff` は負の値になるので逆回転し，再度目標角度に近づいていきます．これを繰り返すと偏差が小さくなり現在の角度が目標角度に近づいていきます．これが**比例制御**または**P制御**とよばれる最も簡単な制御方法です．

ただし，問題もあります．目標地点でぴったり停止する制御の問題を考えます．倉庫などで動いている自動搬送ロボットは重さが数百キロ以上もあり，高速に動いているとロボットは慣性のため急に目標地点には止まることはできず行きすぎてしまいます．そのような場合，目標地点で止まるためには，そこに到達する前に，逆回転の指令値をモータに与え急速に減速しなければ[注41]，目標位置を通りすぎてしまいます．しかし，P制御では測定値 θ が目標値 θ_d より大きくならない限り逆回転の指令値を与えることはできないので，目標値を通りすぎてしまうのです．

プログラムリスト 4.6 pcontrol.py

```
1 def Pcontrol(target):
2     kp = 5.0                            # 比例ゲイン
3     tmp  =  get_joint_angle(joint) # 現在の角度を取得
4     diff  =  target - tmp             # 偏差
5     u     =  kp * diff                # 操作量
6     set_angular_speed(joint, u)      # 角速度の設定
```

4.5.2 PD（比例・微分）制御

P制御の問題点を解決したのが**PD** (Proportional Differential) **制御**で，操作量として偏差の他に偏差の時間微分を加えます．これにより，微分ゲイン K_d をうまく設定すると目標角度 θ_d に到達する前に逆方向の力を加えることができ，慣性がある場合でも目標でぴったり止まることができるのです．

$$
\begin{aligned}
u(t) &= K_p e(t) + K_d \frac{de(t)}{dt} \\
&= K_p(\theta_d - \theta(t)) + K_d \frac{d}{dt}(\theta_d - \theta(t)) \\
&= K_p(\theta_d - \theta(t)) - K_d \frac{d\theta(t)}{dt}
\end{aligned}
\tag{4.43}
$$

ここで，$e(t)$ は偏差，K_p は比例ゲイン，K_d は微分ゲイン，θ_d は目標値，$\theta(t)$ は時刻 t での値です．

しかし，これにもまだ問題があります．位置制御を考えましょう．例えば，地面が凸凹している場合などでは，比例ゲインが関係する操作量は常に一定です．この場合，例えば車輪のトルクが地面の凸凹を乗り越えるために必要なトルクより小さい場合は何時までたっても目標の位置に到達することはできません．つまり，ロボットが目標地点に到達しないで途中で止まってしまうというまずい状況になります．微分ゲインが関係する操作量は速度が小さくなると0に近づくので目標位置に到達しなくても，現在の位置が変化しない場合は機能しません．

4.5.3 PID（比例・積分・微分）制御

PD制御の問題点を解決したのが**PID** (Proportional Integral Differential) **制御**で，操作量としてPD制御の操作量に偏差の時間積分を加えた式 (4.44) となります．多くの場合は変形し式 (4.45) で表す場合が多いです．

注41 逆回転の指令値をモータに与えたからといって，慣性があるのですぐ後進するわけではありません．

$$u(t) = K_p e(t) + K_i \int_{\tau=0}^{t} e(\tau)d\tau + K_d \frac{de(t)}{dt} \tag{4.44}$$

$$= K_p \{e(t) + \frac{1}{T_i} \int_{\tau=0}^{t} e(\tau)d\tau + T_d \frac{de(t)}{dt}\} \tag{4.45}$$

ここで，$e(t)$ は偏差，K_p は比例ゲイン，K_d は微分ゲイン，T_i は積分時間，T_d は微分時間とよばれています．これにより積分ゲイン K_i が関係する操作量は偏差が 0 になるまで大きな値となり外力に打ち勝って目標角度に到達することができるのです．ただし，積分ゲインを大きくしすぎると反応性(応答性）が悪くなったり，目標値を行きすぎたり，目標値付近で振動したりする場合があります．

ハンズオン

PID 制御については，微分，積分と数値計算がわからないと実装ができないので，それらを勉強していない場合は，このハンズオンはスキップしてください．PID 制御はロボットを滑らかに制御するために必要な技術なので勉強して余裕が出たらチャレンジしてください．

チャレンジ 4.11

チャレンジ 4.4 の答え `pose_subscriber.py` を参考にオドメトリで計算された`/odom` トピックの自己位置を使い，ロボットを指定された距離だけ進ませ，その距離で正確に停止するプログラムを P 制御で実装してください．なお，シミュレーション環境は何もないエンプティ・ワールドを使ってください．

チャレンジ 4.12

チャレンジ 4.11 を少し発展させ，ロボットが現在地から任意の A 点と B 点を順番に通るプログラムを PD 制御で実装してください．ただし，A 点に到着したらそこで一度停止して，B 点の方向にその場で回転してから B 点に直進するようにしてください．

ヒント：比例ゲインと微分ゲインをうまく設定できると首を振らずにゴール地点に向かって滑らかに走行できるようになります．ゲインの調整方法はこの本の範囲を超えるので，興味のある方は調べてみましょう[注42]．

チャレンジ 4.13

チャレンジ 4.11 をさらに発展させます．AMCL で計算された`/amcl_pose` トピックの自己位置を使い，家環境でロボットを複数の地点を経由してゴール地点（図 4.23 の WP6．座標 $x = -6.5$, $y = -3.0$ [m]，向き $\theta=\pi/2$[rad]）に向かって進ませ，ゴール地点で停止するプログラムを PID 制御で実装してください．ただし，ROS 2 のナビゲーション機能を使ってはいけません．

ヒント：ROS 2 のナビゲーション機能を使っていないので障害物回避などをしません．ゴール地点まで到達するためには，WP の位置をうまく設定してください．

4.5.4 追従制御

この節ではロボットを物体に衝突させる制御を考えます．この制御はもともと，敵戦闘機を撃墜するためのミサイルの制御で考えられたものですが，いろいろなところで応用可能です．例えば，ロボットサッカーなどで敵のシュートを防ぐキーパーロボットの制御，あるいはロボットが人の後をついて

注 42　後回しにせずに，興味のあるときに徹底的に調べることが大切です．

いくタスクなどが考えられます[注43]．対象物との距離を一定に保つ制御を入れるだけで，この節で学ぶ方法を簡単に適用できます．

● 単純追跡航法

衝突させる最も単純な方法はターゲット（目標）の現在位置に目がけてロボットを進ませることです．しかし，この方法ではターゲットの現在位置に到達するときには，すでにターゲットは別の位置に移動しているので後追いになり最短時間でターゲットと衝突することはできません．この方法は単純追跡航法とよばれており，そのアルゴリズムをアルゴリズム2に示します．

アルゴリズム2　単純追跡航法のアルゴリズム

```
1: while True do
2:     ターゲットの見える方向（目視線）を求める
3:     目視線に向かうように左右の車輪速度を制御して進む
4: end while
```

● 比例航法：ミサイルの制御法

相手船舶に近づいている状況で相手の見える方向が同じままだと必ず衝突します．これは船乗りが必ず習う衝突回避の基本です．つまり，ターゲットの見える方向（目視線角，line of sight, LOS）を常に一定にするようにロボットの運動を制御すれば，ロボットはターゲットに衝突します．この方法も単純追跡航法と同じくらい簡単ですが，それと比較すると非常に効果が高く，多くのミサイルの制御で実際に使われており，**比例航法**[注44]とよばれています．そのアルゴリズムがアルゴリズム3になります．ロボットの視点（ロボット座標系）で見ていたことを，絶対座標系で見ると比例航法は将来の衝突位置に向かってロボットを進めることになっているのです．

アルゴリズム3　比例航法のアルゴリズム

```
1: while True do
2:     ターゲットの見える方向（目視線）を求める
3:     目視線を変えないように左右の車輪速度を制御して進む
4: end while
```

4.6 障害物回避

自律移動ロボットにとって障害物回避は，安全・安心の観点から最も重要な能力の1つです．障害物回避は大きく分けて次の3手法に分類されます．

1. **ポテンシャル法**：ロボットと障害物に斥力を設定して衝突を回避する
2. **幾何学的手法**：環境とロボットの幾何学的特徴を考慮して衝突を回避する
3. **シミュレーション的手法**：事前にシミュレーションで衝突しない経路を見つけ，そこを移動する

注43　筆者は企業との共同研究をしてきましたが，人の後をついていくロボットの需要は結構あります．

注44　ミサイルなどで使われている比例航法（proportional navigation）のアルゴリズムは，ミサイルから対象物までの位置ベクトル（照準線）の角速度 $\dot{\omega}$ に比例してミサイルを旋回させる加速度指令 n_c を与えます．式で表すと $n_c = N'V_c\dot{\omega}$ となり，ここで V_c はミサイルと対象物の相対接近速度，N' は正の定数です．

4.6.1 ポテンシャル法

ポテンシャル法は一見難しそうな名前ですが，実はとても簡単で障害物回避だけではなくロボットが移動する経路の計画にも使われるとても便利な方法です．

磁石をイメージしてください．磁石は同じ極を近づけると斥力（反発する力）が働き，違う極の場合は引力が働きます．ポテンシャル法はこの原理を使っています．ロボットと障害物を同じ極に設定すると，両者が近づけば近づくほど斥力が強く働くのでパラメータをうまく設定すれば衝突しないのです．式 (4.46) で与えられる位置 r にいるロボットのポテンシャルエネルギー（位置エネルギー）は物体からの引力と斥力の足し算になります（図 4.24）．

$$U(r) = U_{引力}(r) + U_{斥力}(r) \tag{4.46}$$

$U_{引力}(r)$, $U_{斥力}(r)$ は目的に合わせていろいろ選ぶことができます．ここでは説明を単純にするために両方とも同じ関数を使います[注45]．図 4.25 と次式に示すレナード-ジョーンズ（Lennard-Jones）のポテンシャル関数[注46][注47] を使います．横軸が分子間の距離，縦軸がポテンシャルエネルギーとなり正の場合は斥力が働き，負の場合は引力が働きます．

$$\text{レナード-ジョーンズ関数型}: U(r) = -\frac{A}{r^n} + \frac{B}{r^m} \tag{4.47}$$

ここで，A, B, n, m は正の定数です．

ロボットが受ける力は式 (4.47) のポテンシャルエネルギーを微分すればよいので次式となります．

$$F(r) = -\frac{dU(r)}{dx} = \text{引力} + \text{斥力} = -\frac{nA}{r^{n+1}} + \frac{mB}{r^{m+1}} \tag{4.48}$$

面白いことに，$nA, mB, n+1, m+1$ を A', B', n', m' と置き換えると，式 (4.47) と同じ形になります．実際のプログラムでは式 (4.47) を使ってください．

次にポテンシャル法のアルゴリズム 4 を説明します．ロボット座標系で考えます．式 (4.48) から引力ベクトルと斥力ベクトルを求め，それらを足すとロボットが進むべき方向が求まるので，その方向

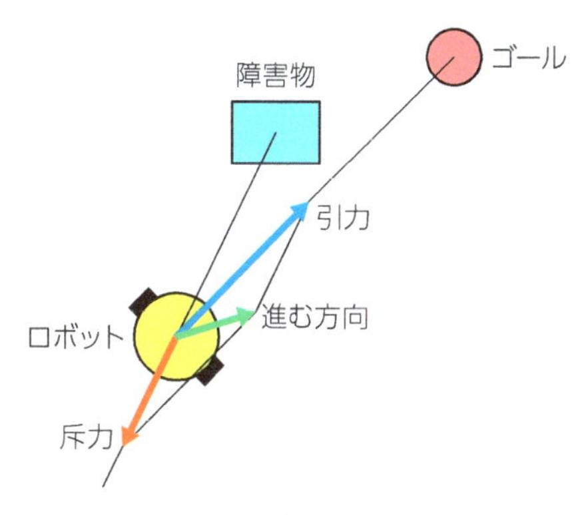

図 4.24 ポテンシャル法

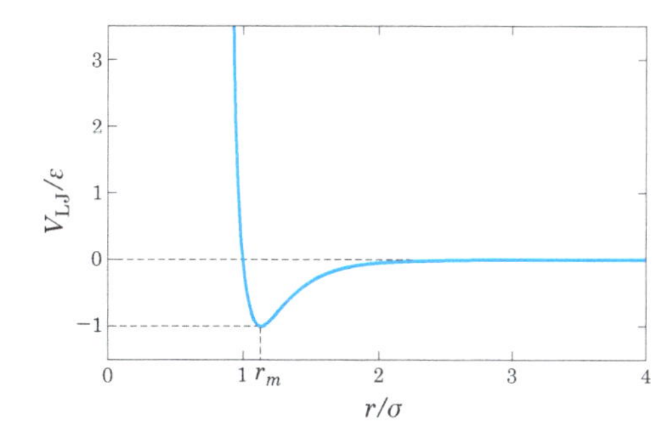

図 4.25 レナード-ジョーンズのポテンシャル関数：横軸は分子間距離，縦軸はポテンシャルエネルギー
(https://commons.wikimedia.org/wiki/File:Graph_of_Lennard-Jones_potential.png)

注 45 引力のポテンシャルエネルギーには目標の位置から自分の位置までの 2 乗和を関数として使う場合が多いです．

注 46 レナード-ジョーンズのポテンシャル関数は，気体分子間のポテンシャルエネルギーを近似的に表したモデルで，式が簡単なので，分子動力学計算やロボットの経路生成など，いろいろな分野で使われています．

注 47 D. Bourg, G. Seemann（著），クイープ（訳）：ゲーム開発者のための AI 入門，オライリー・ジャパン，2005

に左右の車輪の角速度を制御して進めばよいのです．簡単ですが，次の 2 つの問題があります．

1. **極小値問題**：引力と斥力がつり合う場合にロボットは停止します．この問題を解決するためには慣性を導入したり，停止したときに外力を加えるような処理が必要になります．
2. **パラメータ設定問題**：A, B, n, m などのパラメータを適切に決めないと障害物と衝突したり，狭い通路などをロボットが通れなくなる場合があります．

アルゴリズム 4　ポテンシャル法のアルゴリズム

```
1: while True do
2:     引力と斥力の合成ベクトルを求める
3:     合成ベクトルの方向に進む
4: end while
```

Happy Mini のミニ知識　ロボット競技会でのポテンシャル法の使われ方

ポテンシャル法はイメージしやすいので，わかりやすく実装も簡単です．そのため，いろいろなロボット競技会で使われてきました．RoboCup サッカー中型ロボットリーグでは，慶應義塾大学 EIGEN チームがロボットのポジショニングに使っていました．ボールに対して引力，味方ロボットに対しては斥力を設定します．そうすると，敵がボールをドリブルして近づくと，ボールに一番近い味方がボールをとりに近づき，味方同士が近づきすぎると斥力が働き適度な距離を保つようになります．@Home では人を追従するタスクがあります．人に引力，障害物に斥力を設定すると障害物を避けながら人に追従することが簡単に実現できます．なお，つくばチャレンジでポテンシャル法を使って困ったことがありました．狭いポールの間を通り抜けなければいけないルートがあり，そこを通過しようとすると斥力が働きどうしても通り抜けることができなかった苦い経験があります．ポテンシャル法のパラメータは環境に合わせて動的に変更する必要がある場合もあります．狭い領域を通過する場合はポテンシャル法よりも幾何学的手法がおすすめです．

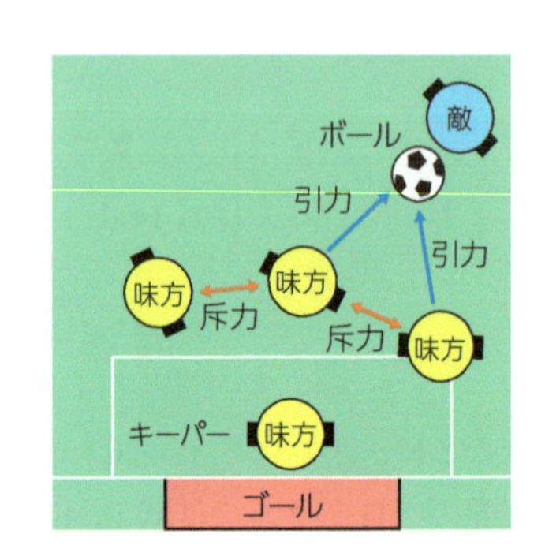

4.6.2　幾何学的手法

幾何学的手法は，図 4.26 に示すように LiDAR などにより環境を正確に計測して，その幾何学的形状とロボットの形状から，障害物のない方向，あるいはロボットが通り抜けできる向きへ進行方向を決めます．ここでは，つくばチャレンジなどでよく使われている実装が簡単な大島[注48][注49]，押部・冨沢ら[注50]の方法に基づく手法を紹介します．

この方法は視覚障がい者が使う白い杖をイメージしてもらうとわかりやすいです．視覚障がい者は

注 48　大島章：移動ロボットによる測域センサを用いたセンサベーストナビゲーション，つくばチャレンジ 2007 参加レポート集，pp. 10-11，2007.

注 49　https://robot.watch.impress.co.jp/cda/news/2008/01/17/859.html

注 50　押部樹希，坂本徹，東澪，宮裕輔，冨沢哲雄：WHILL Model CR を用いた自律移動ロボットの開発–機体詳細編–，つくばチャレンジ 2019 参加レポート集，2019.

白い杖を使い，それを前方に出し，左右に振って自分の進む方向に障害物がないかを確認します．ロボットにとって，この白い杖にあたるのが，LiDARのデータから計算された走行可能な矩形領域になります．その概念図を図4.26に，アルゴリズムをアルゴリズム5に示します．

アルゴリズム5　幾何学的手法のアルゴリズム

```
1: ある短い時間に直進できる矩形領域を設定する
2: while True do
3:    目標の方向を基準に，矩形領域を左右にある一定の角度刻みで振って探索し，その領域内に障害物
      がないか検出する
4:    if 走行可能な矩形領域がある then
5:       最も目標方向に近い矩形の方向に進む
6:    else
7:       停止
8:    end if
9: end while
```

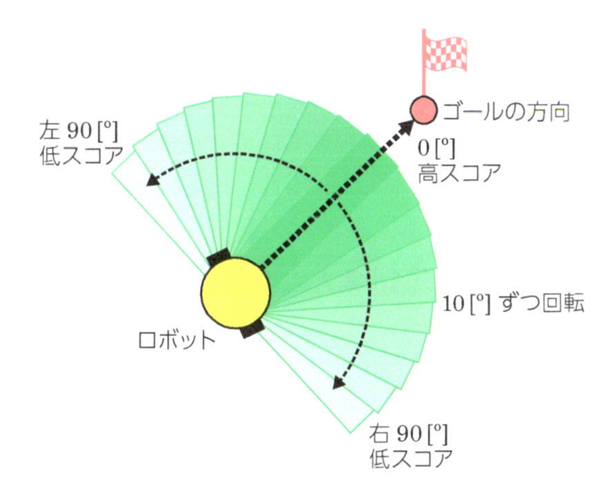

図 4.26　幾何学的手法

4.6.3　シミュレーション的手法

シミュレーション的な手法として代表的で，ROSの衝突回避手法としても使われている**ダイナミック・ウィンドウ・アプローチ**（Dynamic Window Approach, DWA）[注51]について説明します．基本的なアイデアは図4.27に示すように，ある矩形領域（ウィンドウ）を設定して，シミュレーションによって複数の経路を生成します．次に，障害物やゴールまでの距離，経路，速度などからなる評価関数を決めて，その中で最も評価関数値の高い経路を選び，それに追従するようロボットを制御します．

DWAのように局所的な経路を計算するものを**ローカルプランナ**（local planner），ゴールまでの大域的な経路を計算するものを**グローバルプランナ**（global planner）とよびます[注52]．DWAのアルゴリズムは次のとおりです．なお，ROS 2ではDWAの後継DWBプランナが実装されています．

注 51　D. Fox, W. Burgard, and S. Thrun. The dynamic window approach to collision avoidance, IEEE Robotics & Automation Magazine Vol.4, Issue 1, pp. 23-33, 1997.

注 52　ROS 2のローカルプランナはDWB，グローバルプランナはNavFnです．

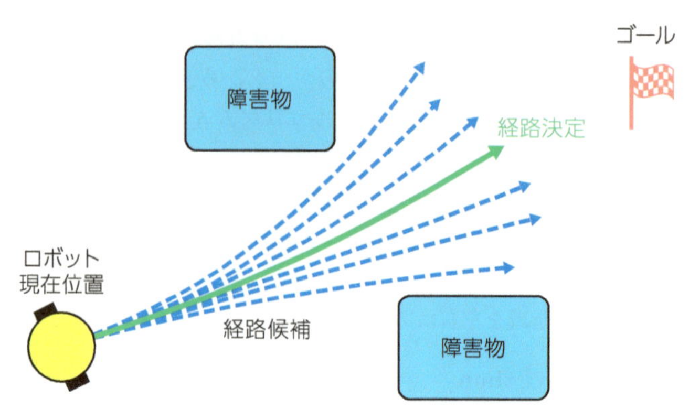

図 4.27　ダイナミック・ウィンドウ・アプローチ

アルゴリズム 6　ダイナミック・ウィンドウ・アプローチのアルゴリズム

1: **while** True **do**
2: 　ロボットの速度をいろいろ変えて短い区間の軌道を複数生成させる
3: 　評価関数（障害物までの距離，ゴールまでの距離，経路，速度など）を計算する
4: 　最も高い評価点の軌道を選び，ロボットにその軌道を通るように速度指令値を送る
5: **end while**

チャレンジ 4.14

幾何学的手法を実装して，家環境でロボットをナビゲーションさせてみましょう．

4.7 経路探索

地図がある場合はロボットの通過する地点をすべて指定すれば目的地まで行くことができますが，経路が長いと人間がすべてを指定することはとても手間がかかります．また，環境が動的に変わる場合[注53]は，すべての通過経路を指定するとロボットが移動できない場合も出てくるので，経路を探索する能力がロボットに必要になります．この節では，経路探索について学んでいきます．

経路を探索するためには地図が必要です．ここでは，4.3.4 節で説明した占有格子地図を考えます．図 4.29〜4.37 を見てください．ピンクの S がスタート地点，G がゴール地点，黒が障害物です[注54]．簡単のために，ロボットは上下左右の 4 方向にしか進めず，障害物を横切ることはできないものとします．Happy Mini のアイコンはロボットが探索する格子（グリッドセル，以降セルと表記）を表します．セル間の移動にはコストがかかり，隣接した上下左右のセルへの移動は 1 ステップでいけるのでコスト 1，他の右上，右下，左下，左上のセルには 2 ステップかかるのでコストは 2 となります．**経路探索の問題はスタート地点からゴール地点までのコストを最小にする経路を見つけることです．**

4.7.1 代表的な経路探索法とそのイメージ

経路探索の問題は経路探索法としていろいろ提案されています．ここでは，代表的な 3 つの手法とそのイメージを紹介します[注55]．

注 53　例えば，ある区間が工事で通行止めになったり，渋滞がひどくて別の経路を通過したほうがよい場合．
注 54　色は多少違いますが基本的には ROS 2 の占有格子地図と同じものです．
注 55　`https://www.redblobgames.com/pathfinding/a-star/introduction.html` を参考にしました．

1. **幅優先探索** (Breadth-First Search, BFS)：コストなどを考えずに全方向をまんべんなく探索する方法です．図 4.28 左のような同心円状に探索範囲を広げるイメージです．最短経路長を求めることはできますが，同じ経路長でもコストが違う場合は最小コストの経路を見つけることはできません．
2. **ダイクストラ探索** (Dijkstra Search)[注56]：今まで通ってきた経路のコストだけを考えて，そのうちコストの低いものを優先的に探索する方法です．全周のうち，コストの低い複数の方向に探索範囲を広げていくイメージです．最小コストの経路を求めることができます．
3. **A^*（エースター）探索** (A^* Search)[注57]：ダイクストラ探索の改良版です．A^* 探索では，スタートから現地点までのコストに加えて，現地点からゴールまでの予想コストもあわせて考えて，その最小なものを優先的に探索する方法です．ゴールに向かって猪突猛進するイメージです．ただし，最小コストの経路を求めることができない場合もあります．

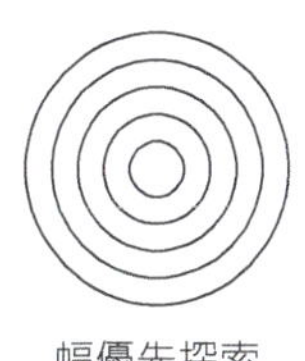

図 4.28　探索法のイメージ

4.7.2　幅優先探索

幅優先探索のアルゴリズム 7 を図 4.29〜4.37 と表 4.2 を使って説明します[注58]．ここでは簡単のために 5 × 5 の占有格子地図を使います．ロボットの初期位置 S は (x=0, y=0)，ゴール G は (4,4) です．**多くの探索アルゴリズムでは，これから探索する場所をオープンリスト (open list) に入れて，探索が終わった場所をクローズドリスト (closed list) に入れて処理します[注59]．オープンリストをキュー (queue) で実装します．** キューは基本的なデータ構造で，人気ラーメン店などの待っている行列に似ていることから**待ち行列**ともいいます．キューの動作は**FIFO** (First In, First Out) とよばれ，一番最初に入った要素は，一番最初に取り出されます．キューにデータを入れることを**エンキュー** (enqueue)，取り出すことを**デキュー** (dequeue) とよびます．

アルゴリズム 7　幅優先探索のアルゴリズム

1: オープンリスト（キュー）にスタート地点を入れる（エンキュー）．空のクローズドリストをつくる
2: **while** オープンリストが空でない場合 **do**
3: 　オープンリストから先頭の要素を探索セルとして取り出す（デキュー）
4: 　**if** 探索セルがゴールなら **then**
5: 　　探索終了
6: 　**end if**
7: 　探索セルに隣接しているセルをすべて 1 つずつ取り出す．それがクローズドリストに入っていなければ未探索なのでオープンリストの最後に追加する（エンキュー）．探索セルをクローズドリストの最後に追加する
8: **end while**

注 56　ダイクストラ法とよぶ場合も多いですが，ここではわかりやすいようにダイクストラ探索と表記します．
注 57　A^* アルゴリズムとよぶ場合も多いですが，ここではわかりやすいように A^* 探索と表記します．
注 58　谷口忠大：イラストで学ぶ人工知能概論　改訂第 2 版，講談社，2020 を参考にしました．
注 59　紛らわしいですが，探索アルゴリズムのリストは Python のリストとは関係ありません．

まず，アルゴリズム 7 のステップ 1 で，オープンリストにスタート地点 S を入れ（エンキュー），要素のない空のクローズドリストもつくります（ループ 0 回目）.

次にステップ 2 の while ループ 1 回目（図 4.29）でオープンリストが空でない間はステップ 3 から 7 を繰り返します．ステップ 3 ではオープンリストから先頭の要素を探索セルとして取り出します（デキュー）．この例では S が取り出されます．ステップ 4 で探索セルがゴール地点なら目的を達成したので探索を終了します．S はゴールでないのでステップ 7 へ進みます．ここでは探索セルに隣接しているセルをすべて 1 つずつ取り出して，それが探索済みのセルが入っているクローズドリストになければ，探索していないのでオープンリストの最後尾に追加（エンキュー）します．探索セル S は探索が終わったのでクローズドリストに追加します．図 4.29 では，スタート地点に隣接しているセルはピンクの丸で囲んだ ① と ② の 2 つです．なお，セル (1,1) は探索セル S から 1 ステップで移動できないので隣接ではありません．両方ともクローズドリストに入っていないので，① と ② をオープンリストにエンキューします．**なお，探索は探索セルの右 → 上 → 左 → 下の順番で行います．** スタート地点での探索が終わりました．

2 回目のループ（図 4.30）のステップ 3 でオープンリストの先頭セル ① を取り出し，このループの探索セルとします．① はゴールではないのでステップ 7 の処理をします．探索セル ① に隣接しているのは ③ と ④ の 2 つです．両方ともクローズドリストに入っていないので，③ と ④ をオープンリストにエンキューします．これでオープンリストは ②，③，④ となりました．探索セル ① をクローズドリストに追加します．これでクローズドリストは S，① になりました．これで 2 回目の while ループは終わりです．

次は 3 回目のループ（図 4.31）です．同様にしてオープンリストをデキューして探索セル ② を取り出します．② に隣接しているセルは ④ と S ですが，2 つともすでに探索したのでオープンリストには何もエンキューせずに，② をクローズドリストに追加します．3 回目のループが終わりました．

同様にして 4 回目のループ（図 4.32）では，探索セルが ③ となり，それに隣接した未探索セルは ⑤ と ⑥ なので，これをオープンリストにエンキューします．③ をクローズドリストに追加します．以下同様にアルゴリズムと表 4.2 を見比べて処理を追ってみてください．Happy Mini がゴールに無事に到着することがわかります（図 4.37）．図で水色のセルはスタートからゴールまでの経路となります．

次にプログラムリスト 4.7 を説明します．まず，1 行目の `breadth_first_search()` 関数の引数は，地図 `graph`，スタートセル `start`，ゴールセル `goal` です．2 行目で Python 標準関数の `queue` モジュールを使います．`Queue` クラスは FIFO キューのコンストラクタでキューを作ります．エンキューが `put()` で，デキューが `get()` です．3 行目でオープンリスト `open_list` に `start` を入れていま

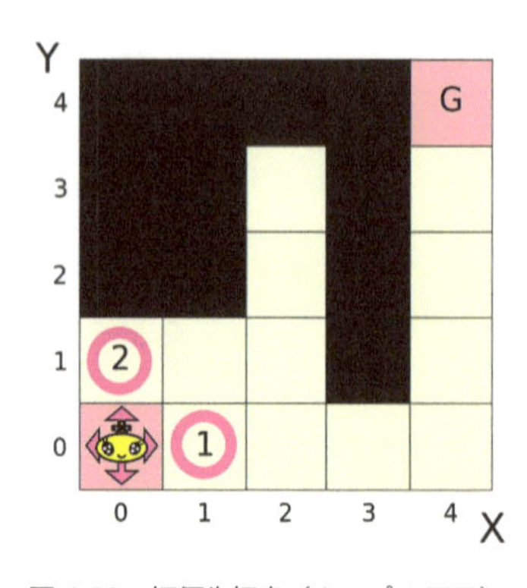

図 4.29　幅優先探索（ループ 1 回目）

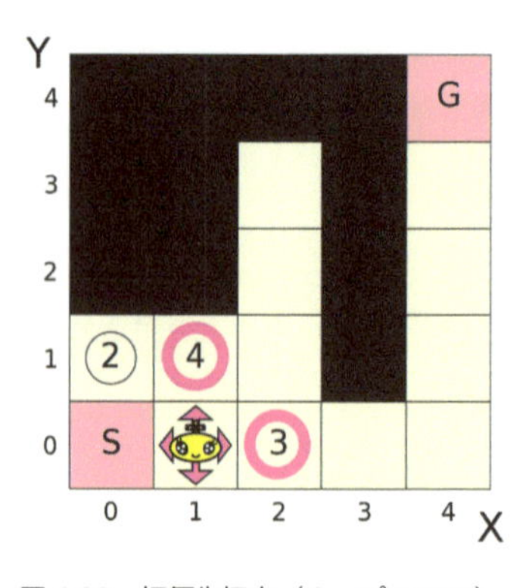

図 4.30　幅優先探索（ループ 2 回目）

図 4.31　幅優先探索（ループ 3 回目）

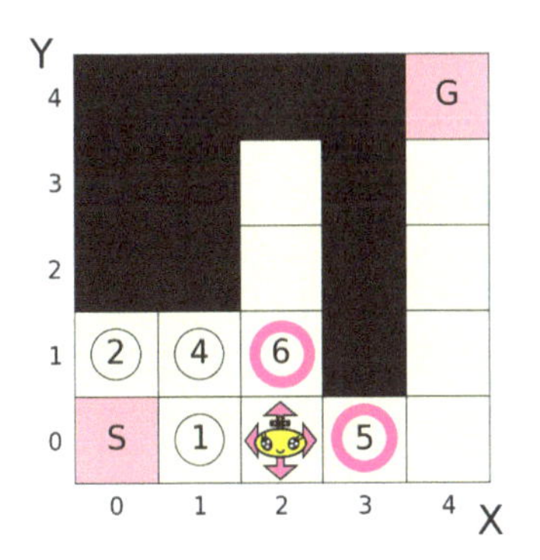

図 4.32　幅優先探索（ループ 4 回目）

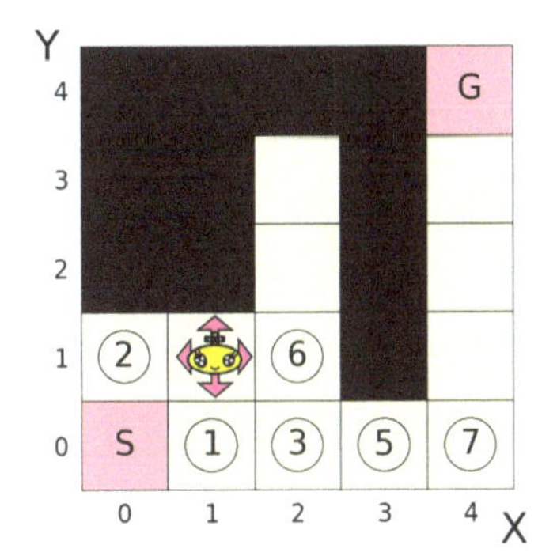

図 4.33　幅優先探索（ループ 5 回目）

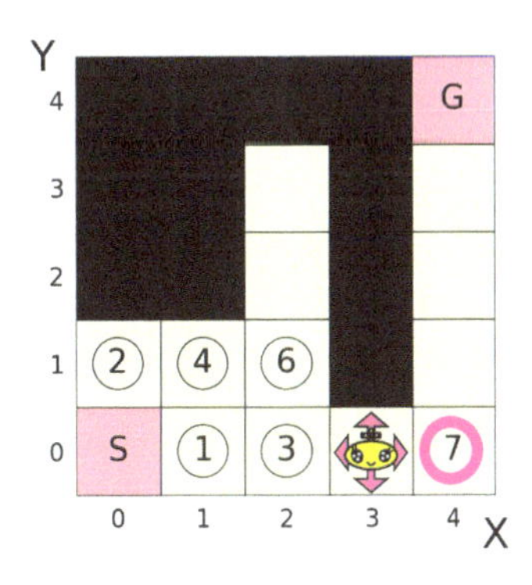

図 4.34　幅優先探索（ループ 6 回目）

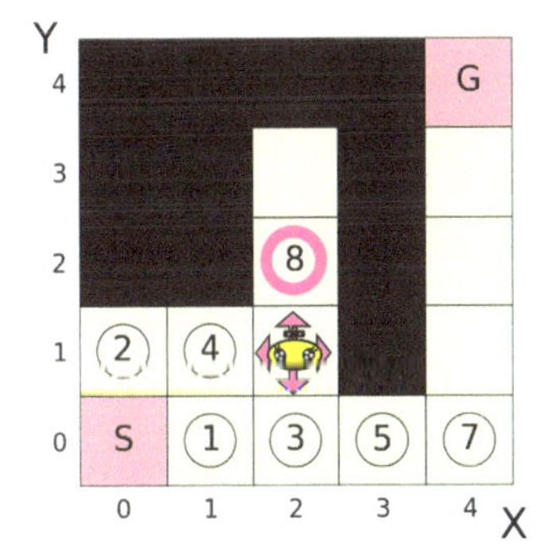

図 4.35　幅優先探索（ループ 7 回目）

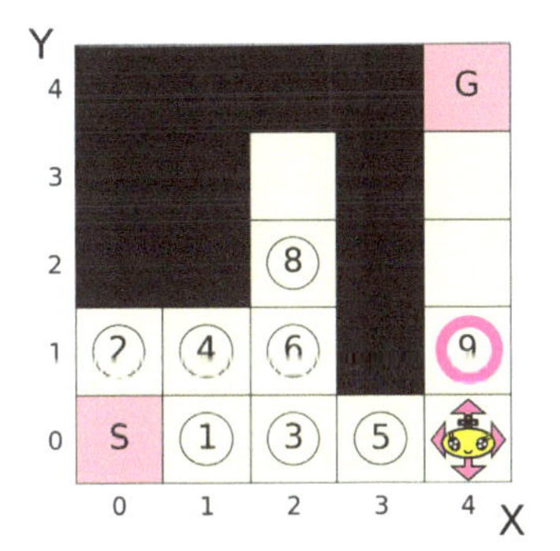

図 4.36　幅優先探索（ループ 8 回目）

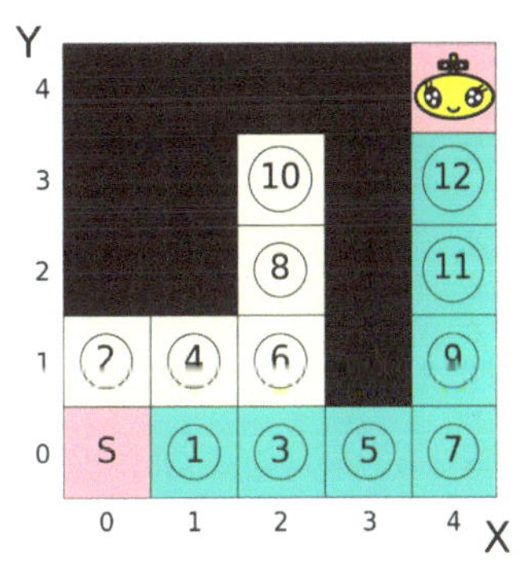

図 4.37　幅優先探索（ゴール）

表 4.2　オープンリストとクローズドリストの変化

ループ	探索セル	オープンリスト	クローズドリスト
0 回目		S	空
1 回目	S	①, ②	S
2 回目	①	②, ③, ④	S, ①
3 回目	②	③, ④	S, ①, ②
4 回目	③	④, ⑤, ⑥	S, ①, ②, ③
5 回目	④	⑤, ⑥	S, ①, ②, ③, ④
6 回目	⑤	⑥, ⑦	S, ①, ②, ③, ④, ⑤
7 回目	⑥	⑦, ⑧	S, ①, ②, ③, ④, ⑤, ⑥
8 回目	⑦	⑧, ⑨	S, ①, ②, ③, ④, ⑤, ⑥, ⑦
9 回目	⑧	⑨, ⑩	S, ①, ②, ③, ④, ⑤, ⑥, ⑦, ⑧
10 回目	⑨	⑩, ⑪	S, ①, ②, ③, ④, ⑤, ⑥, ⑦, ⑧, ⑨
11 回目	⑩	⑪	S, ①, ②, ③, ④, ⑤, ⑥, ⑦, ⑧, ⑨, ⑩
12 回目	⑪	⑫	S, ①, ②, ③, ④, ⑤, ⑥, ⑦, ⑧, ⑨, ⑩, ⑪
13 回目	⑫	G	S, ①, ②, ③, ④, ⑤, ⑥, ⑦, ⑧, ⑨, ⑩, ⑪, ⑫
14 回目	G	空	S, ①, ②, ③, ④, ⑤, ⑥, ⑦, ⑧, ⑨, ⑩, ⑪, ⑫, G

す．4 行目でクローズドリスト closed_list を辞書型で作成しています．辞書型にしているのは経路を計算するためです．7〜16 行目は，open_list が空になるまでループします．8 行目で open_list からデキューして，探索セルを表す current に代入します．10 行目は current がゴール地点なら探索は終わりなので break で while ループを抜けます．13 行目の graph.neighbors(current) は探索セル current に隣接するセルが入っています．この例では，ロボットは上下左右の 4 つの方向にしか進めないので，next は current に隣接する上下左右の 4 つのセルから障害物を除いたセルの 1 つになります．14 行目で next がクローズドリストに入っていなければ，まだそのセルを探索していないので，open_list に next を put() でエンキューします．16 行目の closed_list は辞書型なので next がキーで，その値が current です．current セルは next セルの 1 ステップ前に訪れたセルです．つまり，セル探索の履歴を辞書型に保存しています．探索が終わりゴールにたどり着いたら，この closed_list を逆方向にたどってスタートまでの経路を知ることができます．幅優先探索関数の戻り値はクローズドリスト closed_list です．

プログラムリスト 4.7　幅優先探索のコード (path_planning.py)注 60

```
 1 def breadth_first_search(graph, start, goal): # 幅優先探索関数 (地図,スタートセル,ゴールセル)
 2     open_list = queue.Queue()   # 探索セルを格納するオープンリストの生成
 3     open_list.put(start)        # スタートセルをオープンリストに追加
 4     closed_list = dict()        # 探索済みセルと探索元のセルを格納するための辞書の生成
 5     closed_list[start] = None   # スタートセルの探索元のセルはないのでNone を設定
 6
 7     while not open_list.empty():   # オープンリストが空になるまで探索を続ける
 8         current = open_list.get()  # オープンリストから次のセルを取り出す
 9
10         if current == goal:        # 現在のセルがゴールセルであれば探索を終了する
11             break
12
13         for next in graph.neighbors(current):  # 現在のセルの隣接セルを調べる
14             if next not in closed_list:        # まだ探索されていないセルだけを処理する
15                 open_list.put(next)            # 新たなノードをオープンリストに追加する
16                 closed_list[next] = current    # 探索元のセルとして現在のセルを記録する
17
18     return closed_list                         # 探索結果を返す
```

4.7.3 ダイクストラ探索

ダイクストラ探索は幅優先探索を発展させたものです注 61．ナビゲーションの問題を考えると，同じ距離の区間であっても，高速道路や一般道，舗装道路や未舗装道路，渋滞か非渋滞，あるいは事故が起きやすい区間かそうでないかなどコストが違います．コストは時間であっても，料金であっても，安全性であってもよく，自由に決めることができます．幅優先探索は，そのようなナビゲーション問題に対応できないので，ダイクストラ探索が必要になってきます．

例を示します．図 4.38 と図 4.39 を見てください．図中で，茶色は砂漠を表して，その中を 1 ステップ移動するのにコストが 5 かかります．他の場所はすべてコスト 1 です．黒色は障害物，水色は探索して見つかった経路になります．幅優先探索では砂漠のコストを考慮せず，すべて 1 ステップ 1 コストで計算します．そのため，スタート S からゴール G までの最短経路を選びます（経路長 9，総コスト $(5 \times 5) + 4 = 29$）．一方，ダイクストラ探索は砂漠のコストも計算するので砂漠を迂回して経路を

注 60　わかりやすくするために，ウィンドウへの表示部分を削除して，行番号を 1 からに変更しています．プログラムリスト 4.8，4.9 も同様です．

注 61　1959 年にエドガー・ダイクストラ (Edsger Dijkstra) によって考案されました．

図 4.38 幅優先探索（砂漠（茶）を通過．総コスト 29）

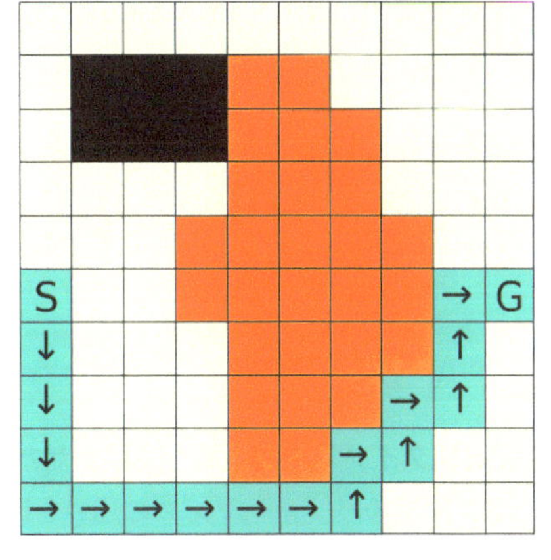

図 4.39 ダイクストラ探索（砂漠を回避．総コスト 17）

選びます（経路長 17，総コスト 17）．

さっそく，プログラムリスト 4.8 を見てみましょう．幅優先探索との大きな違いはスタートからそのセルまでのコストを計算するためのコストリスト cost_so_far が新たに追加されたことと，コストの小さいセルを優先して探索セルにするためにオープンリストが FIFO キューから**優先度付き**(priority)**キュー**に変わっているところです．優先度付きキューはキューにデータを入れるときに，その優先度も追加し，データを取り出すときは優先度の高いものから取り出します．

プログラムでは，6 行目で現時点でのコストを考えるために cost_so_far という辞書型のインスタンスが生成されています．7 行目は start 地点のコストを 0 に設定しています．10 行目は，優先度付きキュー open_list の中から優先度の高いセルを取り出し探索セル current にします．15 行目で探索セルの隣接セルを次の探索セル候補 next として 1 つずつ取り出し，17 行目で next のコストを new_cost として計算しています．19 行目で next がここまで計算してきたセル cost_so_far にない，あるいは，cost_so_far[next] より new_cost が小さければ，new_cost のほうがコストが小さいので cost_so_far[next] に代入して，その値をより小さなコストに書き換え，優先度付きキューの優先度 priority として new_cost を代入しています．それらを open_list キューにエンキューし，辞書型 closed_list[next] に現在位置 current を入れています．

プログラムリスト 4.8 ダイクストラ探索のコード (path_planning.py)

```
 1 def dijkstra_search(graph, start, goal): # ダイクストラ探索関数（地図，スタートセル，ゴールセル）
 2     open_list = queue.PriorityQueue() # 探索セルを格納するオープンリストを優先度付きキューで生成
 3     open_list.put(start, 0)           # スタートセルをオープンリストに優先度 0で追加
 4     closed_list = dict()              # 探索済みセルと探索元のセルを格納するための辞書の生成
 5     closed_list[start] = None         # スタートセルの探索元のセルはないのでNone を設定
 6     cost_so_far = dict()              # セルとそれまでのコストを格納するための辞書の生成
 7     cost_so_far[start] = 0            # スタートセルにコスト 0を記録
 8
 9     while not open_list.empty():      # オープンリストが空になるまで探索を続ける
10         current = open_list.get()     # オープンリストから次のセルを取り出す
11
12         if current == goal:           # 現在のセルがゴールセルであれば探索を終了する
13             break
14
15         for next in graph.neighbors(current):  # 現在のセルの隣接セルを調べる
16             # 隣接セルへの新しいコストを計算
17             new_cost = cost_so_far[current] + graph.cost(current, next)
18             # 隣接セルが未探索または新しいコストが以前のコストより低い場合，コストと探索情報を更新
```

```
19          if next not in cost_so_far or new_cost < cost_so_far[next]:
20              cost_so_far[next] = new_cost    # 新しいコストで隣接セルのコストを更新
21              priority = new_cost             # 新しいコストを優先度として設定
22              open_list.put(next, priority)  # 隣接セルを新しい優先度でオープンリストに追加
23              closed_list[next] = current     # 隣接セルの探索元として現在のセルを記録
24
25      return closed_list, cost_so_far          # 探索結果のパスとコストを返す
```

4.7.4　A* 探索

A* 探索はダイクストラ探索を発展させたものです[注62]．プログラムを説明する前に，ダイクストラ探索と A* 探索のパフォーマンスの違いを図 4.40 と図 4.41 で見てみましょう．図で薄黄色のセルは探索済み，黒色は障害物，灰色は未探索のセル，水色は探索で求めた経路です．2 つの図を見比べると探索経路は同じですが，ダイクストラ探索の探索したセル数が 1038 に対して，A* 探索はわずか 146 です．A* 探索は効率よく探索することがわかります．

図 4.40　ダイクストラ探索（探索セル数 1038）

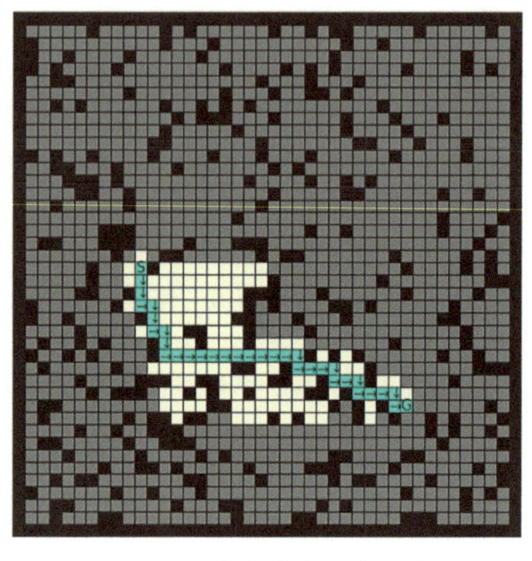

図 4.41　A* 探索（探索セル数 146）

なぜ，これほど違うかその理由について説明していきます．プログラムリスト 4.8 とプログラムリスト 4.9 を比較します．A* 探索とダイクストラ探索のプログラムはほとんど同じです．大きな違いは，プログラムリスト 4.8 の 21 行目とプログラムリスト 4.9 の 27 行目です．ダイクストラ探索では，探索セルの優先度を決める変数 `priority` がスタートからそのセルまでのコスト `new_cost` であるのに対して，A* 探索では `new_cost` と `heuristic` の和を `priority` としている点です．この `heuristic` は**ヒューリスティック関数**（heuristic function）[注63] とよばれるもので，現在地点からゴールまでのコストの予測値を求める関数です．

つまり，**ダイクストラ探索では探索セルを選ぶ優先度をスタートから現地点までの経路のコストにしているのに対して，A* 探索はスタートからゴール地点までの全経路のコストにしているのです．そのため，全経路のコストを低くする探索セルを優先して選ぶために効率よく探索できるのです．**ただ

注 62　1968 年にピーター・ハート（Peter Hart），ニルス・ニルソン（Nils Nilsson），バートラム・ラファエル（Bertram Raphael）によって考案されました．

注 63　ヒューリスティックは AI でたびたび登場する重要な用語です．語源はギリシャ語の「見つけた」を意味する Eureka（エウレカ）で，発見的な知識という意味です．アルキメデスが浮力の原理を発見したときにエウレカと叫んだ逸話があります．

し，現在地からゴールまでのコストの見積もり，つまり未来を予想するヒューリスティック関数が適切でなければなりません．自律移動ロボットのヒューリスティック関数としては，**ユークリッド距離** (Euclidean distance)[注64] がよく使われます．この例では，ロボットは4方向しか進めないので**マンハッタン距離** (Manhattan distance)[注65] を使っています．**多くの環境ではこれらの関数でとてもうまくいっています．**何事も，過去だけを考えるだけでなく，過去から現在，未来の予想を含めた全体で考えることが必要ということかもしれませんね．

プログラムリスト 4.9 A* 探索のコード (path_planning.py)

```
 1 def heuristic(a, b):  # ヒューリスティック関数
 2     (x1, y1) = a
 3     (x2, y2) = b
 4     return abs(x1 - x2) + abs(y1 - y2)  # マンハッタン距離
 5
 6 def a_star_search(graph, start, goal):  # A*探索関数 (地図,スタートセル,ゴールセル)
 7     open_list = queue.PriorityQueue()   # 探索セルを格納するオープンリストを生成
 8     open_list.put(start, 0)         # スタートセルをオープンリストに優先度 0で追加
 9     closed_list = dict()            # 探索済みセルと探索元のセルを格納するための辞書の生成
10     closed_list[start] = None       # スタートセルの探索元セルはないのでNone を設定
11     cost_so_far = dict()            # セルとそれまでのコストを格納するための辞書の生成
12     cost_so_far[start] = 0          # スタートセルにコスト 0を記録
13
14     while not open_list.empty():    # オープンリストが空になるまで探索を続ける
15         current = open_list.get()   # オープンリストから次のセルを取り出す
16
17         if current == goal:         # 現在のセルがゴールセルであれば探索を終了する
18             break
19
20         for next in graph.neighbors(current): # 現在のセルの隣接セルを調べる
21             # 隣接セルへの新しいコストを計算
22             new_cost = cost_so_far[current] + graph.cost(current, next)
23             # 隣接セルが未探索または新しいコストが以前のコストより低い場合，コストと探索情報を更新
24             if next not in cost_so_far or new_cost < cost_so_far[next]:
25                 cost_so_far[next] = new_cost  # 新しいコストで隣接セルのコストを更新
26                 # ヒューリスティック関数を加えて優先度を計算
27                 priority = new_cost + heuristic(next, goal)
28                 open_list.put(next, priority) # 隣接セルを新しい優先度でオープンリストに追加
29                 closed_list[next] = current   # 隣接セルの探索元として現在のセルを記録
30
31     return closed_list, cost_so_far         # 探索結果のパスとコストを返す
```

● ハンズオン

各探索手法のコードを実際に動かして確かめてみましょう．まず，コードのあるディレクトリに移動します．

```
cd ~/airobot_ws/src/chapter4/path_planning
```

端末を3分割して，各端末で次のコマンドを実行してください．1，2，3はそれぞれ幅優先探索，ダイクストラ探索，A* 探索を表します．

注 64 ユークリッド距離は中学校で習う距離で，三平方の定理（ピタゴラスの定理）で求めます．
注 65 マンハッタン距離は占有格子地図上の2点間の距離を水平方向と垂直方向の距離の和としたもので，米国マンハッタン市の道路が碁盤の目状になっていることが由来です．

```
python3 path_planning.py 1
```

```
python3 path_planning.py 2
```

```
python3 path_planning.py 3
```

ウィンドウが開いて地図に探索した経路が表示されます．なお，地図は何種類か用意されています．文中の図はこのプログラムで作成したものです．詳細はサポートサイトを参照してください．

チャレンジ 4.15

地図の障害物の位置を変えたり，スタート，ゴール地点の位置を変えて，サンプルプログラムを実行して違いを確認してください．詳細はサポートサイトを参照してください．

チャレンジ 4.16

サンプルプログラムでは，ロボットが上下左右の 4 方向しか移動できませんでしたが，これを東・西・南・北・北東・南東・北西・南西の 8 方向に移動できるようにバージョンアップしてください．隣接セルを選ぶ関数 `graph.neighbors()` とヒューリスティック関数 `heuristic()` を変えるだけなのでそれほど難しくありません．

まとめ

- ナビゲーションの要素技術である自己位置推定，地図作成，障害物回避，経路探索を学びました．
- 自己位置推定として，距離を使う方法，角度を使う方法，形状を使う方法，デッドレコニングについて学びました．
- 地図作成と SLAM について学びました．
- PID 制御について学びました．
- 単純追跡航法と比例航法について学びました．
- 障害物回避として，ポテンシャル法，幾何学的手法，シミュレーション的手法について学びました．
- 経路探索として，幅優先探索，ダイクストラ探索，A* 探索について学びました．

ミニプロジェクト

ミニプロ 4.1：フォローミーの実装

RoboCup@Home のタスクに Follow and Guiding タスクがあり，その中で人の後を追従するサブタスクを**フォローミー** (follow me) とよびます．これを実装しましょう．図 4.42 の人がいる家環境でフォローミータスクを単純追跡航法と比例航法を実装して比較してください．比例航法は最短経路を通ろうとするので廊下の曲がり角などでは壁ギリギリを通ることになり安全ではありません．室内環境では単純追跡航法のほうが向いている場合もあります．なお，自律移動ロボットがリアルワールドで動く場合は，人間と共存するために社会の規則や暗黙のルールなども考慮に入れる必要があります．とても難しい問題です．

図 4.42 人がいる家環境

ミニプロ 4.2：デッドレコニングの実装

デッドレコニングを実装して，チャレンジ 4.1 のコードを使い/odom の値と比較しましょう！ 実装が正しければ近い値になります．シミュレータでは，TurtlebBot3 シミュレータの Waffle Pi モデルを使っています．なお，サポートサイトにヒントがありますので参考にしてください．

ミニプロ 4.3：ウェイポイントナビゲーションの実装

ウェイポイントナビゲーションのサンプルプログラムはソースコードには書かれていませんが内部で，Nav2 の navigate_to_pose アクションサーバを使っていました．アクションサーバを使わないでゼロからウェイポイントナビゲーションのコードを書いてみましょう．完成したら家のシミュレーション環境で試してみてください．ただし，障害物回避や経路探索の機能は実装しないで，WP へ向かって直進して，WP で姿勢を変えて次の WP へ向かうシンプルなものでよいです．自己位置に関しては簡単のために，/odom の情報を使ってください．シミュレータでうまく実行できたらリアルロボットでも試してみてください．

ミニプロ 4.4：障害物回避の実装

ミニプロ 4.3 に，ポテンシャル法と幾何学的手法を追加してウェイポイントナビゲーションのコードを完成させましょう．ポテンシャル法と幾何学的手法の違いを実感してください．シミュレータでうまく実行できたらリアルロボットでも試してみてください．

ミニプロ 4.5：経路探索

経路探索のサンプルプログラムを使って，ROS 2 のグローバルプランナ相当のものを実装してください． ROS 2 の地図も占有格子地図なので基本的には同じですが，地図座標系の位置と占有格子地図の各格子の位置を対応付ける必要があります．このミニプロジェクトと類似した問題が某ベンチャー企業のコーディング試験に出たこともあるので，ビギナーの域を超えていますが，ぜひチャレンジしてください．

ステップアップ

この章は，筆者が今まで参加してきた RoboCup Soccer，RoboCup@Home，つくばチャレンジ，World Robot Summit での経験を随所に入れています．ロボティクスを身に付ける最もよい方法は実際にやってみることです．ロボットは実践にまさる学びはありません．室内環境のナビゲーションを学びたいなら RoboCup@Home Education，屋外環境のナビゲーションを学びたいなら，つくばチャレンジがおすすめです．どちらもオープンなコミュニティなので，参加すると多くのことを学べるでしょう．

最後に，筆者がそれらのコミュニティから学んだ**ROS の秘訣**を紹介します．ROS はプログラムを 1 行も書かなくても，既存のパッケージを組み合わせるだけで，それなりにロボットが動いてしまいます．ただ，それだけでは競技会で優勝できませんし，ロボットがおかしな動きをしたときに対応ができません．さらに，エンジニアに必要な実装力が身に付きません．将来，AI ロボットエンジニアを目指す方は，ROS の各種通信，シミュレータ Gazebo，可視化ツール RViz2，トピックの記録再生ツール ROS バッグ 2 などだけを使い，ナビゲーションの各種機能を少しずつ自分で実装して，自作パッケージを作ることをおすすめします．つまり，「**ROS の奴隷になるな，ROS のクリエータになれ！**」ということです[注66]．この章はそれを実現するための第一歩として執筆しました．

注 66　このキャッチコピーは，愛知県立大学 鈴木拓央先生のお言葉「ROS を使う側ではなく，ROS を作る側になる！」に多大な影響を受けました．というか言い換えですね．筆者も実体験から常々同じことを思っていましたので，鈴木先生の言葉はしっくりきました．

第5章 ビジョン

MISSION

Yuは，Happy Miniのナビゲーション機能の開発も終え，Happy Miniをスラム街の探検に送り出し，帰って来るのを不安になりながら待っていたところ．そこへ，ススだらけになったHappy Miniが帰ってきました．

スラム街は廃墟で地図も使い物にならなくて困ったの．SLAMの能力を授けてくれてありがとう．おかげで無事に帰ることができたわ．でも私，困ったことがあるの，目が見えないの．目が見えるようになって外の美しい世界を実感したいわ．Yuの身のまわりのお手伝いもできるようになると思う．

OK！

世界全体が廃墟で美しいものなど何もない．
見えなくてよいこともあるのに…
でも，身のまわりの手伝いをしてくれると超助かる♪

Yuはガゼンやる気を出すのでした．

第5章では，ロボットビジョンの基礎，カメラのキャリブレーション，カメラ画像の扱い方，画像の特徴検出と分類，ArUcoマーカを使った物体の姿勢推定，最後に，AIロボットに必要不可欠な生物の脳を工学的に実現した深層学習を学び，実際に物体認識などの機能を実装します．

5.1 ビジョンとは

ロボットのビジョンとは，人間の視覚と同様に，環境中の物体に反射する光を観測することで，周辺環境を解釈する機能です．物体と相互作用する光の物理的な挙動や特性を測定することによって，カラーや奥行き（距離）の2次元分布としてデータが得られます．そして，それをさまざまな手法やアルゴリズムで処理・解析することによって，環境に対する高度な理解が得られます．

この章では，ロボットのビジョンシステムについて，関連する理論やアルゴリズムの解説を交えながら，具体的なプログラムについて説明します．はじめに，ビジョンのデータを得るためのハードウェアとソフトウェアシステムについて紹介します．そして，画像を処理するための基本的なデジタル演算，特徴を検出し分類するための理論とアルゴリズム，さらに，深層学習に基づく物体検出について説明します．

5.2 ビジョンシステム

5.2.1 ハードウェア

半導体の製造技術の高度化と大量生産により，現在デジタルカメラは大変一般的な製品になっています．私たちが日常的に持ち歩いているスマートフォンでも，高品質な静止画や動画を撮影することができますし，日常の生活場所のいたるところにカメラが設置されています．ロボットのビジョンシステムを開発するには，開発用のコンピュータにカメラを接続することをおすすめします．多くのノートPCではカメラが内蔵されていますし，内蔵されていない場合は，USBで接続のできるカメラを入手してください．それは，**USBカメラ**や**ウェブカメラ**とよばれている製品で，その一例を図5.1[注1]に示します．現在の一般的なウェブカメラは，フルHD（1920 × 1080画素）の静止画や動画を撮影できます．

図5.1　USBカメラの一例
（画像提供：LOGICOOL ウェブサイト　メディアライブラリ）

多くのカラーカメラでは，1枚のイメージセンサ（CCDまたはCMOS）の上に，各画素をカバーするカラーフィルタが重ねられています．カラーフィルタは通常，赤，緑，青(RGB)の3色で，ベイヤーフィルタ配列とよばれるパターンで配置されています．各色の画素値を補間することによってすべての画素がRGBの3値を持つ画像データをつくっています．なお，高性能なカメラでは，RGB各色のイメージセンサを使っているものもあります．

通常のカラーカメラの他に，**RGB-Dカメラ**(図5.2[注2][注3]）もロボット分野では非常に人気があります．RGB-Dカメラは，カラー（RGB：赤，緑，青）カメラに関連付けられた深度センサを持ち，深度または距離の2次元分布のデータ（深度画像，距離画像）を提供します．この章では，Intel社のRealSenseを使います．

図5.2　RGB-Dカメラ：Orbbec Astra Pro（左）とIntel RealSense D435（右）
（(左）画像引用：https://www.orbbec.com/products/structured-light-camera/astra-series/）

注1　https://www.logitech.com/
注2　https://www.orbbec.com/
注3　https://www.intelrealsense.com/

Happy Miniのミニ知識 カメラの歴史

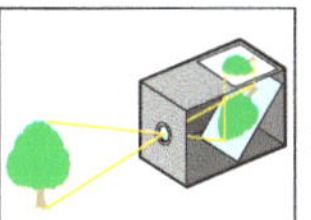

11世紀 カメラ・オブスキュラが発明される

1685年 初の携帯型カメラ

1825年 世界初の写真

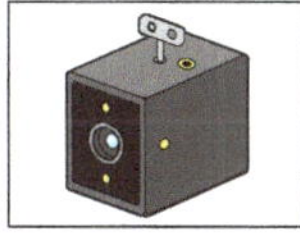

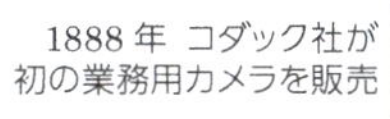

1888年 コダック社が初の業務用カメラを販売

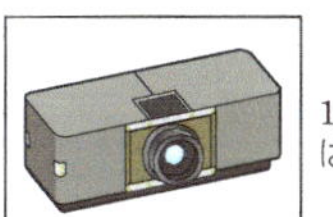

1913年 35mmカメラがはじめて一般発売される

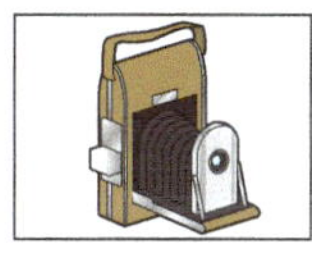

1948年 ポラロイド社がインスタント画像現像機を発売

1991年 初の市販デジタル一眼レフカメラ

1999年 初のカメラ付き携帯電話

- 11世紀：カメラ・オブスキュラが発明される．カメラといっても，カーテンに穴の開いた暗い部屋であった．その穴から遠くの壁に外界の映像が投影される．
- 1685年：ヨハン・ザーンによって，写真撮影に実用的な大きさの携帯カメラがはじめて構想される．
- 1825年：ジョセフ・ニエプスにより世界初の写真撮影が行われる．彼の方法では，カメラのシャッタを長時間開けたままにする必要があった．
- 1888年：コダック社，ジョージ・イーストマンによる初の業務用カメラを販売．
- 1913年：一般に販売された最初の35mmカメラは，1913年の「アメリカン・ツーリスト・マルチプル」である．1925年に発売された「ライカI型」で35mmカメラが普及する．
- 1948年：ポラロイド社，インスタント画像現像機を発売．エドウィン・ランド，初の市販インスタントカメラ「ランドカメラ95型」を発表．
- 1991年：コダックプロフェッショナルデジタルカメラシステム (DCS100) が市販のデジタル一眼レフカメラとしてはじめて発売される．
- 1999年：日本で発売された京セラビジュアルフォン VP-210 が初のカメラ付き携帯電話となる．

5.2.2 ソフトウェア

この章では，いくつかのビジョン関連ソフトウェアのライブラリやフレームワークを使用します．使用するソフトウェアの一覧を以下に示します．

- OpenCV 4.5.5[注4]：オープンソースのコンピュータビジョン向けライブラリ
- `vision opencv`[注5]：ROS 2とOpenCVのインタフェース用パッケージ

注4 `https://opencv.org/`
注5 `https://github.com/ros-perception/vision_opencv`

- usb_cam[注6]：V4L USB カメラ用 ROS 2 ドライバ
- realsense2_camera[注7]：Intel RealSense デバイスの ROS ラッパ
- ros2_aruco[注8]：OpenCV ArUco マーカトラッキングの ROS 2 ラッパ
- YOLOv8[注9]：深層学習ベースの物体検出フレームワーク

● 準備（この本の Docker イメージを使っている場合は，読み飛ばしてください）

端末を開いて，OpenCV 関連のパッケージをインストールします．

```
pip3 install opencv-contrib-python==4.5.5.64
```

ROS 2 と OpenCV のインタフェースとなるパッケージをインストールします．

```
sudo apt install ros-humble-vision-opencv
```

カメラキャリブレーションのために，以下の ROS パッケージをインストールします．

```
sudo apt -y install ros-humble-camera-calibration-parsers
sudo apt -y install ros-humble-camera-info-manager
sudo apt -y install ros-humble-image-pipeline
```

USB カメラ用ノードのパッケージをインストールします．

```
sudo apt install ros-humble-usb-cam
```

Intel RealSense RGB-D カメラ用の ROS ラッパをインストールします．

```
sudo apt install ros-humble-realsense2-camera
```

YOLOv8 ソフトウェアをインストールします．詳細は公式のドキュメント[注10][注11]を参照してください．

```
pip3 install ultralytics
pip3 uninstall -y opencv-python
```

この章のサンプルプログラムを GitHub から入手して，ビルドしオーバーレイを設定してください．

```
cd ~/airobot_ws/src/
git clone https://github.com/JMU-ROBOTICS-VIVA/ros2_aruco
git clone https://github.com/AI-Robot-Book-Humble/chapter5
cd ~/airobot_ws/
colcon build
source install/setup.bash
```

注 6　https://index.ros.org/r/usb_cam/
注 7　https://github.com/IntelRealSense/realsense-ros
注 8　https://github.com/JMU-ROBOTICS-VIVA/ros2_aruco
注 9　https://github.com/ultralytics/ultralytics
注 10　https://docs.ultralytics.com/
注 11　open-python は ultralytics とともに自動的にインストールされます．したがって，open-contrib-python との競合を避けるために，これを削除する必要があります．

5.3 OpenCV と ROS による画像処理

5.3.1 OpenCV による画像処理

OpenCV (Open Source Computer Vision Library)[注12] は，コンピュータビジョン開発のためのライブラリとして非常に有名です．最初に，ROS を使わずに，Python で OpenCV を使う方法を紹介します．

デジタル画像は，画素値がある決められた順番で並んだ大量のデータです．Python はインタープリタ言語ですので，画素の値を 1 つずつ読み込んだり書き出したりする処理には向いていません．ライブラリの機能を使ってデータをまとめて処理することがおすすめです．Python の OpenCV では，画像データを NumPy[注13] の配列を表現する ndarray クラスを使って表現しています[注14]．したがって，NumPy と OpenCV の両方の機能を使って処理を実現するのが適切な方法です．

この本で提供するパッケージ opencv_ros2 の中のサンプルプログラムの imgproc_opencv.py の全体をプログラムリスト 5.1 に示します．このプログラムでは，カメラから得られた画像と，それを画像処理した画像をウィンドウに表示することを繰り返しています．

プログラムリスト 5.1 OpenCV による画像処理（imgproc_opencv.py の一部）

```
1  import cv2
2
3  cap = cv2.VideoCapture(0)
4
5  while True:
6      _, source = cap.read()
7      cv2.imshow('source', source)
8      gray = cv2.cvtColor(source, cv2.COLOR_BGR2GRAY)
9      _, result = cv2.threshold(gray, 128, 255, cv2.THRESH_BINARY)
10     cv2.imshow('result', result)
11     cv2.waitKey(1)
```

プログラムの各行を説明します．

- 1 行目： OpenCV のモジュールをインポートします．
- 3 行目： ビデオ入力を取り込むために， VideoCapture クラスのインスタンスを作成します．引数には，デバイス番号，または，ビデオファイル名を指定します．デバイス番号の 0 は，コンピュータに接続された最初のカメラという意味です．
- 5 行目： while ループによって，ビデオのキャプチャと画像処理とウィンドウへの表示を繰り返します．
- 6 行目： VideoCapture クラスの read() メソッドでビデオから 1 フレーム分のデータを読み込み，変数 source に保持します．
- 7 行目： imshow() 関数で読み込んだ画像を表示します．
- 8 行目： cvtColor() 関数でカラー画像をグレースケール画像へ変換します．
- 9 行目： threshold() 関数でグレースケール画像を 2 値画像へ変換します．
- 10 行目： imshow() 関数で結果の画像を表示します．

注 12 https://opencv.org/
注 13 Python において配列データの数値計算を効率的に行うためのライブラリ．https://numpy.org/
注 14 https://docs.opencv.org/4.x/d3/df2/tutorial_py_basic_ops.html

- 11 行目： `waitKey()` 関数の引数を最小値の 1 で呼び出します．これは，`imshow()` 関数で繰り返し表示させるために必須です．

端末ウィンドウで以下のコマンドを入力してプログラムを実行します．

```
python3 ~/airobot_ws/src/chapter5/opencv_ros2/opencv_ros2/imgproc_opencv.py
```

図 5.3 のように 2 つのウィンドウが現れ，カメラから得られた画像と 2 値化された画像が表示され，内容が更新されます．

図 5.3　imgproc_opencv.py の実行例

5.3.2　ROS における OpenCV の画像処理

前節と同じ画像処理を ROS 上で実現しましょう．3 つの処理をノードに分けます．

1. カメラから画像データを取得する．
2. カラー画像を 2 値画像に変換する．
3. 画像データをウィンドウに表示する．

そして，ノード間で画像データをトピック通信することにします．

カメラから画像データを取得するために，USB カメラを使用する場合は，usb_cam パッケージを使用して，端末で以下のように入力します．

```
ros2 run usb_cam usb_cam_node_exe
```

usb_cam ノードはカメラから画像データをキャプチャし，それを ROS のメッセージ型 Image でトピックへパブリッシュします．しかし，これだけでは画面に画像は表示されません．

ROS のノードとして画像処理を行う例を紹介します．この本で提供する opencv_ros2 パッケージの中のサンプルプログラム imgproc_opencv_ros.py の全体をプログラムリスト 5.2 に示します．

プログラムリスト 5.2 ROS における OpenCV の画像処理 (imgproc_opencv_ros.py)

```
 1 import rclpy
 2 from rclpy.node import Node
 3 from rclpy.qos import qos_profile_sensor_data
 4 from sensor_msgs.msg import Image
 5
 6 import cv2
 7 from cv_bridge import CvBridge
 8
 9
10 class ImgProcOpenCVROS(Node):
11
12     def __init__(self):
13         super().__init__('imgproc_opencv_ros')
14         self.subscription = self.create_subscription(
15             Image,
16             'image_raw',
17             self.image_callback,
18             qos_profile_sensor_data)
19
20         self.publisher = self.create_publisher(
21             Image,
22             'result', 10)
23
24         self.br = CvBridge()
25
26     def image_callback(self, data):
27         source = self.br.imgmsg_to_cv2(data, 'bgr8')
28         gray = cv2.cvtColor(source, cv2.COLOR_BGR2GRAY)
29         _, result = cv2.threshold(gray, 128, 255, cv2.THRESH_BINARY)
30         result_msg = self.br.cv2_to_imgmsg(result, 'passthrough')
31         self.publisher.publish(result_msg)
32         self.get_logger().info('Publishing image')
33
34
35 def main():
36     rclpy.init()
37     imgproc_opencv_ros = ImgProcOpenCVROS()
38     try:
39         rclpy.spin(imgproc_opencv_ros)
40     except KeyboardInterrupt:
41         pass
42     rclpy.shutdown()
```

プログラムの各行を説明します.

- 1〜7 行目： ROS Client Library for Python (rclpy), OpenCV (cv2), CvBridge (cv_bridge) をインポートします. CvBridge は, ROS の画像を OpenCV の画像に変換したり, 逆に OpenCV の画像を ROS の画像に変換したりして, ROS と OpenCV の間のインタフェースを提供する ROS ライブラリです（図 5.4）.
- 10 行目： ROS ノード用に ImgProcOpenCVROS クラスを作成します.
- 14〜18 行目： image_raw トピックから Image 型のメッセージを受け取り, コールバックとして self.image_callback を指定したサブスクライバを作成します.
- 20〜22 行目： result トピックへ Image 型のメッセージを送るパブリッシャを作成します.

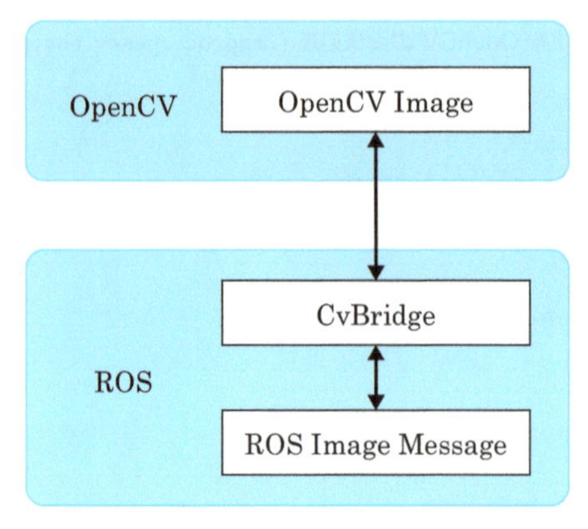

図 5.4　CvBridge による ROS と OpenCV の画像の相互変換

- 24 行目： コールバック内で OpenCV による画像処理を行うために， CvBridge クラスのインスタンスを作成します．
- 26 行目： 画像データをサブスクライブしたときに呼び出されるコールバックを定義します．
- 27 行目： CvBridge クラスの imgmsg_to_cv2() メソッドを使って， ROS のメッセージ型 Image のデータを OpenCV の画像データへ変換します．
- 28 行目： cvtColor() 関数でカラー画像をグレースケール画像へ変換します．
- 29 行目： threshold() 関数でグレースケール画像を 2 値画像へ変換します．
- 30 行目： CvBridge クラスの cv2_to_imgmsg() メソッドを用いて， OpenCV の画像データを ROS の Image メッセージに変換します．
- 31 行目： Image メッセージをパブリッシュします．
- 35〜42 行目： プログラムが呼び出されたときに実行される main() 関数です．この中で，ノードのインスタンスを作成し， rclpy.spin() 関数で実行します．

先ほどとは別の端末で以下を入力することによってプログラムを実行します．

```
ros2 run opencv_ros2 imgproc_opencv_ros
```

結果を見るには，別の端末で RQt を実行します．

```
rqt
```

RQt のメニューの [Plugins] → [Visualization] → [Image View] を 2 回選び，Image View プラグインを 2 つ追加します．それぞれのプラグインのトピックを選択するメニューでそれぞれ/image_raw と/result を選ぶと，図 5.5 のような表示になり，処理の前後の画像が確認できます．

3 つの端末でプログラムを実行したまま，新たな端末で以下のように入力して rqt_graph を実行し，ノードやトピックの間のつながりを調べることができます．

```
rqt_graph
```

表示されたノードグラフを見ると（図 5.6），/usb_cam ノードから/image_raw トピックを介して /imgproc_opencv_ros ノードへメッセージが送られるようになっていることがわかります．また，/rqt_gui_cpp_node_数値と表示されているノードが RQt を表しており，/image_raw トピックと

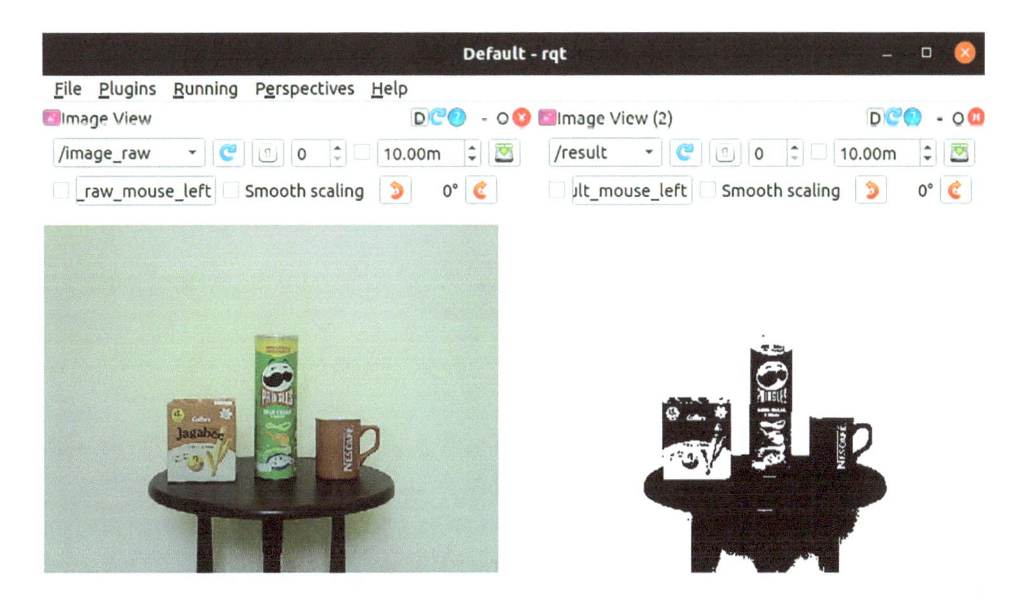

図 5.5 RQt の Image View プラグインによる処理の前後の画像の表示例

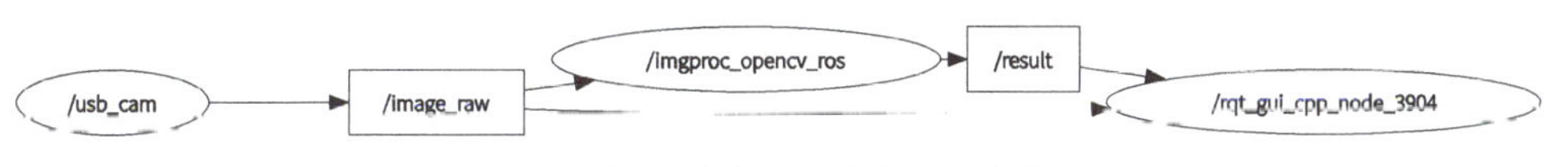

図 5.6 画像処理を実行したときのノードグラフ

/result トピックの両方を受け取っていることがわかります．

5.3.3 深度カメラ

RGB-D カメラ（**深度カメラ**）を使うと，カラー画像とともに，深度（光軸方向の距離）のデータを画像として取得できます．深度を測定する原理には，2 つのカメラの視差を用いるもの，カメラから発した赤外線が対象に反射して戻ってくるまでの時間 (ToF, Time of Flight) を用いるものがあります．いずれにしても，画素ごとの値が得られるので，深度の 2 次元分布がわかります．これを深度画像といいます．カラー用のカメラと深度用のカメラは一体になっていますが，2 つの位置は完全には一致しておらず，画素数や画角も異なります．しかし，カメラ内部かコンピュータ側で両者の対応をとる処理が用意されている場合は，カラー画像と深度画像の同じ位置の画素が同じ点を表すようになります．

● 深度データのサブスクライブ

ここでは，深度カメラとして Intel RealSense D415 を使用します．端末に以下のように入力することによって，RealSense 用の ROS ノードを起動できます．そのときに，オプションとして align_depth.enable:=true を追加すると，カラー画像に対応するように変換した深度画像が出力されるようになります．

```
ros2 launch realsense2_camera rs_launch.py align_depth.enable:=true
```

RealSense のノードは，カメラからデータを取得し，さまざまなトピックへパブリッシュします．ros2 topic list で確認すると，以下のように関連するトピックを観測できます（一部だけを表示しています）．aligned_depth_to_color のトピックは，align_depth.enable:=true を追加するとパブリッシュされるようになります．

```
/camera/camera/aligned_depth_to_color/camera_info
/camera/camera/aligned_depth_to_color/image_raw
/camera/camera/color/camera_info
/camera/camera/color/image_raw
/camera/camera/depth/camera_info
/camera/camera/depth/image_rect_raw
```

この一覧からカラー画像と深度画像の両方が利用可能であることがわかります．USB カメラの場合とほぼ同じ方法で，両方の画像を表示できます．

前節の例と同様に，ROS の rqt_image_view ツールを実行すると，図 5.7 のようにカラー画像と深度画像を表示することができます．

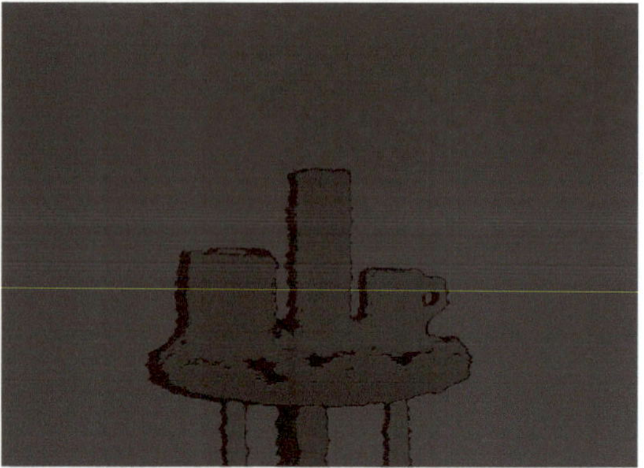

図 5.7　カラー画像（左）；深度画像（露出補正：+3.0）（右）

5.4 カメラモデルとキャリブレーション

5.4.1 カメラのモデル

● レンズカメラモデルとピンホールカメラモデル

カメラモデルとは，3 次元空間における物体の点 P の座標と，そのカメラの画像面への投影 P′ との数学的関係を記述したものです．文献[注15][注16][注17] を参考にしながら，カメラモデルの詳細を見ていきましょう．

図 5.8 は，単純な**レンズカメラモデル**を示しています．カメラ本体は，外部からの光を遮る箱です．レンズは薄い凸レンズ（薄レンズ）とします[注18]．物体からの光線はレンズを通過し，画像面に物体の像が反転して投影されます．薄レンズ近似に基づき，**光軸**に平行に進むすべての光線は，レンズによって**焦点**とよばれる共通の 1 点に集束されます（図 5.9）．焦点とレンズの中心との距離を**焦点距離** f といいます．

注 15　https://web.stanford.edu/class/cs231a/course_notes/01-camera-models.pdf
注 16　https://cvgl.stanford.edu/teaching/cs231a_winter1415/lecture/lecture2_camera_models.pdf
注 17　https://docs.opencv.org/4.x/d9/d0c/group__calib3d.html
注 18　実際のカメラには複数のレンズが使われており，その光学は複雑ですが，ここでは簡単のために，1 枚の薄レンズを使ったモデルで説明します．

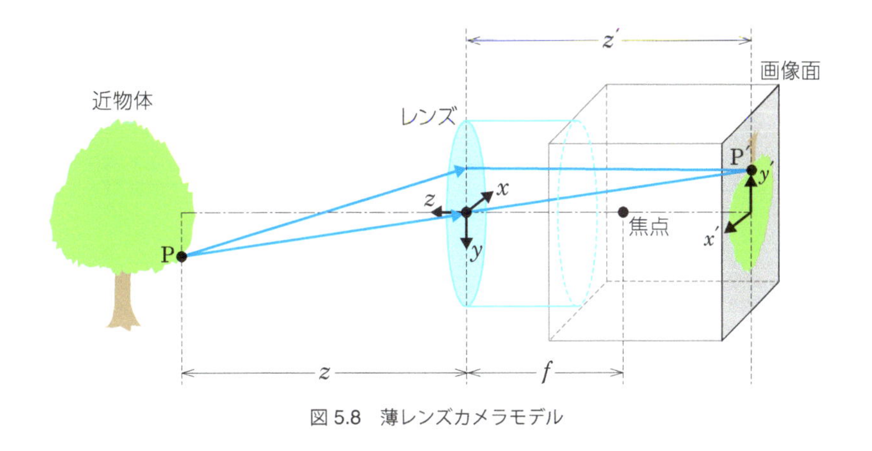

図 5.8　薄レンズカメラモデル

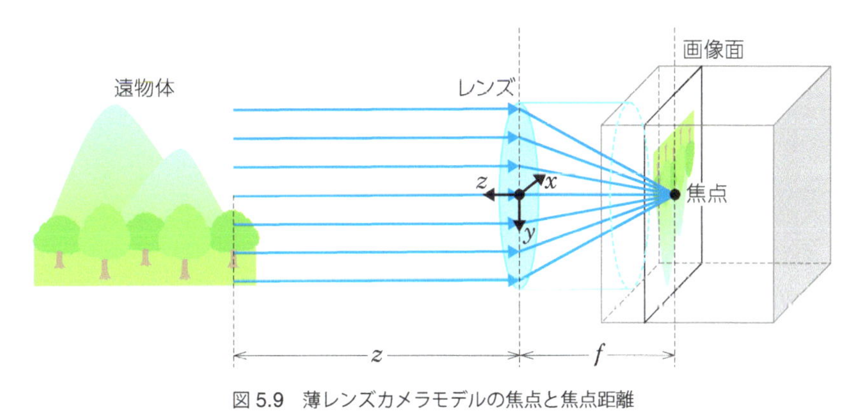

図 5.9　薄レンズカメラモデルの焦点と焦点距離

図 5.8 では，物体距離 z，画像面距離 z'，焦点距離 f の関係は，以下の薄レンズの公式で記述されます．

$$\frac{1}{f} = \frac{1}{z} + \frac{1}{z'} \tag{5.1}$$

式 (5.1) より，z が大きい遠方の物体の場合は $1/z$ を無視でき，$z' = f$ と見なすことができます．以降はこれを前提に説明します．

レンズの中心を通過する光線は屈折せずに直進するので，同じ性質のより単純な**ピンホールカメラモデル**に置き換えて説明します．ピンホールカメラは，レンズの代わりに中心 O に小さな穴を持つカメラです（図 5.10）．点 C′ と点 O で定義される直線が光軸です．点 O を原点，光軸の方向を z 軸とする**カメラ座標系**を定義します．この座標系における物体の点 $\mathrm{P} = [x\ y\ z]^T$ は，画像平面における点 $\mathrm{P}'_{image} = [x'\ y']^T$ に投影されるとします．三角形 P′C′O は三角形 PCO と相似ですから，投影点 P'_{image} を以下の式で表すことができます．

$$\mathrm{P}'_{image} = \begin{bmatrix} x' \\ y' \end{bmatrix} = \begin{bmatrix} f\dfrac{x}{z} \\ f\dfrac{y}{z} \end{bmatrix} \tag{5.2}$$

● デジタル画像とカメラ行列

画像平面では，像の上下左右が反転しているためモデルとして扱いづらいので，図 5.11 のように，ピンホール（レンズ）の反対側に仮想的な画像面を配置すると理解しやすくなります．以降は，この

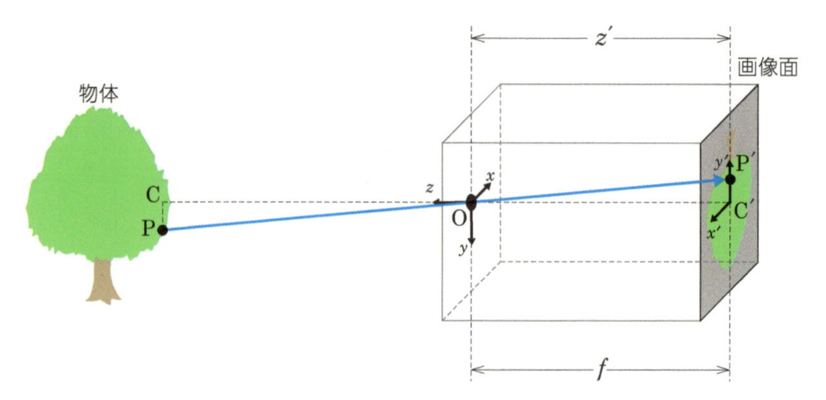

図 5.10　ピンホールカメラモデル

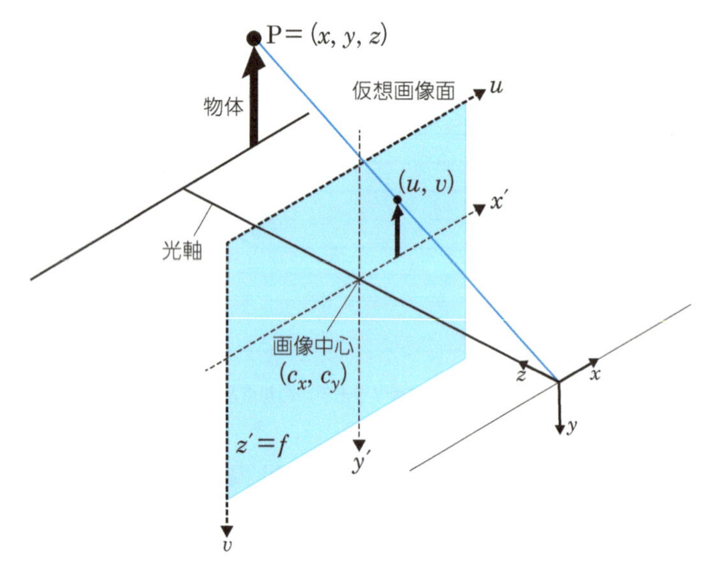

図 5.11　仮想画像面を用いたピンホールカメラモデル

図で説明します．

式 (5.2) の画像面とデジタル画像では，長さの単位と原点が異なります．式 (5.2) では一般的な長さの単位が使われており，その原点は画像中心（画像面と光軸の交点）です．一方，デジタル画像では長さの単位は画素数であり，その原点は画像の左上隅です．デジタル画像上の点を表す変数 $P' = [u \ v]^T$ を新たに導入します．長さから画素数へ変換する係数を k_x, k_y，デジタル画像における画像中心の位置を $[c_x \ c_y]^T$ とします．

$$u = k_x x' + c_x \tag{5.3}$$

$$v = k_y y' + c_y \tag{5.4}$$

これを使うと，式 (5.2) を以下のように書き換えることができます．

$$P' = \begin{bmatrix} u \\ v \end{bmatrix} = \begin{bmatrix} f_x \dfrac{x}{z} + c_x \\ f_y \dfrac{y}{z} + c_y \end{bmatrix} \tag{5.5}$$

ここで，$f_x = fk_x$，$f_y = fk_y$ です．

モデルを線形に表現するために，同次座標系を導入します．これは，一般の座標系の座標に値が 1 の要素を追加したもので，変数の上に~を付けて区別することにします．

$$\tilde{P} = \begin{bmatrix} x \\ y \\ z \\ 1 \end{bmatrix} \tag{5.6}$$

$$\tilde{P}' = \begin{bmatrix} u \\ v \\ 1 \end{bmatrix} \tag{5.7}$$

さらに，スケールパラメータ s を導入することによって，式 (5.5) を次のような線形の関係に書き換えることができます．

$$s\begin{bmatrix} u \\ v \\ 1 \end{bmatrix} = \begin{bmatrix} f_x & 0 & c_x & 0 \\ 0 & f_y & c_y & 0 \\ 0 & 0 & 1 & 0 \end{bmatrix} \begin{bmatrix} x \\ y \\ z \\ 1 \end{bmatrix} \tag{5.8}$$

$$s\tilde{P}' = \begin{bmatrix} f_x & 0 & c_x & 0 \\ 0 & f_y & c_y & 0 \\ 0 & 0 & 1 & 0 \end{bmatrix} \tilde{P} = \begin{bmatrix} f_x & 0 & c_x \\ 0 & f_y & c_y \\ 0 & 0 & 1 \end{bmatrix} \begin{bmatrix} I & 0 \end{bmatrix} \tilde{P} = K \begin{bmatrix} I & 0 \end{bmatrix} \tilde{P} \tag{5.9}$$

ここで 3×3 行列 K は**カメラ行列**とよばれています．カメラ行列の要素は，カメラに固有のものなので，**内部パラメータ**ともよばれています．

3 次元空間の点が世界座標系で表現されている場合には，世界座標系とカメラ座標系の位置・姿勢の関係を表現する 3×3 の回転行列 R と 3×1 の並進ベクトル T を使った変換が必要です．世界座標系で表された点の座標 $\tilde{P}_w$ をカメラ座標系へ変換します．

$$\tilde{P} = \begin{bmatrix} R & T \\ 0 & 1 \end{bmatrix} \tilde{P}_w \tag{5.10}$$

ここで，R と T はカメラから独立しているため，**外部パラメータ**といいます．これを式 (5.9) に代入すると，次が得られます．

$$s\tilde{P}' = K \begin{bmatrix} R & T \end{bmatrix} \tilde{P}_w = M\tilde{P}_w \tag{5.11}$$

3×4 行列 M は，世界座標系における 3 次元点をデジタル画像空間に写像する**射影行列**です．

● レンズの歪みのモデル

実際のカメラは薄レンズではないため，さまざまな光学収差（理想結像からのずれ）が発生します．最も一般的なものは半径方向の歪みです（図 5.12[注19]）．これは，実際のレンズが場所によって異なる焦点距離を持つため生じます．このことを，画像の倍率が画像中心からの距離の関数になるとして表現します．距離につれて倍率が増加すると**糸巻型歪み**に分類されます．一方，減少すると**樽型歪み**に分類され，魚眼レンズでよく発生します．

注 19 https://web.stanford.edu/class/cs231a/course_notes/01-camera-models.pdf

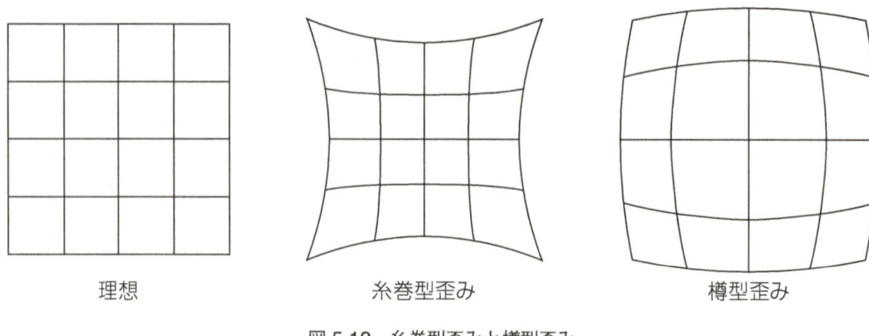

図 5.12 糸巻型歪みと樽型歪み

OpenCV では以下で説明する歪みのモデル[注20]を使っています．焦点距離や画像中心に依存せずに，透視投影を表現した正規化されたカメラ座標系を考えます．

$$X' = x/z \tag{5.12}$$

$$Y' = y/z \tag{5.13}$$

この座標系で中心からの距離 r を定義します．

$$r^2 = X'^2 + Y'^2 \tag{5.14}$$

歪んだ後の座標を $[x''\ y'']^T$ として，以下で歪みをモデル化します．

$$x'' = X' \frac{1 + k_1 r^2 + k_2 r^4 + k_3 r^6}{1 + k_4 r^2 + k_5 r^4 + k_6 r^6} + 2p_1 X'Y' + p_2(r^2 + 2X'^2) + s_1 r^2 + s_2 r^4 \tag{5.15}$$

$$y'' = Y' \frac{1 + k_1 r^2 + k_2 r^4 + k_3 r^6}{1 + k_4 r^2 + k_5 r^4 + k_6 r^6} + p_1(r^2 + 2Y'^2) + 2p_2 X'Y' + s_3 r^2 + s_4 r^4 \tag{5.16}$$

歪みのモデルを表すパラメータは，半径方向の係数 k_1, k_2, k_3, k_4, k_5, k_6，接線方向の歪み係数 p_1, p_2，薄型プリズムの歪み係数 s_1, s_2, s_3, s_4 です．歪んだ後のデジタル画像の座標系は以下のように表されます．

$$u = f_x x'' + c_x \tag{5.17}$$

$$v = f_y y'' + c_y \tag{5.18}$$

5.4.2 カメラのキャリブレーション

一般的なカメラの場合，前節で説明した内部パラメータがわからない場合があります．そこで，撮影された画像からカメラの外部パラメータと内部パラメータを推定する手法を紹介します．これは，**カメラキャリブレーション**といいます．得られたパラメータは，レンズの歪みを補正したり，実世界の物体の大きさや距離を測定したり，3D シーンの再構成に役立ちます．

ここでは，ROS の `camera_calibration`[注21] パッケージを使用して，画像処理に関するプログラムの開発前にカメラのキャリブレーションを行います．これは，OpenCV の機能[注22]を使っています．

注 20 `https://docs.opencv.org/4.x/d9/d0c/group__calib3d.html`
注 21 `https://github.com/ros-perception/image_pipeline/`
注 22 `https://docs.opencv.org/4.x/d9/d0c/group__calib3d.html`

● カメラのキャリブレーション

キャリブレーションを行うカメラ用のノードは，すでに画像データをパブリッシュできるようになっているとします．ここでは，USB カメラ用のノードを使って説明します．

最初に，キャリブレーションに使うチェッカーボードを用意します（印刷用のデータを提供するサイト注23があります）．ここでは，1 マスの辺の長さが 20[mm] で 8 × 10 マスのボードを使います．

次に，USB カメラのノードを起動します．

```
ros2 run usb_cam usb_cam_node_exe
```

そして，端末で以下のように入力すると，図 5.13 のような GUI 画面が表示されます．

```
ros2 run camera_calibration cameracalibrator --size 7x9 --square 0.020 --ros-args --remap
image:=image_raw
```

キャリブレーションには，チェッカーボードの内部の交点を使うので，`--size` オプションには，8 × 10 マスの場合 `7x9` を指定します．`--square` オプションにはマスの 1 辺の長さを [m] 単位で指定します．

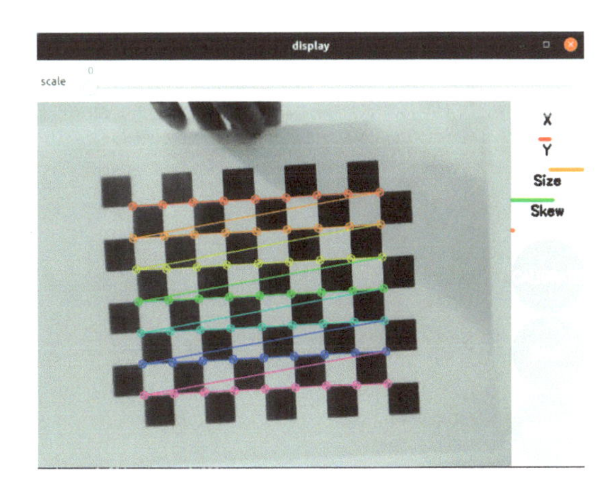

図 5.13　カメラのキャリブレーションの GUI 画面

チェッカーボードが，カメラの視野内に写るようにしながら，カメラの位置や姿勢をさまざまに変更します．

GUI ウィンドウ内の X, Y, Size, Skew のバーが緑色になるまで動作を繰り返します．キャリブレーションのために十分なデータが揃うと，[CALIBRATE] ボタンが点灯します（図 5.14）．これをクリックすると，キャリブレーションが開始されます．

計算が終わると，[SAVE] ボタンと [COMMIT] ボタンが点灯します（図 5.15）．キャリブレーション結果に問題がなければ，[COMMIT] ボタンをクリックすると，結果が実行中のカメラのノードに適用されます．また，[SAVE] ボタンをクリックすると，結果（図 5.16）が圧縮ファイル `/tmp/calibrationdata.tar.gz` に保存されます．

保存されたファイルを展開して，ディレクトリ内の `ost.yaml` の内容を確認してください．キャリブレーションの結果が格納されています．

注 23　https://calib.io/pages/camera-calibration-pattern-generator

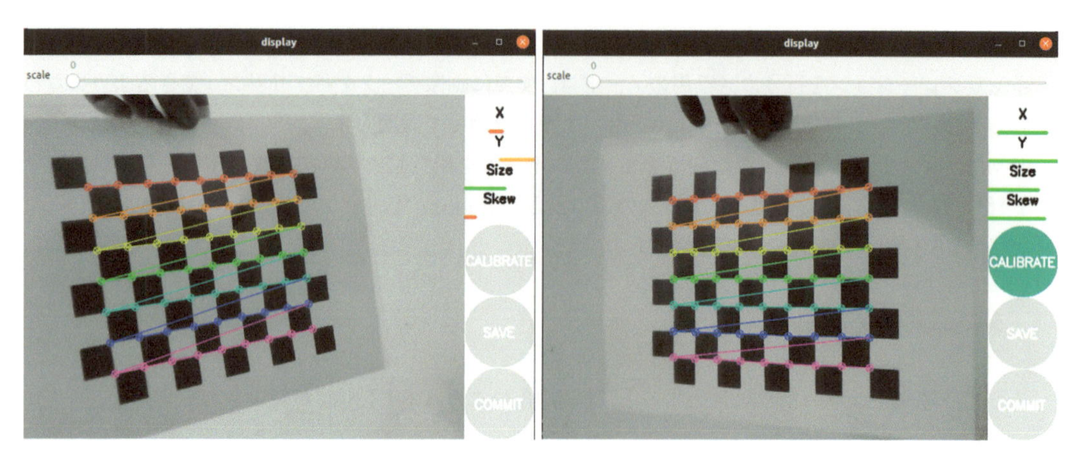

図 5.14　カメラのキャリブレーション進捗

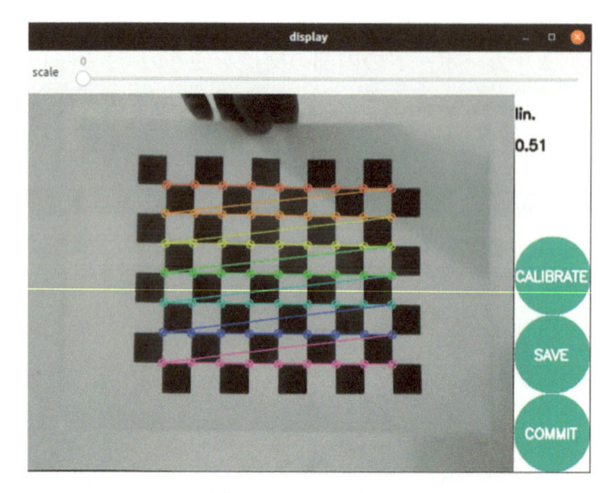

図 5.15　カメラのキャリブレーション完成

```
cd /tmp
tar -xvzf calibrationdata.tar.gz
cd calibrationdata
less ost.yaml
```

ost.yaml の内容の一例をプログラムリスト 5.3 に示します．この内容では，式 (5.9) のカメラ行列 (camera_matrix) K の値が得られています．また，歪みのモデル (distortion_model) がplumb_bob の場合，歪み係数 (distortion_coefficients) は 5 要素で，式 (5.15)，(5.16) の k_1, k_2, p_1, p_2, k_3 に対応しています．さらに，式 (5.11) の 3×4 の射影行列 (projection_matrix) M の値も確認できます．

```
jupiter@jupiter: ~/airobot_ws    jupiter@jupiter: ~/airobot_ws    jupiter@jupiter: ~/airobot_ws

D =  [0.2457812392283012, -0.9904113885713365, -0.001341254496558592, -0.006477486663289359, 0.0]
K =  [911.8237594508436, 0.0, 328.1650856335099, 0.0, 918.6294483223737, 267.3775388437239, 0.0, 0.0, 1.0]
R =  [1.0, 0.0, 0.0, 0.0, 1.0, 0.0, 0.0, 0.0, 1.0]
P =  [924.7044677734375, 0.0, 325.501041627198, 0.0, 0.0, 933.6651611328125, 266.5861031005261, 0.0, 0.0, 0.0, 1.0, 0.0]
None
# oST version 5.0 parameters


[image]

width
640

height
480

[narrow_stereo]

camera matrix
911.823759 0.000000 328.165086
0.000000 918.629448 267.377539
0.000000 0.000000 1.000000

distortion
0.245781 -0.990411 -0.001341 -0.006477 0.000000

rectification
1.000000 0.000000 0.000000
0.000000 1.000000 0.000000
0.000000 0.000000 1.000000

projection
924.704468 0.000000 325.501042 0.000000
0.000000 933.665161 266.586103 0.000000
0.000000 0.000000 1.000000 0.000000
```

図 5.16　カメラのキャリブレーション結果

プログラムリスト 5.3　カメラのキャリブレーション結果（ost.yaml の一部）

```
 1 image_width: 640
 2 image_height: 480
 3 camera_name: narrow_stereo
 4 camera_matrix:
 5   rows: 3
 6   cols: 3
 7   data: [911.823759, 0.000000, 328.165086, 0.000000, 918.629448, 267.377539, 0.000000,
       0.000000, 1.000000]
 8 distortion_model: plumb_bob
 9 distortion_coefficients:
10   rows: 1
11   cols: 5
12   data: [0.245781, -0.990411, -0.001341, -0.006477, 0.000000]
13 rectification_matrix:
14   rows: 3
15   cols: 3
16   data: [1.000000, 0.000000, 0.000000, 0.000000, 1.000000, 0.000000, 0.000000, 0.000000,
        1.000000]
17 projection_matrix:
18   rows: 3
19   cols: 4
20   data: [924.704468, 0.000000, 325.501042, 0.000000, 0.000000, 933.665161, 266.586103,
       0.000000, 0.000000, 0.000000, 1.000000, 0.000000]
```

● キャリブレーション結果の適用と画像補正

これらの値は，camera_info_url パラメータを使用して，ROS カメラドライバで読み込むことができます．デフォルト値として設定する場合は，キャリブレーション結果を~/.ros/camera_info/default_cam.yaml にコピーします．

```
cp /tmp/calibrationdata/ost.yaml ~/.ros/camera_info/default_cam.yaml
```

カメラパラメータが提供されていると，image_proc パッケージを使用して画像を補正できます．3 つの端末で以下のように入力します．

```
ros2 run usb_cam usb_cam_node_exe --ros-args --remap image_raw:=image
```

```
ros2 run image_proc image_proc
```

```
ros2 run image_view image_view --ros-args --remap image:=image_rect
```

image_proc の RectifyNode は，/camera_info と /image トピックからデータをサブスクライブして，歪みを補正した結果を/image_rect トピックへパブリッシュします（図 5.17）．

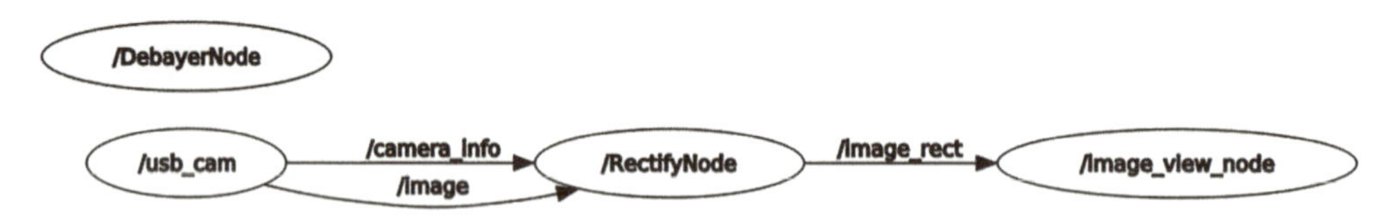

図 5.17　ROS image_proc によるキャリブレーションされたカメラ画像の補正

5.5 特徴検出

5.5.1 特徴検出

デジタル画像の各画素は，RGB 値で定義された色情報を持っています．しかし，色情報に基づく処理は，現実世界ではあまり実用的ではありません．なぜなら，背景には似たような色を持つ他の物体が存在する可能性があり，また，色の値は，照明などの周囲の要因によって影響を受けやすいからです．そこで，より実用的な検出方法として，特徴ベースの分類法があります．エッジのような物体の特徴は，画像の中の小さな領域（パッチ）から識別できる共通の特徴や形状です．

図 5.18 の竹垣の画像を例にして説明しましょう．まず，計算を簡単にするために，画像をグレースケールに変換します．そして，その一部を拡大して表示しています．垂直方向のエッジ上にある画素を選ぶと，エッジ上にない他の画素に比べて，左右の画素値の差が大きくなることがわかります．この特徴を利用して，画素単位の乗算値を含むカーネル注24 とフィルタで，すべての値の合計を中央の画素に保存するという処理を行います．画素のパッチにカーネルを適用する演算を**畳み込み** (convolution) とよびます．これを画像の全画素に適用すると，垂直方向のエッジ部分の画素値が高く，それ以外の部分の画素値が低い，エッジ部分のコントラストが高い画像が得られます．同じ原理で，別のカーネルを使って水平方向のエッジを強調することもできます．これらのカーネルは，いずれも Prewitt 演算子とよばれています．また，エッジ検出のための別のカーネルも多数あり，例えば，Canny エッジ検出では，ラプラシアンと Sobel 演算子が使われています．

注 24　画像処理におけるカーネルとは，ぼかし，シャープネス，エンボス，エッジ検出などに使われる小さな行列（3 × 3 画素，5 × 5 画素，7 × 7 画素など）のことです．

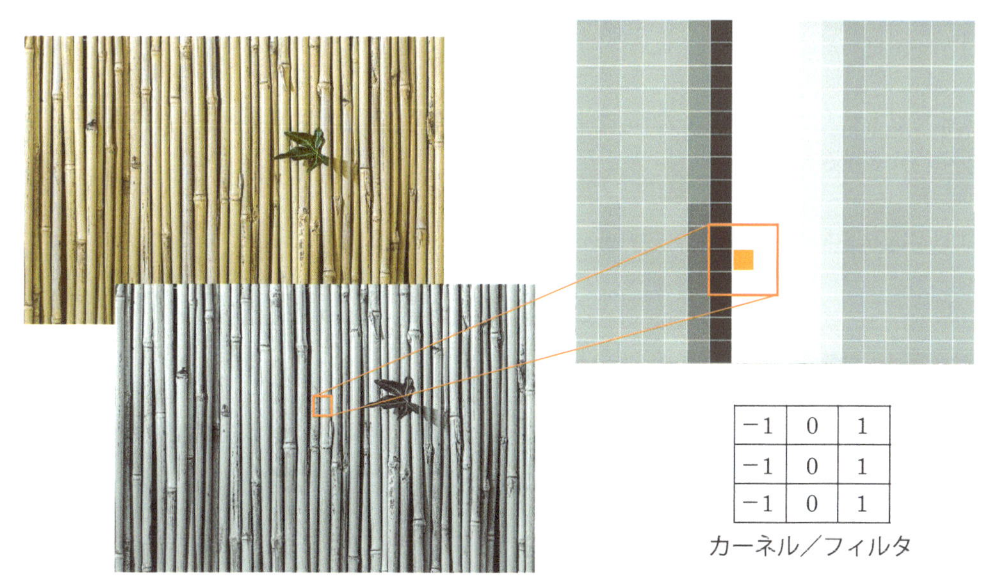

図 5.18 エッジ検出のためのカーネルによる畳み込み演算

● Canny エッジ検出

Canny エッジ検出は，コンピュータビジョンで広く使われているエッジ検出手法の 1 つです．これは成熟した技術であり，OpenCV のたった 1 つの関数で実装することができます．このアルゴリズムは，画像処理の 4 つの段階，1. ノイズ除去，2. 強度勾配の計算，3. 偽エッジの抑制，4. ヒステリシスしきい値の設定からなります．

この本で提供する opencv_ros2 パッケージには，Canny エッジ検出のサンプルプログラム canny_edge_detection.py が含まれています．このプログラムでは，画像データを取得した後，エッジ検出には色情報が必要ないため，グレースケールに変換します．そして，OpenCV の Canny() 関数をエッジ検出に適用します．この関数の引数である threshold1 と threshold2 は，ヒステリシスの下側と上側のしきい値です．勾配の値が上限のしきい値よりも高い画素は，強いエッジであり，出力に含まれます．下限のしきい値よりも低い画素は，除外されます．2 つのしきい値の間にある画素は弱いエッジであり，強いエッジに接続されている場合にのみ出力に含まれます．

プログラムリスト 5.4 Canny エッジ検出（canny_edge_detection.py の一部）

```
26      def image_callback(self, data):
27          frame = self.br.imgmsg_to_cv2(data, 'bgr8')
28          frame_grayscale = cv2.cvtColor(frame, cv2.COLOR_BGR2GRAY)
29
30          edges = cv2.Canny(frame_grayscale, threshold1=100, threshold2=200)
31
32          edges_result = self.br.cv2_to_imgmsg(edges, 'passthrough')
33          self.publisher.publish(edges_result)
34
35          cv2.imshow('Original Image', frame)
36          cv2.imshow('Canny Edge Detection', edges)
37
38          cv2.waitKey(1)
```

端末で以下のように入力して，usb_cam パッケージの USB カメラのノードを起動します．

```
ros2 run usb_cam usb_cam_node_exe
```

別の端末で以下を入力して，プログラムを実行すると，図5.19のように元の画像とエッジ検出結果のウィンドウが表示されます．

```
ros2 run opencv_ros2 canny_edge_detection
```

また，結果のエッジ検出画像を外部で使えるように，/edges_result というトピックへパブリッシュしています．

図5.19 Canny エッジ検出：元画像（左）；エッジ検出結果（右）

5.5.2 Haar特徴量ベースのカスケード分類器

5.5.1節のエッジ特徴量ベースの検出から，より複雑な物体の検出，例えば人間の顔の検出などに手法を拡張することができます．2001年にポール・ヴィオラ (Paul Viola) とマイケル・ジョーンズ (Michael Jones) によって提案された，Haar特徴量ベースの**カスケード分類器**を用いた物体検出手法は，文献[注25]で発表され，非常によく知られています．20年たった現在でも多くのアプリケーションで採用されているのは，この手法のすぐれた開発成果によるものです．

この手法のアルゴリズムは，4段階で説明できます．第1段階では，Haarウェーブレットや方形関数に基づくHaarフィルタを用いて，**Haar特徴量**(図5.20) を計算します．前節で説明した畳み込みカーネルと同様に，Haarフィルタを画像に適用して，対応するHaar特徴量を，黒い四角形の画素の総和から白い四角形の画素の総和を差し引いた1つの値として計算します．

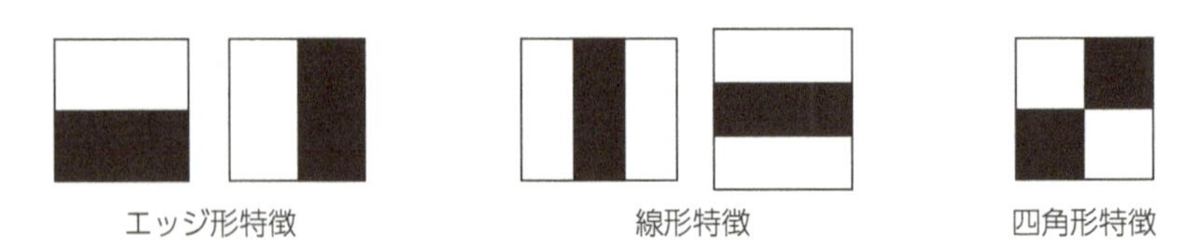

図5.20 Haarの特徴

注25 P. Viola and M. Jones. Rapid object detection using a boosted cascade of simple features. Proceedings of the 2001 IEEE Computer Society Conference on Computer Vision and Pattern Recognition, 2001. doi: 10.1109/CVPR.2001.990517

しかし，各カーネルすべての可能なサイズと位置を計算するためには，大量の特徴量を計算する必要があります．24×24 のウィンドウを例にとると，16 万以上の特徴量が必要になります．この重い計算コストを解決するために，ヴィオラとジョーンズは，第 2 段階の演算にて，**積分画像** (Summed Area Table) とよばれる表現を使用することを提案しました．積分画像とは，各画素が入力画素とその上下の全画素との累積和を表す表現です．画素 (x, y) における画素値を $i(x, y)$ とすると，積分値 $s(x, y)$ は次で計算できます．

$$s(x, y) = i(x, y) + s(x-1, y) + s(x, y-1) - s(x-1, y-1) \tag{5.19}$$

これにより，図 5.21 のような領域 ABCD 内の画素値の総和は，わずか 4 つの積分画像の画素による演算 $(s(D) - s(C) - s(B) + s(A))$ に簡略化できます．よって，計算コストを大幅に削減できます．

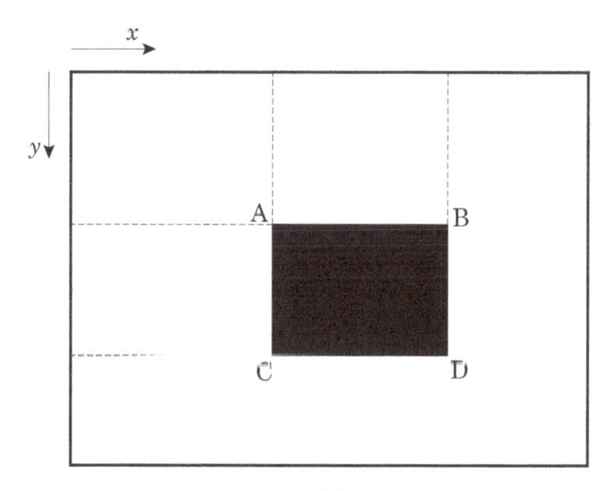

図 5.21 積分画像

アルゴリズムの第 3 段階では，**Adaboost** 機械学習アルゴリズムを用いて，無関係な特徴量の計算を取り除くことで，計算操作をさらに簡略化しています．学習段階ですべての特徴を学習するために，大量のポジティブ（顔あり）とネガティブ（顔なし）のトレーニング画像を使用します．各特徴について，顔をポジティブとネガティブに分類するための最適なしきい値を計算します．各分類の後，誤って分類された画像の重みを増加させ，必要な精度またはエラーレートが達成されるまで，この繰り返しを行います．この方法では，最適な特徴が選択され，その特徴（図 5.22）を利用するように分類器が学習されます．それぞれの分類器は 1 つの特徴にしか対応していないため，**弱い分類器**とよばれて

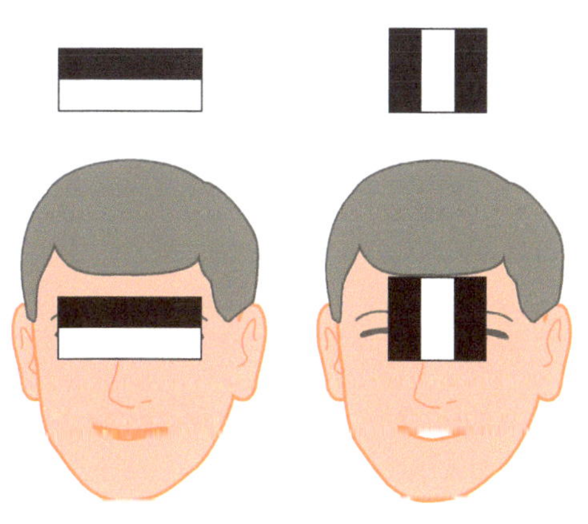

図 5.22 Adaboot

います．しかし，Adaboost はこれらの弱い分類器を組み合わせて**強い分類器**をつくり，アルゴリズムがそれを使って物体を検出します．

文献[注25]によると，最終的なアルゴリズムの特徴量の数は約6000で，当初の16万の特徴量の数から大幅に減少しました．しかし，6000個の特徴量は，24 × 24のウィンドウで分類を行うには，多くの計算資源を使用すると考えられます．この問題を解決するために，アルゴリズムの第4段階では，分類器をカスケード接続する方法を提案しました．図5.23のように，特徴量が異なる段階の分類器に配置されています．もしサブウィンドウが分類器のいずれかの段階で誤っていた場合，次の段階に進むことなくただちに拒否されます．すべてのステージを通過したサブウィンドウは，顔検出の可能性があると考えられます．

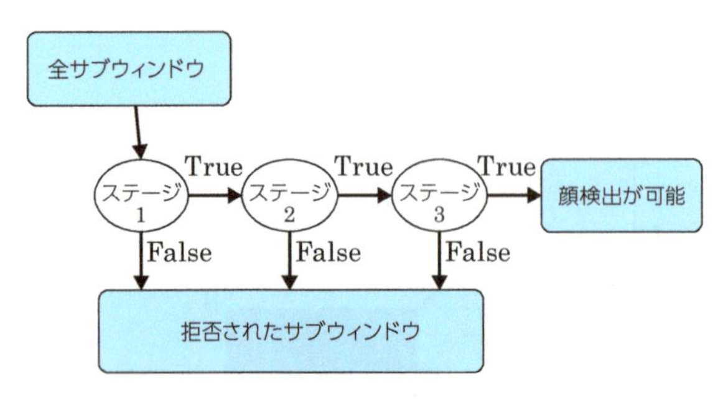

図5.23　分類器のカスケード接続

● Haar 特徴量ベースのカスケード分類器による顔検出

上述のアルゴリズムの理論的な説明を踏まえて，実際に顔検出のプログラムを実装してみましょう．この本で提供する opencv_ros2 パッケージ内のサンプルプログラム face_detection.py を見てください．

OpenCV の GitHub リポジトリ[注26]から対応する（前頭部の顔と目）学習済み分類器の XML ファイルを読み込み，CascadeClassifier クラスのインスタンスを作成します．

プログラムリスト 5.5　顔検出（face_detection.py の一部）

```
 9 face_cascade = cv2.CascadeClassifier(
10     cv2.data.haarcascades + 'haarcascade_frontalface_default.xml')
11 eye_cascade = cv2.CascadeClassifier(
12     cv2.data.haarcascades + 'haarcascade_eye.xml')
```

プログラムリスト5.2と同様に，カメラからの入力画像を取得するために，/image_raw トピックのサブスクライバを作成します．サブスクライバに指定されたコールバックメソッド image_callback() では，CvBridge を用いて ROS の画像データを OpenCV のデータに変換します．顔検出アルゴリズムは，グレースケール画像が対象ですので，以下のようにサブスクライブしたカラー画像をグレースケール画像に変換します．

```
32     frame = self.br.imgmsg_to_cv2(data, "bgr8")
33     gray = cv2.cvtColor(frame, cv2.COLOR_BGR2GRAY)
```

次に，OpenCV の CascadeClassifier クラスの detectMultiScale() メソッドを用いて，顔を検出します．その戻り値は，顔の関心領域 (ROI) のリストです．そして，リストの中の各領域から目の

注26　https://github.com/opencv/opencv/tree/master/data/haarcascades

関心領域を検出します．検出されたそれぞれの顔と目のまわりに矩形を描きます．

```
35        faces = face_cascade.detectMultiScale(gray, 1.3, 5)
36
37        for (x,y,w,h) in faces:
38            cv2.rectangle(frame,(x,y),(x+w,y+h),(255,0,0),2)
39            roi_gray = gray[y:y+h, x:x+w]
40            roi_color = frame[y:y+h, x:x+w]
41            eyes = eye_cascade.detectMultiScale(roi_gray, 1.1, 9)
42            for (ex,ey,ew,eh) in eyes:
43                cv2.rectangle(roi_color,(ex,ey),(ex+ew,ey+eh),(0,255,0),2)
44
45        face_detection_result = self.br.cv2_to_imgmsg(frame, "bgr8")
46        self.publisher.publish(face_detection_result)
47
48        cv2.imshow("Camera", frame)
49
50        cv2.waitKey(1)
```

準備が整ったら，前節と同様に端末で以下のように入力して，usb_cam パッケージの USB カメラのノードを起動します．

```
ros2 run usb_cam usb_cam_node_exe
```

次に，別の端末で以下のように入力し，サンプルプログラムを実行します．

```
ros2 run opencv_ros2 face_detection
```

ウィンドウが現れ，図 5.24 のように，カメラ画像の中に検出された顔に青枠が表示され，2 つの目に緑の枠が表示されます．

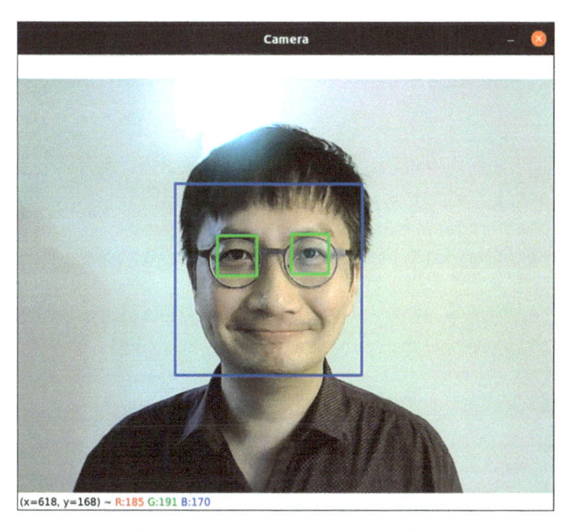

図 5.24　face_detection の実行例

【クイズ 5.1】

1. OpenCV の GitHub リポジトリから，他の学習済み分類器の XML ファイルを調べましょう．3 つリストアップしてください．

2. サンプルプログラム face_detection.py に基づいて学習した分類器の XML ファイルを 1 つ適用し，検出性能を確認してください．

5.6 マーカ検出

5.6.1 QRコード

バーコードは，機械で読み取り可能な光学ラベルで，コンピュータビジョンを利用して高速にラベルの内容を読み取ることができます．**QR** (Quick Response) **コード**は，高速な読み取りと大きな情報記憶容量を持つ 2 次元バーコードの一種としてよく知られています．

● QR コードの検出

QR コードを検出するサンプルプログラムとして，この本で提供する opencv_ros2 パッケージの中に qrcode_detector.py を用意しています．

これまでと同様に，まずカメラから画像データを取得するために/image_raw トピックをサブスクライブし，ROS の画像データを OpenCV のデータ形式に変換します．次に，OpenCV の QRCodeDetector のインスタンスを作成し，detectAndDecode() メソッドを用いて，画像内の QR コードの位置と内容を取得します．そして，添付された情報を出力し，QR コード画像を表示します．また，ROS にデータと QR コード画像をパブリッシュします．

プログラムリスト 5.6 QR コードの検出（qrcode_detector.py の一部）

```
33      def image_callback(self, data):
34          frame = self.br.imgmsg_to_cv2(data, "bgr8")
35
36          detector = cv2.QRCodeDetector()
37
38          qrdata, bbox, rectImg = detector.detectAndDecode(frame)
39
40          if qrdata:
41              print("QR Code detected, data:", qrdata)
42              qrdata_string = String()
43              qrdata_string.data = qrdata
44              self.publisher_data.publish(qrdata_string)
45
46              qrcode_rectimg = self.br.cv2_to_imgmsg(rectImg, "8UC1")
47              self.publisher_result.publish(qrcode_rectimg)
48
49              cv2.imshow("QRCode", rectImg)
50
51              cv2.waitKey(1)
```

前節と同様に端末で以下のように入力して，usb_cam パッケージの USB カメラのノードを起動します．

```
ros2 run usb_cam usb_cam_node_exe
```

次に，別の端末で以下のように入力し，サンプルプログラムを実行します．

```
ros2 run opencv_ros2 qrcode_detector
```

QR コードが検出されると，図 5.25 のように，検出された QR コードが表示され，端末にデコードされた文字列が表示されます．また，情報トピック qrcode_detector_data を echo し，ROS の rqt_image_view ツールを用いて画像トピック qrcode_detector_result を表示することもできます．

図 5.25 qrcode_detector の実行例

5.6.2 ArUco マーカと姿勢推定

画像に写った既知の形状の**位置と姿勢の推定**は，拡張現実感，物体操作，ロボットナビゲーションに広く応用されているコンピュータビジョンの有用な技術です．通常，2 値の正方形フィデューシャルマーカ (fiducial marker)[注27] を使用し，画像中にその形状を見つけることによって，3 次元の位置と姿勢を推定します．その処理は，既知の形状を撮影した 2 次元の画像から 3 次元の位置姿勢を推定する技術（3 次元復元処理）がもとになっており，それができるだけ確実に行えるようにパターンがつくられています．この目的のために，開発された**ArUco** ライブラリ[注28] は，OpenCV の中に ArUco モジュールとして含まれています．

● ArUco マーカによる位置・姿勢推定

この本で提供する opencv_ros2 の中に，ros2_aruco パッケージ[注29] を使用して，姿勢推定の結果

注 27 画像内に写る位置や大きさの基準となる物体のことです．

注 28 S. Garrido-Jurado, R. MuÃśoz-Salinas, F. J. Madrid-Cuevas, and M. J. MarÃŋn-JimÃĺnez. Automatic generation and detection of highly reliable fiducial markers under occlusion. Pattern Recognition, 47, 6, 2280-2292, 2014. doi:10.1016/j.patcog.2014.01.005

注 29 https://github.com/JMU-ROBOTICS-VIVA/ros2_aruco

を tf へブロードキャストするサンプルプログラム aruco_node_tf.py を用意しました．

サンプルプログラムを実行する前に，端末で以下のコマンドを入力し，複数のサンプルマーカ画像（図 5.26）を生成します．

```
ros2 run ros2_aruco aruco_generate_marker
```

コマンドの後ろにオプションを追加することで，生成されるマーカの id，サイズ，辞書を指定することができます．詳しくは，上記コマンドに-h フラグを追加して実行すると使用情報が表示されます．それを見てください．

サンプルプログラム aruco_node_tf.py では，これまでと同様に，まず画像トピックとカメラ情報トピックをサブスクライブして画像とカメラデータを取得し，ROS の画像データを OpenCV のデータ形式に変換します．そして，OpenCV の cv2.aruco.detectMarkers() 関数でマーカを検出します．その後に，cv2.aruco.drawDetectedMarkers() 関数で画像上に検出されたマーカを囲む枠を描画します．

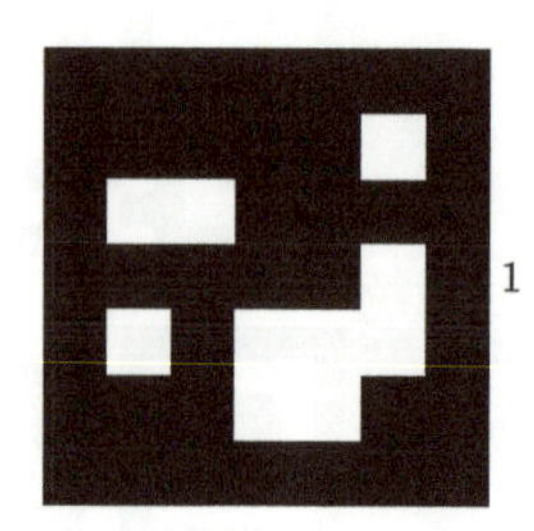

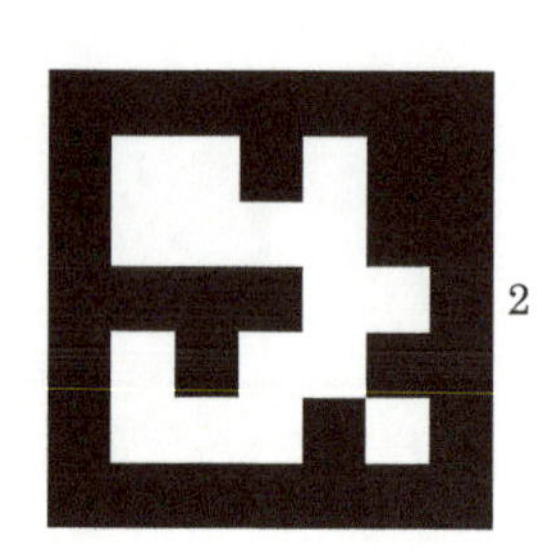

図 5.26　id=0, 1, 2，辞書=5 × 5 の ArUco マーカ

プログラムリスト 5.7　ArUco マーカによる位置・姿勢推定（aruco_node_tf.py の一部）

```
100         corners, marker_ids, rejected = cv2.aruco.detectMarkers(
101             cv_image,
102             self.aruco_dictionary,
103             parameters=self.aruco_parameters)
104
105         if marker_ids is not None:
106
107             cv2.aruco.drawDetectedMarkers(cv_image, corners, marker_ids)
```

次に，cv2.aruco.estimatePoseSingleMarkers() で姿勢を推定します．そして，戻り値の並進ベクトルと回転ベクトルからそれぞれのマーカの位置と姿勢を求めます．その結果を tf へブロードキャストし，cv2.aruco.drawAxis() で画像上に座標軸を描きたし，PoseArray 型と ArucoMarkers 型のトピックへパブリッシュします．

```
109             if cv2.__version__ > '4.0.0':
110                 rvecs, tvecs, _ = cv2.aruco.estimatePoseSingleMarkers(
111                     corners,
112                     self.marker_size,
113                     self.intrinsic_mat,
114                     self.distortion)
115             else:
116                 rvecs, tvecs = cv2.aruco.estimatePoseSingleMarkers(
117                     corners,
118                     self.marker_size,
```

```
119                     self.intrinsic_mat,
120                     self.distortion)
121             for i, marker_id in enumerate(marker_ids):
122                 t = TransformStamped()
123                 t.header.stamp = self.get_clock().now().to_msg()
124                 t.header.frame_id = markers.header.frame_id
125                 t.child_frame_id = self.aruco_marker_name + str(marker_id[0])
126 
127                 t.transform.translation.x = tvecs[i][0][0]
128                 t.transform.translation.y = tvecs[i][0][1]
129                 t.transform.translation.z = tvecs[i][0][2]
130 
131                 pose = Pose()
132                 pose.position.x = tvecs[i][0][0]
133                 pose.position.y = tvecs[i][0][1]
134                 pose.position.z = tvecs[i][0][2]
135 
136                 rot_matrix = np.eye(4)
137                 rot_matrix[0:3, 0:3] = cv2.Rodrigues(np.array(rvecs[i][0]))[0]
138                 quat = tf_transformations.quaternion_from_matrix(rot_matrix)
139 
140                 t.transform.rotation.x = quat[0]
141                 t.transform.rotation.y = quat[1]
142                 t.transform.rotation.z = quat[2]
143                 t.transform.rotation.w = quat[3]
144 
145                 self.tfbroadcaster.sendTransform(t)
146 
147                 cv2.aruco.drawAxis(
148                     cv_image, self.intrinsic_mat,
149                     self.distortion, rvecs[i],
150                     tvecs[i], 0.05)
151 
152                 pose.orientation.x = quat[0]
153                 pose.orientation.y = quat[1]
154                 pose.orientation.z = quat[2]
155                 pose.orientation.w = quat[3]
156 
157                 pose_array.poses.append(pose)
158                 markers.poses.append(pose)
159                 markers.marker_ids.append(marker_id[0])
160 
161             self.poses_pub.publish(pose_array)
162             self.markers_pub.publish(markers)
163 
164         cv2.imshow("camera", cv_image)
165         cv2.waitKey(1)
```

これまでと同様に端末で以下のように入力して，usb_cam パッケージの USB カメラのノードを起動します．

```
ros2 run usb_cam usb_cam_node_exe
```

次に，別の端末で以下のように入力し，リンプルプログラムを実行します．

```
ros2 run opencv_ros2 aruco_node_tf
```

そして，先に作成したArUcoマーカをカメラで撮影すると，図5.27のように，検出されたマーカに枠が付き，各マーカの中心に座標軸が表示されます．また，別の端末で以下を入力すると，`/tf`トピックへブロードキャストされた内容を確認できます．

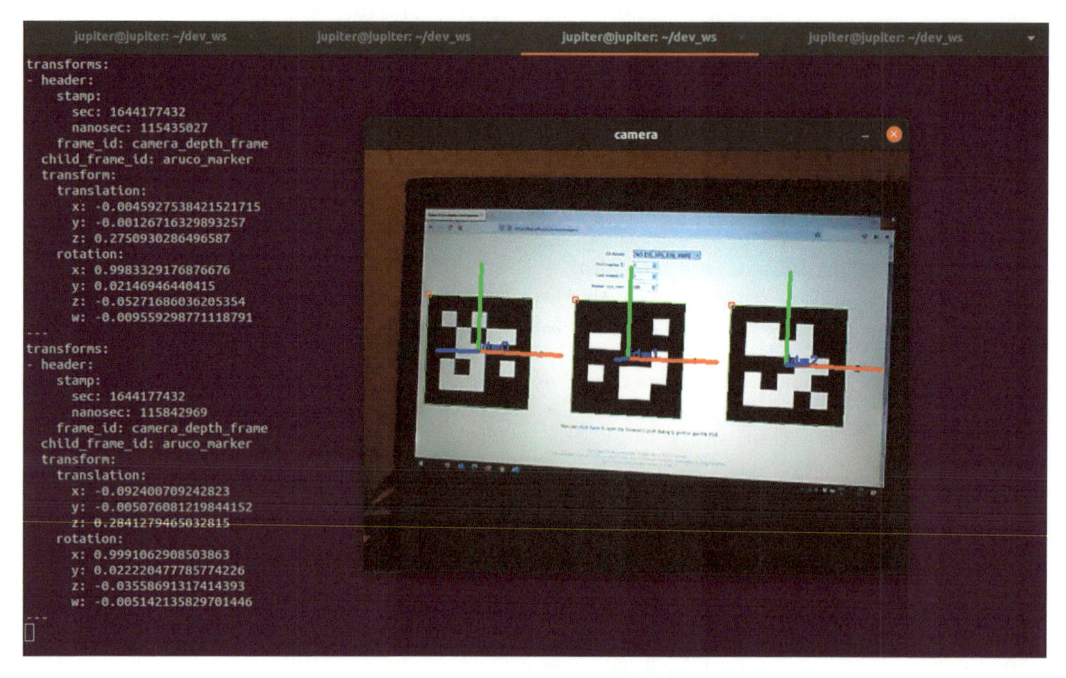

図5.27　`aruco_node_tf`の実行例

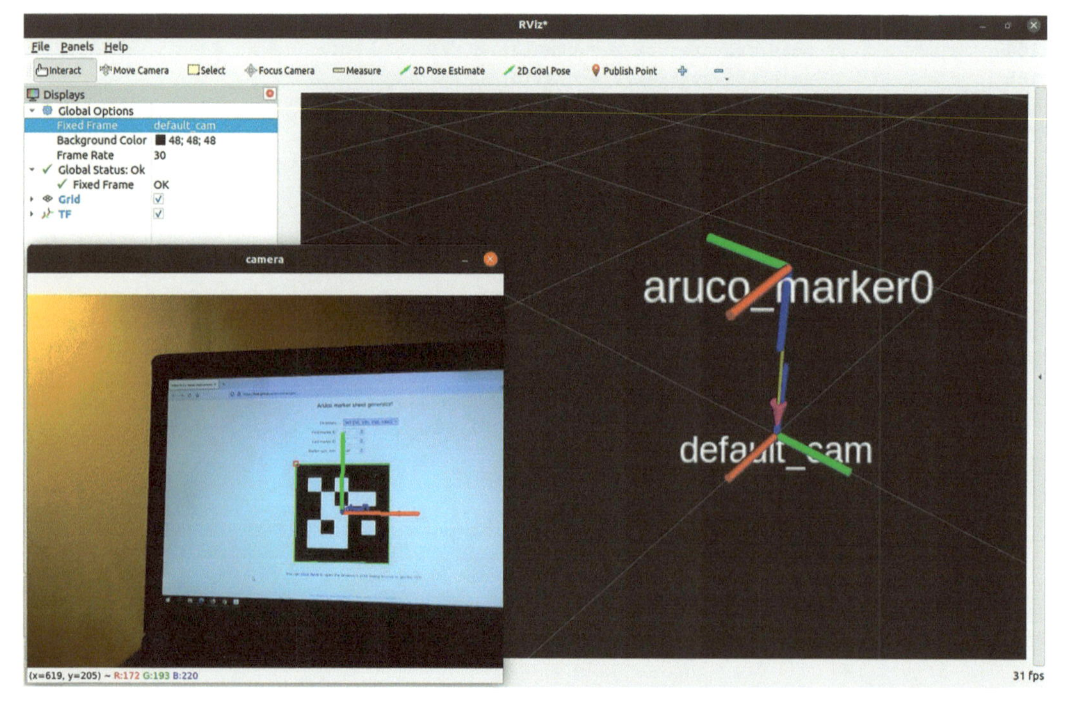

図5.28　ArUcoマーカのポーズをRVizで可視化

```
ros2 topic echo /tf
```

さらに，端末で rviz2 を実行して RViz ウィンドウを表示させ，Fixed Frame を default_cam に変更し，[Add] をクリックして [TF] を追加すると，図 5.28 のようにマーカとカメラ座標系が可視化されます．

5.7 深層学習による物体検出

5.7.1 畳み込みニューラルネットワーク

これまで，いくつかの重要な概念とアルゴリズムを説明してきましたが，これらはこの節のテーマである**畳み込みニューラルネットワーク**（**CNN** または ConvNets）の基礎となるものです．畳み込みニューラルネットワークは，深層学習ベースの画像解析によく使用されています．これは，生物の神経回路網をモデルとしたもので，学習可能な重みとバイアスを持つニューロンのネットワークによって構成されています．これらのニューロンは，一連の入力を受け取り，重みをかけて，それらの値を合計します．これは，5.5 節で説明した畳み込み演算と同様です．入力の重みはカーネル／フィルタの値に相当しますが，5.5 節のカーネルとは異なり，ニューラルネットワークでは，好ましい結果が得られるように重みを更新する仕組みが備わっています．

図 5.29 は，典型的な CNN のアーキテクチャを示しています．通常のニューラルネットワークと同様に，CNN のアーキテクチャは，入力層，隠れ層，出力層で構成されています．通常のニューラルネットワークとの違いは，特徴を学習するためのニューロン層が 3 次元（幅，高さ，奥行き）になっていることです．この層設計は，画像データの取り扱いや畳み込み演算を行うのに適しています．入力層は，入力画像の幅と高さ，画像の RGB カラーチャンネルの深さの寸法を持っています．CNN の主な層の種類は，畳み込み層，プーリング層，全結合層の 3 つです．畳み込み層やプーリング層は複数あってもかまいませんが，全結合層が最終的な層となります．

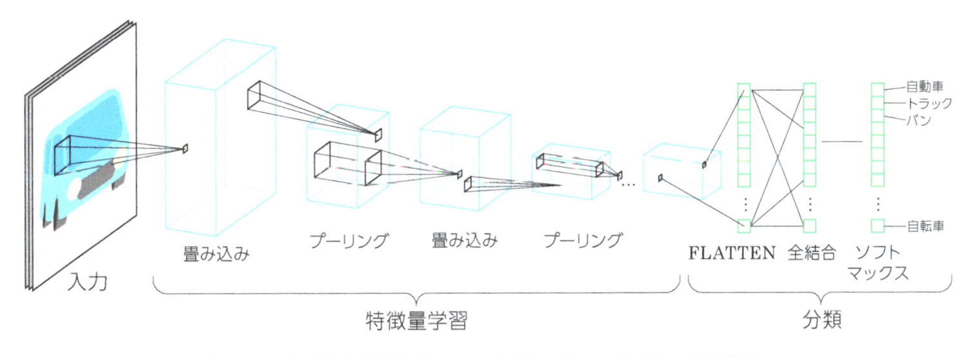

図 5.29 典型的な畳み込みニューラルネットワークのアーキテクチャ

● 畳み込み層

畳み込み層は，画像の特徴を学習・検出するための CNN の主要部分です．5.5 節の畳み込み演算と同様に，ここでは特徴検出器としてカーネルまたはフィルタを持ち，入力画像に対して畳み込みを行い，特徴マップ，活性化マップ，または畳み込み特徴ともよばれる出力配列を計算します．図 5.30 を見てください．カーネルは入力画像のある領域に適用され，入力画素とカーネル値との内積を計算し，出力配列に投入されます．その後，カーネルはストライド単位でシフトし，画像全体でこの処理を繰り返します．

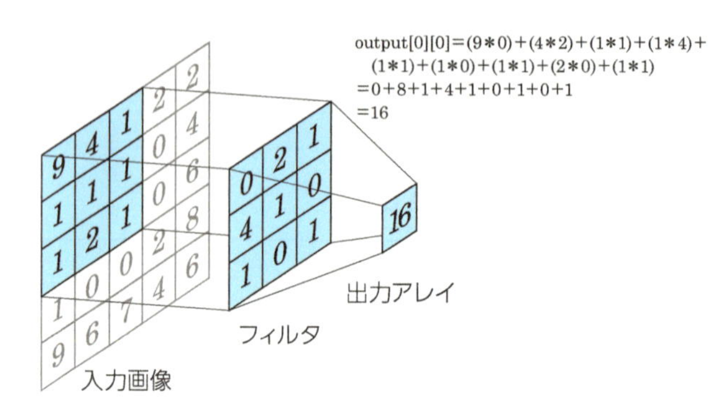

図 5.30　畳み込み演算

CNN では，複数の畳み込み層が続くことがあります．これにより，前の層ではエッジや色などの単純な特徴を検出し，後の層では単純な特徴の組み合わせから目や口などのより複雑な特徴を検出し，後の層に進むことで顔を検出することができます．

畳み込み層の後に，CNN のモデルに非線形性を導入するために，正規化線形ユニット (Rectified Linear Unit, ReLU) 層を適用することができます．ReLU は，負の入力を受け取ると 0 を返し，正の入力を受け取ると同じ正の値を返す活性化関数の一種です．

● プーリング層

計算の複雑さを軽減し効率性を高めるために，プーリング層ではダウンサンプリングを行い，次元と入力のパラメータ数を減らします．プーリング層のカーネルは重みを持たず，入力に対して集約関数を適用します．最大プーリングでは画素の中から最大値を選択し，平均プーリングでは画素の平均値を計算します．

● 全結合層

全結合層は，CNN の最終層です．ニューロンは平らになり，層は通常のニューラルネットワークのように完全に結合されています．全結合層の機能は分類を行うことで，通常はソフトマックス活性化関数を使用します．

5.7.2　深層学習による物体検出

物体検出は，周囲の物体の情報を得るためのロボットビジョンにおける中核的なアプリケーション開発です．深層学習ベースのアルゴリズムは，高精度で大量かつ多様なオブジェクトが含まれる実世界の物体検出ができるので，現在最もよく使われている物体検出のアプローチです．物体検出には，画像解析における次の 2 つの主要なタスクが含まれます．

1. 画像の分類
2. 物体のローカライズ

画像の分類とは，画像内の物体のクラスを分類することであり，物体のローカライズとは，画像内での物体の位置を示すために，物体を囲むバウンディングボックスを求めることです．物体検出は，この2つの操作を組み合わせて，与えられた画像やビデオストリーム内の1つまたは複数の物体をリアルタイムで検出します．

前述のCNNにおける畳み込み演算の概念から，最初の直感的なアイデアは，標準的なCNNを使って入力画像上でウィンドウをスライドさせることで物体検出を行うことです．しかし，このアイデアは，標準的なCNNでは出力層の長さが固定されているため，1つの画像の中から複数のクラスの物体を検出できません．このことから，2014年に導入されたR-CNN (Region-Based Convolutional Neural Network) では，選択的探索による領域提案を導入した研究開発が進められています．しかし，固定された探索アルゴリズムと重い計算量のため，この方法はあまり実用的ではなく，実時間では実現できません．その後，改良版のFast R-CNNが開発され，あらかじめ定義された領域を投入する代わりに，入力画像の畳み込み特徴マップから領域提案を識別するようになりました．

上記のアルゴリズムはすべて，領域提案の開発に焦点を当てています．2015年には，画像全体を見る別の手法として，**YOLO** (You Only Look Once) アルゴリズムが登場し，単一のCNNを使ってバウンディングボックスとそれに対応する物体クラスのラベルを直接予測するようになりました．図5.31にYOLOアルゴリズムのコンセプトを示します．入力画像を $S \times S$ グリッドのセルに分割し，各セルでは，そのセル内にあるボックスを中心としたいくつかのバウンディングボックスの可能性を予測します．それぞれのバウンディングボックスに対して，CNNは分類の確率とバウンディングボックスのオフセット値を出力します．

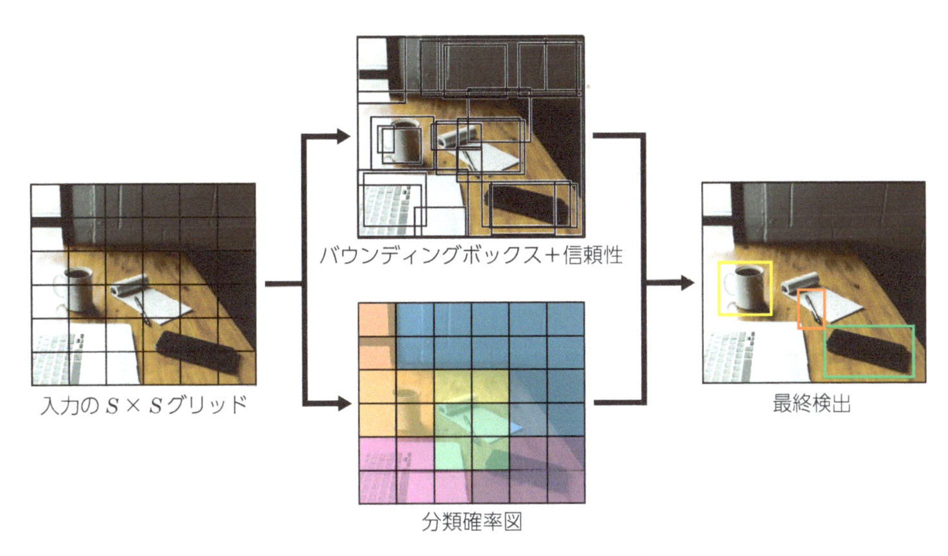

図5.31　YOLOアルゴリズムのコンセプト

このアルゴリズムは，従来の手法に比べて予測精度が低いものの（例：定位誤差が大きい），45[フレーム/秒]，速度を最適化したバージョンのモデルでは155[フレーム/秒]と大幅に高速化でき，これはリアルタイム性がある応用事例にとって非常に重要なことです．

● YOLOの物体検出

YOLOを使って与えられた画像から物体検出をするROSのノードを紹介します．この章の深層学習アルゴリズムの例として，YOLOv8[注30] がインストールされています．これは，Pytorch フレームワーク[注31] を使用したオープンソースの物体検出アルゴリズムです．

YOLOv8 には Python インタフェースがあり，我々の Python コーディング開発にシームレスに統合することができます．Python インタフェースにより，モデルのロード，実行，出力の処理を簡単に行うことができます．これにより，プロジェクトにおける物体検出，セグメンテーション，分類機能の迅速な実装が可能になります．

これらの実装例は，yolov8_ros2 パッケージのサンプルプログラムから見ることができます．サンプルプログラム object_detection.py では，まず ultralytics から YOLO の機能をインポートします．次に，事前に学習されたモデルファイル（ローカルにない場合は，ultralytics のリポジトリ[注32] から自動的にダウンロードされます）を使って，検出モデルをインスタンス化します．物体検出に関するサンプルプログラム object_detection.py を見てみましょう．プログラムリスト 5.8 を参照してください．まず，コードに ultralytics から YOLO の機能をインポートします．

プログラムリスト 5.8　YOLO の物体検出（object_detection.py の一部）

```
 6 import cv2
 7 from cv_bridge import CvBridge, CvBridgeError
 8
 9 from ultralytics import YOLO
10
11
12 class ObjectDetection(Node):
13
14     def __init__(self, **args):
15         super().__init__('object_detection')
16
17         self.detection_model = YOLO("yolov8m.pt")
18
19         self.bridge = CvBridge()
```

ROS における OpenCV の画像処理の実装例と同様に，まず/image_raw トピックから画像のメッセージを受け取るサブスクライバを作成します．

```
21         self.subscription = self.create_subscription(
22             Image,
23             '/image_raw',
24             self.camera_callback,
25             qos_profile_sensor_data)
```

サブスクライバに指定されたコールバックの中で，CvBridge を用いて ROS の画像データを OpenCV のデータ形式に変換し，detection_model() メソッドで YOLO を用いた物体検出を行います．その戻り値は，バウンディングボックスが描き足された画像と複数の検出結果を収めたリストです．最後に，検出結果のプロットから注釈付き画像を取得し，結果を表示します．

```
27     def image_callback(self, msg):
28         try:
29             img0 = self.bridge.imgmsg_to_cv2(msg, "bgr8")
30         except CvBridgeError as e:
31             self.get_logger().warn(str(e))
```

注 30　https://github.com/ultralytics/ultralytics
注 31　https://pytorch.org/
注 32　https://docs.ultralytics.com/datasets/detect/coco/

```
32                 return
33
34             detection_result = self.detection_model(img0)
35             annotated_frame = detection_result[0].plot()
36
37             cv2.imshow('result', annotated_frame)
38             cv2.waitKey(1)
39
40
41 def main():
42     rclpy.init()
43     object_detection = ObjectDetection()
44     try:
45         rclpy.spin(object_detection)
46     except KeyboardInterrupt:
47         pass
48     rclpy.shutdown()
```

検出モデルをセグメンテーションモデルに置き換えるだけで，同じコードをオブジェクトのセグメンテーションに適用できます．実装例はサンプルプログラム object_segmentation.py（プログラムリスト 5.9）で確認できます．

プログラムリスト 5.9 YOLO の物体セグメンテーション（object_segmentation.py の一部）

```
12 class ObjectSegmentation(Node):
13
14     def __init__(self, **args):
15         super().__init__('object_segmentation')
16
17         self.segmentation_model = YOLO("yolov8m-seg.pt")
18
19         self.bridge = CvBridge()
20
21         self.subscription = self.create_subscription(
22             Image,
23             'image_raw',
24             self.image_callback,
25             qos_profile_sensor_data)
26
27     def image_callback(self, msg):
28         try:
29             img0 = self.bridge.imgmsg_to_cv2(msg, "bgr8")
30         except CvBridgeError as e:
31             self.get_logger().warn(str(e))
32             return
33
34         segmentation_result = self.segmentation_model(img0)
35         annotated_frame = segmentation_result[0].plot()
36
37         cv2.imshow('result', annotated_frame)
38         cv2.waitKey(1)
```

これまでと同様に端末で以下のように入力して，usb_cam パッケージの USB カメラのノードを起動します．

```
ros2 run usb_cam usb_cam_node_exe
```

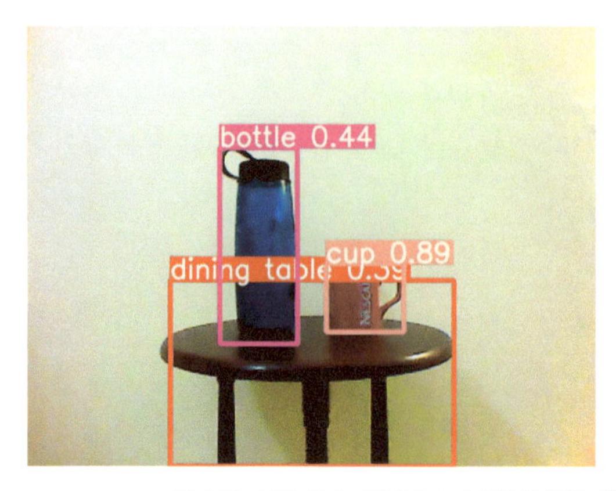

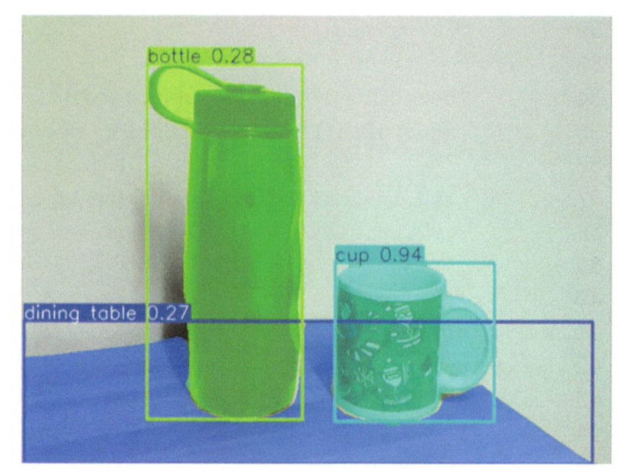

図 5.32　YOLO と ROS 2 による物体検出（左）と物体セグメンテーション（右）の結果の例

次に，別の端末で以下のように入力し，物体検出のサンプルプログラムを実行します．

```
ros2 run yolov8_ros2 object_detection
```

また，以下のように入力すると，物体のセグメンテーションのサンプルプログラムを実行します．

```
ros2 run yolov8_ros2 object_segmentation
```

プログラムが正常に実行されると，新たなウィンドウが現れ，図 5.32 のように，検出物体に色付きの枠が描きたされたカメラ画像が表示されます．

● 検出物体の位置推定

RGB-D カメラから得られるカラー画像と深度画像を用いて，検出された物体の 3 次元位置を推定するプログラムを紹介します．yolov8_ros2 パッケージの中のサンプルプログラム object_detection_tf.py（プログラムリスト 5.10）を見てください．

このプログラムでは，利用するカラー画像と深度画像の画素の対応がとれていることが前提です．また，カメラの内部パラメータが必要です．YOLO を使ってカラー画像内の物体を検出し，深度画像の対応する画素から物体の深度を計算し，カメラモデルに基づいて 3 次元位置を算出します．

ノードの ObjectDetection クラスのコンストラクタでは，カラー画像と深度画像とカメラ情報の 3 つのトピックからまとめてメッセージを取得するために，ROS の message_filters[注33] の機能を使っています．それぞれのトピックに対して message_filters の Subscriber クラスのインスタンスを生成し，同期処理のために ApproximateTimeSynchronizer クラスのインスタンスにそれらを登録します．また，そのインスタンスにはすべてのトピックのメッセージが揃ったときに呼び出されるコールバックを指定します．

プログラムリスト 5.10　YOLO の検出物体の位置推定（object_detection_tf.py の一部）

```
25        self.callback_group = ReentrantCallbackGroup()   # コールバックの並行処理のため
26        self.sub_info = Subscriber(
27            self, CameraInfo, '/camera/camera/aligned_depth_to_color/camera_info',
28            callback_group=self.callback_group)
29        self.sub_color = Subscriber(
```

注 33　https://github.com/intel/ros2_message_filters

```
30              self, Image, '/camera/camera/color/image_raw',
31              callback_group=self.callback_group)
32          self.sub_depth = Subscriber(
33              self, Image, '/camera/camera/aligned_depth_to_color/image_raw',
34              callback_group=self.callback_group)
35          self.ts = ApproximateTimeSynchronizer(
36              [self.sub_info, self.sub_color, self.sub_depth], 10, 0.1)
37          self.ts.registerCallback(self.images_callback)
```

コールバックでは，CvBridge を用いてカラーと深度の画像メッセージをそれぞれ OpenCV の画像に変換し，カラー画像に対して YOLO による物体検出を行います．

```
44
45      def images_callback(self, msg_info, msg_color, msg_depth):
46          try:
47              img_color = CvBridge().imgmsg_to_cv2(msg_color, 'bgr8')
48              img_depth = CvBridge().imgmsg_to_cv2(msg_depth, 'passthrough')
49          except CvBridgeError as e:
50              self.get_logger().warn(str(e))
51              return
52
53          if img_color.shape[0:2] != img_depth.shape[0:2]:
54              self.get_logger().warn('カラーと深度の画像サイズが異なる')
55              return
56
57          if img_depth.dtype == np.uint16:
58              depth_scale = 1e-3
59              img_depth_conversion = True
60          elif img_depth.dtype == np.float32:
61              depth_scale = 1
62              img_depth_conversion = False
63          else:
64              self.get_logger().warn('深度画像の型に対応していない')
65              return
66
67          # 物体認識
68          boxes = []
69          classes = []
70          results = self.detection_model(img_color, verbose=False)
71          names = results[0].names
72          boxes = results[0].boxes
73          classes = results[0].boxes.cls
74          img_color = results[0].plot()
75
76          cv2.imshow('color', img_color)
```

カラー画像の中から検出した物体のリストの中から，クラスの属性 target_name と名前が一致するものを探し，最初に見つかったものを出力に使います．対象の物体のバウンディングボックスに対応する深度画像の領域の中央値を求めて，それをその領域の深度の代表値とします．その値と領域の中心の画像座標値から，カメラモデルに基づいて物体の 3 次元位置を計算します．そのときに camera_info トピックから得られたカメラパラメータを利用します．得られた 3 次元位置で TransformStamped メッセージをつくり，結果を tf へブロードキャストします．なお，姿勢はデフォルト値のままです．確認のため，計算に使われた深度画像の領域に矩形を描き足しています．

```
78          box = None
79          for b, c in zip(boxes, classes):
```

```
80              if names[int(c)] == self.target_name:
81                  box = b
82                  break
83
84          # カラー画像内で検出された場合は，深度画像から3次元位置を算出
85          depth = 0
86          (bu1, bu2, bv1, bv2) = (0, 0, 0, 0)
87          if box is not None:
88              a = 0.5
89              bu1, bv1, bu2, bv2 = [int(i) for i in box.xyxy.cpu().numpy()[0]]
90              u1 = round((bu1 + bu2) / 2 - (bu2 - bu1) * a / 2)
91              u2 = round((bu1 + bu2) / 2 + (bu2 - bu1) * a / 2)
92              v1 = round((bv1 + bv2) / 2 - (bv2 - bv1) * a / 2)
93              v2 = round((bv1 + bv2) / 2 + (bv2 - bv1) * a / 2)
94              u = round((bu1 + bu2) / 2)
95              v = round((bv1 + bv2) / 2)
96              depth = np.median(img_depth[v1:v2+1, u1:u2+1])
97              if depth != 0:
98                  z = float(depth) * depth_scale
99                  fx = msg_info.k[0]
100                 fy = msg_info.k[4]
101                 cx = msg_info.k[2]
102                 cy = msg_info.k[5]
103                 x = z / fx * (u - cx)
104                 y = z / fy * (v - cy)
105                 self.get_logger().info(
106                     f'{self.target_name} ({x:.3f}, {y:.3f}, {z:.3f})')
107                 # tf の送出
108                 ts = TransformStamped()
109                 ts.header = msg_depth.header
110                 ts.child_frame_id = self.frame_id
111                 ts.transform.translation.x = x
112                 ts.transform.translation.y = y
113                 ts.transform.translation.z = z
114                 self.broadcaster.sendTransform(ts)
115
116         # 深度画像の加工
117         if img_depth_conversion:
118             img_depth *= 16
119         if depth != 0:  # 認識していて，かつ，距離が得られた場合
120             pt1 = (int(bu1), int(bv1))
121             pt2 = (int(bu2), int(bv2))
122             cv2.rectangle(img_depth, pt1=pt1, pt2=pt2, color=0xffff)
123
124         cv2.imshow('depth', img_depth)
125         cv2.waitKey(1)
```

端末で以下のように入力して，RealSense 用のノードを起動します．

```
ros2 launch realsense2_camera rs_launch.py align_depth.enable:=true
```

次に，別の端末で以下のように入力し，サンプルプログラムを実行します．

```
ros2 run yolov8_ros2 object_detection_tf
```

プログラムが正常に実行されると，新たなウィンドウが現れ，図 5.33 に示すように，深度画像に対象物体のバウンディングボックスが表示され，/tf トピックにはカメラ座標系における物体の 3 次元位

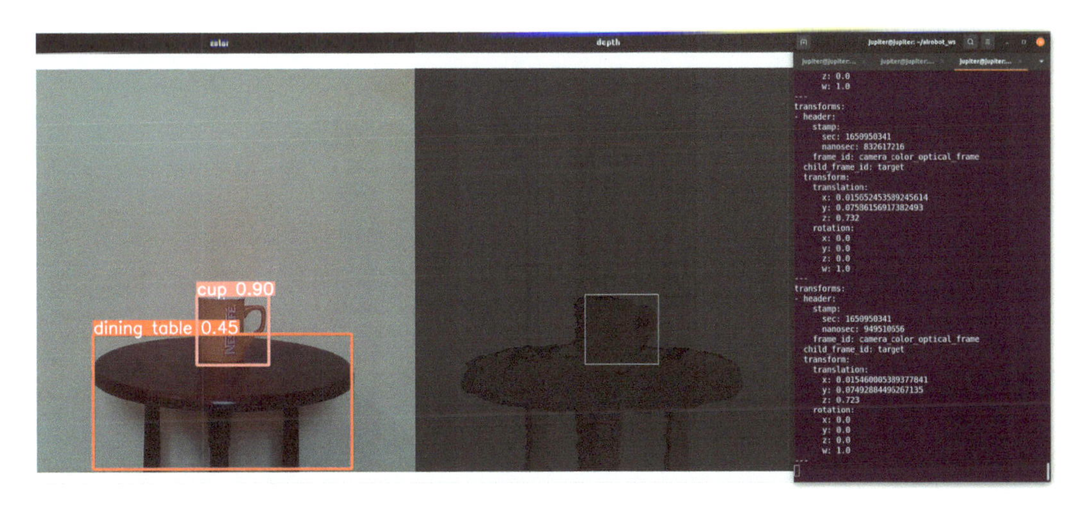

図 5.33　物体検出と位置推定 (target_name = 'cup')

置が出力されていることが確認できます．

● 物体検出のアクションサーバ

プログラムリスト 5.10 をさらに発展させ，外部からアクション通信で指示を受けて物体を検出し，その 3 次元位置を tf へ出力するようにします．これによってロボットの他の機能との連携ができるようになります．アクション通信には，第 2 章で導入した StringCommand.action を使います．yolov8_ros2 パッケージのサンプルプログラム object_detection_action_server.py（プログラムリスト 5.11）を見てください．

サンプルプログラムの中のアクション通信に対応するコールバックを見ましょう．

プログラムリスト 5.11　YOLO の物体検出のアクションサーバ（object_detection_action_server.py の一部）

```
88      def execute_callback(self, goal_handle: ServerGoalHandle):
89          with self.execute_lock:
90              self.get_logger().info('実行...')
91              request: StringCommand.Goal = goal_handle.request
92              result = StringCommand.Result()
93              result.answer = 'NG'
94              # 指示文find: 一定時間内に物体検出を行う
95              if request.command.startswith('find'):
96                  name = request.command[4:].strip()
97                  if len(name) == 0:
98                      result.answer = 'NG name required'
99                      goal_handle.abort()
100                 elif name not in self.names:
101                     result.answer = 'NG unknown name'
102                     goal_handle.abort()
103                 else:
104                     with self.target_detection_lock:  # 物体認識を開始させる
105                         self.target_name = name
106                         self.running = True
107                         self.counter_total = 0
108                         self.counter_detect = 0
109                     start_time = time.time()
110                     while time.time() - start_time < 3:
111                         if not goal_handle.is_active:
```

```
112                         with self.target_detection_lock:
113                             self.running = False
114                         break
115                     if goal_handle.is_cancel_requested:
116                         goal_handle.canceled()
117                         with self.target_detection_lock:
118                             self.running = False
119                         break
120                     time.sleep(0.1)
121                 if self.running:
122                     with self.target_detection_lock:
123                         counter_total = self.counter_total
124                         counter_detect = self.counter_detect
125                         self.running = False
126                     if counter_total > 0 and counter_detect / counter_total >= 0.5:
127                         result.answer = 'OK'
128                         goal_handle.succeed()
129                     else:
130                         result.answer = 'NG not found'
131                         goal_handle.succeed()
132         # 指示文track: 継続的に物体検出を行う
133         elif request.command.startswith('track'):
134             name = request.command[5:].strip()
135             if len(name) == 0:
136                 result.answer = 'NG name required'
137                 goal_handle.abort()
138             elif name not in self.names:
139                 result.answer = 'NG unknown name'
140                 goal_handle.abort()
141             else:
142                 with self.target_detection_lock:  # 物体認識を開始させる
143                     self.target_name = name
144                     self.running = True
145                 result.answer = 'OK'
146                 goal_handle.succeed()
147         # 指示文stop: 物体検出の処理を停止
148         elif request.command.startswith('stop'):
149             with self.target_detection_lock:
150                 self.running = False
151             result.answer = 'OK'
152             goal_handle.succeed()
153         # それ以外
154         else:
155             result.answer = f'NG {request.command} not supported'
156             goal_handle.abort()
157
158         self.get_logger().info(f'answer: {result.answer}')
159         return result
```

アクション通信の vision/command のリクエストとして送る指示の文字列には，find，track，stop の 3 種類を想定しています．find は，リクエストしてから 3 秒間だけ物体検出を行い，その間に指定の名前の物体が検出されれば，結果を tf へ出力します．track は，出力方法は同じですが，検出処理を止めません．stop は物体検出の処理を停止します．

2 つの端末で以下のように入力して，RealSense 用のノードを起動し，サンプルプログラムを実行します．

```
ros2 launch realsense2_camera rs_launch.py align_depth.enable:=true
```

```
ros2 run yolov8_ros2 object_detection_action_server
```

さらに，3つ目の端末で以下のように入力してROSアクション通信を呼び出します．対象物体 'cup' を検出させます（図5.34）．

```
ros2 action send_goal /vision/command airobot_interfaces/action/StringCommand "{command:
find cup}"
```

対象物体 'cup' を連続的に追跡させます．

```
ros2 action send_goal /vision/command airobot_interfaces/action/StringCommand "{command:
track cup}"
```

物体検出の処理を停止させます．

```
ros2 action send_goal /vision/command airobot_interfaces/action/StringCommand "{command:
stop}"
```

```
jupiter@juno: ~/airobot_ws
jupiter@juno:~/airobot_ws$ ros2 action send_goal /vision/command airobot_interfaces/action/StringCommand "{command: find cup}"
Waiting for an action server to become available...
Sending goal:
     command: find cup

Goal accepted with ID: 5b1a9779b0d34e2cb8d8fb7dbc830d78

Result:
    answer: OK

Goal finished with status: SUCCEEDED
jupiter@juno:~/airobot_ws$ ros2 action send_goal /vision/command airobot_interfaces/action/StringCommand "{command: track cup}"
Waiting for an action server to become available...
Sending goal:
     command: track cup

Goal accepted with ID: d766b92f53a7426893953f1cd917d331

Result:
    answer: OK

Goal finished with status: SUCCEEDED
jupiter@juno:~/airobot_ws$ ros2 action send_goal /vision/command airobot_interfaces/action/StringCommand "{command: stop}"
Waiting for an action server to become available...
Sending goal:
     command: stop

Goal accepted with ID: 97c2c2b999064be9b19b6b12e27261da

Result:
    answer: OK

Goal finished with status: SUCCEEDED
jupiter@juno:~/airobot_ws$
```

図5.34　物体検出のアクション通信

物体検出の例は，事前に学習されたモデル内にある対象物体を使ったアプリケーションを開発するときに，非常に便利です．この本で扱う範囲を超えますが，与えられたモデルにないカスタム物体のために物体検出アプリケーションを訓練する方法を知りたい人は多いと思います．新しい物体を検出するためのカスタムモデルを作成することは，画像の収集と整理，関心のある物体のラベル付け，モデルのトレーニング，予測を行うためにそれを野に放つ，そしてその放たれたモデルを使ってエッジケース[注34]の例を収集し，繰り返し改善するという作業です．興味のある人は，YOLO のウェブサイト[注35]にある関連するチュートリアルの勉強をおすすめします．

チャレンジ 5.1：人間のお客さんにあいさつをしよう！

第 3 章の音声合成機能と組み合わせて，人の顔を検出するとあいさつができるロボットアプリケーションを開発しましょう．

ヒント：顔検出の例

チャレンジ 5.2：私のコップはどこにある？

カメラのまわりでコップを動かすと，その方向を示す（音声またはテキスト出力）ことで，マーカを持ったコップを追跡できるロボットアプリケーションを開発しましょう．

ヒント：ArUco のマーカ検出と姿勢推定の例

まとめ

- ロボットビジョンシステムでよく使われるハードウェアとソフトウェアを紹介しました．
- 開発のためのアプリケーション例を用いたロボットビジョンシステムを紹介しました．
- 基本的な画像データ（カラー画像，深度データ）の取り扱いについて学びました．
- コンピュータビジョンの基本である特徴検出とカスケード分類器を学習しました．
- YOLO を用いた深層学習ベースの物体検出手法を学習しました．

ミニプロジェクト

ミニプロ 5.1：物体を探してください

この章の物体検出機能と音声対話モジュールを組み合わせて，対話型ロボットアプリケーションを作成してみましょう．人間のユーザは，対象物の名前をいうことで，対象物を見つけるように要求できます．ロボットは，ターゲットとなる物体が見つかったかどうかを音声で回答します．

ヒント：物体検出のサンプルプログラムを使って目的の物体を見つけ，`speech_action`（第 3 章）パッケージと接続して，物体の名前を聞き（認識），答えを返す（合成）ようにします．

ミニプロ 5.2：赤いボールを追え！

カメラと 2 つのサーボモータを組み合わせて（あるいはロボットアームモジュールを使って），赤い

注 34　エッジケースとは，極端な（最大または最小の）動作パラメータにおいてのみ発生する問題や状況のことです．
注 35　`https://docs.ultralytics.com/modes/train/`

ボールを追いかけるカメラシステムを開発しましょう．カメラは赤いボールを色で検出し，カメラの中心からの距離（水平方向と垂直方向）を推定できます．赤いボールが常にカメラの中心にくるようにサーボモータを回してください．
ヒント：https://www.makeuseof.com/tag/diy-pan-and-tilt-network-security-cam-raspberry-pi/

ミニプロ 5.3：宝探し！

YOLO のドキュメントをさらに詳しく調べて，カスタムデータセットをつくり，ロボットが家の中にある物を検出できるようにしましょう．
ヒント：https://docs.ultralytics.com/modes/train/

ステップアップ

ビジョンシステムは，ロボットが周囲の環境を認識し，相互作用することを可能にする目です．この章では，色認識，物体検出，距離推定など，基本的なビジョンを形成するための画像処理の基本的な概念を紹介しました．読者は，より高度な視覚認識技術，例えば，意味領域を見つけるための画像分割，人体追跡とジェスチャー認識，3D 物体検出のための点群の使用などを学ぶためにステップアップしてください．

また，ロボットビジョンを実用化することも重要です．そのためには，ビジョンシステムを他のロボットモジュールと組み合わせて，問題解決のためのアプリケーションを開発する必要があります．例えば，ロボットビジョンと音声システムを組み合わせることで，共有環境を認識しながら人間と会話できる対話型ロボットを開発できます．また，ビジョンと移動ロボットを組み合わせることで，自律的なナビゲーションや障害物回避を実現できます．ロボットアームにビジョンシステムを搭載することで，把持する前に対象物を見つけることができるようになります．最終的には，ビジョンシステムにさらに多くのモジュールを組み合わせることで，私たち人間のように複雑な問題を解決できるスマートなロボットを開発できるようになります．

AIロボット入門

第6章 マニピュレーション

MISSION

Yu はビジョン機能の開発も終え，Happy Mini と少しハッピーな毎日を送っていましたが…

毎日の作業が少しも楽にならない．もう疲れた～
Mini も全然手伝ってくれないし…

それはそうよ．私，手伝いたいけど手の動かし方がわからないの．動かし方を教えて！

人間は何気なく物をつかんだり離したりできるけど，ロボットにとっては簡単ではないかもしれない．AI ロボットのバイブルで勉強して実装しよう．それに Mini と協力して作業できると楽しそう！

第 6 章では，私たちが住んでいる物理世界に直接影響を与えることのできるロボットのマニピュレーションについて学びます．位置の順運動学と逆運動学を学び，実際にプログラムをつくり，ロボットアーム CRANE+ V2 を実機とシミュレーションで動かします．

6.1 マニピュレーションとは

マニピュレーション (manipulation) とは，「巧みに操ること」という意味です．これは，**ロボットアーム**(ロボットの腕) で作業することを指しています．このため，ロボティクスの分野では，ロボットアームのことを**マニピュレータ** (manipulator) とよぶこともあります．

● 準備（この本の Docker イメージを使っている場合は，読み飛ばしてください）

最初の例の準備のために，端末を開いてください．まず，joint_state_publisher_gui をインストールしてください．

```
sudo apt -y install ros-humble-joint-state-publisher-gui
```

次に，この章のサンプルプログラムを GitHub から入手してください．

```
cd ~/airobot_ws/src
git clone https://github.com/AI-Robot-Book-Humble/chapter6
```

そして，simple_arm のパッケージだけをビルドし，オーバーレイを設定してください．

```
cd ~/airobot_ws
colcon build --packages-select simple_arm_description
source install/setup.bash
```

● simple_arm

ロボットアームとはどんなものか知るために，まず RViz の中で簡単なロボットアームのモデルを動かしてみましょう．端末で以下のコマンドを実行します．

```
ros2 launch simple_arm_description display.launch.py
```

図 6.1 のように，RViz のウィンドウ内の中央のパネルに 2 本の四角い棒が接続された物体が現れます．[Joint State Publisher] のウィンドウ内の 2 個のスライダを動かすと，根元と中間で棒が回転します．以降，このモデルのことを simple_arm とよぶことにします．

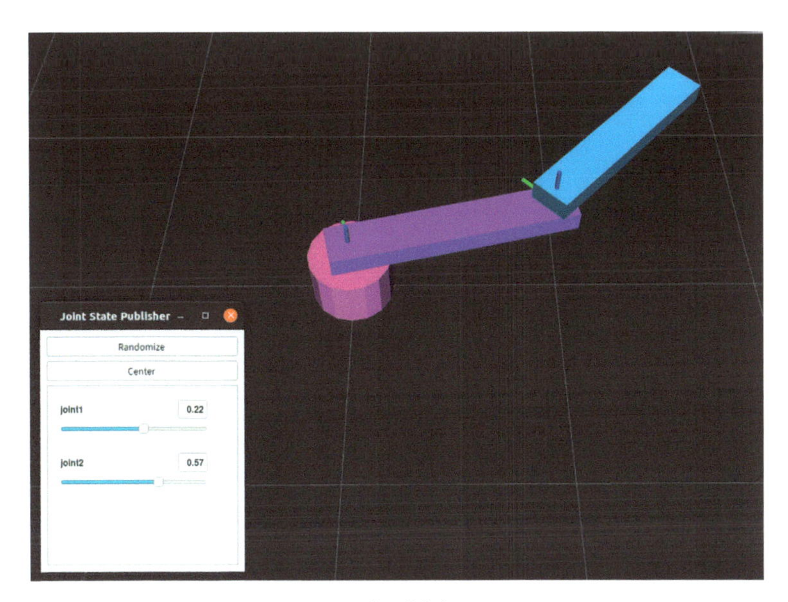

図 6.1　RViz に表示された simple_arm

● ロボットアームの構造

simple_arm のように，ロボットアームとは，棒状の部位がつなぎ合わされたものです．棒状の部位のことを**リンク** (link) とよびます．一般には，リンクは**剛体** (rigid body)[注1] であると見なします．

リンクとリンクを接続する部分を**関節** (joint) とよびます．関節は，リンクとリンクの間の動きを制限するものです．例えば，扉などに付いている蝶番（ちょうつがい）も関節の一種で，これによって扉が 1 つの軸まわりの回転しかできなくなります．関節には，いろいろな種類がありますが，ロボットで使われるのは，以下の 2 つが代表的です．

注 1　力学の用語で，力を受けてもまったく変形しない理想的な物体のことです．

- **回転関節** (rotary joint) ：ある軸まわりの回転運動をさせる.
- **直動関節** (prismatic joint) ：ある軸に沿った直線運動をさせる.

図 6.2 にこれらを簡単にした図を示します．関節には動きを与えるためにモータなどが使われます．単に動くだけでなく，関節の位置や速度や力を計測できるセンサが内蔵されていて，**アクチュエータ** (actuator) ともよばれます．

リンクが関節でつなぎ合わされたロボットアームの機構には，図 6.3 に示すように**直列リンク機構**と**並列リンク機構**がありますが，この本では直列リンク機構のみを扱います．

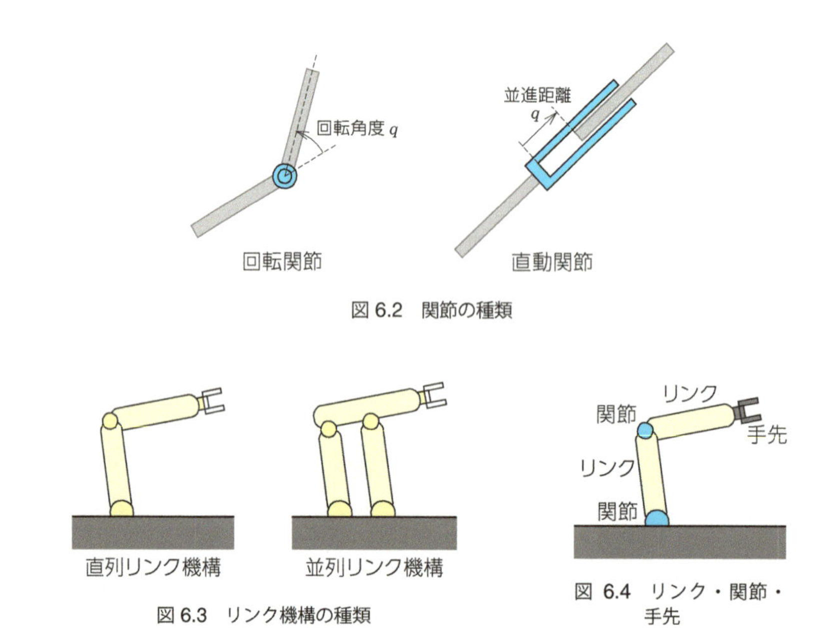

図 6.2　関節の種類

図 6.3　リンク機構の種類

図 6.4　リンク・関節・手先

● 手先と関節

人間の腕における手にあたる部分，ロボットアームの先端のことを**手先** (endtip)[注2] とよびます (図 6.4)．ロボットアームはその手先で何か作業をします．産業用ロボットでは，手先に工具や物を吸着する装置が取り付けられていますし，サービスロボットでは，物をつかむようなグリッパが付いていることが多いでしょう．これらのことを，まとめて**手先効果器** (end effector) といいます．

ロボットアームで器用に作業をさせるには，手先の**位置** (position) や**姿勢** (orientation) を自由自在に変えたり，対象に**力**や**モーメント** (moment)[注3] を与えたり，あるいは，「力加減」を調整できる必要があります．

一方，ロボットアームに直接動きや力を与えることができるのは関節です．関節は，アームの途中にあるので，手先の動きと単純には対応していません．例えば，手先をある方向に直線的に動かしたい場合，いくつもの関節を同時に適切な割合で動かす必要があります．このことが，ロボットアームの面白いところでもあり，難しいところでもあります．

ロボットの手先を動かす方法には，以下のような種類があります．

注 2　「悪者の手先」というような使い方の意味ではなく，アームの先端という意味で使っています．腕の先ですから「手」「ハンド」といってもいいのですが，手の形や動きのイメージを取り除きたいので別の言葉にしました．

注 3　トルクともいいます．回す（捻る）力のことです．

- **位置制御**：手先の位置や姿勢を設定する.
- **速度制御**：手先の並進速度や回転速度を設定する.
- **力制御**：手先が外部に作用する力やモーメントを設定する.
- **コンプライアンス制御・インピーダンス制御**：手先の力加減を設定する.

これらの 1 つだけが使われるのではなく，状況に応じて切り替えられることもあります．この章では，位置制御だけを扱うことにします．

6.2 ロボットアームの運動学

ロボットアームの手先の位置制御や速度制御を行うには，関節と手先の動きの関係を解き明かす必要があります．これを**運動学** (kinematics) といいます．

運動学には，関節と手先の位置を関係付ける**位置の運動学**と速度を関係付ける**速度の運動学**があります．位置の運動学については，次節から説明します．速度の運動学については，少し高度な数学の知識を必要とするので付録 C で説明します．

ロボットアームの運動学を明らかにするために，幾何学的なモデル化を行います．アームの形状の重要な特徴を捉えて，その他は単純化することです．たいていは，折れ線（線分の連なり）のようになり，その先端が手先です．

手先の位置と姿勢を表現するには，変数がいくつ必要でしょうか？　2 次元空間では，位置の 2 変数と姿勢の 1 変数の計 3 変数です．一方，3 次元空間では，位置の 3 変数と姿勢の 3 変数の計 6 変数が必要です．

姿勢は，2 次元の場合は 1 軸まわりの回転として表現でき簡単ですが，3 次元の場合は単純ではありません．**ロール・ピッチ・ヨー** (roll, pitch, yaw) のように 3 個の変数で表現する方法や，**クォータニオン** (quaternion) のように 4 個の変数で表現する方法[注4]などがあります．詳しく知りたい人は，付録 D を読んでください．

関節の動きを変数で表しましょう．図 6.2 に示すように，回転関節の場合は，基準の方向に対する回転角度，直動関節の場合は，基準の位置からの並進距離で表します．これらをまとめて関節の変位を表す変数のことを**関節変数**とよぶことにします．

一方，手先の動きを表す変数のことを**手先変数**とよぶことにします．手先変数は，手先の位置と姿勢にすることが多いですが，アームの作業内容によってはそれらの一部しか使わないこともあります．

ロボットアームでは，**自由度** (degree of freedom, DOF) を考えることが多いです．自由度とは，対象を表す最小限の変数の数のことです．根元が空間に固定されたロボットアームで，各関節が 1 種類の動きだけをする場合，関節の数と同じです．例えば，`simple_arm` の自由度は 2 です．手先変数を任意の値に設定するには，その変数の数以上の自由度が必要です．例えば，手先を 3 次元空間の任意の位置と姿勢にするには，6 自由度以上が必要です．

【クイズ 6.1】
2 次元空間（平面内）で動くロボットアームの場合，手先を任意の位置と姿勢にするために必要な最低限の自由度はいくつでしょうか？

注 4　ただし，4 個の変数を好き勝手に設定できるのではなく，4 次元ベクトルとして見たときにその大きさが 1 という制約があり，自由度としては 3 になります．

Happy Miniのミニ知識　人間の腕は何自由度？

人間の腕には何自由度あるでしょうか？　実は，これは難しい問題です．なぜなら，人間の関節は，骨と骨とが転がったり滑ったりして，いくつもの方向に動いていますので，ロボットほど単純ではありません．また，人間の肩関節は，肩甲骨と腕をつなぎ，肩甲骨は胸の骨格の上を動いています．

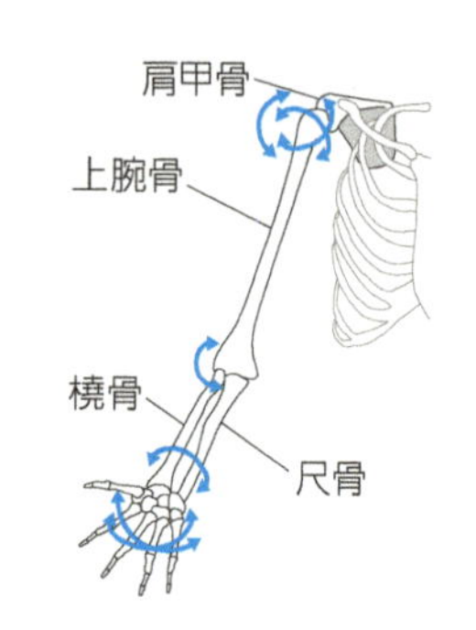

そこで，話を単純化しましょう．肩甲骨や手の中の動きは考えずに，肩甲骨から手までの自由度を考えることにします．肩関節は，球面関節（ボールジョイント）ですので，1つの関節で3自由度あります．肘関節は，近似的に1軸の回転関節と見なせるので1自由度です．前腕（肘から先の部分）に対して手を上下・左右・捻り（ひねり）に動かすことができるので，ここに3自由度あります．ということで，合計3＋1＋3＝7自由度あります．3次元空間で手先を任意の位置・姿勢にするには最低6自由度が必要ですが，人間の腕はそれよりも1個多い自由度を持っています．これを「冗長な」(redundant) 自由度といいます．

冗長自由度を自分の体で試してみましょう．どちらかの腕の肘を曲げて手のひらを机の上にしっかり押さえ付け，肩甲骨が動かないようにもう一方の腕の手で肩を押さえ付けます．この状態で，肘を旋回するように腕を動かすことができます．もし6自由度しかなければ，一切動かせません．この本では，冗長自由度のロボットアームについては扱いませんが，面白い話題ですのでぜひ調べてみてください．

6.3 位置の運動学

位置の運動学の具体例として，この章の最初で見た simple_arm を対象に考えてみましょう．simple_arm を簡略にしてモデル化したものを図6.5に示します．関節は，根元から順に番号を付け，「関節1」「関節2」というように表現することにします．simple_arm の1番目のリンク（リンク1）を，関節1と関節2を結ぶ線分と見なし，その長さを L_1 とします．2番目のリンク（リンク2）は，関節2と手先を結ぶ線分と見なし，その長さを L_2 とします．

手先の位置を表すために，それが動く面内に2次元の座標系を考えます．関節1を原点，初期状態でアームが伸びきった方向を X 軸とします．

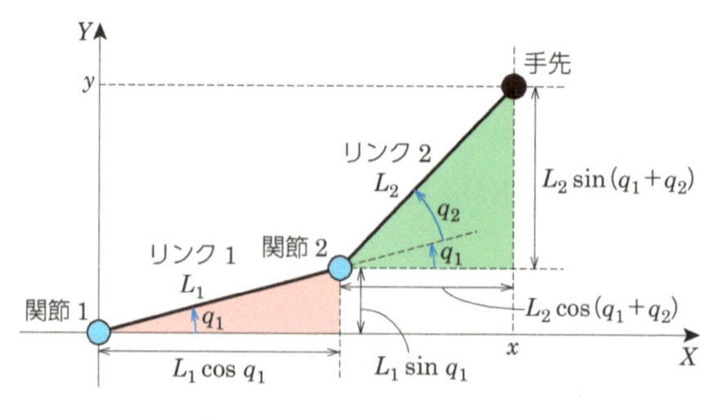

図6.5　simple_arm のモデル

関節変数として角度 q_1, q_2 [注5] を以下のように定めます．

- q_1 ： X 軸とリンク 1 のなす角度
- q_2 ： リンク 1 とリンク 2 のなす角度

$q_1 = 0, q_2 = 0$ はアームが X 軸方向にまっすぐ伸びた状態です．q_2 はリンク 1 に対するリンク 2 の相対角度ですので注意してください．

一方，手先変数は手先の点の座標 x, y とします．2 自由度のアームですから手先の姿勢（方向）は扱わず，位置だけの 2 変数を考えることにします．

6.3.1 位置の順運動学

関節角 q_1, q_2 に対して，手先位置 x, y がどうなるかを数式で表してみましょう．

$$x = L_1 \cos q_1 + L_2 \cos(q_1 + q_2) \tag{6.1}$$

$$y = L_1 \sin q_1 + L_2 \sin(q_1 + q_2) \tag{6.2}$$

図 6.5 に示すように，モデルの中に直角三角形を見出せば，この式を導くことができます．つまり，1 つ目の直角三角形は，斜辺の長さが L_1，角度は q_1，2 つ目の直角三角形は，斜辺の長さが L_2，角度は $q_1 + q_2$ です．

このように手先の位置や姿勢（手先変数）を関節角（関節変数）の数式で表したものを（位置の）**順運動学** (forward kinematics) といいます．

【クイズ 6.2】

simple_arm において，関節角が $q_1 = \pi/2$[rad], $q_2 = \pi/2$[rad] の場合，手先位置 x, y を求めてください．

6.3.2 位置の逆運動学

では逆に，手先位置を x, y にしたい場合，関節角 q_1, q_2 をいくらにすればいいでしょうか？　このような問題を（位置の）**逆運動学** (inverse kinematics) といいます．これは，方程式を解く問題になるので，順運動学ほど単純には導けません．simple_arm の場合にそれを求めてみましょう．順運動学と逆運動学の関係を図 6.6 に示します．

図 6.7 を見ながら説明をしていきます．まず準備として，関節 1 から手先までの距離 d を求めます．

$$d = \sqrt{x^2 + y^2} \tag{6.3}$$

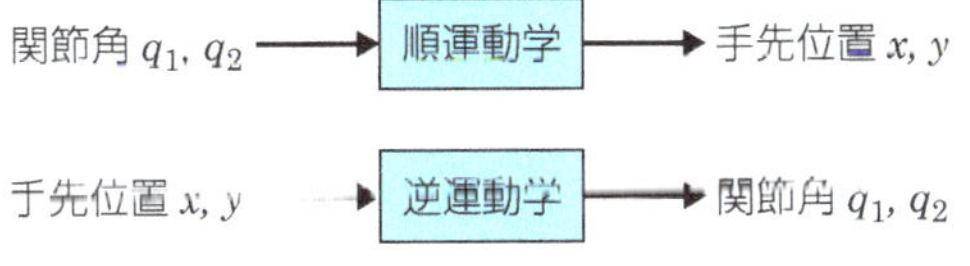

図 6.6 simple_arm の順運動学と逆運動学

注 5　角度を表す記号としてギリシャ文字 θ がよく使われますが，この章ではプログラムの変数と一致させたいので，英字 q を使うことにします．

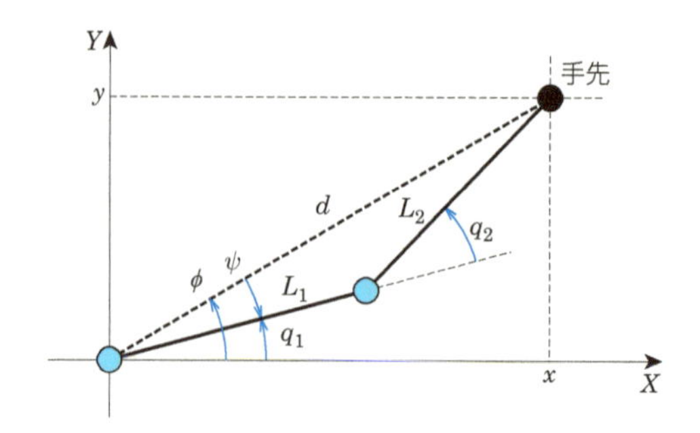

図6.7　simple_arm の逆運動学のための説明

関節1・関節2・手先を頂点とする三角形において，外角 q_2 に対する余弦定理（図6.8）を考えると，式(6.4)が成り立ちます．

$$d^2 = L_1^2 + L_2^2 + 2L_1L_2\cos q_2 \tag{6.4}$$

これを q_2 について解きます．

$$q_2 = \pm\cos^{-1}\left(\frac{d^2 - L_1^2 - L_2^2}{2L_1L_2}\right) \tag{6.5}$$

$\pm$ が付いているのは，式(6.4)を満足する q_2 が正と負の2種類あるということです．また，逆余弦関数 $\cos^{-1}$ の引数の絶対値が1より大きい場合は，q_2 を求めることができません．これが，どのような条件で起こるのかは後で説明します．

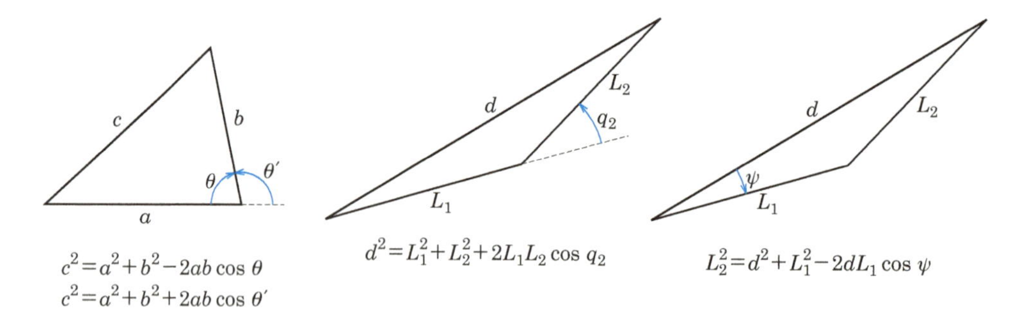

図6.8　余弦定理

q_2 が得られたらもう一度余弦定理を使って（図6.8），関節1の頂点の内角 ψ を求めます．そして，X 軸に対する手先の方向 ϕ も求めます．この2つを使って q_1 を得ます．

$$\psi = \cos^{-1}\left(\frac{L_1^2 + d^2 - L_2^2}{2L_1d}\right) \tag{6.6}$$

$$\phi = \mathrm{atan2}(y, x) \tag{6.7}$$

$$q_1 = \phi \mp \psi \tag{6.8}$$

atan2 は逆正接関数 $\tan^{-1}$ の2変数バージョンです[注6]．

こうして得られたのが逆運動学の解です．simple_arm の場合，肘（関節2）が上になるか ($q_2 < 0$)

注6　Python の場合は，atan2(y, x) は，$y = x\tan\theta$ を満足する θ を求めます．引数の順番に注意してください．x, y ではありません．戻り値 θ の範囲は $-\pi \sim \pi$ です．この関数は，数学の教科書には出てきませんが，多くのプログラミング言語で標準の数学関数であり，ロボティクス分野ではよく登場します．なぜなら，atan を使うと y が0の場合に0除算の問題があり，また，戻り値の範囲は $-\pi/2 \sim \pi/2$ で半円分しかなく使いにくいからです．

下になるか ($q_2 > 0$) によって 2 組の解が存在します．

また，上で書いたように，式 (6.5) の $\cos^{-1}$ の引数の絶対値が 1 より大きい場合は，q_2 を求めることができません．これは以下のどちらかの場合です．

$$\frac{d^2 - L_1^2 - L_2^2}{2L_1 L_2} < -1 \tag{6.9}$$

$$\frac{d^2 - L_1^2 - L_2^2}{2L_1 L_2} > 1 \tag{6.10}$$

導出は省略しますが，それぞれの不等式を変形して簡単にすると，以下のようになります．

$$d < |L_1 - L_2| \tag{6.11}$$

$$d > L_1 + L_2 \tag{6.12}$$

d は，原点から与えられた座標 x, y までの距離で，L_1 と L_2 はリンクの長さですから，不等式 (6.11) は肘を折りたたんでもその点に届かず，不等式 (6.12) は腕を伸ばしきってもその点に届かないことを意味しています．なお，$L_1 = L_2$ の場合は，不等式 (6.11) は成り立ちませんので，考える必要はありません．

simple_arm について見てきた以上のようなことは，逆運動学の一般的な性質です．つまり，逆運動学には以下のような特徴があります．

- 解が複数ある．
- 解が存在しない場合がある．

さらに，逆運動学の結果を実際のアームで使おうとすると，数学的には解が存在しても，実際には関節の可動範囲外だったりリンク間の干渉の影響を受けたりして，それを実現できない場合もあります．ですから，実際のプログラムでは，この節のような逆運動学の計算をした後に，各関節の可動範囲のチェックやリンク同士の形状の干渉チェックも必要になります．

【クイズ 6.3】

simple_arm において，手先位置が $x = L_1, y = L_2$ となるような，関節角 q_1, q_2 を求めてください．$L_1 \neq L_2$ とします．解は 2 個あります．

【クイズ 6.4】

不等式 (6.9) から不等式 (6.11) を，不等式 (6.10) から不等式 (6.12) をそれぞれ導出してください．

【クイズ 6.5】

図 6.9 のような，2 次元空間で動作するロボットアームの順運動学と逆運動学を求めてください．このアームは，第 1 関節が回転，第 2 関節が直動です．手先変数は x, y 座標，関節変数は角度 q_1 と距離 q_2 とします．q_1 は直動リンクが X 軸となす角度，q_2 は原点から直動リンクに垂線を下した点を基準とした手先までの距離です．機構の制限から，$q_2 > 0$ と限定することにします．

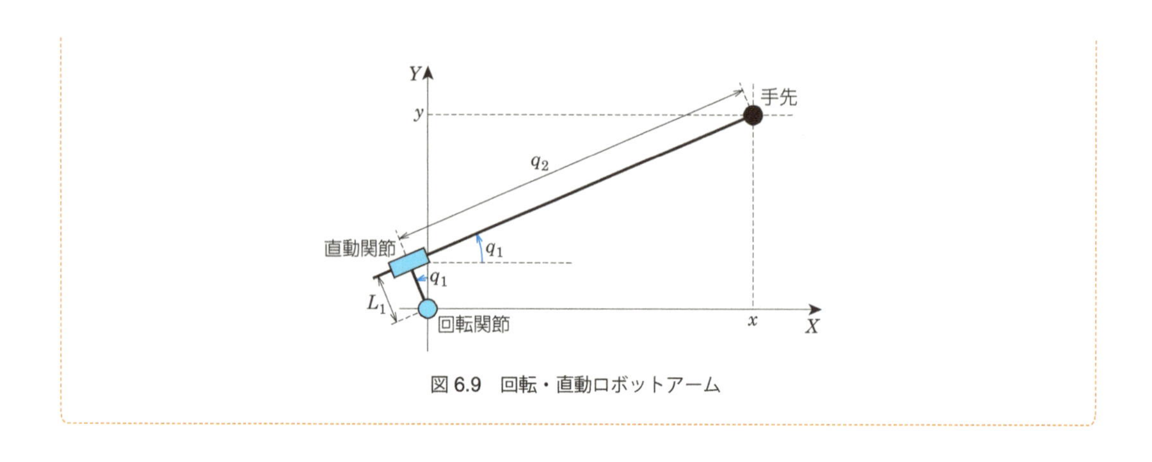

図 6.9　回転・直動ロボットアーム

6.4 CRANE+ V2のモデル化

実際のロボットをROSを使って動かしてみましょう．その準備としてこの節ではモデル化を行います．

この本で利用するのは，アールティ社の教育用ロボットアームCRANE+ V2です．図6.10にその外観を示します．これは，ROBOTIS社のアクチュエータDynamixel AX-12Aを，アームの関節を動かすために4個，手先のグリッパの開閉のために1個使っています．

ロボットアームの手先を3次元空間の位置と姿勢に完全に設定するには，6自由度が必要です．しかし，CRANE+ V2は，関節が4個，つまり4自由度ですから，手先の位置と姿勢を好きなようにはできませんが，簡単な作業であれば十分に行うことができます．

4個の関節の配置を図6.11に示します．

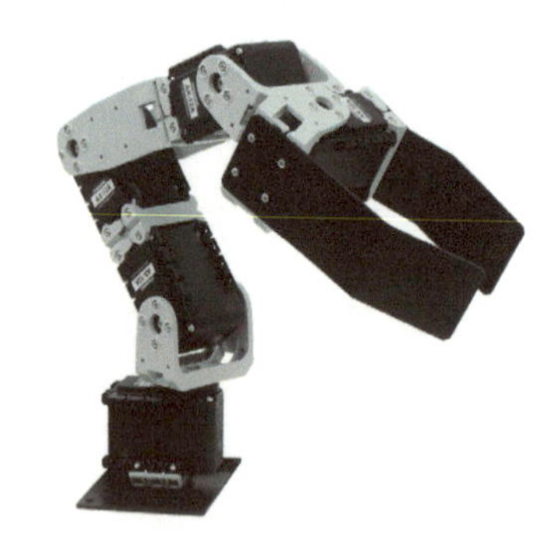

図 6.10　CRANE+ V2 の外観
（画像提供：株式会社アールティ）

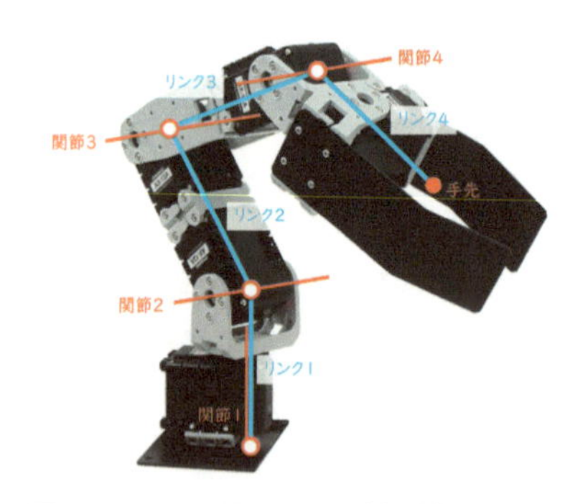

図 6.11　CRANE+ V2 の関節配置
（画像提供：株式会社アールティ）

Happy Miniのミニ知識　アクチュエータって何？

CRANE+ V2の関節を動かしている黒い箱「アクチュエータ」の正体は何でしょうか？　この中には，モータだけでなく，減速機（歯車列），角度を測るセンサ，電流を調整する電気回路，そして，外部からの指令を受け取るマイクロプロセッサが含まれています．外部とは3本の線で接続されています（2本が電源用，1本が通信用）．外部からの通信で角度の目標値を受け取ると，センサで角度を確認しながら，目標に一致するようにモータに電流を流します．

画像提供：
ROBOTIS Co., Ltd
DYNAMIXEL®

このような装置は，もともとはラジコン模型自動車のステアリングを動かすためなどに使われていて，「サーボ」「サーボモータ」とよばれています．1990 年代に東京大学の稲葉雅幸先生らが，これで小さなロボットをつくり，外部のコンピュータから制御するリモートブレインの研究を発表しました．それがきっかけになって，ラジコン用サーボでロボットをつくることが広まり，2000 年代になると，ロボット用のサーボが発売されるようになりました．CRANE+ V2 に使われているのもそのような製品です．

なお，「サーボモータ」という用語には，位置制御や速度制御に向いた高性能なモータを意味する場合もあり注意が必要です．ROBOTIS 社は，自社の製品のことを「サーボ」ではなく「アクチュエータ」とよんでいます．

6.4.1 CRANE+ V2 の運動学モデル

図 6.12 に CRANE+ V2 の各リンクを線分で表現したモデルを示します．関節 1〜4 の角度を q_1〜q_4 と書くことにします．

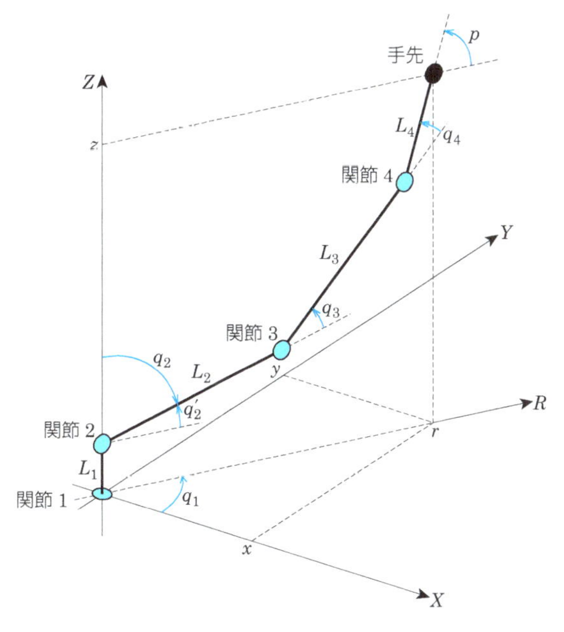

図 6.12 CRANE+ V2 のモデル

CRANE+ V2 の仕様では，これらの値がすべて 0 の場合，アームが垂直に立った状態です．また，関節 2 の回転の方向が，関節 3, 4 と逆なので注意してください．そのままでは，数式で表現する場合に少しわかりにくいので，

$$q_2' = \pi/2 - q_2 \tag{6.13}$$

という変数を導入して，以下では関節変数を q_1, q_2', q_3, q_4 として運動学を表すことにしましょう．

ロボットの基準となる座標系は，原点が関節 1 の回転軸と机の面が交わる点とします．q_1, q_2', q_3, q_4 がすべて 0 の場合にアームの向いている方向を X 軸とします．そして，机の面に垂直な方向が Z 軸，X 軸と Z 軸から右手系（付録 D を参照）で決まる方向を Y 軸とします．

グリッパで何かものを挟むことを想定して，手先の位置はグリッパの中心とします．手先変数は，位置の 3 変数として x, y, z 座標，姿勢はピッチ角 p だけを使うことにして，計 4 変数とします．ピッチ角は，リンク4が水平面（XY 平面）となす角度です．

6.4.2 CRANE+ V2の順運動学

CRANE+ V2の手先の位置・姿勢 x, y, z, p は，関節角 q_1, q_2', q_3, q_4 で式(6.14)〜(6.18)のように表されます．

$$r = L_2 \cos q_2' + L_3 \cos(q_2' + q_3) + L_4 \cos(q_2' + q_3 + q_4) \tag{6.14}$$

$$x = r \cos q_1 \tag{6.15}$$

$$y = r \sin q_1 \tag{6.16}$$

$$z = L_1 + L_2 \sin q_2' + L_3 \sin(q_2' + q_3) + L_4 \sin(q_2' + q_3 + q_4) \tag{6.17}$$

$$p = q_2' + q_3 + q_4 \tag{6.18}$$

ここで，r は手先を XY 平面に投影した点と原点の距離を表しています．

これをPythonのプログラムで実装したものが，~/airobot_ws/src/chapter6/crane_plus_commander/crane_plus_commander/kinematics.py の中にある forward_kinematics() 関数です．それをプログラムリスト6.1に示します．

この関数の仕様は，入力として引数で関節角のリストを受け取り，出力として手先の位置・姿勢のリストを戻り値にするようにしています．

プログラムリスト 6.1　順運動学の実装（kinematics.py の一部）

```
59 def forward_kinematics(joint):
60     [q1, q2, q3, q4] = joint
61     # 考えやすいように，q2 の 0 の角度と回転方向を変更して使う
62     q2 = pi/2 - q2
63     r = L2*cos(q2) + L3*cos(q2+q3) + L4*cos(q2+q3+q4)
64     x = r*cos(q1)
65     y = r*sin(q1)
66     z = L1 + L2*sin(q2) + L3*sin(q2+q3) + L4*sin(q2+q3+q4)
67     pitch = q2 + q3 + q4
68     return [x, y, z, pitch]
```

6.4.3 CRANE+ V2の逆運動学

次に，CRANE+ V2の逆運動学を解いてみましょう．原点と手先を含む垂直な平面を考えると，CRANE+ V2の4リンクを表す線分は平面内にあります．この平面と X 軸のなす角度が，q_1 と等しくなります．

$$q_1 = \mathrm{atan2}(y, x) \tag{6.19}$$

また，順運動学で導入した r は手先位置から求めることができます．

$$r = \sqrt{x^2 + y^2} \tag{6.20}$$

残りの関節 q_2', q_3, q_4 はこの平面内の角度です．それを図6.13に示します．ピッチ角 p とリンク4の長さ L_4 から，平面内における関節4の位置を求めることができます．

$$r' = r - L_4 \cos p \tag{6.21}$$

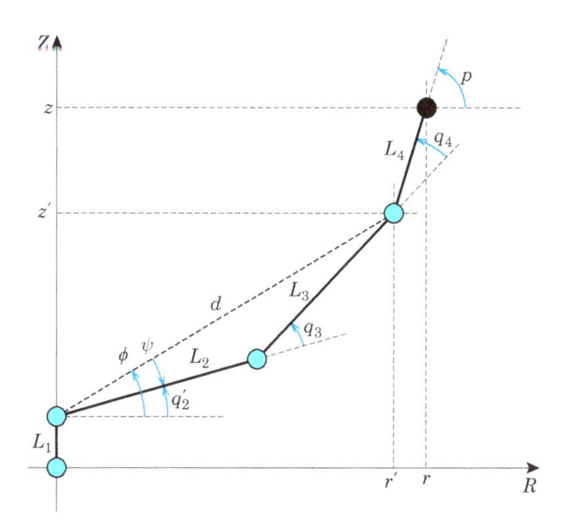

図 6.13　CRANE+ V2 の逆運動学のための説明

$$z' = z - L_4 \sin p \tag{6.22}$$

ここまでくると，使っている記号は違いますが，`simple_arm` と同じ逆運動学になります．

$$d = \sqrt{r'^2 + (z' - L_1)^2} \tag{6.23}$$

$$q_3 = \pm \cos^{-1}\left(\frac{d^2 - L_2^2 - L_3^2}{2L_2L_3}\right) \tag{6.24}$$

$$\psi = \cos^{-1}\left(\frac{L_2^2 + d^2 - L_3^2}{2L_2d}\right) \tag{6.25}$$

$$\phi = \mathrm{atan2}(z' - L_1, r') \tag{6.26}$$

$$q_2' = \phi \mp \psi \tag{6.27}$$

`simple_arm` の場合と同じで，逆余弦関数 $\cos^{-1}$ の引数の絶対値が 1 より大きい場合は，解が得られません．

最後に q_4 は，式 (6.18) を変形して，式 (6.28) で得られます．

$$q_4 = p - q_3 - q_2' \tag{6.28}$$

以上を Python のプログラムで実装したものが，`kinematics.py` の中にある `inverse_kinematics()` 関数です．それをプログラムリスト 6.2 に示します．

この関数の仕様は，入力として第 1 引数で手先の位置・姿勢のリスト，第 2 引数で解の種類を受け取り，出力として関節角のリストを戻り値にします．第 2 引数の `elbow_up` は，`True` ならば $q_3 < 0$ の解，`False` ならば $q_3 > 0$ の解を求めます．逆運動学が解けなかった場合は，戻り値を `None` にして，呼び出し側にそれを伝えます．関数の中で使っている `normalize_angle()` 関数は `kinematics.py` の中で定義している関数で，引数の値を同じ角度を表す $-\pi \sim +\pi$[rad] の値に変換します[注7]．

注 7　例えば，引数が $3\pi/2$ ならば，戻り値は $-\pi/2$ になります．

プログラムリスト 6.2　逆運動学の実装（kinematics.py の一部）

```
71 def inverse_kinematics(endtip, elbow_up):
72     [x, y, z, pitch] = endtip
73     r = sqrt(x**2 + y**2)
74     if r == 0.0:
75         return None  # 解なし
76     q1 = atan2(y, x)
77     rr = r - L4*cos(pitch)
78     zz = z - L4*sin(pitch)
79     d = sqrt(rr**2 + (zz - L1)**2)
80     cq3 = (d**2 - L2**2 - L3**2)/(2*L2*L3)
81     if abs(cq3) > 1.0:
82         return None  # 解なし
83     phi = atan2(zz - L1, rr)
84     psi = acos((d**2 + L2**2 - L3**2)/(2*L2*d))
85     # 考えやすいように，q2 の 0 の角度と回転方向を変更して使う
86     if elbow_up:
87         q2 = normalize_angle(phi + psi)
88         q3 = -acos(cq3)
89     else:
90         q2 = normalize_angle(phi - psi)
91         q3 = acos(cq3)
92     q4 = normalize_angle(pitch - q2 - q3)
93     # q2 を CRANE+ V2 の仕様に変換
94     q2 = pi/2 - q2
95     return [q1, q2, q3, q4]
```

6.5 CRANE+ V2 を動かす

アールティ社の提供する CRANE+ V2 用の ROS 2 パッケージ crane_plus[注8] とこの本で提供するパッケージ crane_plus_commander を利用して，CRANE+ V2 の実機とシミュレーションを動かしてみましょう．正確には，crane_plus パッケージは，この本のためにオリジナルを少し変更したもの[注9] を使います．

CRANE+ V2 の各関節のアクチュエータは，角度の指令値が与えられると，その角度にするためにモータを動かすようにつくられています．そこで，crane_plus の実機用のプログラムは，ROS の枠組みで関節角度の指令を受け取り，それを USB ポートを介してアクチュエータへ送る役割を担っています．

一方，シミュレータ用のプログラムでは，実機と同じ方法で関節角度の指令を受け取り，シミュレータの世界の中の CRANE+ V2 のモデルが動くようにつくられています．

● 準備（この本の Docker イメージを使っている場合は，読み飛ばしてください）

以降のサンプルプログラムの準備のために，端末を開いてください．まず，tf_transformations パッケージと，その利用に必要となる Python のパッケージ transforms3d をインストールしてください[注10]．

注 8　https://github.com/rt-net/crane_plus

注 9　GitHub 上でオリジナルのリポジトリをフォークしました．https://github.com/AI-Robot-Book-Humble/crane_plus

注 10　ros-humble-tf-transformations をインストールすると，依存パッケージとして python3-transforms3d もインストールされますが，そのバージョンが古いので，pip3 コマンドに--upgrade を付けて新しいバージョンをインストールします．

```
sudo apt -y install ros-humble-tf-transformations
pip3 install transforms3d --upgrade
```

次に，まだの場合は第 2 章と第 6 章と付録 B のサンプルプログラムをそれぞれ GitHub からクローンしてください．

```
cd ~/airobot_ws/src
git clone https://github.com/AI-Robot-Book-Humble/chapter2
git clone https://github.com/AI-Robot-Book-Humble/chapter6
git clone https://github.com/AI-Robot-Book-Humble/appendixB
```

そして，アールティ社の crane_plus パッケージをこの本向けに変更したものと 6.7 節以降で利用する pymoveit2 パッケージを GitHub からクローンして，rosdep コマンドで依存パッケージをインストールし，以上をまとめてビルドして，オーバーレイの設定をしてください．

```
git clone https://github.com/AI-Robot-Book-Humble/crane_plus
git clone https://github.com/AndrejOrsula/pymoveit2
cd ~/airobot_ws
rosdep install --default-yes --from-paths src --ignore-src
colcon build --packages-select pymoveit2 --cmake-args "-DCMAKE_BUILD_TYPE=Release"
colcon build --packages-ignore pymoveit2
source install/setup.bash
```

~/.cshrc の中に以下の設定があるかを確認し，なければ追加してください．

```
source ~/airobot_ws/install/setup.bash
```

6.5.1 実機の準備

CRANE+ V2 の取り扱いマニュアル[注11]を読んで実機の準備をしましょう．まず，CRANE+ V2 本体をクランプなどで机に固定してください．次に，電源供給基板 SMPS2Dynamixel と USB 通信コンバータ U2D2 をケーブルで接続し，U2D2 と PC を USB ケーブルで接続します．そして，AC アダプタのコネクタを SMPS2Dynamixel に接続し電源を供給します．

以上ができたら，crane_plus/crane_plus_control/README.md を読んで，ソフトウェアの準備をします．CRANE+ V2 と PC を高速に通信させ滑らかに動かすためには，USB のデバイスドライバとアクチュエータ内部の設定値の変更が必要です．USB のデバイスドライバは，設定値 latency_timer をデフォルトの 16[ms] から 1[ms] に変更します[注12]．次に，ROBOTIS 社のユーティリティプログラム Dynamixel Wizard 2[注13]を使って，CRANE+ V2 の個々のアクチュエータの内部パラメータ Return Delay Time をデフォルト値の 250 から 0 に変更します．これは，いったん設定すれば，電源を切ってもアクチュエータ内部で保持されます．

注 11 https://rt-net.jp/products/cranev2/ にあります．

注 12 CRANE+ V2 が USB ポートに接続されるたびにその設定が自動的に行われるように，/etc/udev/rules.d の下に設定ファイルを追加するのがいいでしょう．ROBOTIS 社の Dynamixel Workbench のマニュアルを参考にしてください．https://emanual.robotis.com/docs/en/software/dynamixel/dynamixel_workbench/#copy-rules-file

注 13 https://emanual.robotis.com/docs/en/software/dynamixel/dynamixel_wizard2/

6.5.2 実機を動かす

crane_plus パッケージに含まれている demo.launch.py をもとにして，MoveIt の機能を取り除いた注14 ローンチファイル no_moveit_demo.launch.py を追加しました．端末に以下のように入力して，これをローンチします．

```
ros2 launch crane_plus_examples no_moveit_demo.launch.py
```

端末にエラーが表示されず，プログラムが実行中のままならば注15，これで CRANE+ V2 の実機が使える状態になっています．ただし，これだけでは実機は動きません．他のノードから指令（後述）を与える必要があります．

6.5.3 シミュレーションで動かす

CRANE+ V2 のシミュレーションのために，ROS でよく使われている Gazebo シミュレータ注16 を利用します．crane_plus パッケージに含まれている crane_plus_with_table.launch.py をもとにして，MoveIt の機能を取り除いたローンチファイル no_moveit_crane_plus_with_table.launch.py を追加しました．端末に以下のように入力して，これをローンチします．

```
ros2 launch crane_plus_gazebo no_moveit_crane_plus_with_table.launch.py
```

Gazebo シミュレータが起動しその中に CRANE+ V2 のモデルが表示されます（図 6.14）．そして，端末にエラーが表示されず，プログラムが実行中のままならば，シミュレーションが使える状態になっています．ただし，これだけではシミュレータ内のロボットは動きません．他のノードから指令（後述）を与える必要があります．

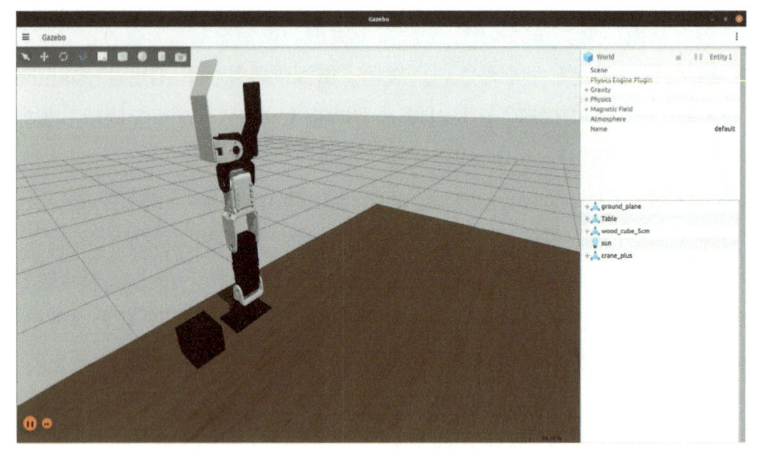

図 6.14 Gazebo シミュレータの中の CRANE+ V2

注 14 この章の前半では MoveIt を利用しないため取り除きました．MoveIt とは，ロボットアームの動作計画などを行うソフトウェアで，6.7 節で紹介します．
注 15 シェルのプロンプトが表示されていなければプログラムは実行中です．
注 16 Classic Gazebo ではなく，新バージョンの Ignition Gazebo です．

6.5.4 crane_plus パッケージの仕様

以上の手順で実機用やシミュレーション用のノード群をローンチすると，実機もシミュレーションも同じ方法でロボットアームへ指令を送ったり，ロボットアームの情報を入手したりできます．

● 指令の受け付け

他のノードから以下のような指令を受け付けます．

- トピック /crane_plus_arm_controller/joint_trajectory
  - 型 trajectory_msgs/msg/JointTrajectory
  - 関節の軌道の指令
- トピック /crane_plus_gripper_controller/joint_trajectory
  - 型 trajectory_msgs/msg/JointTrajectory
  - グリッパの軌道の指令
- アクション /crane_plus_arm_controller/follow_joint_trajectory
  - 型 control_msgs/action/FollowJointTrajectory
  - 関節の軌道の指令
- アクション /crane_plus_gripper_controller/follow_joint_trajectory
  - 型 control_msgs/action/FollowJointTrajectory
  - グリッパの軌道の指令

● 情報の提供

他のノードへ以下のような情報を提供します．

- トピック /joint_states
  - 型 sensor_msgs/msg/JointState
  - すべての関節の状態

6.5.5 関節を動かすプログラム

commander1 は，キー入力で関節の指令値を設定し，それをトピックへパブリッシュするノードのプログラムです．そのトピックのメッセージ型は，trajectory_msgs/msg/JointTrajectory[注17] です．本来この型は複数の関節の複数の時刻の位置・速度・加速度・力を指定して時間的に変化する「軌道」を表現していますが，ここでは 1 時刻分の関節位置とそれに達するまでの時間だけを指定しています．

注 17　このメッセージ型は以下のように定義されています．

```
Header header
string[] joint_names
JointTrajectoryPoint[] points
```

joint_names には，CRANE+ V2 側のノードで決められている各関節の名前を設定します．そして，points に各時刻の関節の値を設定します．ここで設定しているのは，1 要素（1 時刻分）だけです．points の要素のメッセージ型 JointTrajectoryPoint は以下のように定義されています

```
float64[] positions
float64[] velocities
float64[] accelerations
float64[] effort
duration time_from_start
```

これらは，joint_names と同じ順で並べた位置・速度・加速度・力と開始時刻からの経過時間です．ここでは，位置と経過時間だけを設定しています．

実機またはシミュレータのノード群をローンチした後で，別の端末で以下を実行します．

```
ros2 run crane_plus_commander commander1
```

0〜9のキーで，4個の関節とグリッパの角度の指令値を増減します．例えば，1のキーを押すと，関節1の指令値が -0.1[rad]，2のキーを押すと $+0.1$[rad] 変化します．キーが押されるたびに指令値が更新され，それがパブリッシュされます．

commander1.py の主要部分を説明しましょう．

```
3 from rclpy.duration import Duration
4 from trajectory_msgs.msg import JointTrajectory, JointTrajectoryPoint
```

JointTrajectory 型をパブリッシュするために必要な機能をインポートします．

```
5 import time
6 import threading
7 from crane_plus_commander.kbhit import KBHit
8 from crane_plus_commander.kinematics import gripper_in_range, joint_in_range
```

Python 標準の時間とスレッドの機能をインポートします．また，同じディレクトリにある kbhit.py と kinematics.py の機能もインポートします．kbhit.py はキーボードの押されている状態を待たずに読む機能を提供します．kinematics.py は，CRANE+ V2 の運動学関係の関数をまとめたファイルです．

```
12 class Commander(Node):
13
14     def __init__(self):
15         super().__init__('commander')
16         self.joint_names = [
17             'crane_plus_joint1',
18             'crane_plus_joint2',
19             'crane_plus_joint3',
20             'crane_plus_joint4']
21         self.publisher_joint = self.create_publisher(
22             JointTrajectory,
23             'crane_plus_arm_controller/joint_trajectory', 10)
24         self.publisher_gripper = self.create_publisher(
25             JointTrajectory,
26             'crane_plus_gripper_controller/joint_trajectory', 10)
27
28     def publish_joint(self, q, time):
29         msg = JointTrajectory()
30         msg.joint_names = self.joint_names
31         msg.points = [JointTrajectoryPoint()]
32         msg.points[0].positions = [
33             float(q[0]), float(q[1]), float(q[2]), float(q[3])]
34         msg.points[0].time_from_start = Duration(
35             seconds=int(time), nanoseconds=(time-int(time))*1e9).to_msg()
36         self.publisher_joint.publish(msg)
```

rclpy の Node クラスを継承する Commander クラスを定義します．コンストラクタの中で関節用とグリッパ用のパブリッシャを作成しています．どちらもメッセージの型は JointTrajectory です．publish_joint() メソッドは，引数で与えられた関節値と時間をパブリッシュします．JointTrajectory の points に軌道を設定しますが，ここでは0番要素の positions と

time_from_start だけに値を設定しています．

Commander クラスにはグリッパ用の publish_gripper() メソッドも含まれていますが，関節用とほぼ同じ処理をしていますので，引用を省略します．

```
48 def main():
49     # ROS クライアントの初期化
50     rclpy.init()
51
52     # ノードクラスのインスタンス
53     commander = Commander()
54
55     # 別のスレッドでrclpy.spin()を実行する
56     thread = threading.Thread(target=rclpy.spin, args=(commander,))
57     threading.excepthook = lambda x: ()
58     thread.start()
```

パッケージの設定ファイル setup.py によって，このプログラムを実行する場合は，最初に main() 関数が呼び出されるようになっています．以上のリストは，その main() の定義の先頭部分です．ROS クライアントライブラリを初期化し，このファイルで定義した Commander クラスのインスタンスを生成します．

典型的な ROS のプログラムでは，メインスレッド[注18] で ROS のための繰り返し処理 rclpy.spin() を実行します．しかし，このプログラムではメインスレッドでキー入力を受け付け，それに対応した処理を行いたいので，それによって ROS の処理を止めないように，threading.Thread クラスを使って，別スレッドで rclpy.spin() を実行しています．

プログラムを終了するために Ctrl+C キーを押すと，Python のプログラムでは例外が発生しますが，別スレッドの側ではそれを無視するように，例外処理を変更する属性 excepthook に何もしない無名関数[注19] を設定しています．

```
79         while True:
80             time.sleep(0.01)
81             # キーが押されているか？
82             if kb.kbhit():
83                 c = kb.getch()
84                 # 変更前の値を保持
85                 joint_prev = joint.copy()
86                 gripper_prev = gripper
```

main() 関数は，ここから無限ループに入ります．0.01 秒おきにキーが押されているかを確認し，キーが押されていた場合は，そのキーの値に応じて指令値を変更して，その内容をパブリッシュするようにしています．キー入力の処理は少し長いので，紙面の制約でここでは省略します．キー入力の処理の後からの部分を以下に示します．

```
119                 # 指令値を範囲内に収める
120                 if not all(joint_in_range(joint)):
121                     print('関節指令値が範囲外')
122                     joint = joint_prev.copy()
123                 if not gripper_in_range(gripper):
124                     print('グリッパ指令値が範囲外')
125                     gripper = gripper_prev
```

注 18　ここでは，スレッド（thread）は，CPU の処理の流れという意味です．ROS では，2 つ以上の処理の流れを並行して進めるマルチスレッドが使われています．このような場合に，他の流れをつくる大本の流れをメインスレッドといいます．

注 19　関数の機能を名前を付けずに表現する方法です．例えば，引数を二乗する無名関数は lambda x: x**2 と書きます．

```
126
127                 # 変化があればパブリッシュ
128                 publish = False
129                 if joint != joint_prev:
130                     print((f'joint: [{joint[0]:.2f}, {joint[1]:.2f}, '
131                            f'{joint[2]:.2f}, {joint[3]:.2f}]'))
132                     commander.publish_joint(joint, dt)
133                     publish = True
134                 if gripper != gripper_prev:
135                     print(f'gripper: {gripper:.2f}')
136                     commander.publish_gripper(gripper, dt)
137                     publish = True
138                 # パブリッシュした場合は，設定時間と同じだけ停止
139                 if publish:
140                     time.sleep(dt)
```

最初の2つのif文でキー入力でつくられた新しい指令値jointとgripperが関節とグリッパの可動範囲であるかチェックし，範囲外の場合は変更前の値に戻しています．joint_in_range()関数とgripper_in_range()関数はkinematics.pyの中で定義している関数です．

指令値に変更があるときだけ，Commanderクラスのpublish_joint()メソッドやpublish_gripper()メソッドを呼び出しています．移動時間は変数dtで指定しており，あまり速く動きすぎないように0.2[s]にしています．そして，time.sleep(dt)によってアームの移動時間と同じだけプログラムを一時停止するようにしています．

チャレンジ6.1

commander1.pyを以下のように変更してみましょう．

1. 目標の関節角度とともに送っている動作時間を表す変数dtの値を大きくしたり（例えば2.0）小さくしたり（例えば0.02）して，ロボットに指令を送り，動作の変化を確認してください．
2. キー入力の種類を増やしてください．例えば，「!」（Shiftキーと1キーの同時押し）の場合は，関節1の指令値が-0.5[rad]，「"」（Shiftキーと2キーの同時押し）の場合は，$+0.5$[rad]変化するなど．

この本で提供されているPythonのプログラムをもとにして自分のプログラムをつくり実行するには，次の手順で行います．

1. もとになるプログラムをVSCodiumで開き，メニューの[ファイル]→[名前を付けて保存]をクリックし，同じディレクトリ内に別の名前（例えば，challenge6_1.py）で保存する．
2. そのファイルを書き換える．
3. ~/airobot_ws/src/chapter6/crane_plus_commander/setup.pyを開き，変数entry_pointsの設定のリストに内容を追加する．例えば以下のようにする．
   'challenge6_1 = crane_plus_commander.challenge6_1:main',
4. 端末を開き，ビルドする．

```
colcon build --packages-select crane_plus_commander
```

5. ビルドに成功したら，オーバーレイに設定を反映させる．

```
source install/setup.bash
```

6. プログラムを実行する.

```
ros2 run crane_plus_commander challenge6_1
```

これは以降のチャレンジでもすべて同じです.

6.5.6 手先を動かすプログラム

commander2 は, commander1 を変更し, キー入力で手先の指令も与えられるようにしたものです. 逆運動学の関数で手先変数を関節変数に変換してからパブリッシュしていますので, Commander クラスの定義はまったく同じです.

実機またはシミュレータのノード群をローンチした後で, 別の端末で以下を実行します.

```
ros2 run crane_plus_commander commander2
```

commander1 では, プログラム開始時に腕が垂直になるようにしていましたが, この姿勢からでは手先を任意の方向に動かせないので[注20], commander2 では, 肘を曲げてグリッパ部が水平になる姿勢にしています. commander1 と同様にキーボードの 0~9 キーで関節の指令値を変更でき, それに加えて, キーボードの a,z キーで x 座標, s,x キーで y 座標, d,c キーで z 座標, f,v キーでピッチ角, g,b キーでグリッパの指令値を変更できます. また, e キーで逆運動学の 2 種類の解を切り替えることができます. さらに, このプログラムでは, グリッパの開閉比率を表す変数として ratio を導入しました. その値が 0 ならば開ききった状態, 1 ならば閉じきった状態を表します.

commander2.py の変更部分を説明しましょう.

```
8 from crane_plus_commander.kinematics import (
9     forward_kinematics, from_gripper_ratio, gripper_in_range,
10    inverse_kinematics, joint_in_range, to_gripper_ratio)
```

kinematics.py の中の必要な関数をインポートしています.

```
93                [x, y, z, pitch] = forward_kinematics(joint)
94                ratio = to_gripper_ratio(gripper)
```

main() 関数の中の繰り返しの中でキーが押されていた場合, 最初にこの処理を行います. kinematics.py の中で定義している forward_kinematics() 関数（プログラムリスト 6.1）を使って, 現在の関節角の指令値 joint に対応する手先の位置・姿勢 x, y, z, pitch を求めています. グリッパについても開閉比率 ratio を求めています.

この後で, 押されたキーの文字が代入された変数 c の値によって, 変数 x, y, z, pitch, ratio の値を変更します.

```
156               if c in 'azsxdcfve':
157                   joint = inverse_kinematics([x, y, z, pitch], elbow_up)
158                   if joint is None:
159                       print('逆運動学の解なし')
```

注 20 詳しくは付録 C の特異姿勢の説明を見てください.

```
160                     joint = joint_prev.copy()
161             elif c in 'gb':
162                 gripper = from_gripper_ratio(ratio)
```

そして，手先の位置・姿勢を変更するキーが押された場合（c の値が'azsxdcfve' の中のいずれかの文字である場合）は，新たな手先の位置・姿勢に対応する関節角を求めるために，kinematics.py の中で定義している inverse_kinematics() 関数（プログラムリスト 6.2）を使って，その結果を変数 joint に代入します．逆運動学の解の種類は変数 elbow_up で指定するようにしています．逆運動学の解が得られなかった場合（戻り値が None の場合）は，関節角を変更前の値に戻します．

また，グリッパを変更するキーが押された場合（c の値が'gb' の中のいずれかの文字である場合）は，グリッパの開閉比率 ratio から，実際の角度 gripper に変換します．

その後の処理は，commander1.py と同じです．

チャレンジ 6.2

1. commander2 を実行して，キーを押してもアームへ指令が送られないような状況を引き起こし，プログラムのどの部分でそれが処理されているかを確認してください．
2. commander2 を実行して，アームへ指令が送られているが，アームが動けないような状況を引き起こし（例えば，手先が机の面より下へ移動するような状況），そのようなことを引き起こさないために，プログラムに何を追加すればいいかを検討してください．
3. commander2.py を変更して，手先を動かすキー入力の種類を増やしてください．例えば，「A」（Shift キーと a キーの同時押し）の場合は，x 座標を $+0.05$[m]，「Z」（Shift キーと z キーの同時押し）の場合は，-0.05[m] 変化するなど．

6.5.7 ロボットの状態を受け取るプログラム

commander1 や commander2 では，ロボットへ指令を送るだけでしたが，この節ではロボットの状態を受け取るプログラムをつくってみましょう．ここで，ロボットの状態というのは，各関節の現在の値です．CRANE+ V2 のノードは，関節の値を/joint_states トピックへ周期的にパブリッシュしていますので，これをサブスクライブします．commander1 を変更し，サブスクライブした関節値を周期的に表示する機能を追加して commander3 にしました．

実機またはシミュレータのノード群をローンチした後で，別の端末で以下を実行します．

```
ros2 run crane_plus_commander commander3
```

キー操作の方法は，commander1 とまったく同じです．キー操作にかかわらず，0.5[s] 間隔で 4 個の関節とグリッパの値が画面に表示されます．

commander3.py の変更部分を説明しましょう．

```
5 from sensor_msgs.msg import JointState
```

JointState をインポートします．JointState は以下のように定義されているメッセージ型です．

```
1 std_msgs/Header header
2 string[] name
3 float64[] position
4 float64[] velocity
```

```
5 float64[] effort
```

関節は任意の個数に対応しており，それぞれの変数に，名前と位置（角度）と速度（角速度）と力（トルク）が，関節の数と同じ要素数だけ収められています．ここでは，name と position だけを使います．要素の順番は，関節の番号と一致しているとは限らないので，受け取ったプログラムで name と対応をとる必要があります．

```
28          self.subscription = self.create_subscription(
29              JointState,
30              'joint_states',
31              self.joint_state_callback,
32              10)
33          self.lock = threading.Lock()
34          self.joint = [0]*4
35          self.gripper = 0
36          timer_period = 0.5  # [s]
37          self.timer = self.create_timer(timer_period, self.timer_callback)
```

Commander クラスのコンストラクタ __init__() に JointState 型の joint_states トピックを受け取るサブスクライバを作成します．そのコールバックとして後で定義する joint_state_callback() メソッドを設定します．サブスクライバが他とデータを共有するための属性 joint, gripper とそれらの排他処理[注21] を行うための Lock クラス[注22] の属性 lock を設定します．そして，0.5[s] 周期で実行されるタイマを作成し，コールバックとして後で定義する timer_callback() メソッドを設定します．

```
58      def joint_state_callback(self, msg):
59          d = {}
60          for i, name in enumerate(msg.name):
61              d[name] = msg.position[i]
62          with self.lock:
63              self.joint = [d[x] for x in self.joint_names]
64              self.gripper = d['crane_plus_joint_hand']
65
66      def get_joint_gripper(self):
67          with self.lock:
68              j = self.joint.copy()
69              g = self.gripper
70          return j, g
71
72      def timer_callback(self):
73          j, g = self.get_joint_gripper()
74          print(f'[{j[0]:.2f}, {j[1]:.2f}, {j[2]:.2f}, {j[3]:.2f}] {g:.2f}')
```

Commander クラスに 3 つのメソッドを追加します．

サブスクライバのコールバックの joint_state_callback() メソッドは，関節の name と position の対応をとるために辞書型の変数 d を使っています．また，データを共有する属性 joint, gripper に値を代入する区間を with self.lock:のブロックの中に入れて排他処理しています．

注 21　マルチスレッドのプログラムでは，1 つの変数に 2 つ以上のスレッドから読み書きすることがあります．これが同時に起こると，書き換え途中の値を読むことになり処理が狂ってしまいます．そこで，1 つのスレッドが変数を使っている間は，他のスレッドを待たせる必要があります．このようなことを排他処理といいます．

注 22　Lock クラスのインスタンスをつくり，1 つのスレッドがそのインスタンスを with ブロックで使うと，そのブロックを実行している間は，他のスレッドで同じインスタンスを with ブロックで使おうとすると待たされます．最初のスレッドで with ブロックを終了すると，他のスレッドが with ブロックを実行できるようになります．

get_joint_gripper() メソッドは，サブスクライバが取得した関節とグリッパの値を読み出します．こちらでも排他処理をしています．

タイマのコールバックの timer_callback() メソッドは，get_joint_gripper() を利用して読み出した値を画面に表示しています．

さて，このプログラムを実行している状態でノードとトピックの様子を可視化してみましょう．3番目の端末で以下を実行します．

```
rqt_graph
```

すると，図6.15のようなノードグラフが表示されます．commander3 で実行したノードが/commander です．このノードが，/joint_states トピックをサブスクライブし，/crane_plus_arm_controller/joint_trajectory トピックと/crane_plus_gripper_controller/joint_trajectory トピックへパブリッシュしていることが確認できます．

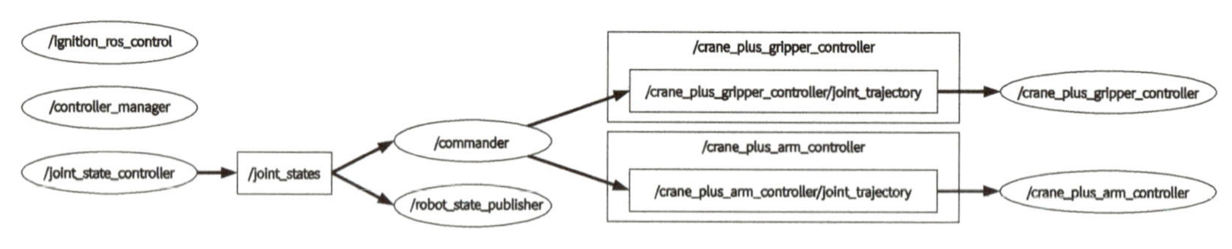

図 6.15　commander3 を実行したときのノードグラフ

チャレンジ 6.3

チャレンジ 6.1 と同様に，動作時間を表す変数 dt の値を極端に大きくして（例えば 5.0），関節が動作している途中経過を観察してみましょう．一度のキー入力で動く量を大きくするとよりわかりやすくなります．

6.5.8　ROS 2 のアクション通信を利用するプログラム

ここまでのプログラムでは，ロボットアームの関節角度を現在から少しだけ変更するという前提で，指令を一方的に送り付けるだけで済ませていました．しかし，一般には，ロボットアームへ関節角度や手先位置の指令を送ると，その達成までには時間がかかりますので，終わったかどうかや指令どおりできたかを確認したり，動作途中で中断したり，指令を変更したりできることが必要です．

ROS 2 には，そのような処理に向いた**アクション** (action) という通信機能が用意されています[注23]．CRANE+ V2 のノードは，FollowJointTrajectory という型のアクション通信を提供しています．このアクション通信では，ゴールは 4 要素[注24] ありますが，最も重要なのは，追従すべき軌道の情報です．これは，トピック通信の場合と同じ JointTrajectory 型の trajectory です．リザルトは，int32 型の error_code と string 型の error_string です．フィードバックはその時点の各関節の目標と実際との誤差です．

アクション通信の本来の使い方は，ゴールのリクエストを送った後，他の処理をしながらフィード

注 23　詳細は，図 2.3 を見てください．

注 24　trajectory（関節の軌道），path_tolerance（経路からのずれの許容限度），goal_tolerance　（目標位置の許容限度），goal_time_tolerance（目標時間の許容限度）．

バックやリザルトを確認することです．しかし，ここでは，アームの動作完了を確認したうえで次の作業に入るというような使い方を想定して，ゴールのリクエストを送った後に達成できるまで待ち続ける機能を使います．それを実装したのが，commander4 です．

実機またはシミュレータのノード群をローンチした後で，別の端末で以下を実行します．

```
ros2 run crane_plus_commander commander4
```

プログラムを実行すると，アームは垂直状態になります．そして，あらかじめプログラムの中で設定している目標のポーズ[注25]の一覧が画面に表示されます．各ポーズには名前を付けています．キーボードからその名前を入力すると対応したポーズに位置決めされ，それが達成できると，再び入力待ちになります．

このプログラムでは，これまでのように，1 つのキーを押すたびに処理を繰り返す必要がありません．そこで，Python の組み込み関数[注26]の input() を使い，文字列を入力した後に Enter キーが押されるまで待機していて，Enter キーが押されたらゴールのリクエストを送る処理へ進みます．

プログラムの動きは違いますが，commander4.py のコードはこれまでのプログラムと共通部分が多いので，違いに注目していきましょう．

```
4 from rclpy.action import ActionClient
```

アクションクライアントの機能をインポートします．

```
7 from control_msgs.action import FollowJointTrajectory
```

FollowJointTrajectory アクションをインポートします．

```
39         self.action_client_joint = ActionClient(
40             self, FollowJointTrajectory,
41             'crane_plus_arm_controller/follow_joint_trajectory')
```

Commander クラスのコンストラクタ__init__() の中で FollowJointTrajectory 型のアクションクライアントのインスタンスを作成します．

```
80     def send_goal_joint(self,  q, time):
81         goal_msg = FollowJointTrajectory.Goal()
82         goal_msg.trajectory = JointTrajectory()
83         goal_msg.trajectory.joint_names = self.joint_names
84         goal_msg.trajectory.points = [JointTrajectoryPoint()]
85         goal_msg.trajectory.points[0].positions = [
86             float(q[0]), float(q[1]), float(q[2]), float(q[3])]
87         goal_msg.trajectory.points[0].time_from_start = Duration(
88             seconds=int(time), nanoseconds=(time-int(time))*1e9).to_msg()
89         self.action_client_joint.wait_for_server()
90         return self.action_client_joint.send_goal(goal_msg)
```

Commander クラスに send_goal_joint() メソッドを追加します．引数として目標の関節値と時間を受け取り，それを JointTrajectory に設定します．トピックで指令をパブリッシュする publish_joint() メソッドの処理と同様です．その後 wait_for_server() でアクションサーバが

注 25　関節角の組のことをポーズとよぶことにします．姿勢ともいいますが，物体の配置を表す用語と区別するために別の言葉を使います．
注 26　Python に最初から組み込まれており，モジュールをインポートしなくてもすぐに使える関数．

使えるようになるのを待ってから，send_goal() でゴールを送り，処理が終了するのを待ちます[注27]．そして，終了時の戻り値をメソッドの戻り値にしています．

```
108     # 文字列とポーズの組を保持する辞書
109     goals = {}
110     goals['zeros'] = [0, 0, 0, 0]
111     goals['ones'] = [1, 1, 1, 1]
112     goals['home'] = [0.0, -1.16, -2.01, -0.73]
113     goals['carry'] = [-0.00, -1.37, -2.52, 1.17]
```

main() 関数の繰り返しの前に，目標のポーズの候補を保持する辞書をつくっています．

```
126         while True:
127             # 目標関節値とともに送る目標時間
128             dt = 3.0
129 
130             for key, item in goals.items():
131                 print(f'{key:8} {item}')
132             name = input('目標の名前を入力: ')
133             if name == '':
134                 break
135             if name not in goals:
136                 print(f'{name}は登録されていません')
137                 continue
138 
139             print('目標を送って結果待ち…')
140             r = commander.send_goal_joint(goals[name], dt)
141             print(f'r.result.error_code: {r.result.error_code}')
142             j, g = commander.get_joint_gripper()
143             print(f'[{j[0]:.2f}, {j[1]:.2f}, {j[2]:.2f}, {j[3]:.2f}] {g:.2f}')
144             print('')
```

このプログラムは繰り返しの内容が短いので，その部分を省略せずに載せました．キーボードから名前を入力し，辞書の中にその名前があれば，send_goal_joint() に関節値を与えています．

また，このプログラムでは，commander3 と同様に CRANE+ V2 の関節の状態もサブスクライブしており，動作終了直後に最新の関節値を表示しています．

チャレンジ 6.4

1. commander4.py を変更して，保持している目標のポーズを増やしてみましょう．
2. commander1.py と commander4.py を合体させましょう． commander1 と同様にキー入力を繰り返してアームへ指令をパブリッシュしますが，キーボードの p キーを押すと名前の入力待ちになり，名前の後に Enter キーを押すと commander4 と同様にその名前で登録されたポーズへ位置決めするアクションを実行するというプログラムです．
3. 上のプログラムに，さらに， r キーを押すと現在のポーズを登録する機能も追加しましょう．

注 27　アクションクライアント用の API には send_goal_async() もあります．これを使えば，処理の終了を待たずに，呼び出しからはすぐに戻ってきますので，アームの処理状況を監視しながら処理を切り替えるようなことができます．ここでそれを使っていないのは，プログラムを簡単にするためです．send_goal_async() を使う例は，付録 B を見てください．

6.6 ROSの機能を利用したモデル化

6.6.1 URDF と tf

CRANE+ V2 は関節数が 4 と少なく単純な構造をしているので，運動学の数式を比較的簡単につくることができました．しかし，関節数がもっと多くなると式を書き下すことは容易ではありません．また，CRANE+ V2 のモデル化ではリンクを線分として表現しました．しかし，実際のロボットは大きさのある形状をしているので，リンク間の干渉やリンクと外部の物体との干渉を考慮する必要がありますが，それも容易ではありません．

ロボットアームをより詳細にモデル化するには，各リンクにそのリンクとともに動く座標系を割り付け，各関節が 2 つの座標系をどのように関係付けるかを記述します．また，各リンクの形状をリンク座標系で記述します．ROS にはそのようなことをする仕組みとして，**URDF** (Unified Robot Description Format) が用意されています．また，リンクの座標系を含むさまざまな座標系を統一的に管理する仕組みとして **tf** (transform の略) も用意されています．

URDF は，XML 形式で，最上位の要素が`<robot>`であり，その子要素として，各リンクを表す複数の`<link>`要素，各関節を表す複数の`<joint>`要素が含まれています．URDF が想定しているのは，関節でリンクとリンクを接続した木構造です．木の根元になるリンクからはじまって途中で枝分かれしてもかまいませんが，枝分かれした先で再び接続してはいけません．ループのある構造には対応していないということです．そして，各関節がどのリンクとどのリンクを接続しているかを記述することで構造を表現します．ある関節の根元側を親リンク，先端側を子リンクといいます．

`<link>`要素は，属性として `name` を持ち，以下の 3 つの子要素を持っています．

- `<inertial>` リンクの重心位置や質量，慣性モーメントを定める．動力学シミュレーションに用いられる．
- `<visual>` リンクの形状や色を定める．描画に用いられる．
- `<collision>` リンクの形状を定める．衝突判定に用いられる．

一方，`<joint>`要素は，属性として `name` と `type` を持ちます．`type` は，`revolute`（回転関節），`continuous`（無限回転する関節），`prismatic`（直動関節），`fixed`（固定），`floating`（拘束なし）のいずれかを設定します．そして，以下の子要素を持っています．

- `<origin>` 2 リンク間の相対位置・姿勢を定める．
- `<parent>` 親リンクの名前を `link` 属性で指定する．
- `<child>` 子リンクの名前を `link` 属性で指定する．
- `<axis>` 関節の軸の方向を定める．
- `<limit>` 関節の可動域，速度とアクチュエータ出力を定める．

1 つの関節を挟む構造の模式図を図 6.16 に示します．

この章の最初に紹介した `simple_arm` の URDF をプログラムリスト 6.3 に示します．この XML ファイルには，`<link>`要素と`<joint>`要素がそれぞれ 3 つずつ含まれています．このモデルは，運動学的な関係と見た目の表示にしか使いませんので，`<link>`要素の中の`<inertial>`要素と`<collision>`要素を省略しています．したがって，このままでは動力学シミュレーションには使えません．

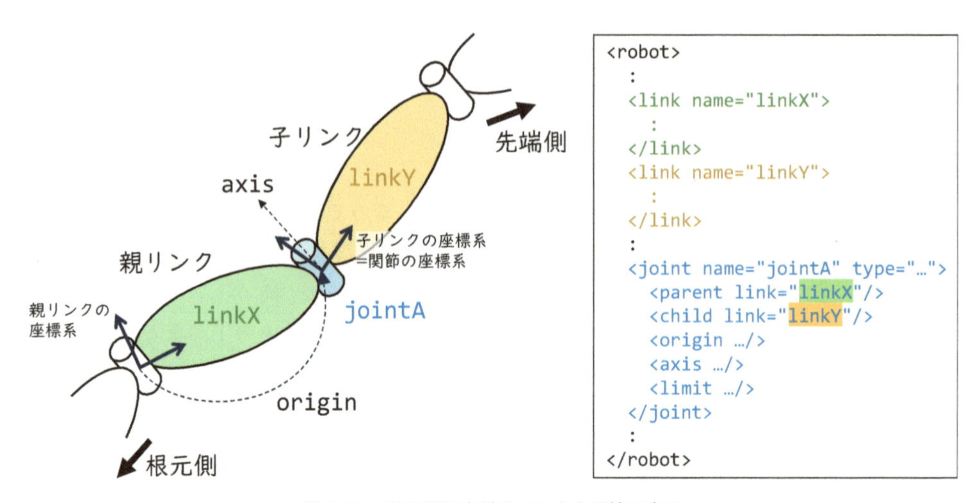

図 6.16　URDF におけるリンクと関節の表現

詳しくは，URDF の公式チュートリアル注28 などを参考にしてください．また，simple_arm の例では使っていませんが，記述の効率化のために**xacro**注29 とよばれるマクロ言語がよく利用されています．

一方，**tf は，システム内の座標系間の関係を保持して，全体を管理する仕組みです．**URDF で記述されたリンク座標系の定義は，robot_state_publisher という ROS ノードにより tf に登録されます．

tf の現在のバージョンは 2 (tf2) です．ROS 1 では，バージョン 1 とバージョン 2 が併用されていましたが，ROS 2 ではバージョン 2 のみが使われます．以下では，特に区別する場合以外は，すべて tf と書きます．

tf についてより詳しく知りたい場合は，付録 E を読んでください．

6.6.2　CRANE+ V2 の URDF と tf

CRANE+ V2 の URDF や xacro のファイルは，crane_plus パッケージに含まれています．ディレクトリ~/airobot_ws/src/crane_plus/crane_plus_description/urdf 注30 にあるファイルを確認してみましょう．simple_arm の URDF に比べるとずっと複雑ですが，同じような内容が含まれていることがわかります．また，この URDF には xacro が使われています．

robot_state_publisher ノードと RViz を使って，tf に登録された CRANE+ V2 の座標系を見てみましょう．端末で以下を実行します．

```
ros2 launch crane_plus_description display.launch.py
```

すると，図 6.17 のような内容が表示されます（RViz のウィンドウの一部分だけを示しています）．[Joint State Publisher] のウィンドウ内のスライダを動かすと，RViz の中のロボットが動きます．ロボットの各リンクには，直交する赤緑青の線分で座標系が表示されています．線分が集まっている点が座標系の原点で，赤線が X 軸，緑線が Y 軸，青線が Z 軸を表しています．座標系が見えにくければ，RViz のウィンドウ内の [Displays] 欄の [RobotModel] の下の [Alpha] の値を 0.5 ぐらいにしてリンクの形状を半透明にすればわかりやすくなります．

注 28　https://docs.ros.org/en/humble/Tutorials/Intermediate/URDF/URDF-Main.html
注 29　https://docs.ros.org/en/humble/Tutorials/Intermediate/URDF/Using-Xacro-to-Clean-Up-a-URDF-File.html
注 30　または，https://github.com/AI-Robot-Book-Humble/crane_plus/tree/airobot/crane_plus_description/urdf

プログラムリスト 6.3 simple_arm の URDF (simple_arm.urdf)

```
1 <robot name="simple_arm">
2
3   <link name="base_link"/>
4
5   <joint name="joint0" type="fixed">
6     <parent link="base_link"/>
7     <child  link="link0"/>
8   </joint>
9
10  <link name="link0">
11    <visual>
12      <geometry>
13        <cylinder length="0.25" radius="0.2"/>
14      </geometry>
15      <origin xyz="0 0 0.125" rpy="0 0 0"/>
16      <material name="color0">
17        <color rgba="1.0 0.0 1.0 1.0"/>
18      </material>
19    </visual>
20  </link>
21
22  <joint name="joint1" type="revolute">
23    <parent link="link0"/>
24    <child  link="link1"/>
25    <origin xyz="0 0 0.25" rpy="0 0 0"/>
26    <axis xyz="0 0 1"/>
27    <limit lower="-3.14" upper="3.14" effort="0" velocity="0"/>
28  </joint>
29
30  <link name="link1">
31    <visual>
32      <geometry>
33        <box size="1.2 0.2 0.1"/>
34      </geometry>
35      <origin xyz="0.5 0 0.05" rpy="0 0 0"/>
36      <material name="color1">
37        <color rgba="0.67 0.33 1.0 1.0"/>
38      </material>
39    </visual>
40  </link>
41
42  <joint name="joint2" type="revolute">
43    <parent link="link1"/>
44    <child  link="link2"/>
45    <origin xyz="1 0 0.1" rpy="0 0 0"/>
46    <axis xyz="0 0 1"/>
47    <limit lower="-3.14" upper="3.14" effort="0" velocity="0"/>
48  </joint>
49
50  <link name="link2">
51    <visual>
52      <geometry>
53        <box size="1.1 0.2 0.1"/>
54      </geometry>
55      <origin xyz="0.45 0 0.05" rpy="0 0 0"/>
56      <material name="color2">
57        <color rgba="0.33 0.67 1.0 1.0"/>
58      </material>
59    </visual>
60  </link>
61 </robot>
```

以上を実行している launch ファイルは，~/airobot_ws/src/crane_plus/crane_plus_description/launch/display.launch.py[注31] にあります．この中では，3 つのノード robot_state_publisher，joint_state_publisher_gui，rviz2（RViz）を起動しています．robot_state_publisher は，CRANE+ V2 の URDF を読み込み，joint_state_publisher_gui から送られてくる関節の値から各座標系間の関係を計算し，その結果を tf に登録します．RViz はロボットの形状情報と tf から得られた情報に基づいて，時々刻々のロボットの座標系と形状を 3 次元で表示します．

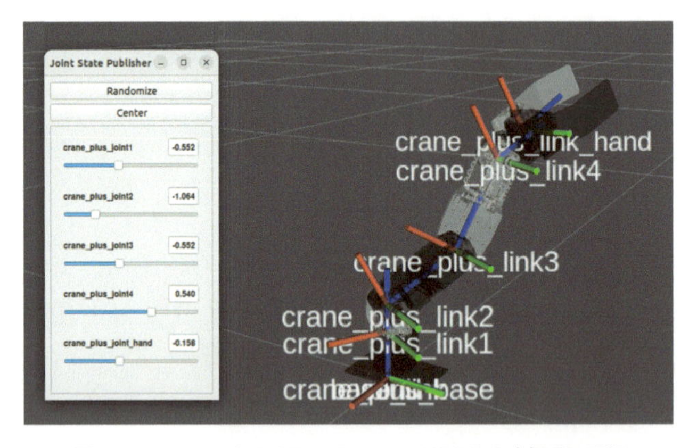

図 6.17　RViz による CRANE+ V2 の URDF と座標系の確認

6.6.3 tf を使ったプログラム

ここでは，tf を使ったプログラムの例として，tf に登録されている座標系の位置へ CRANE+ V2 の手先を位置決めするものを紹介します．

ユーザのプログラムから tf に対して 2 つの座標系を指定して問い合わせると，各座標系間の接続関係と各座標系情報の取得時刻を考慮して，座標系間の相対的な位置・姿勢を提供してくれます．座標系間の位置・姿勢が得られれば，例えば，あるセンサで得られた位置情報を別の座標系で表現できるようになります．

ここでは，CRANE+ V2 の土台の座標系 crane_plus_base を基準として，target という名前の座標系の位置・姿勢の情報を取得し，その中から位置の情報を取り出します．一方，姿勢は，ピッチが 0 になるようにします．そのような手先の位置・姿勢に対応する関節値を逆運動学を計算して求め，それを指令値として CRANE+ V2 ノードへ送ります．

以上の考えを実装したプログラムが commander5 です．これを試すには，端末が 4 つ必要ですので，それらを起動してください．

1 番目の端末で crane_plus の実機またはシミュレータのノード群をローンチします．

2 番目の端末で tf の状況を確認するために RViz を単体で実行します．

```
rviz2 -d ~/airobot_ws/install/crane_plus_description/share/crane_plus_description/launch/
display.rviz
```

すると，RViz には直立した CRANE+ V2 が表示されます．

3 番目の端末で commander5 を実行します．

注 31　または，https://github.com/AI-Robot-Book-Humble/crane_plus/blob/airobot/crane_plus_description/launch/display.launch.py

```
ros2 run crane_plus_commander commander5
```

すると，CRANE+ V2 は肘を曲げグリッパを水平にした姿勢へ動きますが，端末には「対象のフレームが見つからない」と繰り返し表示されます．target 座標系の情報が tf にまだ登録されていないからです．

4 番目の端末で，target 座標系を登録します．端末から tf に対して静的な座標系間の関係を登録するには，static_transform_publisher ノードを使います．crane_plus_base を基準（親）として，子となる target 座標系を $[x, y, z] = [0.2, 0.1, 0.1]$[m] の位置に設定することにしましょう．端末で以下の内容を実行します．

```
ros2 run tf2_ros static_transform_publisher --x 0.2 --y 0.1 --z 0.1 --frame-id crane_plus
_base --child-frame-id target
```

すると，RViz には，図 6.18 のように，target 座標系が現れ，アームの手先がその位置へ動きます．

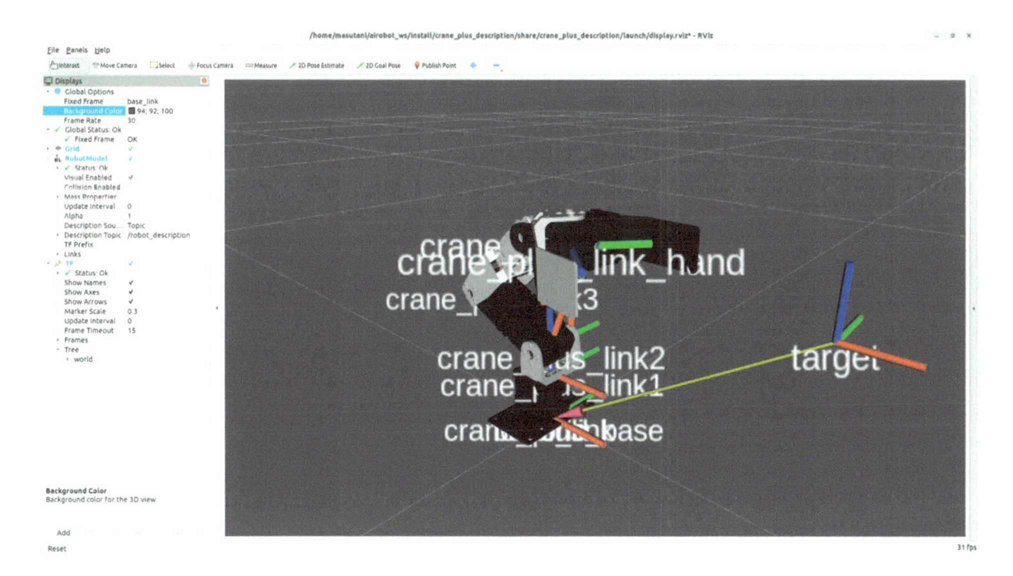

図 6.18　CRANE+ V2 と target 座標系

以上が確認できたら，4 番目の端末で Ctrl+C キーを押して実行中の static_transform_publisher を終了し，位置を変更して再び実行します[注32]．その後に，commander5 を実行中の 3 番目の端末で r キーを押すと，新たな位置へ手先が動きます．これを繰り返してみてください．位置によっては「逆運動学の解なし」や「関節指令値が範囲外」と表示される場合もあります．

tf から target 座標系の位置・姿勢を取得し，逆運動学を解いて crane_plus へ関節指令値を送るプログラム commander5.py の中身を見ていきましょう．

```
3 from rclpy.duration import Duration
4 from tf2_ros import TransformException
5 from tf2_ros.buffer import Buffer
6 from tf2_ros.transform_listener import TransformListener
7 from tf_transformations import euler_from_quaternion
```

注 32　このとき，シェルの履歴と行編集の機能を使うと便利です．↑キーで前の内容を表示，←キーを押して書き換えたい位置へカーソル移動，書き換え後に Enter キーを押します．

プログラムの先頭部分に tf を使うために必要な機能をインポートします.

```
35          self.tf_buffer = Buffer()
36          self.tf_listener = TransformListener(self.tf_buffer, self)
```

Commander クラスのコンストラクタ__init__() の中に，tf から座標系の情報を受け取るバッファとリスナ（tf 用のサブスクライバ）を作成しています.

```
57      def get_frame_position(self, frame_id):
58          try:
59              when = rclpy.time.Time()
60              trans = self.tf_buffer.lookup_transform(
61                  'crane_plus_base',
62                  frame_id,
63                  when,
64                  timeout=Duration(seconds=1.0))
65          except TransformException as ex:
66              self.get_logger().info(f'{ex}')
67              return None
68          t = trans.transform.translation
69          r = trans.transform.rotation
70          roll, pitch, yaw = euler_from_quaternion([r.x, r.y, r.z, r.w])
71          return [t.x, t.y, t.z, roll, pitch, yaw]
```

tf を使って引数で指定された座標系の位置・姿勢を得るメソッドを Commander クラスに追加しました. lookup_transform() で得られた情報を，位置はそのまま，姿勢はクォータニオンをロール・ピッチ・ヨーに変換して戻り値にしています. lookup_transform() は tf に対する問い合わせが失敗した場合に例外を発生するので try ブロックで囲む必要があります. このメソッドでは，例外が発生した場合は，それを呼び出し側に伝えるために，戻り値を None にしています.

```
107     INIT = 0
108     WAIT = 1
109     DONE = 2
110     state = INIT
```

このプログラムは簡単な状態遷移で表現しています. 変数 state で状態を保持し，値は，INIT, WAIT,DONE の 3 つをとります.

```
117         while True:
118             time.sleep(0.01)
119             # キーが押されているか？
120             if kb.kbhit():
121                 c = kb.getch()
122                 if c == 'r':
123                     print('再初期化')
124                     state = INIT
125                 elif ord(c) == 27:  # Esc キー
126                     break
127 
128             position = commander.get_frame_position('target')
129             if position is None:
130                 print('対象のフレームが見つからない')
131             else:
132                 xyz_now = position[0:3]
133                 time_now = time.time()
134                 if state == INIT:
135                     xyz_first = xyz_now
136                     time_first = time_now
```

```
137                     state = WAIT
138                 elif state == WAIT:
139                     if dist(xyz_now, xyz_first) > 0.01:
140                         state = INIT
141                     elif time_now - time_first > 1.0:
142                         state = DONE
143                         pitch = 0
144                         joint = inverse_kinematics(xyz_now + [pitch], elbow_up)
145                         if joint is None:
146                             print('逆運動学の解なし')
147                         elif not all(joint_in_range(joint)):
148                             print('関節指令値が範囲外')
149                         else:
150                             print(f'関節指令値： [{joint[0]:.2f}, {joint[1]:.2f},',
151                                 f'{joint[2]:.2f}, {joint[3]:.2f}]')
152                             dt = 0.5
153                             commander.publish_joint(joint, dt)
154                             time.sleep(dt)
```

main() 関数の繰り返し部分です．0.01 秒おきに処理を行っています．最初に，キーが押されているかを確認し，Esc キーが押されていた場合は，繰り返しを抜けプログラムを終了，r キーが押されていた場合は，状態を INIT に戻します．

次に，get_frame_position() メソッドを呼び出し，アームの台座に対する target 座標系の位置・姿勢を得ます．戻り値が None でなければ，情報が得られていますので，その中の位置と今の時刻を得ます．

INIT 状態であれば，位置と時刻を記憶し，WAIT 状態に遷移します．WAIT 状態であれば，最初に記憶した位置との距離が 10 [mm] より大きくなった場合は INIT 状態に戻り，WAIT 状態が 1 秒以上続いていれば，DONE 状態に遷移し，アームを動かす処理をはじめます[注33]．

アームを動かすために，まず inverse_kinematics() 関数で関節値を得ます．逆運動学の解が求まり，その関節値が可動範囲内であれば，その値を表示し，指令値をパブリッシュします．

チャレンジ 6.5

commander5.py を変更して，target 座標系の位置に物体があると想定して，それをグリッパで把持し，他の位置に運ぶために引き寄せるようにアームを動かしてみましょう．target 座標系の位置が確定したら，グリッパを開き，手先を把持前の準備位置に動かし，それから把持位置へ動かして，グリッパを閉じ，最後にアームを運搬のためのポーズへ動かします．把持位置は target 座標系の位置とし，準備位置は，その少し（50 [mm] ぐらい）アームよりの位置にするのがよいでしょう．

6.7 MoveIt

6.7.1 MoveIt とは

MoveIt[注34] はロボットアームの動作計画を行うフレームワークで，その中には，運動学計算，軌道計画，障害物回避などが含まれています．逆運動学を解く機能も含まれていますので，ロボットのモデルを与えてやれば，この章でここまでやってきたように自分で図形を描いたり数式を立てたりせず

注 33　センサ情報などから位置・姿勢を得ている場合を想定して，アームを動かす前に対象が静止していることを確認する処理です．
注 34　https://moveit.ai/

に解を得ることができます．

ROS 2 用の MoveIt である MoveIt2 では，Python のインタフェースである moveit_py[注35] が，ROS Iron 用にはじめてリリースされ，この本で扱う ROS 2 Humble では使えません．そこで，この本では，Python から MoveIt を使うために，Andrej Orsula 氏が公開している pymoveit2[注36] を利用します．MoveIt はサービス通信やアクション通信でその機能を提供していますが，その仕様は複雑で，簡単には利用できません．pymoveit2 は，それを代わりに担当し，手軽に MoveIt を使えるようにしてくれます．

MoveIt の位置づけを図 6.19 に示します．ROS 2 Control は，ロボットのセンサとアクチュエータとそれらを制御するコントローラをモジュール化する枠組みです[注37]．実ロボットとシミュレータの中のロボットを同じように扱うこともできます．実は，crane_plus パッケージでも，この ROS 2 Control を使っています[注38]．

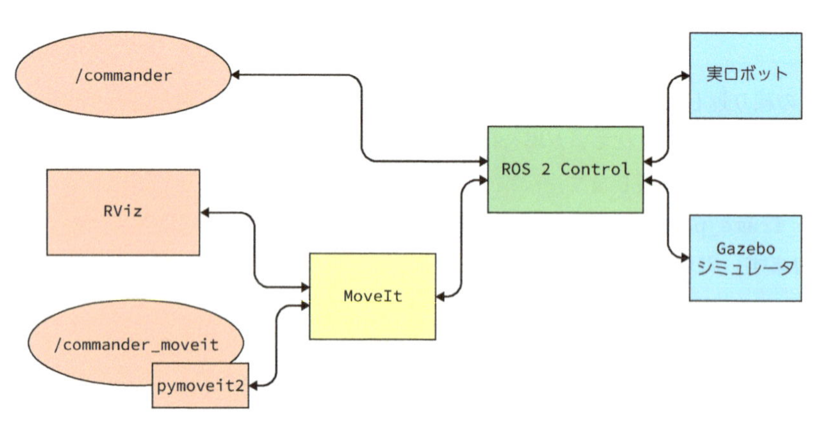

図 6.19　MoveIt の位置づけ

これまでは，Python で作成した/commander ノードから，ROS 2 Control を直接利用していました．本来は，コントローラへ関節値の軌道（時系列）を与えるところを，1 時刻分だけの関節値を与える変則的な使い方をしていました．MoveIt を使う場合は，関節の初期値や目標値やその他の条件を与えることによって，関節値の軌道が作成され，それを ROS 2 Control へ送ることによってロボットが動作します．また，RViz から MoveIt を利用することもできます．それもこの後で試してみましょう．

6.7.2 CRANE+ V2 用の MoveIt

crane_plus パッケージも MoveIt に対応しており，RViz から MoveIt を使ったり，C++言語でプログラミングしたりできるようになっています．この本では，crane_plus のオリジナルを少し変更して，アームの手先をグリッパの中心にする設定を追加しています．それを試してみましょう．

実機の場合は，端末で以下を入力します．

```
ros2 launch crane_plus_examples endtip_demo.launch.py
```

実機の制御用のノードも実行され，MoveIt 用に RViz が起動します．

注 35　https://github.com/moveit/moveit2/tree/main/moveit_py
注 36　https://github.com/AndrejOrsula/pymoveit2
注 37　https://control.ros.org/humble/index.html
注 38　https://rt-net.jp/humanoid/archives/3571

一方，シミュレータの場合は，端末で以下を入力します．

```
ros2 launch crane_plus_gazebo endtip_crane_plus_with_table.launch.py
```

Gazebo シミュレータが起動し，MoveIt 用に RViz が起動します．

図 6.20 のように，RViz の中央の画面上で目標の手先の位置・姿勢を設定します．手先に表示されたインタラクティブマーカで軸ごとに並進や回転を与えたり，球を操作して位置を変更できますが，オレンジ色で表示されているアームの目標ポーズは，手先の位置・姿勢を実現できるものにしかなりませんので，4 自由度の CRANE+ V2 ではなかなか思うように動かせません．そこで，[MotionPlanning] の領域の [Planning] タブ内の [Approx IK Solutions] にチェックを入れると，逆運動学が解けない場合は近似解へ動くようになりますので，目標ポーズが設定しやすくなります．また，[MotionPlanning] の [Joints] のタブをクリックして，関節値のスライダを操作して目標ポーズを設定することもできます．

図 6.20　RViz から MoveIt を利用する

目標ポーズを設定したら，[MotionPlanning] の領域の [Planning] タブ内の [Plan & Execute] をクリックすると，最終ポーズに至る軌道が作成され，アームが動作します[注39]．[Use Cartesian Path] にチェックを入れると，手先が 3 次元空間で直線的に移動するような軌道が作られます．これは，MoveIt の基本的な機能ですが，CRANE+ V2 では自由度が足りないため，なかなか成功しません．

6.7.3　MoveIt による運動学計算

`pymoveit2` を介してプログラムから MoveIt を使ってみましょう．MoveIt には対象のアームの順運動学や逆運動学を計算してくれる機能があります．また，目標の関節値を与えると軌道計画をし，それを ROS 2 Control へ指令として与える機能もあります．これらの機能を使って 6.5.6 節で紹介した手先を動かすプログラム `commander2` の MoveIt 版を作ります．

MoveIt 用の実機またはシミュレータのノード群をローンチします．今後，プログラムから MoveIt を使う場合は，RViz の表示の設定を変更して，オレンジ色のロボットの目標ポーズを表示しないよ

注 39　[Plan] をクリックすると，軌道の作成だけが行われ，その結果がアニメーションで表示されます．その後に [Execute] をクリックするとアームが動作します．

うにしましょう．それには，RViz のウィンドウ内で，[Displays] → [MotionPlanning] → [Planning Request] → [Query Goal State] のチェックを外します．

MoveIt の準備ができたら別の端末で以下を実行します．

```
ros2 run crane_plus_commander commander2_moveit
```

キーの操作は，commander2 と同じです．commander2 では，キー操作のたびに目標の関節値をパブリッシュするだけでしたが，commander2_moveit では，キー操作のたびに目標の関節値へ至る軌道を計画しそれを実行していますので，動きがゆっくりしています．このような場合は，毎回軌道を実行する方法は得策ではありませんが，commander2 との対比のためにあえてこのようにしています．

commander2_moveit.py の主要部分を説明しましょう．

```
 3 from rclpy.callback_groups import ReentrantCallbackGroup
 4 from rclpy.executors import MultiThreadedExecutor
```

MoveIt を使う場合は，複数のコールバックの処理を同時並行に実行できるようにするために，ReentrantCallbackGroup クラスと MultiThreadedExecutor クラスが必要ですので，それらをインポートします．

```
 9 from pymoveit2 import MoveIt2, GripperInterface
10 from tf_transformations import euler_from_quaternion, quaternion_from_euler
```

pymoveit2 を使うために MoveIt2 クラスと GripperInterface クラスをインポートします．また，運動学の計算のためにクォータニオンとロール・ピッチ・ヨーの間の変換関数をインポートします．

```
12 GRIPPER_MIN = -radians(40.62) + 0.001
13 GRIPPER_MAX = radians(38.27) - 0.001
14
15 def to_gripper_ratio(gripper):
16     ratio = (gripper - GRIPPER_MIN) / (GRIPPER_MAX - GRIPPER_MIN)
17     return ratio
18
19 def from_gripper_ratio(ratio):
20     gripper = GRIPPER_MIN + ratio * (GRIPPER_MAX - GRIPPER_MIN)
21     return gripper
```

このプログラムでは，この章の前半で導入した kinematics.py を使いません．しかし，その中で提供していたグリッパの開閉比率を扱う関数を使いたいので，このファイルの中で定義します．

```
25 class CommanderMoveit(Node):
```

MoveIt を使うノードのクラスを CommanderMoveit という名前にします．

```
34         callback_group = ReentrantCallbackGroup()
35         self.moveit2 = MoveIt2(
36             node=self,
37             joint_names=self.joint_names,
38             base_link_name='crane_plus_base',
39             end_effector_name='crane_plus_link_endtip',
40             group_name='arm',
41             callback_group=callback_group,
42         )
43         self.moveit2.max_velocity = 1.0
44         self.moveit2.max_acceleration = 1.0
45
```

```
46          gripper_joint_names = ['crane_plus_joint_hand']
47          self.gripper_interface = GripperInterface(
48              node=self,
49              gripper_joint_names=gripper_joint_names,
50              open_gripper_joint_positions=[GRIPPER_MIN],
51              closed_gripper_joint_positions=[GRIPPER_MAX],
52              gripper_group_name='gripper',
53              callback_group=callback_group,
54          )
55          self.gripper_interface.max_velocity = 1.0
56          self.gripper_interface.max_acceleration = 1.0
```

pymoveit2では，複数のコールバックを同時並行に実行する必要があるので，コールバックグループとしてReentrantCallbackGroupクラスのインスタンスを用意します[注40]．pymoveit2を使ってアームを扱うには，MoveIt2クラスのインスタンスをつくります．このプログラムでは，CommanderMoveitクラスのコンストラクタ__init__()の中でクラスの属性にしています．MoveIt2クラスのインスタンスを作るときには，以下のような引数を与えます．

- node MoveIt2が利用するノード
- joint_names 対象となる関節名のリスト
- base_link_name アームの土台のリンクの名前
- end_effector_name アームの手先のリンクの名前
- group_name MoveItで定められたグループ名
- callback_group MoveIt2が利用するコールバックグループ

ここでは，クラス自身がノードなので，nodeにはselfを設定します．また，end_effector_nameには，この本で追加した'crane_plus_link_endtip'を設定します．さらに，インスタンスの属性としては以下の2つが重要です．

- max_velocity MoveItのmax_velocity_scaling_factorに相当．値は0〜1．軌道を計画するときの最大関節速度を減らすための比率
- max_acceleration MoveItのmax_acceleration_scaling_factorに相当．値は0〜1．軌道を計画するときの最大関節加速度を減らすための比率

一方，グリッパについては，GripperInterfaceクラスのインスタンスをつくります．そのときの引数は以下のとおりです．

- node GripperInterfaceが利用するノード
- gripper_joint_names グリッパを構成する関節名のリスト
- open_gripper_joint_positions グリッパを開いた状態の関節値のリスト
- closed_gripper_joint_positions グリッパを閉じた状態の関節値のリスト
- gripper_group_name MoveItで定められたグループ名
- callback_group GripperInterfaceが利用するコールバックグループ

max_velocity, max_accelerationの役割は，moveit2の場合と同じです．

注40 ROS 2では，複数のコールバックを同時並行に実行できるようにするには，コールバックの実行管理をしているエグゼキュータ（executor）として複数スレッドで実行できるMultiThreadedExecutorを指定し，さらに，各コールバックの設定において同時処理の実行方法をコールバックグループで指定します．ReentrantCallbackGroupを指定すると，グループ内のコールバックの処理が並行して行われるようになります

```
58      def move_joint(self, q):
59          joint_positions = [
60              float(q[0]), float(q[1]), float(q[2]), float(q[3])]
61          self.moveit2.move_to_configuration(joint_positions)
62          return self.moveit2.wait_until_executed()
63
64      def move_gripper(self, q):
65          position = float(q)
66          self.gripper_interface.move_to_position(position)
67          return self.gripper_interface.wait_until_executed()
68
69      def set_max_velocity(self, v):
70          self.moveit2.max_velocity = float(v)
```

pymoveit2 の機能を使って，MoveIt に関節とグリッパの目標を与えて計画と動作をさせるメソッドを定義しています．また，速度の比率を設定するメソッドを定義しています．

```
72      def forward_kinematics(self, joint):
73          pose_stamped = self.moveit2.compute_fk(joint)
74          p = pose_stamped.pose.position
75          [x, y, z] = [p.x, p.y, p.z]
76          q = pose_stamped.pose.orientation
77          [_, pitch,_] = euler_from_quaternion([q.x, q.y, q.z, q.w])
78          return [x, y, z, pitch]
79
80      def inverse_kinematics(self, endtip, elbow_up):
81          [x, y, z, pitch] = endtip
82          position = [x, y, z]
83          yaw = atan2(y, x)
84          quat_xyzw = quaternion_from_euler(0.0, pitch, yaw)
85          if elbow_up:
86              start_joint_state = [0.0, 0.0, -1.57, 0.0]
87          else:
88              start_joint_state = [0.0, 0.0, 1.57, 0.0]
89          joint_state = self.moveit2.compute_ik(
90              position, quat_xyzw, start_joint_state=start_joint_state)
91          if joint_state is None:
92              return None
93          d = {}
94          for i, name in enumerate(joint_state.name):
95              d[name] = joint_state.position[i]
96          joint = [d[x] for x in self.joint_names]
97          return joint
```

MoveIt の機能を使って順運動学と逆運動学の計算をするメソッドです．kinematics.py の関数と仕様を合わせています．順運動学では，結果の姿勢はクォータニオンなので，それをロール・ピッチ・ヨーに変換し，ピッチだけを取り出しています．逆運動学では，姿勢をクォータニオンとして与えないといけませんので，ロール・ピッチ・ヨーから変換しています．また，結果は JointState 型ですので，6.5.7 節と同様の方法で関節の name と position の対応をとっています．kinematics.py では，逆運動学の 2 つの解の一方を指定するために，引数の elbow_up を使っていました．MoveIt では逆運動学を数値的に解いていますので，完全に同じことはできませんが，その初期値 start_joint_state を指定することによって，解を区別しています．

ここからは main() 関数の中を説明します．

```
108     executor = MultiThreadedExecutor()
```

```
109       thread = threading.Thread(target=rclpy.spin, args=(commander,executor,))
```

コールバックを同時並行に扱うために，rclpy.spin() の引数 executor に MultiThreadedExecutor クラスのインスタンスを与えます．

```
141                 [x, y, z, pitch] = commander.forward_kinematics(joint)
```

順運動学の計算のために，このノードの forward_kinematics() メソッドを使います．

```
205                     joint = commander.inverse_kinematics([x, y, z, pitch], elbow_up)
```

逆運動学の計算のために，このノードの inverse_kinematics() メソッドを使います．

```
218                 if joint != joint_prev:
219                     print((f'joint: [{joint[0]:.2f}, {joint[1]:.2f}, '
220                            f'{joint[2]:.2f}, {joint[3]:.2f}]'))
221                     success = commander.move_joint(joint)
222                     if not success:
223                         print('move_joint()失敗')
224                         joint = joint_prev.copy()
225                 if gripper != gripper_prev:
226                     print(f'gripper: {gripper:.2f}')
227                     success = commander.move_gripper(gripper)
228                     if not success:
229                         print('move_gripper()失敗')
230                         gripper = gripper_prev
```

関数値に変化があった場合に，move_joint() メソッドで MoveIt に目標値を与えてアームを動かします．戻り値でエラーの有無を確認しています．このメソッドは，アームの動きが完了するまで終わりませんので，commander2 のように時間待ちをする必要はありません．

チャレンジ 6.6

この本では詳細を扱いませんが，MoveIt には障害物を回避して動作を計画する機能があります．そのためには，MoveIt に障害物の形状と位置を登録する必要があります．pymoveit2 にもそのインタフェースが用意されています．一例として，commander2_moveit を変更して，机の天板を障害物として登録してみましょう．以下の内容をノードのクラスのコンストラクタに追加します．

```
        self.moveit2.add_collision_box(
            id='table_top', size=[1.0, 1.0, 0.002],
            position=[0.0, 0.0, -0.001], quat_xyzw=[0.0, 0.0, 0.0, 1.0])
```

この意味は，tabe_top という名前で，1[m] × 1[m] × 2[mm] の直方体の障害物を原点の直下 1[mm] の位置に設置するということです．すると，この直方体の上面は，机の天板の表面と一致します．

障害物を追加したプログラムを実行し，RViz の画面に緑色の平板が追加されていることを確認してください．そして，アームが天板とぶつかる動作をさせようとすると，その前に端末に「move_joint() 失敗」あるいは「move_gripper() 失敗」と表示されることを確認してください．

さらにプログラムを変更して，障害物がある場合とない場合の違いを比較しやすいように，キー操作で障害物を追加したり削除したりできるようにしてください．登録されている障害物をすべて削除するには，以下のような内容を追加します．

```
        self.moveit2.clear_all_collision_objects()
```

6.7.4 MoveItによる手先移動

MoveIt に手先の目標を与えて，計画と実行をさせてみましょう．6.6.3 節で紹介した tf の座標系で与えた目標に手先を位置決めするプログラム commander5 の MoveIt 版をつくります．

commander5 のときと同様に，端末を 4 つ起動します．1 番目の端末で MoveIt 用の実機またはシミュレータのノード群をローンチします．2 番目の端末で RViz を実行します．3 番目の端末で以下のように commander5 の MoveIt 版を実行します．

```
ros2 run crane_plus_commander commander5_moveit
```

4 番目の端末で static_transform_publisher ノードを実行します．その後の操作も commander5 の場合と同様です．commander5 と同じことができたでしょうか？

commander5_moveit.py は，commander5.py と commander2_moveit.py を合わせたものです．どちらにもない部分を説明します．

```
72      def move_endtip(self, endtip):
73          position = [float(endtip[0]), float(endtip[1]), float(endtip[2])]
74          yaw = atan2(position[1], position[0])
75          pitch = float(endtip[3])
76          quat_xyzw = quaternion_from_euler(0.0, pitch, yaw)
77          self.moveit2.move_to_pose(
78              position=position,
79              quat_xyzw=quat_xyzw
80          )
81          return self.moveit2.wait_until_executed()
```

pymoveit2 の機能を使って，MoveIt に手先の目標を与えて計画と動作をさせるメソッドを CommanderMoveit クラスに追加します．目標の姿勢はクォータニオンで与える必要があるので，ロール・ピッチ・ヨーから変換しています．

```
165                     elif time_now - time_first > 1.0:
166                         state = DONE
167                         commander.set_max_velocity(1.0)
168                         pitch = 0
169                         sucess = commander.move_endtip(xyz_now + [pitch])
170                         if sucess:
171                             print('move_endtip()成功')
172                         else:
173                             print('move_endtip()失敗')
```

commander5 と比べると，target 座標系が静止していることが確認できた後の内容が，簡潔になります．target 座標系の情報から得られた位置・姿勢を move_endtip() メソッドに与えるだけです．

チャレンジ 6.7

commander5_moveit.py を変更して，チャレンジ 6.5 と同様なプログラムにしてみましょう．

6.7.5 MoveItのより高度な使い方

この本では，対象とするロボットの MoveIt の設定が用意されている場合に，その機能を Python のプログラムから使う方法にとどめました．

もし未設定のロボットアームを MoveIt で使うには，以下のような作業が必要です．

- 対象のロボットアームの URDF を作成する.
  crane_plus の場合は, crane_plus_description
- ROS 2 Control でロボットアームを制御できるようにする.
  crane_plus の場合は, crane_plus_control
- ROS 2 Control を使うために, URDF の中に設定を追加する.
  crane_plus の場合は, crane_plus_description の中の crane_plus.ros2_control.xacro と crane_plus.gazebo_ros2_control.xacro
- MoveIt Setup Assistant[注41] などを使って, MoveIt の設定ファイルを作成する.
  crane_plus の場合は, crane_plus_moveit_config

また, 障害物回避を含む動作計画については簡単にしか触れませんでした. それについては, MoveIt 公式のチュートリアル[注42] で学んでください.

6.8 他のノードから指令を受けて動作するプログラム

6.8.1 アクションサーバ

この章のここまでのプログラムは, どれもキーボードからの入力を読んでアームを動作させるものでした. 一方, アームをサービスロボットのシステムに組み込んで, プランニングを担当するノードからの指示で, センサで捉えた対象を把持するような状況を想定すると, 他のノードからの指令でアームを動作させる必要があります. この節では, そのようなプログラムを取り扱うことにしましょう. この本の方針により, プランニングを担当するノードから ROS のアクション通信で指令が届きますので, それに対応するアクションサーバをつくります.

この本では, StringCommand アクション型を共通に使うことになっていますが, この節のプログラムでは, ゴールの command は, いくつかの単語が空白で区切られた文字列です. プログラムでは, その内容を解釈してアームを動作させ, その結果をリザルトの answer とします. フィードバックの process は, 使いません.

一方, アームを動作させるには, 6.7 節で導入した pymoveit2 を介して MoveIt の機能を利用します. MoveIt とのやりとりにはアクション通信やサービス通信が使われていますので, このプログラムは, アクション通信のサーバとアクション通信・サービス通信のクライアントの両方の役割を持っていることになります.

6.8.2 プログラムの実行

実際にプログラムを動かしてみましょう. この節のプログラム commander6_moveit は, 以下の 2 種類の指令を受け付けるようにつくりました.

- set_pose ポーズ名
  ポーズ名で登録されている関節値に関節を動かす.
- set_gripper 開閉比率

注 41 https://moveit.picknik.ai/main/doc/examples/setup_assistant/setup_assistant_tutorial.html
注 42 https://moveit.picknik.ai/humble/doc/tutorials/tutorials.html

ハンドのグリッパを開閉比率（0〜1）になるように動かす．

これを試すには，端末が3つ必要ですので，それらを起動してください．
1番目の端末で，実機を動かす場合は，

```
ros2 launch crane_plus_examples endtip_demo.launch.py
```

シミュレータを動かす場合は，

```
ros2 launch crane_plus_gazebo endtip_crane_plus_with_table.launch.py
```

を実行します．
2番目の端末でcommander6_moveitを実行します．

```
ros2 run crane_plus_commander commander6_moveit
```

CRANE+ V2がhomeポーズ（肘を曲げグリッパを水平にしたポーズ）に動き，グリッパを閉じた後，「アクションサーバ待機」と表示されれば，指令を受け付けることができます．
3番目の端末でアクションをテストするためのクライアントプログラム注43を実行します．

```
ros2 run airobot_action test_client /manipulation/command
```

このプログラムでは，ゴールの文字列を入力しEnterキーを押すと，その内容がcommander6_moveitへ送られます．まずは，

```
set_pose zeros
```

と入力してみてください．CRANE+ V2が直立ポーズへ動けば正常です．次に

```
set_gripper 0
```

と入力してみてください．グリッパが開けば正常です．
クライアントプログラムでは，ゴールの文字列を入力しEnterキーを押した直後から次の入力が可能です．また入力の履歴を呼び出す機能と行編集の機能を備えています．これを使って，アクションの動作中に，次のゴールを受け取るとどうなるかを確認してください．つまり，Enterキーを押したら，すぐに↑キーを数回押して過去の入力を表示させそのままEnterキーを押します．commander6_moveitでは，ロボットが動作中に次のゴールを送ると現在の動きを中断して，新しいゴールが実行されます．
また，クライアントプログラムでは，Enterキーだけを入力すると，キャンセルが送信されるようにしています．commander6_moveitでは，ロボットが動作中にキャンセルを受け付けると動作を停止するようにしています．それを確認してください．
クライアントプログラムを終了するには，3番目の端末でexitと入力してEnterキーを押します．また，commander6_moveitを終了するには，2番目の端末でEnterキーを押します．

注43　このプログラムは付録Bで説明しています．

6.8.3 実　装

commander6_moveit.py の内容を見ていきましょう.

```
5 from rclpy.callback_groups import ReentrantCallbackGroup
6 from rclpy.executors import MultiThreadedExecutor
```

pymoveit2 を使うために, ReentrantCallbackGroup クラスと MultiThreadedExecutor クラスが必要ですが, アクションサーバでも複数のコールバックを同時並行処理できるようにするためにも, これらが必要です.

```
7 from airobot_interfaces.action import StringCommand
```

アクションを表現している StringCommand クラスをインポートします.

```
34         callback_group = ReentrantCallbackGroup()
```

CommanderMoveit クラスのコンストラクタ__init__() の中でコールバックグループ用のクラスのインスタンスを生成します.

```
66         self.action_server = ActionServer(
67             self,
68             StringCommand,
69             'manipulation/command',
70             execute_callback=self.execute_callback,
71             cancel_callback=self.cancel_callback,
72             handle_accepted_callback=self.handle_accepted_callback,
73             callback_group=callback_group,
74         )
75         self.goal_handle = None                # 処理中のゴールの情報を保持する変数
76         self.goal_lock = threading.Lock()      # 二重実行させないためのロック変数
77         self.execute_lock = threading.Lock()   # 二重実行させないためのロック変数
```

アクションサーバを作成します. 引数の説明は以下のとおりです.

- ノードは, このクラス自身なので, self
- アクションのインタフェースの型は, StringCommand
- アクションの名前は, 'manipulation/command'
- 受け付けたゴールを処理するためのコールバックは, execute_callback メソッド
- キャンセルのリクエストを扱うためのコールバックは, cancel_callback メソッド
- 新たに受け付けたゴールを扱うためのコールバックは, handle_accepted_callback メソッド
- コールバックグループは, ReentrantCallbackGroup クラスのインスタンス

コンストラクタの引数には, goal_callback もありますが, 陽に指定せず常にゴールを受け付けるデフォルトの設定にします.

```
79     def handle_accepted_callback(self, goal_handle):
80         with self.goal_lock:                   # ブロック内を二重実行させない
81             if self.goal_handle is not None and self.goal_handle.is_active:
82                 self.get_logger().info('前の処理を中止')
83                 self.goal_handle.abort()
84                 self.cancel_joint_and_gripper()
85             self.goal_handle = goal_handle   # ゴール情報の更新
86         goal_handle.execute()                  # ゴール処理の実行
```

これは，新たに受け付けたゴールを扱うために実行されるメソッドです．中断の処理を二重に実行しないようにロック変数 self.goal_lock を使っています．ゴールを処理中の場合は，それを中断し，MoveIt の処理を中断するために，cancel_joint_and_gripper() メソッドも呼び出しています．その後，self.goal_handle を更新し，新しいゴールの処理を実行します．

```
88      def execute_callback(self, goal_handle):
89          with self.execute_lock:                 # ブロック内を二重実行させない
90              self.get_logger().info(f'command: {goal_handle.request.command}')
91              result = StringCommand.Result()
92              words = goal_handle.request.command.split()
93              if words[0] == 'set_pose':
94                  self.set_pose(words, result)
95              elif words[0] == 'set_gripper':
96                  self.set_gripper(words, result)
97              else:
98                  result.answer = f'NG {words[0]} not supported'
99              self.get_logger().info(f'answer: {result.answer}')
100             if goal_handle.is_active:
101                 if result.answer.startswith('OK'):
102                     goal_handle.succeed()
103                 else:
104                     goal_handle.abort()
105             return result
```

このメソッドは，ゴールを処理するコールバックです．同じメソッドを二重に実行しないように，ロック変数 self.execute_lock を使っています．goal_handle.request.command の文字列を split() メソッドで単語単位のリストに分解し，最初の単語によって場合分けをして，対応するメソッドを呼び出しています．受け付ける指令を増やすには，メソッドの定義を新しくつくり，この場合分けに追加します．アクションのリザルト result は，各メソッドが引数を参照して設定します．

```
107     def set_pose(self, words, result):
108         if len(words) < 2:
109             result.answer = f'NG {words[0]} argument required'
110             return
111         if not words[1] in self.poses:
112             result.answer = f'NG {words[1]} not found'
113             return
114         self.set_max_velocity(0.5)
115         success = self.move_joint(self.poses[words[1]])
116         if success:
117             result.answer = 'OK'
118         else:
119             result.answer = f'NG {words[0]} move_joint() failed'
```

これは，set_pose 指令を処理するメソッドです．コマンドの後の単語を辞書 poses の中から探し，見つかった場合は対応するポーズの関節値を引数にして move_joint() メソッドを呼び出します．

```
121     def set_gripper(self, words, result):
122         if len(words) < 2:
123             result.answer = f'NG {words[0]} argument required'
124             return
125         try:
126             gripper_ratio = float(words[1])
127         except ValueError:
128             result.answer = f'NG {words[1]} unsuitable'
129             return
130         if gripper_ratio < 0.0 or 1.0 < gripper_ratio:
```

```
131             result.answer = 'NG out of range'
132             return
133         gripper = from_gripper_ratio(gripper_ratio)
134         self.set_max_velocity(0.5)
135         success = self.move_gripper(gripper)
136         if success:
137             result.answer = 'OK'
138         else:
139             result.answer = f'NG {words[0]} move_gripper() failed'
```

これは，set_gripper 指令を処理するメソッドです．コマンドの後の単語を数値に変換し，さらに実際のグリッパの関節値に変換してそれを引数にして move_gripper() メソッドを呼び出します．

```
141     def cancel_callback(self, goal_handle):
142         self.get_logger().info('キャンセル受信')
143         self.cancel_joint_and_gripper()
144         return CancelResponse.ACCEPT
```

これは，キャンセルを受け付けたときに実行されるメソッドです．MoveIt の処理を中断するために，cancel_joint_and_gripper() メソッドを呼び出し，その中で pymoveit2 を介して MoveIt へキャンセルを送ります．

```
182     # 初期ポーズへゆっくり移動させる
183     commander.set_max_velocity(0.2)
184     commander.move_joint(commander.poses['home'])
185     commander.move_gripper(GRIPPER_MAX)
186     print('アクションサーバ待機')
187 
188     # Ctrl+C キーでエラーにならないように KeyboardInterrupt を捕まえる
189     try:
190         input('Enter キーを押すと終了\n')
191     except KeyboardInterrupt:
192         thread.join()
193     else:
194         print('アクションサーバ停止')
195         # 終了ポーズへゆっくり移動させる
196         commander.set_max_velocity(0.2)
197         commander.move_joint(commander.poses['zeros'])
198         commander.move_gripper(GRIPPER_MIN)
```

main() 関数では，別スレッドで rclpy.spin() を実行した後，この部分を実行します．最初に初期ポーズにゆっくり移動させた後，input() で入力待ちになり，アクションサーバは別スレッドで処理されます．

チャレンジ 6.8

commander6_moveit.py を変更して，アクションで受け付ける指令を追加して，座標系の名前で指定された位置に手先を移動できるようにしてください．指令は「set_endtip 名前」という形式の文字列とします．

この動作は commander5_moveit.py でもプログラムしましたので，それを組み込んでください．つまり，tf から座標系の情報を得ることと，MoveIt に手先の目標を与えることが必要です．

動作確認の方法も commander5 や commander5_moveit.py と同様で，static_transform_publisher を使って目標位置となる座標系を登録してください．

まとめ

- ロボットアームを数式でモデル化する方法として，位置の運動学を学びました．
- 実際のロボットアーム CRANE+ V2 の実機とシミュレーションを対象に，それらを ROS の基本的な機能を利用して位置の運動学に基づくプログラムで動かしました．
- ROS の機能である URDF や tf の概要について知り，tf から情報を得るプログラムをつくりました．
- ロボットアームの動作計画を行うフレームワーク MoveIt の概要について知り，MoveIt の機能を利用するプログラムをつくりました．
- 他のノードから指令を受けて動作するプログラムをつくりました．

ミニプロジェクト

ミニプロ 6.1

チャレンジ 6.8 をさらに発展させて，アクションで受け付ける指令を追加して，座標系の名前で指定された位置にある物体をグリッパで把持して持ち上げられるようにしてください．ビジョン機能のノードが，アームで把持すべき物体を認識し，その位置・姿勢を座標系として tf にブロードキャストしていると想定しています．

サービスの指令として「`pickup` 名前」という文字列を受け取ると，最初に手先を物体の手前に移動させてグリッパを開き，次に手先を物体の位置に移動させグリッパを閉じ，物体を把持して運びやすい位置に移動させて一連の動作を終わることにしましょう．本当は，触覚センサや力覚センサのデータに基づいてグリッパの閉じ具合を調整したいところですが，CRANE+ V2 にはそのようなセンサは付いていないので，把持する物体を仮定してグリッパの開閉比率を決めてください．

このミニプロジェクトが成功すると，この本の目標である Bring Me タスクの実現に大きく近づきます．

ステップアップ

- URDF の仕様を自分で調べて，オリジナルのロボットアームをつくってみましょう．3D CAD で設計した形状を読み込むこともできます．
- この章では，関節の変数と手先の変数の数が同じ場合を扱いました．一方，関節の変数のほうが多い場合は，冗長（自由度）アームとよばれており，逆運動学の解が無数に存在します．そのようなアームをどのようにして扱えばいいかを調べてみましょう．
- この章で紹介した逆運動学の解は，三角形の性質と式の変形を使用して解析的に求めるものでした．一方，繰り返し計算によって数値的に解を求める方法もあります（MoveIt の中でも使われています）．それについて調べてみましょう．

AIロボット入門

第7章 プランニング

MISSION

Yu は，蓄えてきた食料も底をつきかけてきたので，最近，食事の量も減らし空腹感を覚えています．

Mini．何か食料になりそうな動物がいたらとってきて．

いやよ！　動物を殺すことなんてできない！

こんなに Mini がプンプンになって怒っているところをはじめて見た．彗星衝突でも生き残った動物たちを大切にしなければ地球から動物が絶滅するかもしれない．人類だけでなく地球全体のことを考えなくちゃ．ロボットに生き物を殺させてはいけない．

AI ロボット研究開発者には高潔な倫理観が必要であることを Yu は実感したのでした．

これが最終ミッションです．あなたは，ここまで，音声認識・合成，ナビゲーション，ビジョン，マニピュレーションについて学び，基本的な機能を実装してきました．これらの機能を組み合わせれば，「キッチンからコップを持ってきて」という音声を認識し，音声合成で「わかりました！」と返答し，ナビゲーションでキッチンまで移動し，ビジョンでコップを認識し，マニピュレーションでコップを把持してユーザに持っていけそうですね！　しかし，本当にこれらの機能を一本道でつなげるだけで十分でしょうか？　もし，移動先でコップが発見できなかったらロボットはどのように次の行動を計画すればよいのでしょうか？

第 7 章では，ロボットが複雑なタスクを達成するための状態遷移を扱うプランニングについて学びます．

7.1 プランニングの基礎

7.1.1 プランニングとは

ロボットがユーザの音声命令に従って複雑なタスクを達成するには，行動の順序を決める**プランニング**が必要になります．ここでは，キッチンからコップを持ってくるタスクを例に考えます（図 7.1）．このようにロボットに物を持ってきてもらうタスクは，RoboCup@Home などの競技会では，GPSR (General Purpose Service Robot) や Carry My Luggage として実施されています．

物を持ってくるタスクでは，ロボットは，(1) 音声認識によりユーザの「キッチンからコップを持ってき

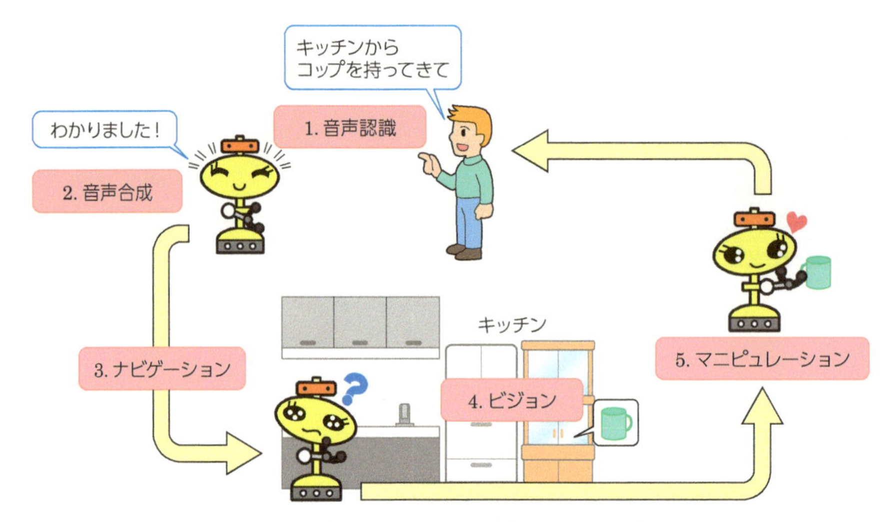

図 7.1　物を持ってくるタスクを達成する行動の順序の例

て」といった音声命令を認識し，(2) 音声合成により「わかりました」と発話します．そして，(3) ナビゲーションでキッチンまで移動し，(4) ビジョンでコップを認識し，(5) マニピュレーションでコップを把持し，最後にナビゲーションの機能を用いてコップをユーザに持っていきます．このように，物理的な生活支援のタスクは，複数の行動（音声認識，音声合成，走行制御，画像認識，把持制御など）の順序によって達成されます．そして，**目標（ゴール）を達成するための行動の順序を具体化することをプランニング（行動計画）**とよびます．

7.1.2　プランニングの課題

「行動を順番に並べるなんて簡単では？」と思うかもしれません．しかし，適切な行動の順序は，タスクの目標によって異なります．例えば，物を持ってくるタスクと部屋を片付けるタスクでは，ロボットがとるべき行動の順序は異なります．さらに，同じタスクでも周囲の状況によって行動の順序を変更すべき場合があります．例えば，図 7.2 のように，ロボットがコップを認識して把持制御を行ったが，コップとロボットの位置関係がずれて把持に失敗することもあります．このとき，ロボットは何も持たずにユーザのもとへ戻ってよいのでしょうか？　ダメですね．何も持たずに戻ったらユーザの指示が達成されないのでタスクは失敗に終わります．

ロボットは，タスクを成功させるためにどのように行動すればよかったのでしょうか？　例えば，図 7.3 のように，把持に失敗した場合には，もう一度コップを認識する行動に戻って把持をやり直す方法が考えられます．1 回目は失敗しても，何回かやり直せばいつか把持に成功するかもしれません．また，どうしてもそのコップが把持できない場合には，他の棚のコップを探しに行くという方法も考えられるでしょう．

実世界で行動するロボットは，センサ情報に含まれるノイズやモータ制御のゆらぎなどの**不確実性**を扱わなければなりません．コップの認識が 1[cm] の誤差なく常に高精度に推定される保証はないし，ロボットの自己位置が 1[cm] の誤差なく高精度に推定され続ける保証もありません．不確実性を含む実世界において，音声認識，移動制御，物体認識，把持制御が 100%成功する保証などどこにもないのです．さらにいえば，そもそもキッチンにコップがない確率もゼロではありません．現実の家庭環境は，不確実性にあふれており，周囲の状況が時々刻々と変化する動的な環境なのです．

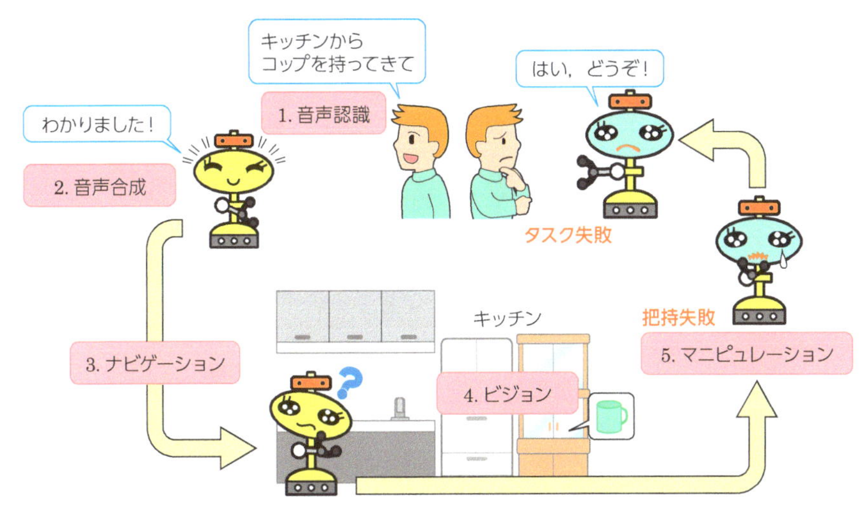

図 7.2　物を持ってくるタスクの失敗例

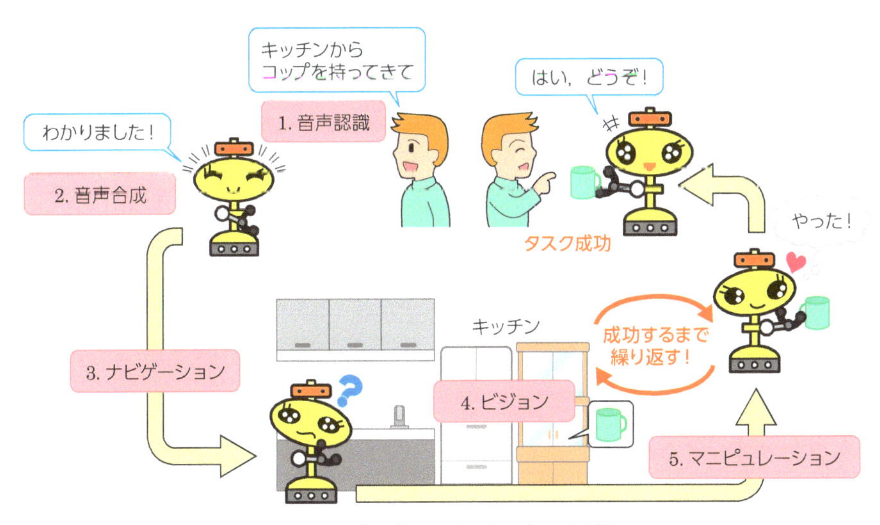

図 7.3　物を持ってくるタスクの成功例

7.1.3　状況に応じたプランニング

このような環境で，ロボットが多様で複雑なタスクを達成するには，さまざまな目標に柔軟に対応し，状況に応じて行動の順序を組み替える行動計画が求められます．不確実で変化する現実世界では，事物が確率的にしか決定せず，その場の状況に応じて動的に行動を計画しなければならないのです．RoboCup@Home では，GPSR というタスクがあります．このタスクは，ユーザの多様な命令に対して 1 つのソフトウェアで対応できるかを評価します．General Purpose とは汎用的な目的という意味です．開発者は，命令ごとにプログラムを切り替えることができないので，ユーザの発話に基づいてロボットが行動を計画する必要があるのです．現実の家庭環境では，ユーザからどんな命令が与えられるかは，わかりません．ロボットは，ユーザの命令に基づいて自ら適切な行動を計画してタスクを達成しなければならないのです．ここでは，Bring Me タスクを例として，ロボットが認識した状況に応じて行動を計画するプランニングについて説明します．プランニングでは，初期状態からゴール状態へと状態を変化させる一連の行動の計画を生成します．このような状態と状態を変化させる規則を扱うのが**ステートマシン**（**状態機械**）です．

Happy Miniのミニ知識　実世界でのプランニング

古典的な人工知能研究では，実世界を記号（シンボル）システムで表現し，その中で記述したルールに基づいて状況に応じた行動を計画しようとしました．代表的なものとして，1970年代にはじまったプロダクションシステムの研究があります．プロダクションシステムは，振る舞いの規則から構成されるAIプログラムで，知覚前提条件（IF文）とアクション（THEN）で構成されます．プロダクションシステムには，ワーキングメモリとよばれるデータベースが内蔵され，その中に現在の状況や知識や規則が保持されます．しかし，プロダクションシステムで構成されたロボットは，実世界で機敏に動くことができませんでした．動的で不確実に変化する実世界において，あらゆる状況の可能性を考慮したルールを記述しきることは極めて困難であったためです．このような問題に対して，1986年にロドニー・ブルックス (Rodney Brooks) がサブサンプションアーキテクチャを提案します．これは，記号システムを持たない虫などの生物であっても当時のロボットよりも機敏に動けることにインスパイアされたものです．このアプローチでは，複雑な知的振る舞いを多数の「単純」な振る舞いモジュールに分割し，振る舞いのモジュールの階層構造を構成します．各層は何らかの目的に沿った実装であり，上位層に行くに従ってより抽象的になります．例えば，ロボットが持つ最下位層として「物体を避ける」という振る舞いがあり，その上位層として「うろつきまわる」という振る舞いがあり，そのさらに上位に「世界を探索する」という振る舞いがあるといった具合です．このアプローチは，自律型ロボットやリアルタイムAIに幅広い影響を及ぼしました．ロドニー・ブルックスは，このサブサンプションアーキテクチャを家庭用掃除ロボットに応用し，iRobotを創業します．

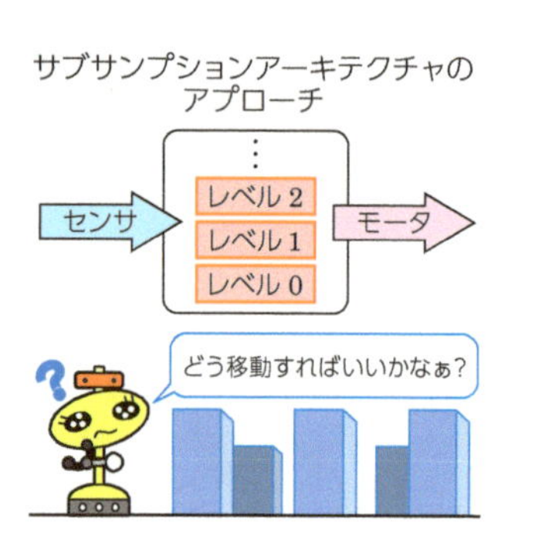

7.2 ステートマシン

7.2.1 ステートマシンとは

ステートマシンは，タスクや状況に応じたロボットによる行動計画を実現するために用いられます．ステートマシンは，いくつかの「状態」と「遷移」で構成されます．**状態**はある行動を実行します．**遷移**はある状態から別の状態への移動のことで，センサからのイベントに応じて遷移します．

図7.4は，指示された物体を探索してユーザに持っていくためのステートマシンを示しています．ステートマシンでは，以下のように考えます．「ロボットは有限の数の状態群，すなわち画像認識，移動制御，把持制御などの行動と対応付けられた状態群のうち1つの状態にいる」．例えば，ユーザの音声を認識中の状態Aを初期状態とすると，音声認識に成功したときに指示位置に移動中の状態Bに遷移します．次に，指示位置に到達して移動が成功すると指示物体を認識中の状態Cに遷移します．そして，状態Cにおいて，指示物体の認識に成功すると指示物体を把持中の状態Dに遷移するといった具合です．このとき，状態Cで指示物体の認識に失敗した場合には，指示物体の認識をもう一度実行するために状態Cに自己遷移します．同様に状態Dで指示物体の把持に失敗した場合には，状態Cに戻って物体の認識からやり直します．さらに，状態Dにおいて，3回連続して指示物体の把持に失敗した場合は，その物体の把持が困難であると判断して，状態Bに戻って別の場所の物体を探しにいきます．このようにステートマシンを定義することによって，手戻りや状況に応じた分岐を含む複

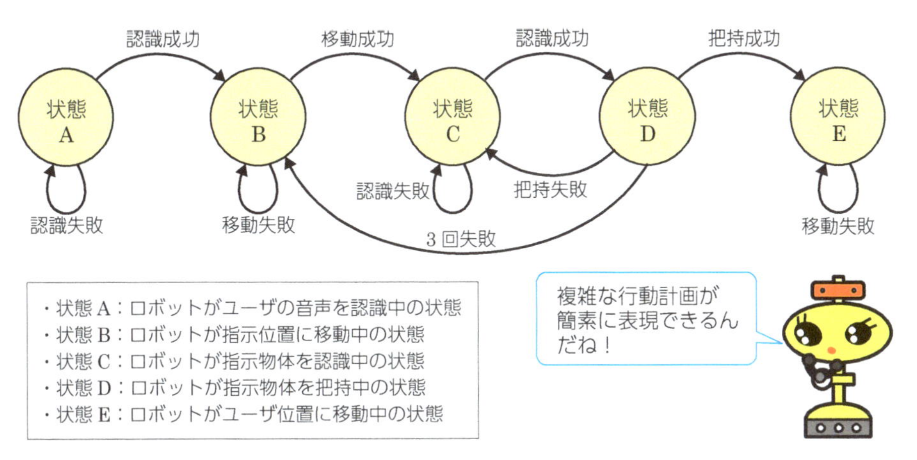

図 7.4　物体を探索してユーザに持っていくタスクのステートマシンの例

雑な行動を計画することが可能になります．また，状態と状態間の遷移によってロボットの行動を記述することにより目標の異なるタスクも状態と遷移の組み替えだけで達成できるかもしれません．

7.2.2　Smach

ROS で使われるステートマシン用の Python ライブラリである**Smach** (State Machine) について説明します．Smach は，smach パッケージとその ROS 専用の拡張機能である smach_ros で構成されます．「音声認識」「移動制御」「物体認識」「把持制御」といった状態に対応する振る舞いは，それぞれの状態の中に**カプセル化**され，状態間の遷移はステートマシンの構造によって制御されます．カプセル化とは，状態内部にあるデータには，用意した操作しかアクセスできないようにする仕組みです（図 7.5）．これにより，状態間での予期しないデータの書き換えの防止やさまざまなタスクへの状態の再利用が容易になります．カプセル化は，さまざまなデータや処理系が複雑に関係しあって構成されるロボットシステムにおいて，予期せぬデータの書き換えを防いでデバッグを容易にする重要な仕組みです．

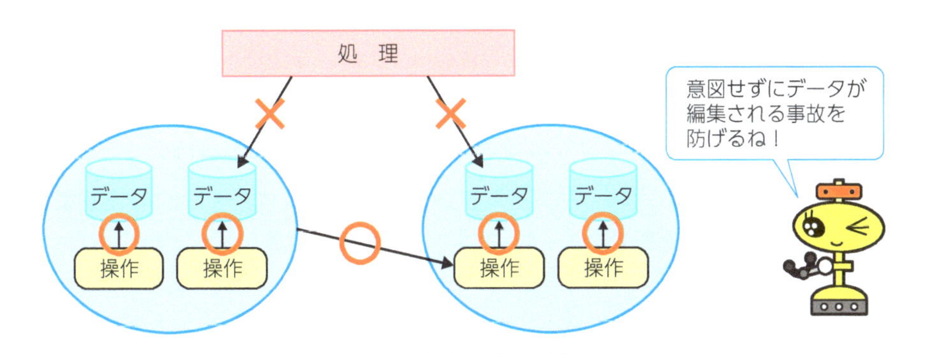

図 7.5　カプセル化の概要図

【クイズ 7.1】

1. ステートマシンが実世界の複雑なタスクを達成するために用いられる理由を説明してください.
2. カプセル化について説明し，その利点を簡素に述べてください.
3. プロダクションシステムで構成されたロボットが実世界で機敏に動くことができなかった理由を説明してください.

7.2.3 FlexBE

この本では，ステートマシンの構成のために**FlexBE**[注1] を用います．FlexBE は，手作業でコーディングすることなくステートマシンを構成できる行動エンジンです．FlexBE の特徴は，直感的なユーザインタフェースとオペレータとの統合です．FlexBE のユーザインタフェースには，ステートマシンの GUI が含まれています．GUI で提供されているドラッグ&ドロップエディタを用いて，ステートマシンを簡単に構成できます．さらに，同じ GUI を使用して，動作の実行開始および監視ができます．また，完全な自律で行動を実行するだけでなく，オペレータが特定の遷移の実行を制限したり，制御することができます．図 7.6 のように，FlexBE において，ロボットの動作は階層的なステートマシンとしてモデル化され，状態はアクティブな行動に対応し，遷移は結果に対する反応を記述します．図 7.6 に示すのが，FlexBE の GUI を用いて構築されたステートマシンの例です．四角がステート，矢印が状態遷移を表します．

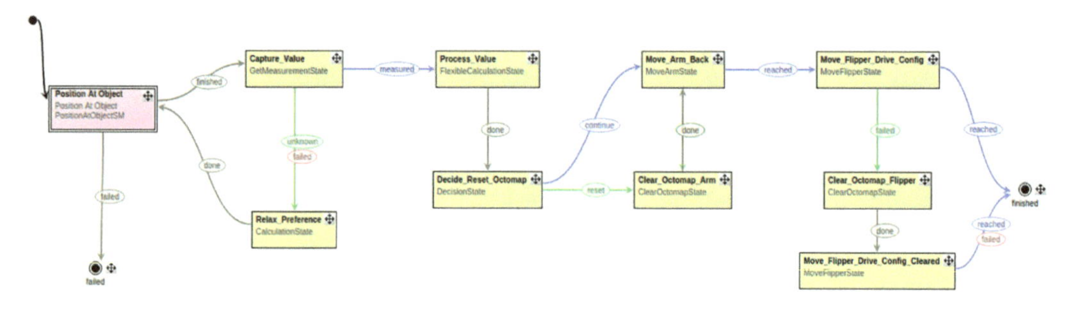

図 7.6　FlexBE を用いて構築されたステートマシンの例

● 準備（この本の Docker イメージを使用している場合は，読み飛ばしてください）

それでは，Smach と FlexBE をインストールしていきましょう．ステートマシンを構築していくうえで重要な ROS パッケージをインストールします．

```
sudo apt-get update
sudo apt-get install -y ros-humble-smach ros-humble-executive-smach
```

はじめに，flexbe_behavior_engine と flexbe_webui をダウンロードするために，自分のワークスペースの src フォルダへ移動します．

注 1　`https://github.com/FlexBE/flexbe_behavior_engine`

```
cd ~/airobot_ws/src/
```

src フォルダへ移動したら，flexbe_behavior_engine と flexbe_webui をダウンロードします．

```
git clone -b 4.0.0 https://github.com/FlexBE/flexbe_behavior_engine.git
git clone https://github.com/AI-Robot-Book-Humble/flexbe_webui.git
```

ダウンロードが完了したら，src フォルダの 1 つ上の階層へ移動します．

```
cd ~/airobot_ws/
```

次に，FlexBE に必要な依存パッケージをインストールします．

```
rosdep update
rosdep install --from-paths src --ignore-src
```

flexbe_webui のフォルダに移動して，依存パッケージを pip でインストールします．

```
cd ~/airobot_ws/src/flexbe_webui/
pip3 install -r requires.txt
```

最後に，ワークスペースへ移動して，ダウンロードしたリポジトリをビルドします．

```
cd ~/airobot_ws/
colcon build
```

ビルドが完了したら，コンパイルされたリポジトリが使えるように setup.bash を実行します．

```
source install/setup.bash
```

FlexBE に関係するパッケージのインストールは完了です．

● hello_world の作成

次に，FlexBE の使用方法を理解するために，はじめてのステートマシンとして hello_world というパッケージを作成します．

まず，ワークスペースの PATH を bashrc に記録します．

```
echo "export WORKSPACE_ROOT=~/airobot_ws" >> ~/.bashrc
```

bashrc に書き込んだ内容をシステムに適応させます．

```
source ~/.bashrc
```

次に，自分のワークスペースの src フォルダへ移動します．

```
cd ~/airobot_ws/src/
```

hello_world というステートマシンのパッケージを作成します．

```
ros2 run flexbe_widget create_repo hello_world
```

その後，Do you want to initialize a new Git repository for this project? (yes/no) という質問に対して，no と回答します．以下のようなメッセージが出力されます．

```
Initializing new behaviors repo hello_world_behaviors ...

(2/5) Fetching project structure...
Cloning into 'hello_world_behaviors'...
remote: Enumerating objects: 156, done.
remote: Counting objects: 100% (156/156), done.
remote: Compressing objects: 100% (84/84), done.
remote: Total 156 (delta 62), reused 149 (delta 55), pack-reused 0
Receiving objects: 100% (156/156), 32.57 KiB | 4.07 MiB/s, done.
Resolving deltas: 100% (62/62), done.
Set up for ROS 2 development ...
Already on 'ros2-devel'
Your branch is up to date with 'origin/ros2-devel'.

(3/5) Configuring project template...
mv: 'PROJECT_behaviorshello_world_behaviors' の後に宛先のファイルオペランドがありません
詳しくは 'mv --help' を実行してください.

(4/5) Removing the original git repository...
(5/5) Do you want to initialize a new Git repository for this project? (yes/no) no
```

最後に，以下のコマンドで airobot_ws に移動して，作成したリポジトリをビルドします．

```
cd ~/airobot_ws/
colcon build
source install/setup.bash
```

● hello_world の実行

作成した hello_world というサンプルパッケージを実行します．まず，以下のコマンドを端末に入力し，flexbe_webui を起動します．

```
ros2 launch flexbe_webui flexbe_full.launch.py
```

図 7.7 のように FlexBE WebUI Status のウィンドウが立ち上がり，Behavior Dashboard が表示されます．ウィンドウが立ち上がらない場合，インストール手順の中で，FlexBE の依存パッケージが実行されていない可能性があります．

Behavior Dashboard を用いてステートマシンを実行する手順を説明します．まず，作成したステートマシンを読み込むため，Load Behavior ボタンをクリックします．図 7.8 のように右側の Select Behavior に読み込める Behavior の一覧が表示されます．

その中から，Example Behavior という Behavior をクリックします．クリックすると Behavior Dashboard の画面が図 7.9 のように変わります．空白であったボックスにさまざまなテキストが表

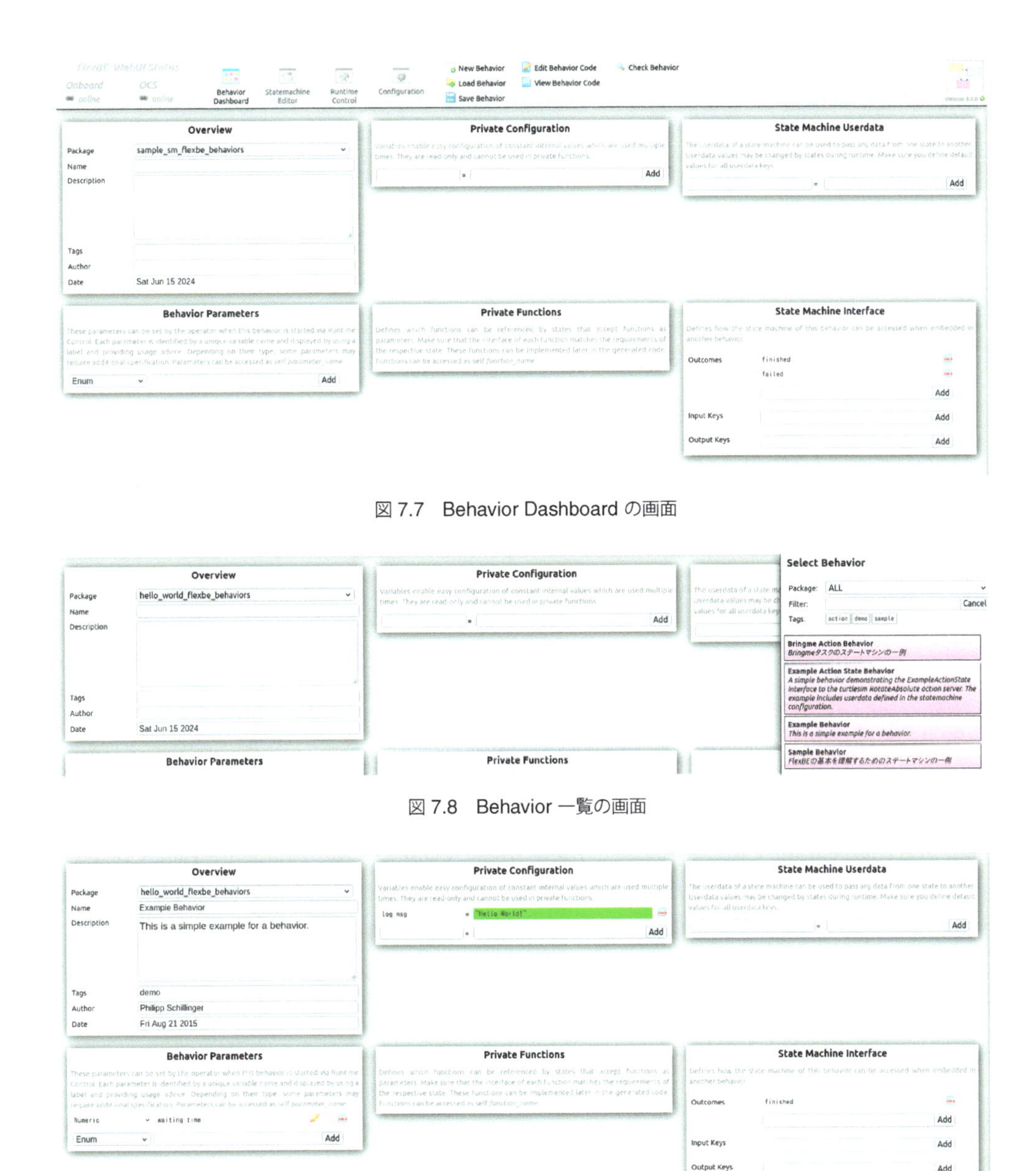

図 7.7　Behavior Dashboard の画面

図 7.8　Behavior 一覧の画面

図 7.9　Example Behavior を選択したときの画面

示されており，Example Behavior が読み込まれたことがわかります．Overview には，読み込んだ Behavior の名前，説明，作成者，日付などが表示されています．Behavior Parameters や Private Configuration には，この Behavior で使われるパラメータや構成が表示されています．Behavior のパラメータとして waiting_time があること，log_msg に Hello World! と表示されていることが確認できます．この画面において，実行する Behavior が持つ各種の変数について確認することができます．

Example Behavior が読み込めたので，読み込んだステートマシンの構成を確認します．画面上部の Behavior Dashboard の右横にある Statemachine Editor のボタンをクリックし，Statemachine Editor の画面に切り替えます．図 7.10 のように状態と遷移から構成されるステートマシンが表示されます．Print_Message と Wait_After_Logging の 2 つの状態と状態遷移の done が確認できます．

読み込んだ Behavior を実行するため，画面上部の Statemachine Editor の右横にある Runtime

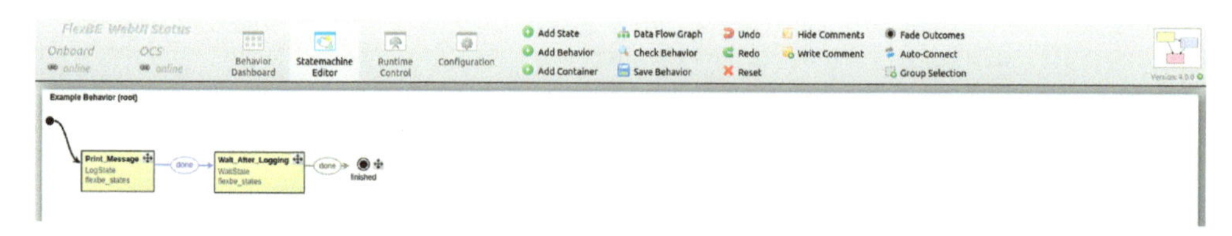

図 7.10　Statemachine Editor の画面

図 7.11　Runtime Control の画面

Control をクリックします．図 7.11 のような画面に変わります．この画面では，ステートマシン実行時の監視や制御を行います．この Behavior は，実行時のパラメータとして，待機時間を設定する Waiting Time を持ちます．ここでは 3 を入力します．この設定により，Hello World! という文字が 3 秒間表示されます．計算機の処理は早いため，内部の振る舞いを確認するために待ち時間を入れることがあります．

次に，Start Execution を押してステートマシンの実行を開始します．Configure Behavior Execution の画面が切り替わり，状態（長方形）と状態遷移（矢印）が順番に表示される画面になります．図 7.12 のようにある状態から次の状態に 1 つ 1 つ確認しながら状態遷移を進めることができます．これは，画面右側の Sync において，状態 Print_Message の Autonomy レベルが Low になっているためです．状態を 1 つ進めると，図 7.13 のように状態 Wait_After_Logging に遷移します．状態を 1 つ 1 つ確認しながら遷移させることにより，ロボットを各状態で止めて動作を確認し，ステートマシンのデバッグを行うことができます．ステートマシンを一連の流れで実行したい場合は，画面右の Sync から状態 Print_Message の Autonomy レベルを Low から Full に変更します．これにより，自動的に状態 Print_Message から状態 Wait_After_Logging に遷移します．

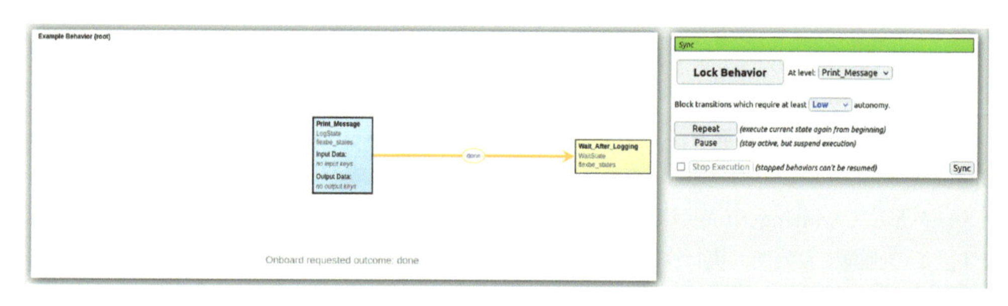

図 7.12　状態 Print の画面

実行結果は，画面下部の Behavior Feedback から確認することができます．以下に実行結果の一例を示します．Hello World! が 3 秒間表示されていることが確認できます．

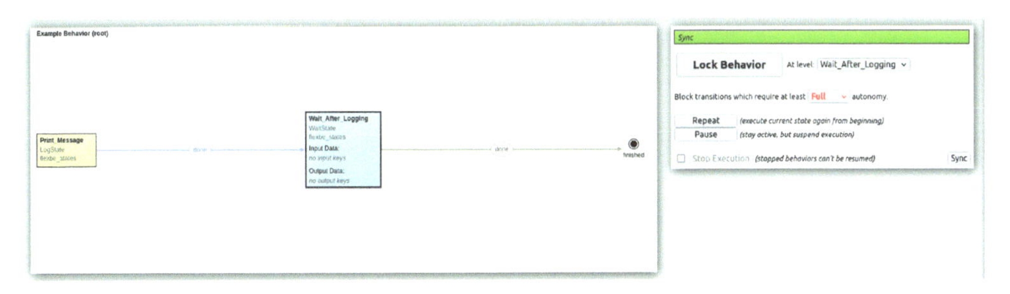

図 7.13　状態 Wait の画面

```
[00:28:31] Onboard engine is ready.
[00:28:35] --> Mirror - received updated structure with checksum id = 10094639919
[00:28:35] Activate mirror for behavior id = 10094639919 ...
[00:28:35] Executing mirror ...
[00:28:35] --> Preparing new behavior...
[00:28:35] Onboard Behavior Engine starting [Example Behavior : 10094639919]
[00:28:35] Hello World!
[00:28:39] PreemptableStateMachine 'Example Behavior' spin() - done with outcome=finished
[00:28:39] No behavior active.
[00:28:39] --- Behavior Mirror ready! ---
[00:28:39] Onboard engine is ready.
```

7.3 FlexBE によるステートマシンのつくり方

7.3.1 簡単なステートマシンの実装

前節では，FlexBE を用いて hello_world のステートマシンを読み込み，実行することができました．本節では，ステートマシンを定義し，実装し，実行する一連の手順を説明します．FlexBE を使うと簡単にステートマシンをつくることができます．

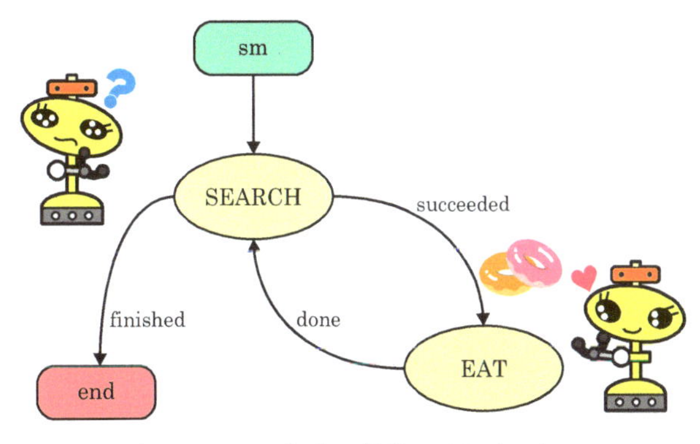

図 7.14　シンプルな 2 状態のステートマシン

ここでは，図 7.14 のステートマシンを定義します．これは，2 つの状態を持つ簡単なステートマシンです．状態は SEARCH と EAT です．状態 SEARCH は，お菓子を探索している状態です．succeeded で状態 EAT へ遷移します．状態 EAT は，お菓子を食べている状態です．done で状態 SEARCH へ遷移します．end は，ステートマシンの最終出力です．状態 SEARCH において，ある条件が満たされた場合に finished で end に遷移し，ステートマシンが終了します．

このステートマシンを FlexBE で作成した例を図 7.15 に示します．このステートマシンを構成す

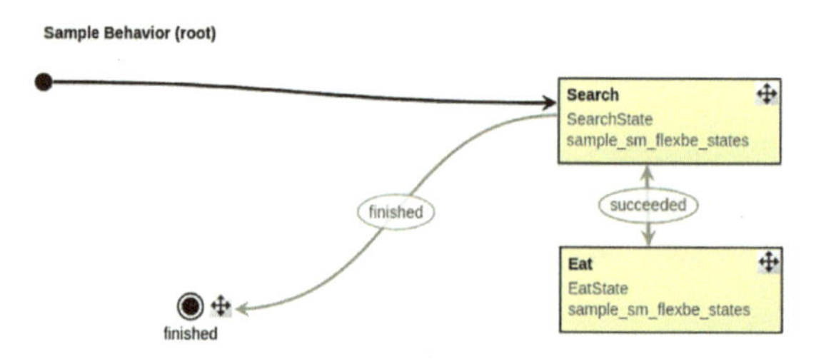

図 7.15 FlexBE でつくるシンプルな 2 状態のステートマシン

る ROS 2 と Python で書かれたサンプルプログラムについて説明していきます．サンプルプログラムは，“Quick Start” FlexBE Demos[注2] を参考に作成したものです．サンプルプログラムは GitHub[注3] に公開されています．

● 準備（この本の Docker イメージを使用している場合は，読み飛ばしてください）

この章で使用するステートマシンのサンプルプログラムを以下のコマンドで GitHub からクローンします．

```
cd ~/airobot_ws/src/
https://github.com/AI-Robot-Book-Humble/chapter7.git
```

ノードを実行するためには，パッケージをビルドする必要があります．以下のコマンドで airobot_ws に移動して，ビルドします．

```
cd ~/airobot_ws/
colcon build
```

ビルドが完了したら，ビルドされたパッケージを読み込みます．

```
source install/setup.bash
```

● サンプルプログラムの説明

ここでは，GitHub からクローンした簡単なステートマシンのサンプルプログラムについて解説します．まず，VSCodium で以下のフォルダを開いてください．

```
codium ~/airobot_ws/src/chapter7/sample_sm_flexbe/
```

このディレクトリには，ステートマシンを構成する複数のファイルが含まれます．FlexBE では，まず，ステートマシンを構成する状態を作成します．次に，それらの状態をステートマシンの Behavior に追加することでステートマシンを作成します．このサンプルプログラムでは状態 `Search` と状態 `Eat` があります．状態 `Search` では，「スイーツを探索しています」と表示し，`eat_counter` が `max_eat` というお腹いっぱいになるまでのスイーツの数以下であれば，`succeeded` を返します．`eat_counter` が `max_eat` より多ければ，「もうお腹いっぱいです・・・」と表示して `finished` を返します．状態 `Eat` では，「スイーツを 1 個食べます！」と表示し，`eat_counter` を更新してから，`succeeded` を返します．

注 2　https://flexbe.readthedocs.io/en/latest/quickstart.html
注 3　https://github.com/AI-Robot-Book-Humble/chapter7/tree/master/sample_sm_flexbe

まず，状態 Search について記述したソースコードについて説明します．以下の search_state.py を VSCodium で開きます．

sample_sm_flexbe_states/sample_sm_flexbe_states/search_state.py

以下の行では，状態を扱うための FlexBE のベースクラスと，ログを出力するクラスをインポートしています．また，今後に使用する sleep 機能のクラスもインポートしています．

```
18 from flexbe_core import EventState, Logger
19 from time import sleep
```

FlexBE では，状態で実行される処理内容や状態のパラメータ，受け渡しするデータの変数名，状態が返す結果を GUI で可視化し，簡単に確認することができます．これらの情報は，以下のように docstring として記述します．docstring は，三重引用符で囲まれ，関数やクラスなどを説明するために使用されます．状態が実行する処理内容はコメントのはじめに記述します．状態のパラメータと受け渡しをするデータの変数名，状態が返す結果を記述するときには，型，変数名，役割の説明という順番で記述します．詳細については，こちらを確認してください[注4]．

```
22 class SearchState(EventState):
23     """
24     SearchState という状態はスイーツを探すことを目標とする
25     ユーザがこれまでどれぐらい食べたかによって，食べるか食べないかを判定する
26
27     出力
28     <= succeeded        スイーツを見つけたら，検出成功するという結果を出力する
29     <= finished         スイーツでお腹いっぱいになったら，検索終了の結果を出力する
30
31     Userdata
32     ># eat_counter  int ユーザがこれまで食べたスイーツの数        (int 型) (Input)
33     ># max_eat      int ユーザがお腹いっぱいになるまでのスイーツの数 (int 型) (Input)
34     """
```

super().__init__の outcomes には状態が返す結果を文字列の要素で定義します．状態 Search では，スイーツが見つかったときに succeeded，すでにお腹いっぱいのときには finished の結果を返すようにします．また，input_keys にはそのステートが受け取る引数を指定します．今回は eat_counter と max_eat という変数になります．

```
36     def __init__(self):
37         """状態の結果，入力キーを定義する"""
38         super().__init__(outcomes=['succeeded', 'finished'],
39                          input_keys=['eat_counter', 'max_eat'])
```

execute は状態が実行されるときに呼び出される関数です．この関数の中に，状態で行いたい具体的な処理を記述します．状態 Search はユーザが食べられるスイーツの数とこれまで食べたスイーツの数を比較します．まだお腹いっぱいになっていない場合は，succeeded の結果を返し，Eat の状態に遷移します．一方，eat_counter 変数という食べたスイーツの数が max_eat 変数という食べられるスイーツの数以上のときは，finished の結果を返し，ステートマシン全体が終了します．これらの変数は，userdata として定義することで複数の状態において扱うことができます．

```
41     def execute(self, userdata):
42         # search 処理を開始する
```

注4 https://flexbe.readthedocs.io/en/latest/fbetut_4.html#documentation

```
43            sleep(1)
44            Logger.loginfo('スイーツを探索しています') # 探索の状態にいることをログに残す
45
46            if userdata.eat_counter < userdata.max_eat:
47                Logger.loginfo('スイーツを見つけました！') # 探索の状態へ訪れた回数が３回未満の場合
48
49                return 'succeeded' # 'succeeded'という結果を返す
50            else:
51                Logger.loginfo('もうお腹いっぱいです・・・') # 探索の状態へ訪れた回数が３回に
        なった場合
52
53                return 'finished' # 'finished'という結果を返す
54
55            return None  # ステートが終わっていなければ，None を戻す
```

次に，状態 Eat について説明します．eat_state.py を VSCodium で開いてください．

sample_sm_flexbe_states/sample_sm_flexbe_states/eat_state.py

Search の状態と同じように，FlexBE を使用するためにモジュールをインポートします．

```
18 from flexbe_core import EventState, Logger
19 from time import sleep
```

FlexBE では状態を GUI から選択するときに，状態の処理内容を見ることができます．Eat の処理内容をコメントとして class に記述します．

```
22 class EatState(EventState):
23     """
24     EatState という状態は前の状態に見つけたスナックを食べることを目標とする
25     ユーザがこれまで食べたスナックの数を考慮せず，ランダムに食べるか食べないかを判定する
26
27     出力
28     <= succeeded          状態Eat を終了したことを出力する
29
30     Userdata
31     ># eat_counter   int ユーザがこれまで食べたスナックの数（int 型）（Input）
32     #> eat_counter   int 食べたスナックの数を更新し，出力する（int 型）（Output）
33     """
```

super().__init__の outcomes には状態が返す結果を文字列の要素で定義します．状態 Eat では，スイーツを食べるだけなので，succeeded という結果だけを返すようにします．また，受け取った input_keys の eat_counter を更新して，その変数を output_keys としても出力させます．

```
35     def __init__(self):
36         """状態の結果，入力キーを定義する"""
37         super().__init__(outcomes=['succeeded'],
38                          input_keys=['eat_counter'],
39                          output_keys=['eat_counter'])
```

状態 Eat は execute を実行したら，eat_counter を更新して，succeeded の結果を返します．

```
41     def execute(self, userdata):
42         # eat 処理を開始する
43         sleep(1)
44         Logger.loginfo('スイーツを１個食べます！') # 食事をしたことをログに残す
45         userdata.eat_counter += 1 # eat_counter を更新する
46         Logger.loginfo('現時点では，スイーツを N 個食べまし
        た！'.format(userdata.eat_counter)) # 食べたスナックの数をログに残す
```

```
47
48          return 'succeeded' # 'succeeded'という結果を返す
```

● ステートマシンの実行

それでは，ステートマシンを実行してみましょう．まず，flexbe_webui を起動します．

```
ros2 launch flexbe_webui flexbe_full.launch.py
```

前節と同様に，ステートマシンを読み込んで実行していきます．

まず，Behavior Dashboard が表示されたら，画面上部の Load Behavior ボタンを押し，Behavior 一覧を表示します．そして，Behavior 一覧から，Sample Behavior という Behavior を選択します．図 7.16 のように Sample Behavior を選択したときの画面が表示されます．

図 7.16　Sample Behavior を選択したときの画面

次に，画面上部の Behavior Dashboard の隣の Statemachine Editor のボタンをクリックし，ステートマシンの状態を確認します．図 7.17 のように Search と Eat という 2 つの状態から構成される簡単なステートマシンが表示されます．

図 7.17　Statemachine Editor の画面

ステートマシンが確認できたら，画面上部の Statemachine Editor の隣の Runtime Control をクリックし，図 7.18 のようなステートマシンの実行制御の画面を表示します．実行時の設定として，`max_eat` という食べられるスイーツの最大数を表す変数に 5 を入力してみます．

それでは，ステートマシンを実行します．画面中央にある Start Execution ボタンをクリックし，ステートマシンを実行します．まず，図 7.19 のように，状態 Search が実行されます．このプログラムでは，状態 Search と状態 Eat において，条件を満たす場合は成功（succeeded）が選択されるように記述されています．実世界では，各状態における成功と失敗の状態遷移が確率的になることに注意し

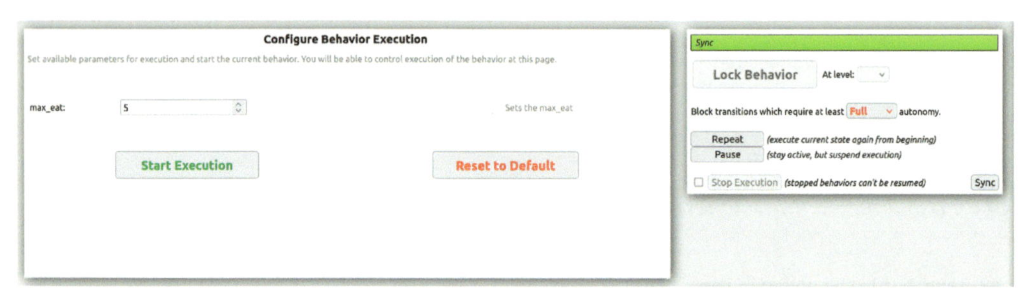

図 7.18　Runtime Control の画面

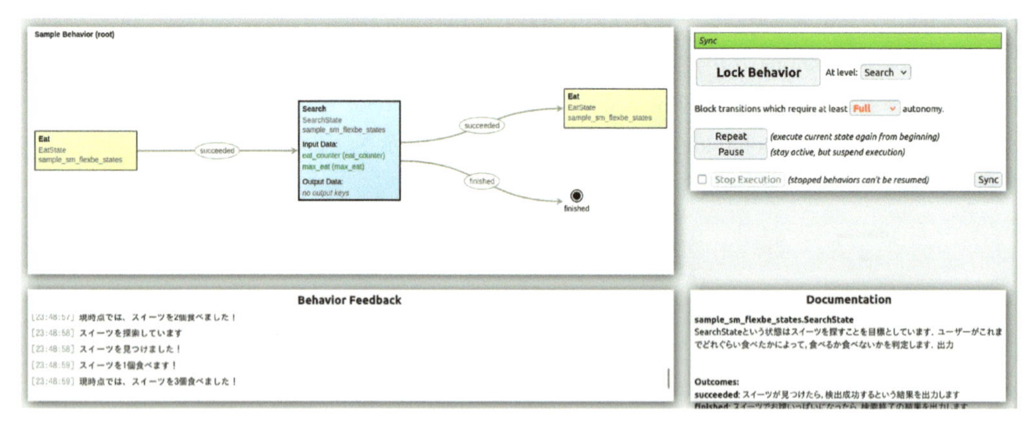

図 7.19　状態 Search の画面

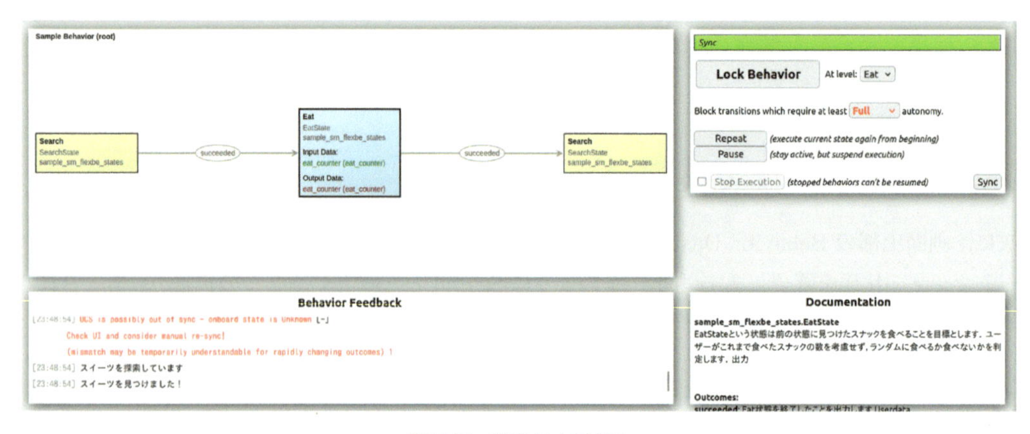

図 7.20　状態 Eat の画面

てください．また，画面下部の Behavior Feedback を見ると，「スイーツを探索しています」「スイーツを見つけました！」というメッセージが表示されていることが確認できます．

次に，図 7.20 のように，状態 Eat が実行されます．状態 Eat においては，常に succeeded が選択され，状態 Search に遷移します．状態 Eat では，Behavior Feedback に「スイーツを 1 個食べます！」「現時点では，スイーツを N 個食べました！」と表示されます．N が先ほど Runtime Control の画面で設定した 5 に達すると，次の状態 Search において finished が選択され，ステートマシンが終了します．

● 新しい状態の追加

探索する状態 Search と食べる状態 Eat の間に把持する状態 Grasp を追加し，3 状態のステートマシンを定義してみます．また，状態 Grasp における状態遷移は，確率的に起こるようにします．次のように修正します．状態 Search は，succeeded で状態 Grasp に遷移します．状態 Grasp では，0.5 の確率で把持成功の succeeded を返し，0.5 の確率で把持失敗の failed を返します．状態 Grasp は，succeeded で状態 Eat に遷移し，failed で状態 Grasp に自己遷移します．状態 Search は，食べられる最大数に達していない場合，succeeded で状態 Eat に遷移し，最大数に達した場合，finished でステートマシンを終了します．それでは，新たに追加する状態 Grasp のソースコードを確認します．

以下のディレクトリにある grasp_state.py を開きましょう．

sample_sm_flexbe_states/sample_sm_flexbe_states/grasp_state.py

はじめに，FlexBE を使用するためにモジュールをインポートしています．また，確率的な物体把持をプログラミングするため，random というライブラリを用います．

```
18 from rclpy.duration import Duration
19
20 from flexbe_core import EventState, Logger
21
22 import random
23 from time import sleep
```

FlexBE では状態を GUI から選択するときに，状態の処理内容を見ることができます．そのため，状態 Grasp の処理内容をコメントとして class に記述します．

```
26 class GraspState(EventState):
27     """
28     GraspState という状態はスイーツを把持することを目標とする
29
30     出力
31     <= succeeded        見つけたスイーツに対して，把持成功するという結果を出力する
32     <= failed           何らかの問題で，把持を失敗した場合，失敗したという結果を出力する
33     """
```

まず，初期化の定義です．super().__init__の outcomes には状態が返す結果を文字列の要素で定義します．状態 Grasp では，状態 Search で見つけたスイーツを把持します．確率的にその結果が決まるため，把持に成功した場合は succeeded，失敗した場合は failed の結果を返すようにします．

```
35     def __init__(self):
36         """状態の結果，入力キーを定義する"""
37         super().__init__(outcomes=['succeeded', 'failed'])
```

次に，実行の定義です．execute では，random.random() を用いて，0 から 1 の間の数値を抽出します．その数値が 0.5 より大きい場合，把持成功として succeeded を返します．それ以外の場合は，把持失敗として failed を返します．

```
39     def execute(self, userdata):
40         # grasp 処理を開始する
41         sleep(1) # 処理を可視化するために，1秒停止する
42         Logger.loginfo('スイーツを把持してみます') # 探索の状態にいることをログに残す
43
44         prob = random.random() # [0,1]の値を抽出する
45         if 0.5 > prob:
46             Logger.loginfo('スイーツを把持できました！') # 状態Grasp が成功した場合
47
48             return 'succeeded' # 'succeeded'という結果を返す
49         else:
```

```
50            Logger.loginfo('スイーツを把持できなかった・・・もう一度やってみま
       す！') # 状態Grasp が失敗した場合
51
52            return 'failed' # 'failed'という結果を返す
```

GitHub のリポジトリではすでに編集されていますが，新しい状態を追加すると，setup.py にも状態を追加する必要があります．以下の setup.py のファイルを開いて確認してみましょう．

sample_sm_flexbe_states/setup.py

eat_state や search_state と同様に，grasp_state が追加されていることがわかります．新しい状態を追加するときは，こちらの編集も行ってください．

```
28      entry_points={
29          'console_scripts': [
30              'eat_state = sample_sm_flexbe_states.eat_state',
31              'search_state = sample_sm_flexbe_states.search_state',
32              'grasp_state = sample_sm_flexbe_states.grasp_state',
33          ],
34      },
```

最後に，以下のコマンドでビルドを実行して，設定ファイルを反映させます．

```
cd ~/airobot_ws/
colcon build
source install/setup.bash
```

● Behavior への新しい状態の追加

ここまでは，状態 Grasp のソースコードについて紹介しました．これから，FlexBE 上で Behavior に状態 Grasp を追加する方法を説明していきます．以下のコマンドで FlexBE WebUI を開きます．

```
ros2 launch flexbe_webui flexbe_full.launch.py
```

Behavior Dashboard が表示されたら，図 7.21 のように，画面上部の New Behavior をクリックし，新しい Behavior を作成します．

図 7.22 のように，Overview の項目で sample_sm_flexbe_behaviors というパッケージが選択さ

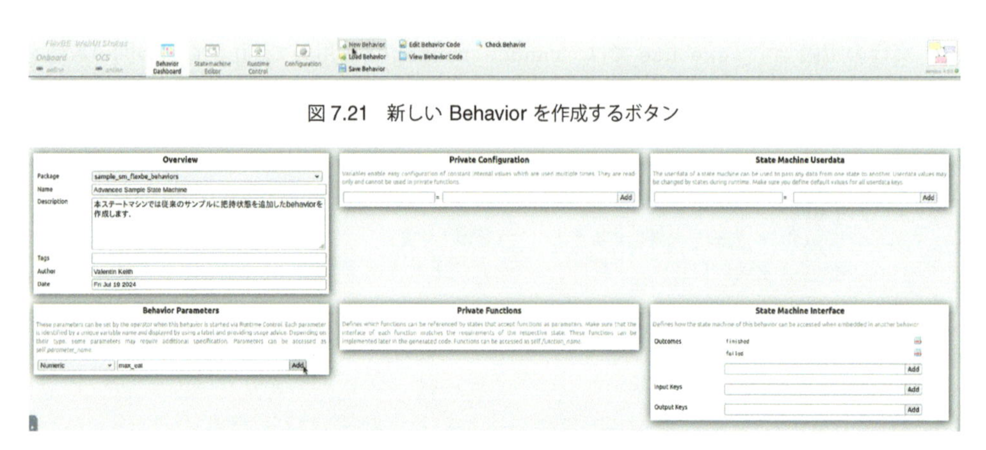

図 7.21　新しい Behavior を作成するボタン

図 7.22　Overview の入力と Behavior Parameters の定義

れているかを確認し，名前，説明文，作成者の枠を埋めます．また，Behavior Parameters の項目で `max_eat` という変数を定義します．この変数には，食べられる最大のスイーツの数を入力するため，`Numeric` として設定します．その後，`Add` ボタンを押し，この変数を追加します．

ここで，この変数の追加設定を行うため，図 7.23 のように，鉛筆のアイコンをクリックします．画面が更新されたら，図 7.24 のように，デフォルト値やユーザが入力できる値の範囲が設定できます．今回はデフォルト値を 1，`Minimum`（最小値）を 1，`Maximum`（最大値）を 10 とします．修正した内容を反映させるため，Behavior Parameters の項目の右上にある戻るボタンをクリックします．

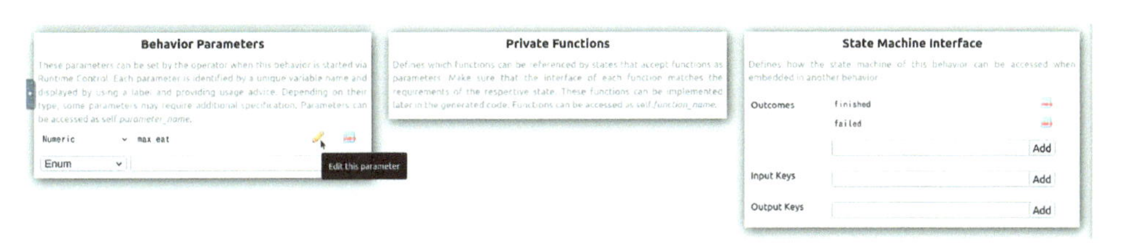

図 7.23　Behavior Parameters で定義した変数の設定

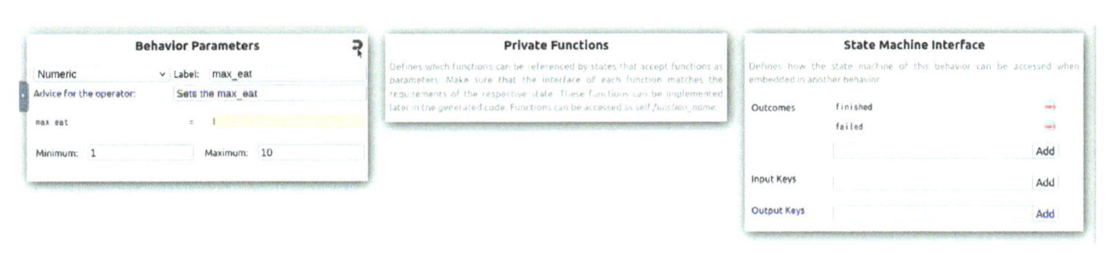

図 7.24　修正した変数の設定の反映

図 7.25　Userdata への max_eat と eat_counter の追加

次に，State Machine Userdata の項目で状態間で渡される情報を定義します．今回は，食べられるスイーツの最大数とこれまで食べたスイーツの数を状態間で渡される変数として定義します．図 7.25 のように，まず，State Machine Userdata の項目で変数 `max_eat` を定義し，Behavior Parameters の `self.max_eat` を代入し，`Add` を押します．これにより，食べられるスイーツの最大数を代入する変数 `max_eat` に Behavior Parameters でユーザが入力した値を初期値として代入します．次に，これまで食べたスイーツの数を代入する変数 `eat_counter` を定義します．ステートマシンを開始した時点では，まだスイーツを食べていないため，初期値として 0 を入力します．最後に今回作成するステートマシンでは，failed は返さないため，State Machine Interface の項目の Outcomes から `failed` を削除します．右側の削除ボタンを押します．

ここまでで，ステートマシンで使用する変数や出力する結果の定義が終わりました．これから，Statemachine Editor を用いてこのステートマシンに状態を追加していきます．それでは，画面上部の Behavior Dashboard の横にある Statemachine Editor をクリックしてください．`finished` という丸いアイコンが現れたことを確認できます．

図 7.26 のように，Add State ボタンをクリックします．FlexBE のデフォルト状態や第 7 章のために作成された状態が表示されます．

次に，本ステートマシンに状態を追加していきます．まずは，状態 Search を追加します．図 7.27 のように，Filter に search と入力すると `SearchState` が表示されます．Name の項目に Search と入力し，Add ボタンで状態を追加します．

図 7.26　Statemachine Editor の Add State ボタン

図 7.27　SearchState の追加

すると，図 7.28 のように，メイン画面に新しい，状態 Search の黄色いボックスが表示されます．また，画面の右には，状態 Search の設定が表示されます．この状態には，`eat_counter` と `max_eat` の情報が必要なため，変数を代入します．これらは，Behavior Dashboard の設定が間違っていなければ，Input Key Mapping という Userdata が自動的に記述されます．Apply ボタンを押し，修正した内容を反映させます．Apply ボタンの横の Close ボタンを押してサブウィンドウを閉じます．これで状態 Search を追加できました．

図 7.28　SearchState の設定

同じ手順で，`GraspState` を状態 Grasp として追加してください．この状態には Userdata が渡されないため，そのまま Apply ボタンを押し，Close ボタンでサブウィンドウを閉じます．

最後に，同じ手順で `EatState` を状態 Eat として追加します．この状態に渡される Userdata は，`eat_counter` という変数だけです．図 7.29 のように，画面右の入出力の Input Key Mapping と Output Key Mapping とに Behavior Dashboard で定義した `eat_counter` を代入します．Apply

図 7.29　EatState の設定

ボタンを押し，Close ボタンでサブウィンドウを閉じます．Statemachine Editor の画面を確認すると，Search と Grasp と Eat の状態が追加されたことがわかります．

次に，状態をつなげていきます．図 7.30 のように，状態ボックスにある矢印ボタンを使って，見やすい位置に移動しましょう．

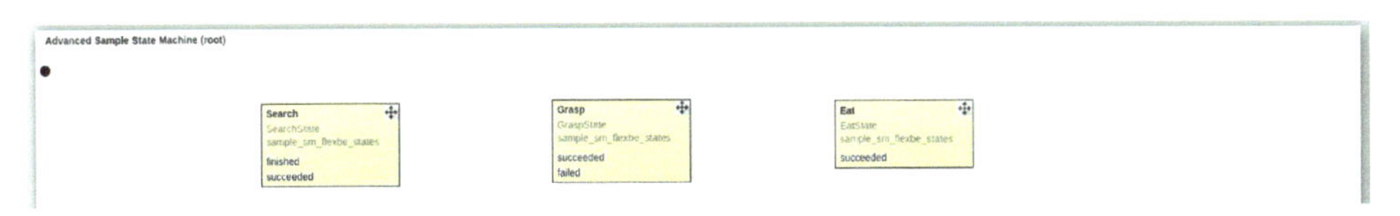

図 7.30　状態の移動後の画面

まず，図 7.31 のように，Root というステートマシンの元を表す左上にある丸い黒ボタンを押し，最初に開始される状態 Search とつなげます．状態 Search のボックスの太文字に書かれている「Search」を押すと自動的につながります．

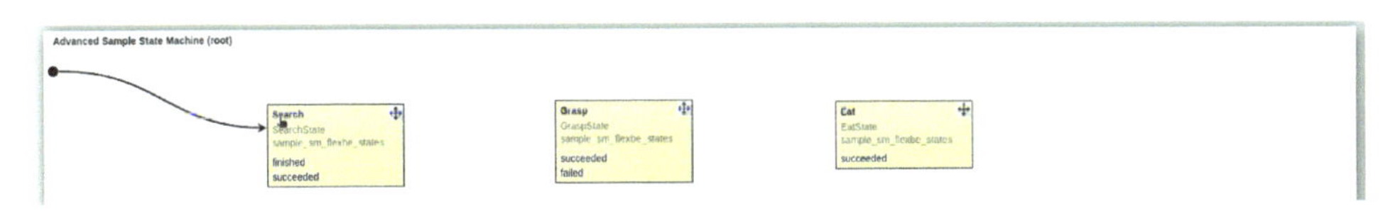

図 7.31　状態 Search との接続

次に，状態 Search の実行結果に応じて，次の状態とつなげます．今回は，処理が成功すれば succeeded として結果が返され，状態 Grasp に遷移します．図 7.32 のように，状態 Search のボックスの「succeeded」を押し，状態 Grasp とつなげます．

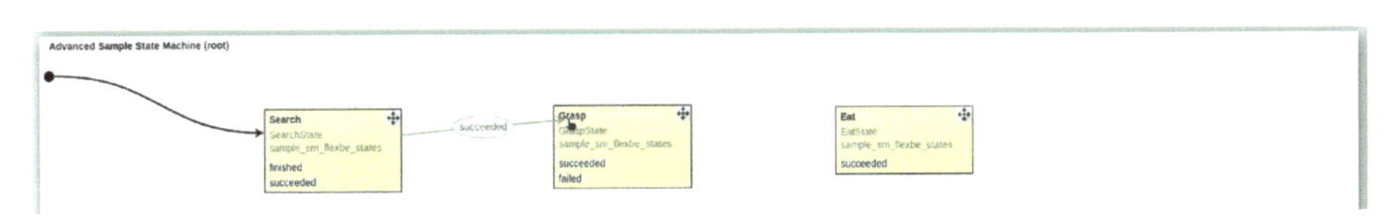

図 7.32　状態 Grasp との接続

同様に，状態 Grasp でスイーツの把持に成功し，succeeded と返されたとき，状態 Eat につなげます．そして，図 7.33 のように，状態 Eat でスイーツを食べて，succeeded と返されたとき，状態 Search につなげます．

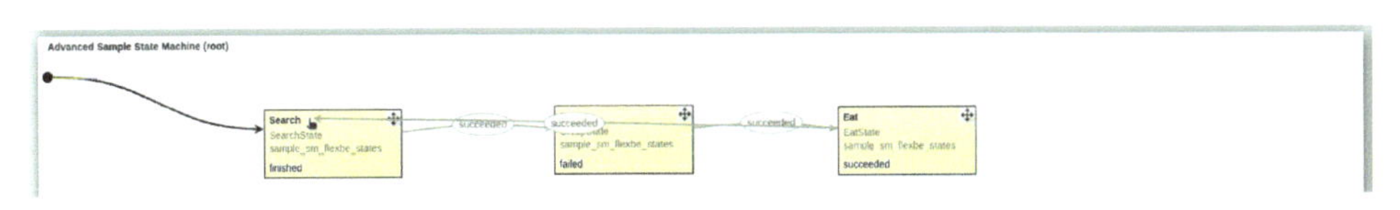

図 7.33　状態 Search との接続

これにより，失敗しない場合のステートマシンを構築することができました．しかし，状態 Grasp では確率的に把持を失敗する可能性があるため，failed の場合は，改めて把持状態でスイーツを把持しようとします．図 7.34 のように，failed の場合は自身とつなげます．

最後に，お腹いっぱいになった場合，状態 Search から finished としてステートマシンを終了します．図 7.35 のように，状態 Search から finished をステートマシンの finished とつなげます．

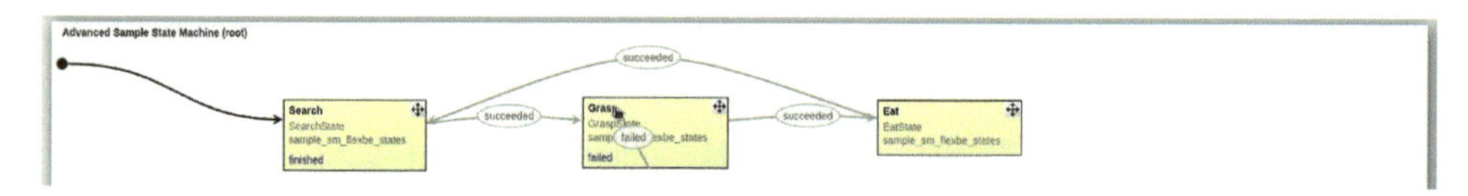

図 7.34　把持失敗時の状態 Grasp との接続

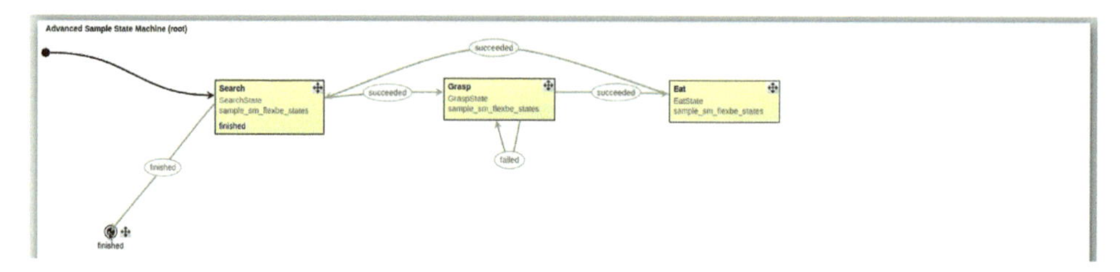

図 7.35　ステートマシンの finished との接続

これで，ステートマシンが完成しました．

最後に，図 7.36 のように，Save Behavior ボタンを押して保存します．

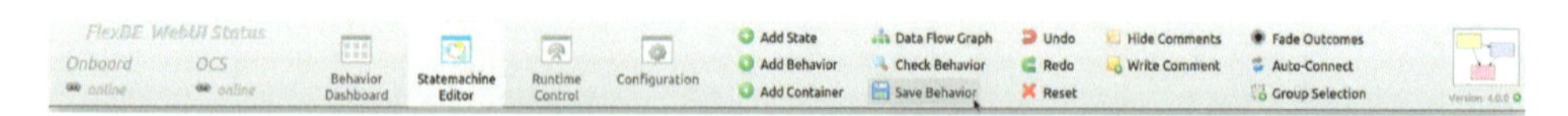

図 7.36　ステートマシンの保存方法

● 状態 Grasp を追加したステートマシンの実行

それでは，図 7.37 のように，作成したステートマシンを実行します．まず，Runtime Control に移動します．次に，eat_max の初期値を設定します．今回は 3 と記入しますが，Behavior Dashboard に設定したように 1 から 10 の間の数値を入力することができます．最後に，Start Execution を押して，ステートマシンを開始します．

図 7.38 に状態 Grasp の画面を示します．Search，Grasp，Eat というふうに状態が確率的に遷移

図 7.37　ステートマシンの起動方法

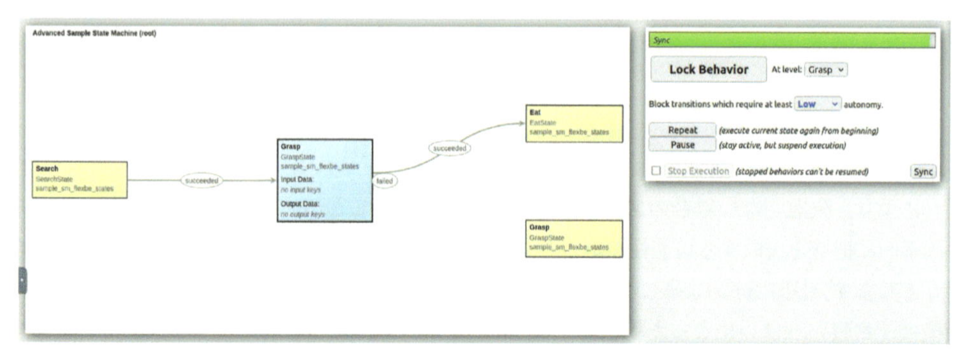

図 7.38　状態 Grasp の画面

します．以下に出力のログを示します．必ずしも同じ出力が得られるとは限らないことに注意してください．

```
1 [15:32:39] Onboard engine is ready.
2 [15:32:39] [92m--- Behavior Mirror ready! ---[0m
3 [15:32:39] [92m--- Behavior Mirror ready! ---[0m
4 [15:32:44] --> Preparing new behavior...
5 [15:32:44] Executing mirror ...
6 [15:32:44] Onboard Behavior Engine starting [Advanced Sample State Machine : 626482646]
7 [15:32:45] スイーツを探索しています
8 [15:32:45] スイーツを見つけました！
9 [15:32:46] スイーツを把持してみます
10 [15:32:46] スイーツを把持できました！
11 [15:32:47] スイーツを 1個食べます！
12 [15:32:47] 現時点では，スイーツを 1個食べました！
13 [15:32:48] スイーツを探索しています
14 [15:32:48] スイーツを見つけました！
15 [15:32:49] スイーツを把持してみます
16 [15:32:49] スイーツを把持できなかった・・・もう一度やってみます！
17 [15:32:50] スイーツを把持してみます
18 [15:32:50] スイーツを把持できました！
19 [15:32:51] スイーツを 1個食べます！
20 [15:32:51] 現時点では，スイーツを 2個食べました！
21 [15:32:52] スイーツを探索しています
22 [15:32:52] スイーツを見つけました！
23 [15:32:53] スイーツを把持してみます
24 [15:32:53] スイーツを把持できなかった・・・もう一度やってみます！
25 [15:32:54] スイーツを把持してみます
26 [15:32:54] スイーツを把持できました！
27 [15:32:55] スイーツを 1個食べます！
28 [15:32:55] 現時点では，スイーツを 3個食べました！
29 [15:32:56] スイーツを探索しています
30 [15:32:56] もうお腹いっぱいです・・・
```

ここまでは，Search と Eat の状態を持つステートマシンに新たに状態 Grasp を追加しました．そして，3 つの状態を記述し，確率的に変化する状況に応じて状態が遷移するのを確認しました．この手順を応用することで目的に応じた多様なステートマシンを作成することができます．

7.3.2 Bring Me タスクの実装

次に，FlexBE を用いて物を持ってくる（Bring Me）タスクを達成するステートマシンを定義し，状態遷移を確認してみましょう．ここでは，認識や制御の関数の内部は省略して，物を持ってくるタスクを達成する状態遷移のみを作成します．FlexBE による Bring Me タスクのステートマシンのサンプルプログラムは GitHub[注5] に公開されています．

それでは，ステートマシンのサンプルプログラムについて解説していきます．VSCodium で以下のフォルダを開いてください．

```
codium ~/airobot_ws/src/chapter7/bringme_sm_flexbe/
```

● ステートマシンの定義

まず，全体の流れを把握するためにステートマシンの定義から説明していきます．図 7.39 が Bring

注 5 https://github.com/AI-Robot-Book-Humble/chapter7/tree/master/bringme_sm_flexbe

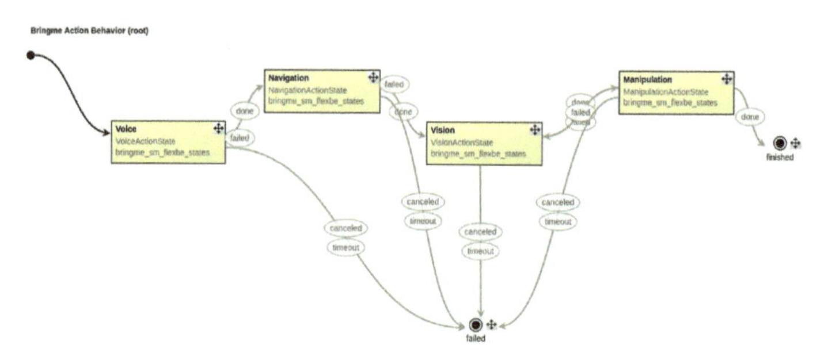

図 7.39　Bring Me タスクを実行するステートマシンの構成

Me タスクを実行するステートマシンの構成です．

このステートマシンには，Voice，Navigation，Vision，Manipulation の 4 つの状態があります．Voice は音声認識の状態です．成功すれば Navigation に遷移し，失敗すれば Voice に自己遷移します．Navigation は自律移動の状態です．成功すれば Vision に遷移し，失敗すれば Navigation に自己遷移します．Vision は画像認識の状態です．成功すれば Manipulation に遷移し，失敗すれば Vision に自己遷移します．Manipulation は物体把持の状態です．成功すればステートマシンから抜け出し，失敗すれば Vision に遷移します．

このように Bring Me タスクを実行するステートマシンの状態と状態遷移を定義します．ここでは，成功すれば次の状態に遷移し，失敗すれば 1 つ前の状態か，自己遷移する単純な状態遷移のみを考えます．実世界のタスクを達成するには，遷移方法を編集して，多様な状況に対処する複雑な状態遷移を定義することになるでしょう．

● Voice：音声認識の状態

ここでは，音声認識の状態を定義します．まず，`VoiceActionState` クラスの `super().__init__()` メソッドを呼び出し，引数として，その状態で扱う入出力キーの名前や状態の遷移を定義します．

音声認識の状態は，決められた時間内でのユーザの音声を認識して得られた文字列から目標物体と目標場所の名前を取り出します．このため，入力キーに `time`，出力キーに `target` と `destination` が記述されています．また，音声認識の状態における出力結果として，`outcomes` に `done`，`failed`，`canceled`，`timeout` を設定しています．次に，変数を初期化し，Voice のノードを定義し，Action の `/ps_voice/command` に接続するクライアントを立ち上げています．`/ps_voice/command` は，音声認識の結果を返す ActionServer です．第 3 章で解説した音声認識エンジンの認識結果は，この ActionServer から受け取ります．ここでは，単純化のために確率的に音声認識結果を返す Action を準備します（詳細はサンプルプログラム[注6] を参照）．

```
27 class VoiceActionState(EventState):
28     """
29     アクション通信による音声認識を起動し，その結果をuserdata.text に代入する
30 
31     起動方法:
32         こちらの状態を実行するために，必要なActionServer を起動する
33         $ ros2 run pseudo_node_action voice_node
34 
35         実行可能なAction 一覧を表示させるために，以下のコマンドを実行する
36         $ ros2 action list
```

注 6　https://github.com/AI-Robot-Book-Humble/chapter7/blob/master/pseudo_node_action/pseudo_node_action/voice_node.py

```
37
38      パラメータ
39      -- timeout                最大許容時間 (seconds)
40      -- action_topic           音声認識のアクション名
41
42      出力
43      <= done                   音声認識が成功した場合
44      <= failed                 何らかの理由で失敗した場合
45      <= canceled               ユーザからキャンセルリクエストした場合
46      <= timeout                目的地への移動の最大許容時間を超過した場合
47
48      Userdata
49      ># time          string   音声認識の実行時間 (秒数) (string 型) (Input)
50      #> text          string   音声認識の結果 (string 型) (Output)
51      #> target        string   音声認識の把持物体の結果 (string 型) (Output)
52      #> destination string     音声認識の目的地の結果 (string 型) (Output)
53
54      """
55
56      def __init__(self, timeout, action_topic="/ps_voice/command"):
57          super().__init__(outcomes=['done', 'failed', 'canceled', 'timeout'],
58                           input_keys=['time'],
59                           output_keys=['text', 'target', 'destination'])
60
61          self._timeout = Duration(seconds=timeout)
62          self._timeout_sec = timeout
63          self._topic = action_topic
64
65          self._error      = False # Action の Client から Goal の送信を失敗した場合
66          self._return     = None  # オペレータによる結果の出力を拒む場合，戻り値を保存する
67          self._start_time = None  # 開始時間を初期化する
68
69          # FlexBE の ProxyActionClient を用いて Action の Client 側を作成する
70          ProxyActionClient.initialize(VoiceActionState._node)
71          self._client = ProxyActionClient({self._topic: StringCommand},
72                                           wait_duration=0.0)
```

続いて，遷移したときに最初に実行される処理を on_enter() メソッドに記述します．ここで，入力キーが正しく定義されているかを確認します．また，処理の開始時間を登録します．その後，入力キーから与えられた音声の録音時間を send_goal() メソッドで ActionServer に送信します．goal の送信が失敗した場合は，Exception としてエラーが出力されます．

```
115     def on_enter(self, userdata):
116         # データの初期化を行う
117         self._error = False
118         self._return = None
119
120         # userdata に time という情報があるかを確認する
121         if 'time' not in userdata:
122             self._error = True
123             Logger.logwarn("VoiceActionState を実行するには， userdata.time が必要です")
124             return
125
126         # 開始時間を記録する
127         self._start_time = self._node.get_clock().now()
128
129
130         if not isinstance(userdata.time, (str)):
```

```
131                 self._error = True
132                 Logger.logwarn('入力された型
        は %s です. string 型が求められています', type(userdata.target).__name__)
133
134             # Goal を Action の Server に送信する
135             goal = StringCommand.Goal()
136             goal.command = str(userdata.time)
137
138             try:
139                 self._client.send_goal(self._topic, goal, wait_duration=self._timeout_sec)
140             except Exception as exc:  # pylint: disable=W0703
141                 Logger.logwarn(f"Goal の送信が失敗しました:\n  {type(exc)} - {exc}")
142                 self._error = True
```

その次に，呼び出される処理を execute() メソッドに記述します．最初の部分では，on_enter() 時や処理中にエラーが発生したかどうかを確認します．あった場合は，failed でステートを終了します．次に，_return という状態の結果を確認し，None 以外の値であれば，その状態で終了します．その後，アクション通信による最終結果が届いたかを has_result() で確認します．結果が届いた場合，その結果を get_result() で取得し，文字列の中身を確認します．その内容に failed という文字列のみが入っているときは，音声認識が失敗しているので，状態 Voice を failed とし終了します．それ以外の文章が入った場合，文字列から切り出した物体や場所の名前をそれぞれ userdata のアウトプットキーである target_object と target_location に格納します．今回は文字列からの単語抽出の処理をスキップするため，直接 userdata に名前を書き込みます．ここで，userdata は，状態間でデータをやりとりするための変数であり，ここに格納することで他の状態が物体や場所の名前を参照することができます．最後に，done を返して次の状態（Navigation）に遷移します．

もし，音声認識の結果がまだ届いていない場合，最大許容時間を超過したかを確認し，超過した場合は，timeout を返してステートマシンを終了します．時間を超過していない場合は，音声認識の結果が届くまで execute() メソッドの処理を繰り返します．

```
74      def execute(self, userdata):
75          '''
76          起動中, Action が終了したかどうかを確認し, その結果によって outcome を決定する
77          '''
78
79          # _error が起きたかを確認する
80          if self._error:
81              return 'failed' # 'failed'という結果を返す
82
83          # 遷移がブロックされた場合には前の戻り値を戻す
84          if self._return is not None:
85              return self._return
86
87          # Action が終了したかを確認する
88          if self._client.has_result(self._topic):
89              result = self._client.get_result(self._topic) # Action の結果を取得する
90              userdata.text = result.answer
91
92              if userdata.text == 'failed':
93                  Logger.logwarn('音声認識が失敗しました')
94                  self._return = 'failed'
95                  return self._return # 'failed'という結果を返す
96              else:
97                  Logger.loginfo(f'音声認識の結果: {userdata.text}')
98
```

```
 99                # 音声認識の結果を処理する必要がある
100                userdata.target      = 'cup'
101                userdata.destination = 'kitchen'
102
103                self._return = 'done'
104                return self._return # 'done'という結果を返す
105
106        if self._node.get_clock().now().nanoseconds - self._start_time.nanoseconds >
    self._timeout.nanoseconds:
107            # 最大許容時間を超過したかを確認する
108            Logger.loginfo('最大許容時間を超過しました')
109            self._return = 'timeout'
110            return self._return # 'timeout'という結果を返す
111
112        # Action がまだ終了していない場合，状態を終了させない
113        return None
```

最後に，処理の途中にオペレータによる手動停止のイベントが起きた場合，`on_exit()` メソッドが呼び出されます．そのとき，ActionServer からの最終結果が届いたかを確認し，まだ届いていない場合は，ActionServer の処理を `cancel()` でキャンセルします．

```
143    def on_exit(self, userdata):
144        # Action が起動していないことを確認する
145        # Action が動作していることは，オペレータによる手動的な出力の結果が送信されたと考えられる
146        if not self._client.has_result(self._topic):
147            self._client.cancel(self._topic)
148            Logger.loginfo('動作中の Action をキャンセルします．')
```

ここで，「Bring me a cup from the kitchen」という命令が与えられ，すべての単語が正しく認識されたと仮定します．この場合，`result.answer` には「bring me a cup from the kitchen」が格納されることになります．そして，`result.answer` に文字列が格納されていた場合，文字列から物体と場所の名前を抽出し，それぞれ `userdata.target` と `userdata.destination` に格納します．ここでは，`cup` と `kitchen` を直接代入していますが，実際には `find_object_name(result.answer)` や `find_location_name(result.answer)` といった関数を作成し，文字列から物体や場所に関する単語を抽出する処理が必要となります．最後に，無事に物体と場所の名前が得られたので `done` を返します．

次に，音声認識が失敗した場合について考えてみます．環境の雑音が入って音声認識に誤りが生じ，「Putting me a gap from chicken」と認識されたとします．この場合，家庭環境で想定された場所の名前が見つからないため，次の状態に遷移するべきではありません．このような音声認識の不確実性を疑似的に表現するために，サンプルプログラムの音声認識の ActionServer は，0〜1 の範囲で乱数を生成して変数 `prob` に代入し，確率的に正しい音声認識を返す疑似コードが記述されています．これにより，確率的に `done` と `failed` を返して状態遷移を起こします．以後，他の状態で重複するソースコードと説明は一部省略します．

● Navigation：自律移動の状態

自律移動の状態を定義します．状態 Navigation は状態 Voice による音声認識の結果をもとに，移動先を決めなくてはなりません．そのため，`super().__init__()` メソッドの引数である `input_keys` に `destination` を登録します．それに対して，`output_keys` に `text` を登録します．状態 Voice と同様に，その後，変数を初期化し，`Navigation` のノードを定義し，ActionServer の`/ps_navigation/command`

に接続するクライアントを立ち上げます．第4章で解説したSLAMなどに基づくナビゲーション手法による移動結果を，このActionServerから受け取ります．ここでは，単純化のために確率的にナビゲーションの成功と失敗を返すActionServerを準備します（詳細はサンプルプログラム[注7]を参照）．

```
27 class NavigationActionState(EventState):
28     """
29     アクション通信による目的地へのナビゲーションを起動し，その結果をuserdata.text に代入する
30 
31     起動方法:
32         こちらの状態を実行するために，必要なActionServer を起動する
33         $ ros2 run pseudo_node_action manipulation_node
34 
35         実行可能なAction 一覧を表示させるために，以下のコマンドを実行する
36         $ ros2 action list
37 
38     パラメータ
39     -- timeout              最大許容時間 (seconds)
40     -- action_topic         ナビゲーションのアクション名
41 
42     出力
43     <= done                 ナビゲーションが成功した場合
44     <= failed               何らかの理由で失敗した場合
45     <= canceled             ユーザからキャンセルリクエストした場合
46     <= timeout              目的地への移動の最大許容時間を超過した場合
47 
48     Userdata
49     ># destination   string 目的地の名前 (string 型) (Input)
50     #> text          string Action による移動の結果 (string 型) (Output)
51 
52     """
53 
54     def __init__(self, timeout, action_topic="/ps_navigation/command"):
55         # See example_state.py for basic explanations.
56         super().__init__(outcomes=['done', 'failed', 'canceled', 'timeout'],
57                          input_keys=['destination'],
58                          output_keys=['text'])
```

状態Navigationに遷移したときに最初に実行される処理をon_enter()メソッドに記述します．ここで，状態Voiceから受け取った入力キーが正しく定義されているかを確認します．また，処理の開始時間を登録します．その後，入力キーから与えられたdestinationという目的地をsend_goal()メソッドでActionServerに送信します．

```
109     def on_enter(self, userdata):
110         # データの初期化を行う
111         self._error = False
112         self._return = None
113 
114         # userdata に destination という情報があるかを確認する
115         if 'destination' not in userdata:
116             self._error = True
117             Logger.logwarn("NavigationActionState を実行するには， userdata.destination が
    必要です！")
118             return
119 
```

注7 https://github.com/AI-Robot-Book-Humble/chapter7/blob/master/pseudo_node_action/pseudo_node_action/navigation_node.py

```
120         # 開始時間を記録する
121         self._start_time = self._node.get_clock().now()
122 
123         if not isinstance(userdata.destination, (str)):
124             self._error = True
125             Logger.logwarn('入力された型
         は %s です. string 型が求められています', type(userdata.destination).__name__)
126 
127         # Goal を Action の Server に送信する
128         goal = StringCommand.Goal()
129         goal.command = str(userdata.destination)
130 
131         try:
132             self._client.send_goal(self._topic, goal, wait_duration=self._timeout_sec)
```

execute() メソッドの記述を見ていきましょう．状態 Navigation に遷移しているということは，状態 Voice において，userdata.destination が得られた状況です．今回は，destination には「kitchen」が格納されているはずです．ここでは，Navigation の ActionClient は，「kitchen」という場所の名前に対して，移動先の目標座標を決めて経路を計画し，移動できると仮定します．

そのため，アクション通信による最終結果が届いたかを has_result() で確認します．結果が届いた場合，その結果を get_result() で取得し，文字列の中身を確認します．その内容に failed という文字列のみが入っているときは，自律移動の途中に失敗したということを意味し，状態 Navigation を failed とし終了します．それ以外の文章が入っていた場合，userdata の出力キーである text に格納します．最後に，done を返して次の状態（Vision）に遷移します．

```
73     def execute(self, userdata):
74         '''
75         起動中， Action が終了したかどうかを確認し，その結果によって outcome を決定する
76         '''
77 
78         # _error が起きたかを確認する
79         if self._error:
80             return 'failed' # 'failed'という結果を返す
81 
82         # 遷移がブロックされた場合には前の戻り値を戻す
83         if self._return is not None:
84             return self._return
85 
86         # Action が終了したかを確認する
87         if self._client.has_result(self._topic):
88             result = self._client.get_result(self._topic)   # Action の結果を取得する
89             userdata.text = result.answer
90 
91             if userdata.text == 'failed':
92                 Logger.logwarn('ナビゲーションが失敗しました')
93                 self._return = 'failed'
94                 return self._return # 'failed'という結果を返す
95             else:
96                 Logger.loginfo(f'ナビゲーションの結果: {userdata.text}')
97                 self._return = 'done'
98                 return self._return # 'done'という結果を返す
```

最後に，状態 Voice と同様に，もし処理の途中にオペレータによる手動停止のイベントが起きた場合，on_exit() メソッドが呼び出されます．

実世界のロボットの移動は，目標座標の周辺に障害物があったり，途中で人に経路が塞がれたりして

確率的にしか成功しません．このような自律移動の不確実性を疑似的に表現するために，サンプルプログラムのナビゲーションのActionServerは，0〜1の範囲で乱数を生成して変数probに代入し，確率的に目標座標への到達(reached)を返す疑似コードが記述されています．目標座標に到達した場合には，reachedがresult.answerに格納され，doneが返されます．それ以外の場合には，failedが返されます．

● Vision：画像認識の状態

画像認識の状態を定義します．状態Visionは，検出すべき物体の名前を状態Voiceから受け取ります．そのため，super().__init__()メソッドの引数であるinput_keysにtargetを登録します．それに対して，output_keysにtextを登録します．その後，変数を初期化したうえ，Visionのノードを定義し，ActionServerの/ps_vision/commandに接続するクライアントを立ち上げます．第5章で解説した深層学習に基づく物体検出結果を，このActionServerから受け取ります．ここでは，単純化のために確率的に物体検出の成功と失敗を返すActionServerを準備します（詳細はサンプルプログラム[注8]を参照)．

```
27 class VisionActionState(EventState):
28     """
29     アクション通信による物体認識を起動し，その結果をuserdata.text に代入する
30 
31     起動方法:
32         こちらの状態を実行するために，必要なActionServer を起動する
33         $ ros2 run pseudo_node_action vision_node
34 
35         実行可能なAction 一覧を表示させるために，以下のコマンドを実行する
36         $ ros2 action list
37 
38     パラメータ
39     -- timeout              最大許容時間 (seconds)
40     -- action_topic         物体認識のアクション名
41 
42     出力
43     <= done                 物体認識が成功した場合
44     <= failed               何らかの理由で失敗した場合
45     <= canceled             ユーザからキャンセルリクエストした場合
46     <= timeout              目的地への移動の最大許容時間を超過した場合
47 
48     Userdata
49     ># target   string      認識する物体の名前 (string 型) (Input)
50     #> text     string      物体認識の結果 (string 型) (Output)
51 
52     """
53 
54     def __init__(self, timeout, action_topic="/ps_vision/command"):
55         super().__init__(outcomes=['done', 'failed', 'canceled', 'timeout'],
56                          input_keys=['target'],
57                          output_keys=['text'])
```

状態Visionへ遷移したときに最初に実行される処理をon_enter()メソッドに記述します．ここで，状態Navigationから受け取った入力キーが正しく定義されているかを確認します．また，処理の開始時間を登録します．その後，入力キーから与えられたtargetという物体名をsend_goal()メ

注8 https://github.com/AI-Robot-Book-Humble/chapter7/blob/master/pseudo_node_action/pseudo_node_action/vision_node.py

ソッドで ActionServer に送信します．

```
108     def on_enter(self, userdata):
109         # データの初期化を行う
110         self._error = False
111         self._return = None
112 
113         # userdata に target という情報があるかを確認する
114         if 'target' not in userdata:
115             self._error = True
116             Logger.logwarn("VisionActionState を実行するには， userdata.target が必要です！
    ")
117             return
118 
119         # 入力された値はstring 型かを確認する
120         if not isinstance(userdata.target, (str)):
121             self._error = True
122             Logger.logwarn('入力された型
    は %s です．string 型が求められています', type(userdata.target).__name__)
123 
124         # 開始時間を記録する
125         self._start_time = self._node.get_clock().now()
126 
127         # Goal を Action の Server に送信する
128         goal = StringCommand.Goal()
129         goal.command = str(userdata.target)
130 
131         try:
132             self._client.send_goal(self._topic, goal, wait_duration=self._timeout_sec)
```

execute() メソッドの記述を見ていきましょう．状態 Navigation に遷移しているということは，状態 Voice において，userdata.target が得られた状況です．今回は，target_object には「cup」が格納されているはずです．ここでは，画像処理の ActionServer は，「cup」という物体の名前が得られれば，対象の物体を画像中から検出し，その物体の 3 次元座標を表す tf が得られると仮定します．そのため，アクション通信による最終結果が届いたかを has_result() で確認します．結果が届いた場合，その結果を get_result() で取得し，文字列の中身を確認します．その内容に failed という文字列のみが入っているときは，処理が失敗したということを表し，状態 Vision を failed とし終了します．それ以外の文章が入った場合，userdata の出力キーである text に格納します．最後に，done を返して次の状態（Manipulation）に遷移します．

```
72     def execute(self, userdata):
73         '''
74         起動中， Action が終了したかどうかを確認し，その結果によって outcome を決定する
75         '''
76 
77         # _error が起きたかを確認する
78         if self._error:
79             return 'failed' # 'failed'という結果を返す
80 
81         # 遷移がブロックされた場合には前の戻り値を戻す
82         if self._return is not None:
83             return self._return
84 
85         # Action が終了したかを確認する
86         if self._client.has_result(self._topic):
87             result = self._client.get_result(self._topic) # Action の結果を取得する
88             userdata.text = result.answer
```

```
89
90              if userdata.text == 'failed':
91                  Logger.logwarn('物体認識が失敗しました')
92                  self._return = 'failed'
93                  return self._return # 'failed'という結果を返す
94              else:
95                  Logger.loginfo(f'物体認識の結果: {userdata.text}')
96                  self._return = 'done'
97                  return self._return # 'done'という結果を返す
```

カメラの画像内に物体が存在しても，照明条件や遮蔽，相対的な姿勢による見え方の違いによって物体の認識は確率的にしか成功しません．このようなビジョンの不確実性を疑似的に表現するために，サンプルプログラムの画像処理の ActionServer は，0〜1 の範囲で乱数を生成して変数 prob に代入し，確率的に物体認識の成功もしくは失敗を返す疑似コードが記述されています．物体認識が成功した場合には，found が result.answer に格納され，done が返されます．それ以外の場合には，failed が返されます．

● Manipulation：物体把持の状態

物体把持の状態を定義します．状態 Manipulation は，状態 Vision で検出された物体の 3 次元位置を tf で受け取り，その座標への手先制御と把持を行います．まず，super().__init__() メソッドの引数である input_keys に target を登録します．それに対して，output_keys に text を登録します．その後，変数を初期化したうえ，Manipulation のノードを定義し，ActionServer の /ps_manipulation/command に接続するクライアントを立ち上げます．第 6 章で解説した逆運動学などに基づく軌道計算による物体把持結果を，この ActionServer から受け取ります．ここでは，単純化のために確率的に物体把持の成功と失敗を返す ActionServer を準備します（詳細はサンプルプログラム[注9]を参照）．また，物体把持が成功した場合は，ステートマシンから抜けます．

```
27 class ManipulationActionState(EventState):
28     """
29     アクション通信による物体把持を起動し，その結果をuserdata.text に代入する
30 
31     起動方法:
32         こちらの状態を実行するために，必要なActionServer を起動する
33         $ ros2 run pseudo_node_action manipulation_node
34 
35         実行可能なAction 一覧を表示させるために，以下のコマンドを実行する
36         $ ros2 action list
37 
38     パラメータ
39     -- timeout              最大許容時間 (seconds)
40     -- action_topic         物体把持のアクション名
41 
42     出力
43     <= done                 物体把持が成功した場合
44     <= failed               何らかの理由で失敗した場合
45     <= canceled             ユーザからキャンセルリクエストした場合
46     <= timeout              目的地への移動の最大許容時間を超過した場合
47 
48     Userdata
49     ># target     string    把持の対象物体の名前 (string 型) (Input)
```

注 9　https://github.com/AI-Robot-Book-Humble/chapter7/blob/master/pseudo_node_action/pseudo_node_action/manipulation_node.py

```
50     #> text        string   Action による物体把持の結果 (string 型) (Output)
51
52     """
53
54     def __init__(self, timeout, action_topic="/ps_manipulation/command"):
55         super().__init__(outcomes=['done', 'failed', 'canceled', 'timeout'],
56                          input_keys=['target'],
57                          output_keys=['text'])
```

状態 Manipulation へ遷移したときに最初に実行される処理を on_enter() メソッドに記述します．ここで，状態 Vision から受け取った入力キーが正しく定義されているかを確認します．また，処理の開始時間を登録します．その後，入力キーから与えられた target という物体名を send_goal() メソッドで ActionServer に送信します．

```
108    def on_enter(self, userdata):
109        # データの初期化を行う
110        self._error = False
111        self._return = None
112
113        # userdata に target という情報があるかを確認する
114        if 'target' not in userdata:
115            self._error = True
116            Logger.logwarn("ManipulationActionState を実行するには， userdata.target が必
       要です!")
117            return
118
119        # 入力された値はstring 型かを確認する
120        if not isinstance(userdata.target, (str)):
121            self._error = True
122            Logger.logwarn('入力された型
       は %s です. string 型が求められています', type(userdata.target).__name__)
123
124        # 開始時間を記録する
125        self._start_time = self._node.get_clock().now()
126
127        # Goal を Action の Server に送信する
128        goal = StringCommand.Goal()
129        goal.command = str(userdata.target)
130
131        try:
132            self._client.send_goal(self._topic, goal, wait_duration=self._timeout_sec)
```

execute() メソッドを見ていきましょう．状態 Manipulation に遷移しているということは，Vision の状態において，対象物体の 3 次元座標を tf で受け取った状態です．ここで，物体把持の ActionServer は，対象物体の tf に基づいてその座標に手先位置を制御する軌道を逆運動学などを用いて計算し，その座標にリーチングしてアームを閉じて対象物体を把持すると仮定します．まず，状態に遷移したことを知らせるために，「マニピュレーションの状態を開始します」のメッセージを表示します．そのため，アクション通信による最終結果が届いたかを has_result() で確認します．結果が届いた場合，その結果を get_result() で取得し，文字列の中身を確認します．その内容に failed という文字列のみが入っているときは，処理が失敗したため，状態 Manipulation を failed として終了します．それ以外の文章が入った場合，userdata の出力キーである text に格納します．最後に，done を返してステートマシンを終了します．

```
72     def execute(self, userdata):
```

```
73          '''
74          起動中, Action が終了したかどうかを確認し, その結果によって outcome を決定する
75          '''
76
77          # _error が起きたかを確認する
78          if self._error:
79              return 'failed' # 'failed'という結果を返す
80
81          # 遷移がブロックされた場合には前の戻り値を戻す
82          if self._return is not None:
83              return self._return
84
85          # Action が終了したかを確認する
86          if self._client.has_result(self._topic):
87              result = self._client.get_result(self._topic) # Action の結果を取得する
88              userdata.text = result.answer
89
90              if userdata.text == 'failed':
91                  Logger.logwarn('物体把持が失敗しました')
92                  self._return = 'failed'
93                  return self._return # 'failed'という結果を返す
94              else:
95                  Logger.loginfo(f'物体把持の結果: {userdata.text}')
96                  self._return = 'done'
97                  return self._return # 'done'という結果を返す
```

物体の座標に手先を伸ばしても，ロボットアームの制御誤差や物体の認識誤差などにより物体の把持は確率的にしか成功しません．このようなマニピュレーションの不確実性を疑似的に表現するために，サンプルプログラムの物体把持の ActionServer は，0〜1 の範囲で乱数を生成して変数 `prob` に代入し，確率的に物体把持の成功もしくは失敗を返す疑似コードが記述されています．物体把持が成功した場合には，`reached` が `result.answer` に格納され，`done` が返されます．それ以外の場合には，`failed` が返されます．これにより，状態 Manipulation は，確率的に `done` と `failed` を返して状態遷移を起こします．

● 実行方法

それでは，ステートマシンを実行してみましょう！ まず，それぞれの ActionServer を立ち上げるために，次のコマンドを入力して実行してください．

```
ros2 launch pseudo_node_action bringme_nodes.launch.py
```

実行したら，別のターミナルに FlexBE WebUI を起動します．もし，新しいウィンドウが立ち上がらない場合，インストール手順の中で，依存パッケージが実行されていない可能性があります．

```
ros2 launch flexbe_webui flexbe_full.launch.py
```

Behavior Dashboard が表示されたら，Load Behavior を押し，図 7.40 のように Behavior 一覧を表示させます．その中から，Bringme Action Behavior という Behavior を選択します． 図 7.41 のような画面が表示されれば正しく読み込めています．

次に，図 7.42 のように Statemachine Editor に移動して，ステートマシンの状態を確認します．

Runtime Control に移動して，ステートマシンを実行します．そのために，まず図 7.43 のように

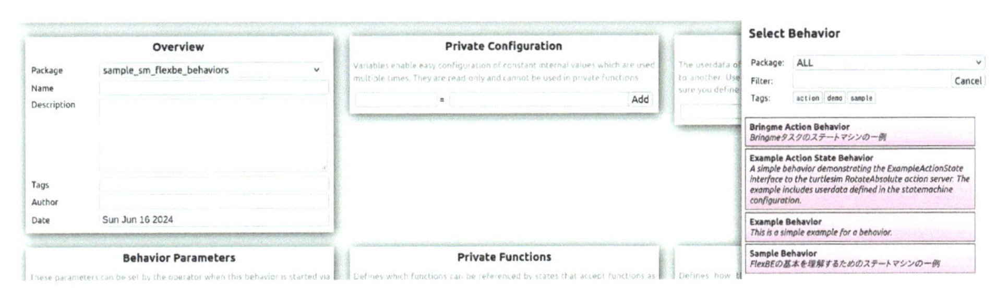

図 7.40　Behavior 一覧の画面

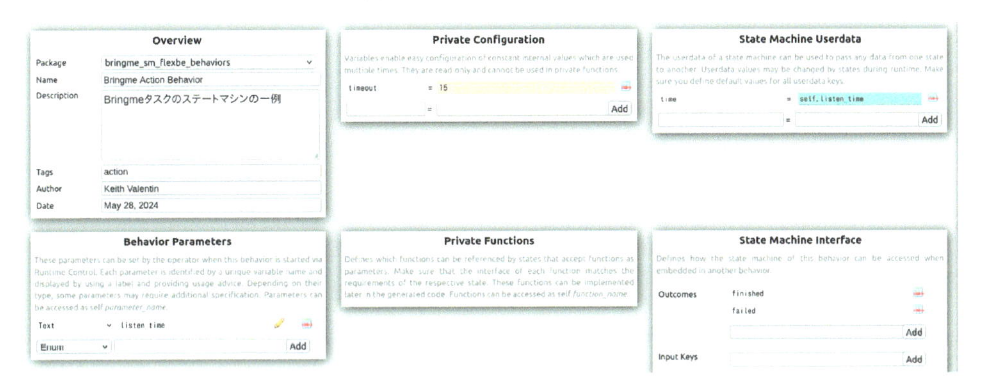

図 7.41　Bringme Action Behavior を選択したときの画面

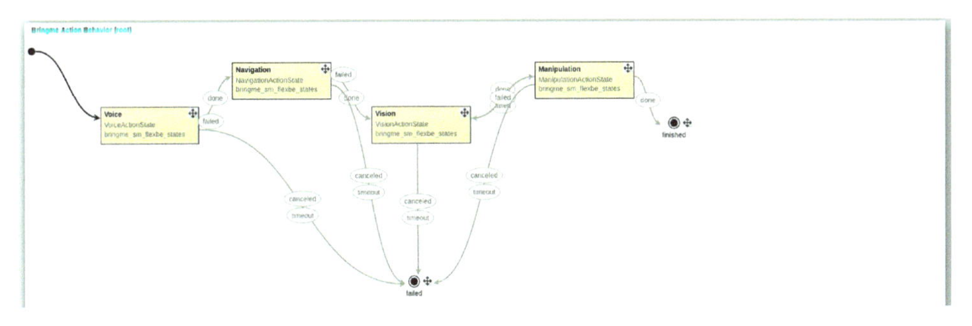

図 7.42　Statemachine Editor の画面

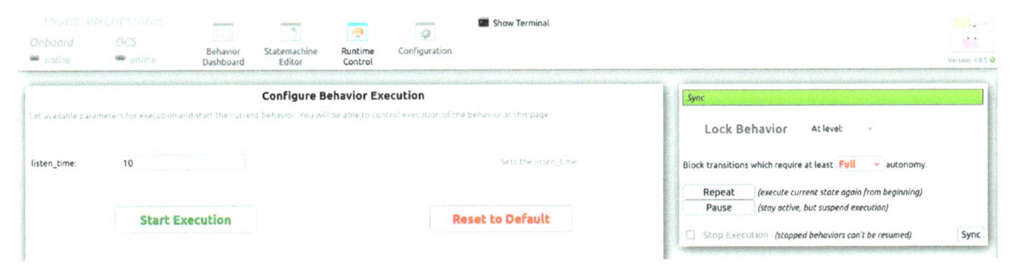

図 7.43　Runtime Control の画面

listen_time という変数に音声認識の録音時間を設定します．その値は 1〜20 の間の数値を入力してみましょう．

次に，Start Execution を押して，ステートマシンを開始します．図 7.44 が状態 Voice，図 7.45 が状態 Navigation，図 7.46 が状態 Vision，図 7.47 が状態 Manipulation です．これらの画面が順番に移り変わって確率的な状態の遷移が画面上で確認できるはずです．

以下は，Behavior Feedback の出力結果です．1 つ 1 つの状態における処理のログが確認できるはずです．見やすさのために出力結果の一部を編集して示しています．このとき，状態は確率的に遷移するので，必ずしも同じ出力が得られるとは限らないことに注意してください．

```
[INFO] [behavior_launcher]: BE status code=0 received - READY for new behavior!
[INFO] [behavior_mirror]: --> Mirror - request to start mirror with checksum id = 741633216
[WARN] [behavior_mirror]: Tried to start mirror for id=741633216 while mirror for id=741633216 is already running, will ignore.
[INFO] [behavior]: 音声認識の結果: bring me a cup from the kitchen
[INFO] [behavior]: State result: Voice > done (0)
[WARN] [behavior]: ナビゲーションが失敗しました
[INFO] [behavior]: State result: Navigation > failed (1)
[INFO] [behavior]: ナビゲーションの結果: reached
[INFO] [behavior]: State result: Navigation > done (0)
[INFO] [behavior]: 物体認識の結果: found
[INFO] [behavior]: State result: Vision > done (0)
[WARN] [behavior]: 物体把持が失敗しました
[INFO] [behavior]: State result: Manipulation > failed (1)
[WARN] [behavior]: 物体認識が失敗しました
[INFO] [behavior]: State result: Vision > failed (1)
[WARN] [behavior]: 物体把持が失敗しました
[INFO] [behavior]: State result: Manipulation > failed (1)
[INFO] [behavior]: 物体認識の結果: found
[INFO] [behavior]: State result: Vision > done (0)
[INFO] [behavior]: 物体把持の結果: reached
[INFO] [behavior]: State result: Manipulation > done (0)
[INFO] [behavior]: PreemptableStateMachine Bringme Action Behavior spin() - done with outcome=finished
```

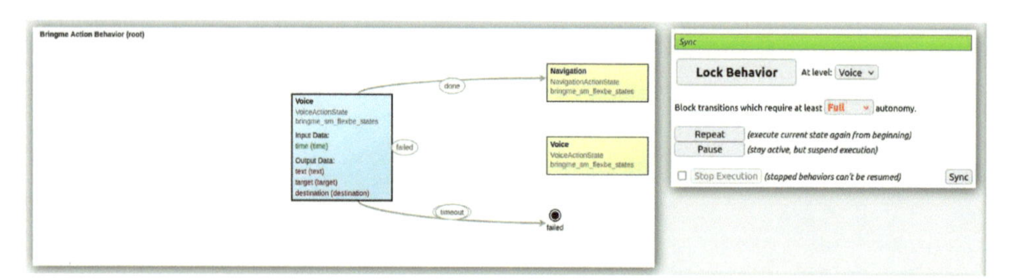

図 7.44　状態 Voice の画面

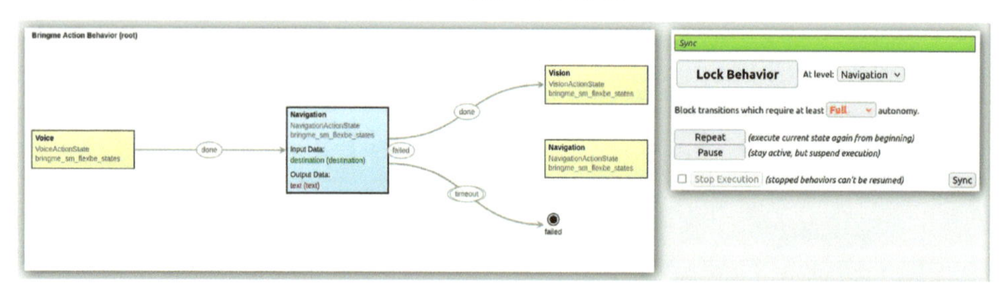

図 7.45　状態 Navigation の画面

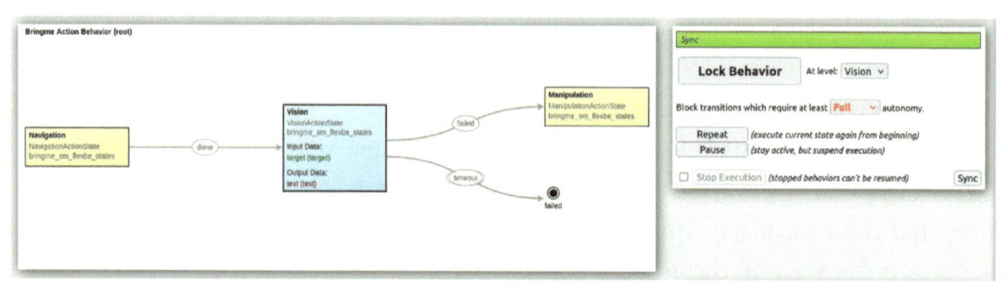

図 7.46　状態 Vision の画面

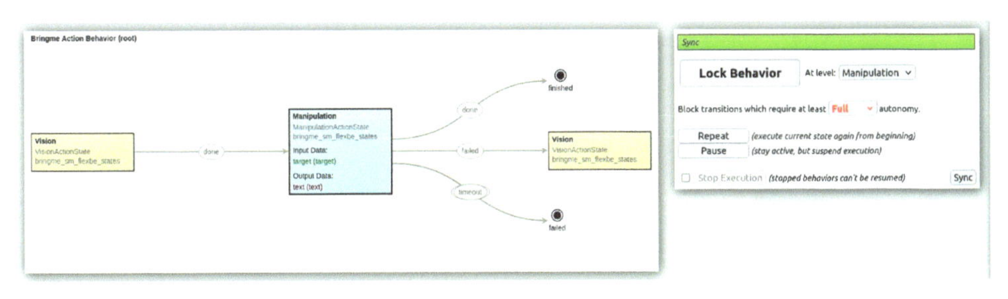

図 7.47　状態 Manipulation の画面

ここまで，音声認識・自律移動・画像認識・物体把持の 4 つの基本的な状態を記述し，確率的に変化する状況に応じて状態が遷移し，タスクが達成されるのを確認しました．しかし，各状態で実行される音声認識や自律移動，画像認識，物体把持の関数は疑似関数によって置き換えられていました．これらの関数を実装すれば，ロボットが物を持ってくるタスクをステートマシンに基づいて実行できるでしょうか？　また，ステートマシンの定義を変えるとロボットの行動はどのように変化し，タスクの達成率はどのように変わるでしょうか？

チャレンジ 7.1

状態 Voice から接続する音声の疑似ノードを第 3 章で作成した音声認識のアクションサーバに置き換えて，ユーザの音声認識からステートマシンが動作するかを確認してみましょう．

まとめ

- 複雑なタスクを達成するプランニングについて学びました．
- 不確実な実世界では，状況に応じた行動計画が必要です．
- 状況に応じて行動を計画するステートマシンについて学びました．
- ROS のステートマシンとして FlexBE を紹介しました．
- FlexBE によるタスクの実装について学び，簡単なプログラムを作成しました．

ミニプロジェクト

ミニプロ 7.1

図 7.4 のように物体把持（状態 D）が 3 回連続で失敗した場合には，移動（状態 B）に遷移するようにステートマシンの定義を書き換えて，状態遷移を確認しましょう．

ステップアップ

ナビゲーション，ビジョン，マニピュレーションの章でコーディングしたサンプルプログラムを 1 つずつステートマシンのアクションに置き換えて物を持ってくるタスクを完成させましょう．また，状態や状態遷移を追加・変更して，どのようにステートマシンを定義するとタスクの成功率が高くなるかを試してみましょう．

AIロボット入門

付録A ローンチファイルの書き方

● 概　要

ローンチファイルは一括して複数のノードを立ち上げたり，ノードのパラメータを設定したり，ノード名やトピック名を付け替えるリマップに関する情報を含むPythonスクリプトで，次の ros2 launch コマンドで実行します．

```
ros2 launch  <パッケージ名> <ローンチファイル名>
```

● ローンチファイルの書き方

プログラムリスト A.1　mysim.launch.py

```
1   from launch import LaunchDescription
2   from launch_ros.actions import Node
3
4   def generate_launch_description():
5       return LaunchDescription([
6           Node(
7               namespace= "turtlesim1", package='turtlesim',
8               executable='turtlesim_node', output='screen',
9               respawn='true', name='turtlesim_node1'
10              remappings=[('/cmd_vel', '/kame/cmd_vel')]),
11          Node(
12              namespace= "turtlesim2", package='turtlesim',
13              executable='turtlesim_node', output='screen',
14              respawn='true',
15              parameters=[{"background_b": 200}, {"background_g": 200},
                    {"background_r": 200}]),
16          Node(
17              prefix='xterm -e', namespace= "turtlesim1", package='turtlesim',
                executable='turtle_teleop_key', output='screen',
18              on_exit=launch.actions.Shutdown()),
19          Node(
20              prefix='xterm -e', namespace= "turtlesim2", package='turtlesim',
                executable='turtle_teleop_key', output='screen')
21      ])
```

ローンチファイルの書き方を説明します．プログラムリスト A.1 を参照してください．ローンチファイルには launch と launch_ros.actions モジュールをインポートしなければならず，LaunchDescription オブジェクトを返す generate_launch_description() 関数が必須です．

このローンチファイルで4つのノードを起動しています．6，11，16，19 行目の各 Node() に起動するノードの設定項目が書かれています．各項目は次のとおりで，package と executable は必須です．

- **package** ：パッケージ名
- **executable** ：ノードの実行形式ファイル
- namespace ：名前空間
- on_exit ： launch.actions.Shutdown() を設定すると，このノードを終了させると launch ファイルに書かれたすべてのノードを終了します
- output ：出力の形式． screen は標準出力に出力します
- respawn ： true にするとノードが落ちた場合，また，そのノードを再実行します
- name ：ノード名のリネーム
- remappings ：トピック名やサービス名のリマップ． [(' 変更前の名前', ' 変更後の名前')]
- parameters ：パラメータの設定． [{"パラメータ名":値}]
- prefix ：'xterm -e' とすると， xterm注1 という端末を起動してノードを実行します

15 行目でパラメータを設定しています．ここでは，タートルシムの背景色のパラメータ background_b に 200，background_g に 200，background_r に 200 を設定しています．なお，パラメータの設定はプログラムの中でもできます．

公式チュートリアルには書かれていませんが，この中で特に便利なのは on_exit と prefix です．18 行目のように on_exit を launch.actions.Shutdown() にすると，このノードが終了したときにローンチファイルに書かれたすべてのノードを落とすことができます．ローンチファイルで起動した多くのノードを，いちいち Ctrl+C キーなどで手動で全ノードを落とすことは結構な手間です．これを使うと，このノードを実行した端末を落とすだけで，すべてのノードを 1 回で落とすことが可能になります．

また，prefix を'xterm -e' にすると，今までの端末を手動で起動してコマンドを打ち込む作業の代わりに，それらをローンチファイルが自動で実行してくれます．ローンチファイルを使いこなすと面倒なコマンド作業を自動化できるのでおすすめです．

注 1　xterm は Ubuntu22.04 に含まれていないので，下記のコマンドでパッケージをインストールしてください．なお，この本の Docker イメージを使っている場合は必要ありません．
- sudo apt install xterm
- sudo apt install xfonts-base xfonts-75dpi xfonts-100dpi

AIロボット入門

付録B アクションの実用的なプログラム例

B.1 はじめに

アクション (action) とは，ROS 2のノード間通信の1つで，サーバクライアント型の通信です．これは，**ゴール** (goal)，**リザルト** (result)，**フィードバック** (feedback) の3つで定義されます．**アクションを利用するには，最初にゴールのリクエストを送ります．処理が開始されると，途中経過がフィードバックとして届きます．途中で新たなゴールやキャンセルのリクエストを送ることもできます．処理が達成されると，リザルトを受け取ることができます．**

第2章では，最小限のアクションのプログラムを紹介しましたので，ここでは，サーバがゴールの処理中にキャンセルや新たなゴールを受け付けるプログラムを紹介します．対象とするアクション型は，第2章と同じ StringCommand です．

B.2 サンプルプログラム

● 準備（この本の Docker イメージを使っている場合は，読み飛ばしてください）

以降のサンプルプログラムの準備のために，端末を開いてください．まず，第2章のサンプルプログラム（まだの場合）と付録Bのサンプルプログラムを GitHub からクローンしてください．そして，パッケージをビルドして，オーバーレイの設定をしてください．

```
cd ~/airobot_ws/src
git clone https://github.com/AI-Robot-Book-Humble/chapter2
git clone https://github.com/AI-Robot-Book-Humble/appendixB
cd ~/airobot_ws
colcon build
source install/setup.bash
```

~/.cshrc の中に source ~/airobot_ws/install/setup.bash の行があるかを確認し，なければ追加してください．ここで紹介するサンプルプログラムは，~/airobot_ws/src/appendixB/airobot_action/airobot_action にあります．

● 実行

このサンプルプログラムを試すには，端末が2つ必要ですので，それらを起動してください．

1番目の端末で以下のように入力してアクションサーバを実行します．

```
ros2 run airobot_action new_bringme_action_server_node
```

画面に「サーバ開始」と表示されます．このアクションサーバは，第2章の bringme_

action_server_node に機能を追加したもので，ゴールの処理内容は同じです．

2 番目の端末で以下のように入力してアクションクライアントを実行します．

```
ros2 run airobot_action test_client
```

画面に使い方が表示され，最後に「command:」と表示されると，準備完了です．このプログラムでは，キーボードで Enter キーを押すまで入力した内容がそのまま文字列としてゴールの command に設定され送信されます．また，↑キーと↓キーで入力履歴を行き来して Enter キーを押して再実行ができ，←キーと→キーで過去の入力内容の中を移動して変更してから実行することもできます．

まず，「apple」と入力し Enter キーを押してみましょう．1 秒間隔でフィードバックが表示され，最後に結果が表示されます．

このプログラムでは，入力直後から次の入力を受け付けています（フィードバックが次々表示されている最中でもかまいません）．文字列を入力して Enter キーを押すと，新たなゴールとしてただちに送信されます．また，文字列を入力せずに，Enter キーだけを押すと，それには特別な意味があり，キャンセルのリクエストが送信されます．一方，アクションサーバのほうでも，処理中のキャンセルのリクエストや新たなゴールを受け付けることのできる仕様になっています．2 番目の端末でいろいろな入力を試してみましょう．

このアクションクライアントは，この本で共通に利用する StringCommand アクション型のための汎用的なプログラムですので，各章のアクションサーバのテストに使うことができます．

B.3 アクションサーバ

new_bringme_action_server_node.py の内容を見ていきましょう．

```
5 from rclpy.action import ActionServer, CancelResponse
6 from rclpy.callback_groups import ReentrantCallbackGroup
7 from rclpy.executors import MultiThreadedExecutor
8 from airobot_interfaces.action import StringCommand  # カスタムアクション定義のインポート
```

キャンセル処理で必要な CancelResponse クラス，複数のコールバックの同時並行処理に必要な ReentrantCallbackGroup クラスと MultiThreadedExecutor クラスをインポートします．また，アクションを表現している StringCommand クラスをインポートします．

```
12     def __init__(self):
13         super().__init__('bringme_action_server')
14         self.goal_handle = None     # 処理中のゴールの情報を保持する変数
15         self.goal_lock = Lock()     # 二重実行させないためのロック変数
16         self.execute_lock = Lock() # 二重実行させないためのロック変数
17         self._action_server = ActionServer(
18             self, StringCommand, 'command',
19             execute_callback=self.execute_callback,
20             cancel_callback=self.cancel_callback,
21             handle_accepted_callback=self.handle_accepted_callback,
22             callback_group=ReentrantCallbackGroup(),
23         )
24         self.food = ['apple', 'banana', 'candy']
```

ノードのクラスのコンストラクタのメソッドです．アクションサーバのインスタンスを作成するときには，引数として以下の 4 種類のコールバックの設定ができますが，ここではそのうち 3 種類を設定しています.

- execute_callback: 受け付けたゴールを処理するコールバック（必須).
- goal_callback: ゴールのリクエストを扱うためのコールバック（ここでは設定せず).
- cancel_callback: キャンセルのリクエストを扱うためのコールバック.
- handle_accepted_callback: 新たに受け付けたゴールを扱うためのコールバック.

goal_callback を指定しない場合は，デフォルトのコールバック（無条件にゴールのリクエストを受け付ける）が設定されます．また，コールバックを同時並行で実行するために，callback_group として ReentrantCallbackGroup クラスのインスタンスを設定します．

アクションサーバがゴールのリクエストを受け取ると，goal_callback が呼び出されます．そして，ゴールを受け付けると，handle_accepted_callback が呼び出されます．handle_accepted_callback 内部で，goal_handle.execute() を実行すると，execute_callback が呼び出されます．一方，サーバがキャンセルのリクエストを受け取ると，cancel_callback が呼び出されます．

```
26      def handle_accepted_callback(self, goal_handle):
27          with self.goal_lock:                # ブロック内を二重実行させない
28              if self.goal_handle is not None and self.goal_handle.is_active:
29                  self.get_logger().info('前の処理を中断')
30                  self.goal_handle.abort()
31              self.goal_handle = goal_handle # ゴール情報の更新
32          goal_handle.execute()               # ゴール処理の実行
```

新たに受け付けたゴールを扱うためのコールバックのメソッドです．アクションサーバが，処理中に新たなゴールを受け付けた場合にどのように処理するかには，いくつかの選択肢がありえますが，ここでは，処理中のゴールを中断し，新たなゴールの処理をはじめる仕様にしています．そのために，中断の処理を二重に実行しないようにロック変数 self.goal_lock を使っています．そして，処理中のゴールがある場合は，それを中断します．その後，処理中のゴールを保持する変数 self.goal_handle を更新し，実際のゴールの処理を呼び出します．

```
34      def execute_callback(self, goal_handle):
35          with self.execute_lock:             # ブロック内を二重実行させない
36              feedback = StringCommand.Feedback()
37              result = StringCommand.Result()
38              count = random.randint(5, 10)
39
40              while count > 0:
41                  if not goal_handle.is_active:
42                      self.get_logger().info('中断処理')
43                      return result
44
45                  if goal_handle.is_cancel_requested:
46                      self.get_logger().info('キャンセル処理')
47                      goal_handle.canceled()
48                      return result
49
50                  self.get_logger().info(f'フィードバック送信中: 残り{count}[s]')
51                  feedback.process = f'{count}'
52                  goal_handle.publish_feedback(feedback)
53                  count -= 1
54                  time.sleep(1)
55
56              item = goal_handle.request.command
57              if item in self.food:
```

```
58                  result.answer =f'はい, {item}です'
59              else:
60                  result.answer = f'{item}を見つけることができませんでした'
61              goal_handle.succeed()
62              self.get_logger().info(f'ゴールの結果: {result.answer}')
63              return result
```

受け付けたゴールを処理するためのコールバックのメソッドです．同じメソッドを二重に実行しないように，ロック変数 self.execute_lock を使っています．goal_callback でもロック変数を使っていますが，中断を指示して処理が完了するより前に次の処理がはじまらないように，このメソッドでも対処しています．

第 2 章の bringme_action_server_node.py と同じように，時間のかかる処理を模擬して，1 秒間隔で処理を繰り返してフィードバックをパブリッシュしています．そして，その繰り返しの中で，ゴールの処理の中断やキャンセルが求められていれば，メソッドを終了するようにしています．

リザルトの処理は，第 2 章の bringme_action_server_node.py と同じです．

```
65      def cancel_callback(self, goal_handle):
66          self.get_logger().info('キャンセル受信')
67          return CancelResponse.ACCEPT
```

キャンセルのリクエストを扱うためのコールバックのメソッドです．デフォルトの（陽に指定しない場合の）コールバックでは，キャンセルのリクエストを無条件で拒否するようになっていますが，ここでは無条件に受け付けるようにしています．

```
75          rclpy.spin(bringme_action_server, executor=MultiThreadedExecutor())
```

main() 関数の中の rclpy.spin() の部分です．コールバックを同時並行で実行するために，引数 executor に MultiThreadedExecutor クラスのインスタンスを指定します．

B.4 アクションクライアント

test_client.py の内容を見ていきましょう．

```
3 import readline  # input()に履歴機能を追加するために必要
```

```
7 from rclpy.action import ActionClient
8 from rclpy.utilities import remove_ros_args
9 from action_msgs.msg import GoalStatus
10 from airobot_interfaces.action import StringCommand
```

必要な機能をインポートします．このプログラムでは，コマンドラインの引数にアクション名を指定するので，ROS のための引数を取り除くために，remove_ros_args を使います．

```
14      def __init__(self, action_name):
15          super().__init__('test_client')
16          self.get_logger().info(f'{action_name}のクライアントを起動します')
17          self.goal_handle = None  # 処理中のゴールの情報を保持する変数
18          self.action_client = ActionClient(
19              self, StringCommand, action_name)
20          while not self.action_client.wait_for_server(timeout_sec=1.0):
21              self.get_logger().info('アクションサーバ無効, 待機中...')
```

ノードのコンストラクタのメソッドです．ActionClient クラスのインスタンスをつくります．その引数は，ノード，アクション型，アクション名です．このクラス自身がノードですので，引数は self とします．アクション名は，インスタンス作成時の引数で指定できるようにしています．その後，アクションサーバと接続できるまで待ちます．

```
23      def send_goal(self, command):
24          self.get_logger().info(f'ゴール送信: {command}')
25          goal_msg = StringCommand.Goal()
26          goal_msg.command = command
27          self.send_goal_future = self.action_client.send_goal_async(
28              goal_msg, feedback_callback=self.feedback_callback)
29          self.send_goal_future.add_done_callback(self.goal_response_callback)
```

ゴールのリクエストを送信するメソッドです．引数で与えられた文字列を StringCommand アクション型のゴールに設定して send_goal_async() で非同期でゴールを送り，フィードバックを受信した場合のコールバックを登録します．そして，add_done_callback() でゴールの受け付けが完了した場合のコールバックを登録します．

```
31      def feedback_callback(self, feedback_msg):
32          self.get_logger().info(f'フィードバック: \'{feedback_msg.feedback.process}\'')
```

フィードバックを受信した場合に呼び出されるコールバックメソッドです．ここでは，単純に受信したフィードバックの process の文字列をログ出力します．

```
34      def goal_response_callback(self, future):
35          goal_handle = future.result()
36          if not goal_handle.accepted:
37              self.get_logger().info('ゴールは拒否されました')
38              return
39          self.goal_handle = goal_handle  # ゴールの情報を更新
40          self.get_logger().info('ゴールは受け付けられました')
41          self.get_result_future = goal_handle.get_result_async()
42          self.get_result_future.add_done_callback(self.get_result_callback)
```

ゴールの受け付けが完了した場合に呼び出されるコールバックメソッドです．引数は，send_goal_async() の戻り値の Future オブジェクトです．ゴールが受け付けられた場合は，処理のリザルトを非同期に得るために，add_done_callback() でコールバックを登録します．

```
44      def get_result_callback(self, future):
45          result = future.result().result
46          status = future.result().status
47          if status == GoalStatus.STATUS_SUCCEEDED:
48              self.get_logger().info(f'結果: {result.answer}')
49          else:
50              self.get_logger().info(f'失敗ステータス: {status}')
51          self.goal_handle = None  # ゴール情報をリセット
```

リザルトが得られた場合に呼び出されるコールバックメソッドです．引数は，get_result_async() の戻り値の Future オブジェクトです．ステータスを確認し，リザルトの answer の文字列を表示します．

```
53      def cancel(self):
54          if self.goal_handle is None:
55              self.get_logger().info('キャンセル対象なし')
56              return
```

```
57          self.get_logger().info('キャンセル')
58          future = self.goal_handle.cancel_goal_async()
59          future.add_done_callback(self.cancel_done)
```

キャンセルのリクエストを送信するメソッドです．変数 self.goal_handle によって，キャンセルの対象があると判断したら，非同期でキャンセルのリクエストを送信します．そして，add_done_callback() でコールバックを登録します．

```
61      def cancel_done(self, future):
62          cancel_response = future.result()
63          if len(cancel_response.goals_canceling) > 0:
64              self.get_logger().info('キャンセル成功')
65              self.goal_handle = None  # ゴール情報をリセット
66          else:
67              self.get_logger().info('キャンセル失敗')
```

キャンセルが完了した場合に呼び出されるコールバックメソッドです．引数は，cancel_goal_async() の戻り値の Future オブジェクトです．goals_canceling にはリストで結果が格納されるので，その要素数が 0 でなければ，キャンセルが成功したと判断します．

```
71      action_name = 'command'                     # アクション名のデフォルト値
72      args = remove_ros_args(args=sys.argv)  # コマンドラインの引数からROS用を取り除く
73      if len(args) >= 2:                          # 引数の1番目をアクション名に設定
74          action_name = args[1]
75      history_path = '.history' + '_' + action_name.replace('/', '_')
76      if os.path.isfile(history_path):
77          readline.read_history_file(history_path)
```

main() 関数の最初の部分です．コマンドラインの引数でアクション名を変更できるようにしています．また，入力の履歴を保存するファイル名をカレントディレクトリの「.history_アクション名」として，過去の履歴を読み込んでいます．main() 関数の最後では，同じファイルに履歴を書き出しています．

```
85      rclpy.init()
86      node = TestClient(action_name)
87      thread = threading.Thread(target=rclpy.spin, args=(node,))
88      threading.excepthook = lambda x: ()
89      thread.start()
```

メインスレッドでキーボード入力を行うため，別スレッドで node を引数に rclpy.spin() を実行します．

```
92          while True:
93              command = input('command: ')
94              if command == '':           # Enter キーだけを押した場合はキャンセル
95                  node.cancel()
96              elif command == 'exit':  # exit の場合は終了
97                  break
98              else:                           # それ以外は，文字列をそのままゴールとして送信
99                  node.send_goal(command)
```

main() 関数の繰り返し部分です．input() で入力された文字列によって処理を切り替えています．

ここでは，第6章の延長として，ロボットアームの速度の運動学について説明します．

C.1 位置の運動学の表記の一般化

本題に入る前に，第6章で扱った位置の運動学の表記を一般化しましょう．第6章の最初に登場した `simple_arm`（図6.5）の場合，関節と手先の変数の数はそれぞれ2でしたが，実用的なロボットでは，その数はもっと多くなります．そこで，式の全体像がわかりやすくなるように，複数の変数をまとめるベクトル表記を導入します．これは，必ずしも空間ベクトルには対応していません．プログラミング言語で使われている配列やリストのようなものと考えてください．

関節を表す変数が n 個あるとします．それらの変数をまとめたものをベクトル $\boldsymbol{q}$ と書くことにします．

$$\boldsymbol{q} = [q_1\ q_2\ \cdots\ q_n]^T \tag{C.1}$$

ベクトル変数はボールド体で表記して一般の変数と区別します．右肩の ^{T} は転置を表します．列ベクトルで書くと場所をとるので，このように行ベクトルの転置として書くことが多いです．

手先を表す変数が m 個あるとします．それらの変数をまとめたものをベクトル $\boldsymbol{r}$ と書くことにします．

$$\boldsymbol{r} = [r_1\ r_2\ \cdots\ r_m]^T \tag{C.2}$$

ベクトル表記を用いると，位置の順運動学は以下のようになります．

$$\boldsymbol{r} = \boldsymbol{f}(\boldsymbol{q}) \tag{C.3}$$

ここで，$\boldsymbol{f}(\boldsymbol{q})$ は m 個の要素を返す関数です．

$$\boldsymbol{f}(\boldsymbol{q}) = \begin{bmatrix} f_1(\boldsymbol{q}) \\ f_2(\boldsymbol{q}) \\ \vdots \\ f_m(\boldsymbol{q}) \end{bmatrix} = \begin{bmatrix} f_1(q_1, q_2, \cdots, q_n) \\ f_2(q_1, q_2, \cdots, q_n) \\ \vdots \\ f_m(q_1, q_2, \cdots, q_n) \end{bmatrix} \tag{C.4}$$

一方，位置の逆運動学は，形式的に以下のようになります．

$$\boldsymbol{q} = \boldsymbol{f}^{-1}(\boldsymbol{r}) \tag{C.5}$$

ここで $\boldsymbol{f}^{-1}$ は，マイナス1乗（逆数）ではなく，関数 $\boldsymbol{f}$ の逆関数を表しています．位置の運動学の概念図を図C.1に示します．

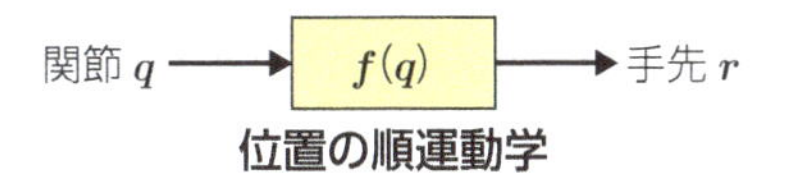

関節 $\boldsymbol{q}$
$\boldsymbol{f}(\boldsymbol{q})$
手先 $\boldsymbol{r}$
位置の順運動学
手先 $\boldsymbol{r}$
$\boldsymbol{f}^{-1}(\boldsymbol{r})$
関節 $\boldsymbol{q}$
位置の逆運動学

図 C.1 位置の運動学

● simple_arm の位置の運動学

以上の表記を simple_arm に当てはめると以下のようになります．$n = 2, m = 2$ です．

$$\boldsymbol{q} = [q_1\ q_2]^T \tag{C.6}$$

$$\boldsymbol{r} = [x\ y]^T \tag{C.7}$$

$$\boldsymbol{f}(\boldsymbol{q}) = \begin{bmatrix} x(\boldsymbol{q}) \\ y(\boldsymbol{q}) \end{bmatrix} = \begin{bmatrix} L_1 \cos q_1 + L_2 \cos(q_1 + q_2) \\ L_1 \sin q_1 + L_2 \sin(q_1 + q_2) \end{bmatrix} \tag{C.8}$$

C.2 速度の運動学

速度の運動学は，関節の速度（関節変数の時間微分）と手先の速度（手先変数の時間微分）の関係を表すものです．ここでは，変数の上に˙（ドット）を付けると，その変数の時間に関する微分を表すことにします．$\dot{x}$ は「エックス ドット」と読みます．

$$\dot{x} \equiv \frac{dx}{dt} \tag{C.9}$$

C.2.1 速度の順運動学

手先変数の時間微分と関節変数の時間微分の関係は，偏微分を使って以下のように書くことができます．

$$\begin{aligned} \dot{r}_1 &= \frac{\partial f_1}{\partial q_1}\dot{q}_1 + \frac{\partial f_1}{\partial q_2}\dot{q}_2 + \cdots + \frac{\partial f_1}{\partial q_n}\dot{q}_n \\ \dot{r}_2 &= \frac{\partial f_2}{\partial q_1}\dot{q}_1 + \frac{\partial f_2}{\partial q_2}\dot{q}_2 + \cdots + \frac{\partial f_2}{\partial q_n}\dot{q}_n \\ &\vdots \\ \dot{r}_m &= \frac{\partial f_m}{\partial q_1}\dot{q}_1 + \frac{\partial f_m}{\partial q_2}\dot{q}_2 + \cdots + \frac{\partial f_m}{\partial q_n}\dot{q}_n \end{aligned} \tag{C.10}$$

この関係式を行列を使って表すと次のようになります．

$$\dot{\boldsymbol{r}} = J(\boldsymbol{q})\dot{\boldsymbol{q}} \tag{C.11}$$

ここで，

$$\dot{\boldsymbol{q}} = [\dot{q}_1 \ \dot{q}_2 \ \cdots \ \dot{q}_n]^T \tag{C.12}$$

$$\dot{\boldsymbol{r}} = [\dot{r}_1 \ \dot{r}_2 \ \cdots \ \dot{r}_m]^T \tag{C.13}$$

であり，$J(\boldsymbol{q})$ は $m \times n$ 行列で，以下のようになります．

$$J = \frac{\partial \boldsymbol{f}}{\partial \boldsymbol{q}^T} = \begin{bmatrix} \frac{\partial f_1}{\partial q_1} & \frac{\partial f_1}{\partial q_2} & \cdots & \frac{\partial f_1}{\partial q_n} \\ \frac{\partial f_2}{\partial q_1} & \frac{\partial f_2}{\partial q_2} & \cdots & \frac{\partial f_2}{\partial q_n} \\ \vdots & \vdots & \ddots & \vdots \\ \frac{\partial f_m}{\partial q_1} & \frac{\partial f_m}{\partial q_2} & \cdots & \frac{\partial f_m}{\partial q_n} \end{bmatrix} \tag{C.14}$$

これを**ヤコビ行列** (Jacobian matrix) あるいは**ヤコビアン**といいます．これは，ロボティクス分野固有の用語ではなくて一般的な数学の用語です．数学では登場頻度はあまり多くありませんが，ロボットアームのモデル化では必ず出てきます．

式 (C.11) は，関節速度 $\dot{\boldsymbol{q}}$ を与えると，手先速度 $\dot{\boldsymbol{r}}$ が得られる関係式です．さらに，両者の関係はヤコビ行列を係数として**線形** (linear)[注1] です．これを速度の順運動学といいます．

● simple_arm の速度の順運動学

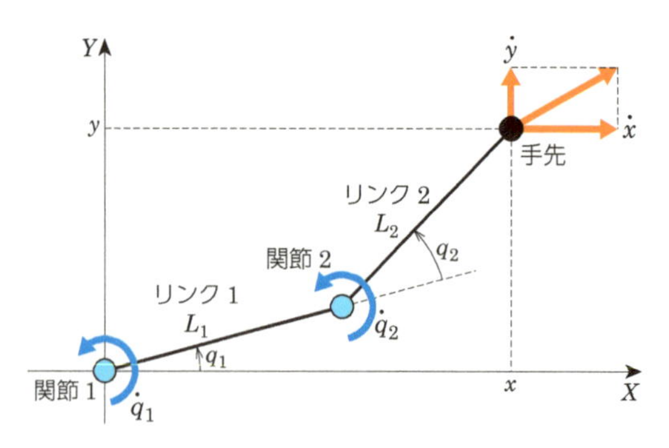

図 C.2　simple_arm の速度の運動学

$\dot{x}, \dot{y}$ は，手先の速度ベクトルの x 成分，y 成分になります（図 C.2）．

$$\begin{bmatrix} \dot{x} \\ \dot{y} \end{bmatrix} = \begin{bmatrix} J_{11} & J_{12} \\ J_{21} & J_{22} \end{bmatrix} \begin{bmatrix} \dot{q}_1 \\ \dot{q}_2 \end{bmatrix} \tag{C.15}$$

ヤコビ行列の各要素は以下のとおりです．

注 1　変数 x と y に $y = ax$ の関係がある場合，それを線形（正比例）といいます．ここで係数 a は x や y とは無関係な定数です．これがベクトルになり，$\boldsymbol{x} = [x_1 \ x_2 \cdots x_n]$ と $\boldsymbol{y} = [y_1 \ y_2 \cdots y_m]$ に $\boldsymbol{y} = A\boldsymbol{x}$ の関係がある場合も線形です．ここで係数 A は $m \times n$ 行列です．線形の関係がある場合，x を 2 倍とすると y も 2 倍になるという便利な性質が成り立ちます．当たり前のように思うかもしれませんが，線形でない場合，例えば，$y = ax + b$ や $\boldsymbol{y} = A\boldsymbol{x} + \boldsymbol{b}$ では成り立ちません．

$$\begin{bmatrix} J_{11} & J_{12} \\ J_{21} & J_{22} \end{bmatrix} = \begin{bmatrix} \dfrac{\partial x}{\partial q_1} & \dfrac{\partial x}{\partial q_2} \\ \dfrac{\partial y}{\partial q_1} & \dfrac{\partial y}{\partial q_2} \end{bmatrix}$$
$$= \begin{bmatrix} -L_1 \sin q_1 - L_2 \sin(q_1 + q_2) & -L_2 \sin(q_1 + q_2) \\ L_1 \cos q_1 + L_2 \cos(q_1 + q_2) & L_2 \cos(q_1 + q_2) \end{bmatrix} \tag{C.16}$$

C.2.2 速度の逆運動学

手先速度 $\dot{\boldsymbol{r}}$ を与えると，関節速度 $\dot{\boldsymbol{q}}$ が得られる関係式が，速度の逆運動学です．つまり，手先にある動きをさせたい場合に，関節をどのように動かせばいいかという答えを与えてくれるものです．

手先と関節の変数の数が等しい $(m = n)$ 場合，ヤコビ行列 J は**正方**[注2] になります．さらに，J が**正則**[注3] であれば，J の逆行列 J^{-1} が存在し，以下のような式が成り立ちます．

$$\dot{\boldsymbol{q}} = J^{-1}(\boldsymbol{q})\dot{\boldsymbol{r}} \tag{C.17}$$

これが速度の逆運動学です．位置の逆運動学は，モデルによって個別に解く必要がありますが，速度の逆運動学は，どれも同じ方法で解くことができます．速度の運動学の概念図を図 C.3 に示します．

さて，行列 J が正則である条件は，J の**行列式**[注4] が 0 でないことです．

$$\det J \neq 0 \tag{C.18}$$

ここで，det は行列式を表す記号で「デターミナント」と読みます．

逆に，ヤコビ行列の行列式が 0 になる状態を**特異姿勢**または**特異点** (singular point) とよびます．特異姿勢では，手先の速度を任意の方向に出せません．特定の方向にしか動けない状態です．

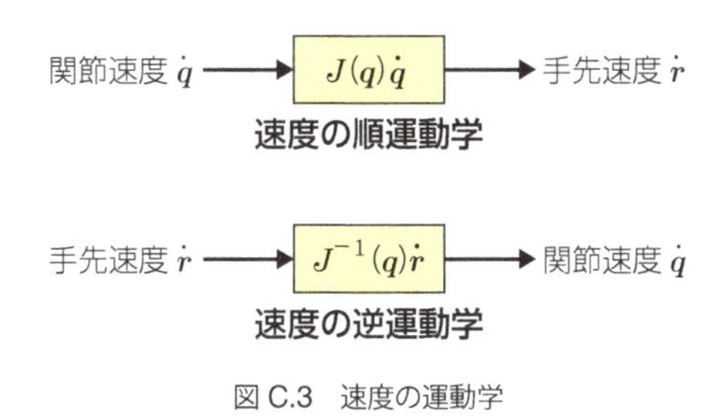

図 C.3 速度の運動学

● simple_arm の速度の逆運動学

まず，simple_arm のヤコビ行列 (C.16) の行列式を求めてみましょう（導出過程は省略します）．

$$\det J = \frac{\partial x}{\partial q_1} \cdot \frac{\partial y}{\partial q_2} - \frac{\partial x}{\partial q_2} \cdot \frac{\partial y}{\partial q_1} = L_1 L_2 \sin q_2 \tag{C.19}$$

L_1, L_2 は 0 ではない定数なので，式 (C.19) が 0 になるのは，$\sin q_2 = 0$，つまり $q_2 = 0$ または $\pm\pi$

注 2　行列の行と列の数が等しいこと．
注 3　その行列の逆行列が得られるという性質．
注 4　時々勘違いしている人がいますが，行列式は「行列の式」のことではありません．例えば，2×2 行列 $A = \begin{bmatrix} a & b \\ c & d \end{bmatrix}$ の場合，行列式は $\det A = ad - bc$ というスカラ値（1 つの値）です．

の場合です．

- $q_2 = 0$ ：肘を伸ばしきった状態
- $q_2 = \pm\pi$ ：肘が折りたたまれた状態

これらを図 C.4 に示します．これが特異姿勢で，ヤコビ行列は正則でなくなり，逆運動学の解が得られません．幾何学的に解釈すると，これらの状態では，アームの長手方向へ手先を動かせません（長手方向への速度を出すことができません）．

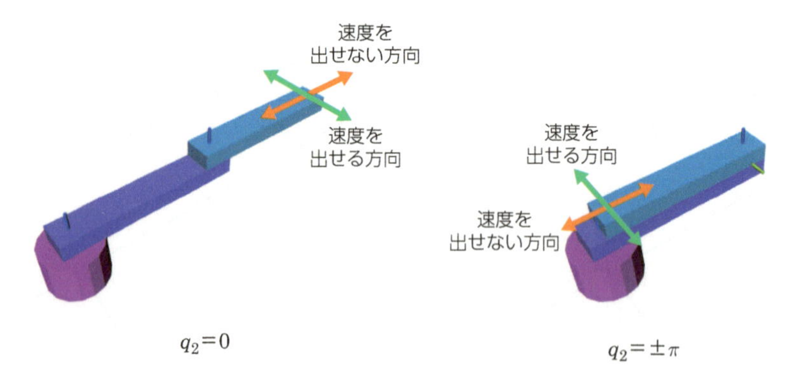

図 C.4　simple_arm の特異姿勢

速度の逆運動学を書き下すと以下のようになります．

$$
\begin{bmatrix} \dot{q}_1 \\ \dot{q}_2 \end{bmatrix} = \begin{bmatrix} J_{11} & J_{12} \\ J_{21} & J_{22} \end{bmatrix}^{-1} \begin{bmatrix} \dot{x} \\ \dot{y} \end{bmatrix} \tag{C.20}
$$

ここで

$$
\begin{aligned}
&\begin{bmatrix} J_{11} & J_{12} \\ J_{21} & J_{22} \end{bmatrix}^{-1} \\
&= \frac{1}{L_1 L_2 \sin q_2} \begin{bmatrix} L_2 \cos(q_1 + q_2) & L_2 \sin(q_1 + q_2) \\ -L_1 \cos q_1 - L_2 \cos(q_1 + q_2) & -L_1 \sin q_1 - L_2 \sin(q_1 + q_2) \end{bmatrix}
\end{aligned} \tag{C.21}
$$

です．

AIロボット入門

付録D 座標系と姿勢の表現

D.1 3次元の物体配置

3次元空間において，物体の配置を完全に表現するにはいくつの数値が必要でしょうか？　物体の位置は，3次元の座標値 x, y, z を使えばいいですね．では，物体の傾きはどのように表現すればいいでしょうか？　例えば，ネット会議などで使われる図 D.1 のような首振り機能付きのカメラを考えてみましょう．このようなカメラは，左右の向き（パン角）と上下の向き（チルト角）が調整できるようになっています．この2つの角度があれば，カメラをすべての方向に向けることができます．しかし，カメラが向いている方向を軸とした傾きも表現する必要があります．この例でもわかるように，物体の傾きを完全に決めるには，3つの数値が必要です．これを，**方向** (direction) と区別して，**姿勢** (orientation) とよびます．ここでは，このような3次元の姿勢の表し方について説明します．

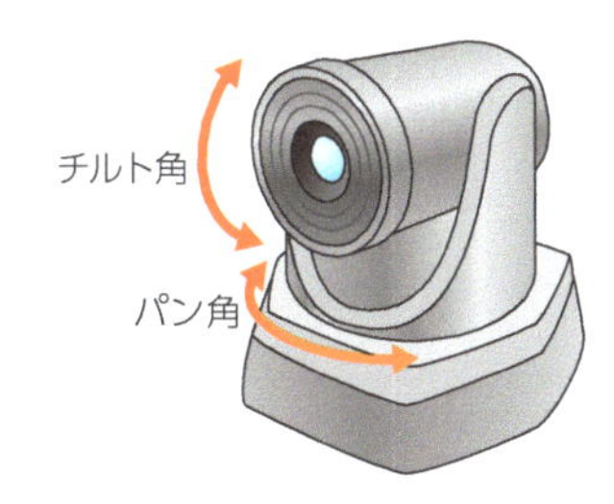

図 D.1　カメラの向き合わせ

D.2 座標系

ロボットのモデル化ではたくさんの**座標系** (coordinate system) が登場します．さまざまな情報を表現するために，それぞれにふさわしい座標系があるからです．例えば，以下のようなものがあります．

- ロボットの動作環境の地図を表現するには，床や部屋に固定された座標系
- センサで計測された位置情報を表現するのは，センサに取り付けられた座標系
- 移動ロボットの動作を決定するには，移動ロボットとともに動く座標系
- ロボットアームのリンクの形状を表現するのは，そのリンクに取り付けられた座標系

そして，それらの情報を組み合わせて使おうとすると，ある座標系で表現されたある点の位置を別の座標系で表現する必要があります．このような処理のことを**座標変換** (coordinate transformation) といいます．

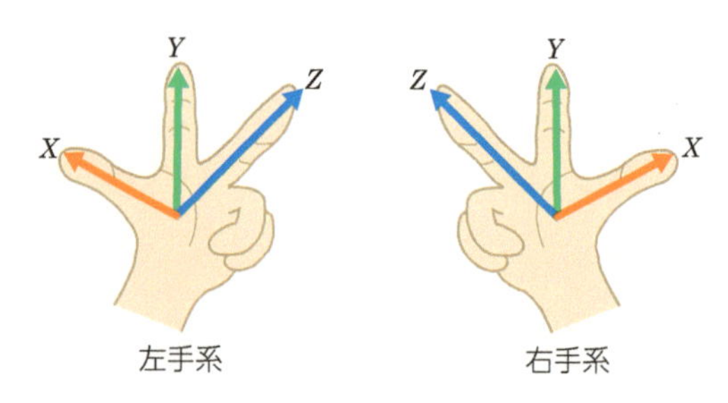

図 D.2　座標系の右手系と左手系

3 次元の座標軸の決め方には，右手系と左手系があります．この違いを図 D.2 に示します．人間の手の親指，人差し指，中指が互いに直交するような方向を向けるとします．座標軸の XYZ の方向を親指，人差し指，中指に対応するようにとると，右手系は右手，左手系は左手に一致します．両者はどのように回転させても一致することはありません．物理や数学の分野では右手系が使われていますが，Unity などの一部のソフトウェアでは左手系が使われているので注意が必要です．ROS では右手系が使われています．

D.3 座標変換

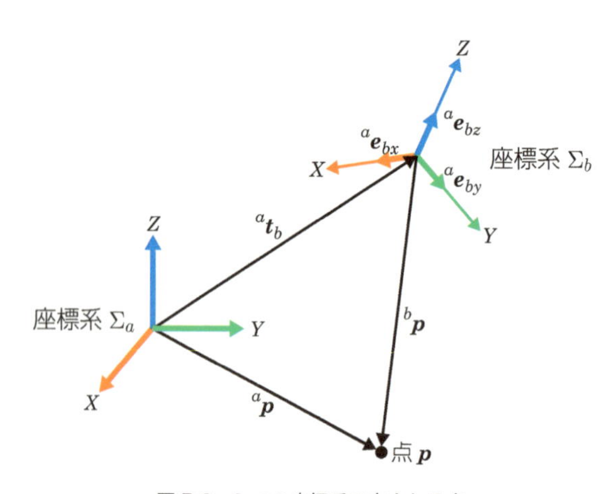

図 D.3　2 つの座標系で表される点

ここで，図 D.3 のような状況を考えることにしましょう．座標系 Σ_a と座標系 Σ_b があるとします．点 $\boldsymbol{p}$ を座標系 Σ_a を基準に表したもの（座標値）を ${}^a\boldsymbol{p} = [{}^ap_x {}^ap_y {}^ap_z]^T$，座標系 Σ_b を基準に表したものを ${}^b\boldsymbol{p} = [{}^bp_x {}^bp_y {}^bp_z]^T$ とします．このように，座標をどの座標系で表しているか明示したい場合は，変数の左肩に座標系を表す添え字を付けることにします．

座標系 Σ_b の原点の位置を座標系 Σ_a で表したものを ${}^a\boldsymbol{t}_b$ と書くことにします．また，座標系 Σ_b の座標軸 x, y, z に沿った単位ベクトルを座標系 Σ_a で表したものをそれぞれ ${}^a\boldsymbol{e}_{bx}$, ${}^a\boldsymbol{e}_{by}$, ${}^a\boldsymbol{e}_{bz}$ と書くことにします．これらを使って，${}^a\boldsymbol{p}$ と ${}^b\boldsymbol{p}$ の関係を表すと，以下のようになります．

$${}^a\boldsymbol{p} = {}^a\boldsymbol{e}_{bx} {}^bp_x + {}^a\boldsymbol{e}_{by} {}^bp_y + {}^a\boldsymbol{e}_{bz} {}^bp_z + {}^a\boldsymbol{t}_b \tag{D.1}$$

これを行列を使って以下のように書き換えます．

$$ {}^{a}\boldsymbol{p} = {}^{a}R_{b}{}^{b}\boldsymbol{p} + {}^{a}\boldsymbol{t}_{b} \tag{D.2} $$

このような関係式が座標変換です．ここで ${}^{a}R_{b}$ は，3×3 の行列で，3 つの単位ベクトル（列ベクトル）を横方向へ並べたものです．

$$ {}^{a}R_{b} = [{}^{a}\boldsymbol{e}_{bx}|{}^{a}\boldsymbol{e}_{by}|{}^{a}\boldsymbol{e}_{bz}] = \begin{bmatrix} {}^{a}e_{bxx} & {}^{a}e_{byx} & {}^{a}e_{bzx} \\ {}^{a}e_{bxy} & {}^{a}e_{byy} & {}^{a}e_{bzy} \\ {}^{a}e_{bxz} & {}^{a}e_{byz} & {}^{a}e_{bzz} \end{bmatrix} \tag{D.3} $$

これを**回転行列** (rotation matrix) といいます．一方で，${}^{a}\boldsymbol{t}_{b}$ のような座標系の原点間の位置関係を**並進ベクトル** (translation vector) といいます．座標変換は，2 つの座標系間の回転行列と並進ベクトルが与えられると計算できます．

見方を変えると，回転行列と並進ベクトルは，ある座標系を基準とした別の座標系の位置と姿勢を表しているということになります．

逆向きの座標変換を求めてみましょう．式 (D.2) の両辺に ${}^{a}R_{b}$ の逆行列をかけて整理すると，次式が得られます．

$$ {}^{b}\boldsymbol{p} = {}^{a}R_{b}{}^{-1}({}^{a}\boldsymbol{p} - {}^{a}\boldsymbol{t}_{b}) \tag{D.4} $$

後述するように回転行列の逆行列は，その転置行列と等しくなりますので，以下のように書くことができます．

$$ {}^{b}\boldsymbol{p} = {}^{b}R_{a}{}^{a}\boldsymbol{p} + {}^{b}\boldsymbol{t}_{a} \tag{D.5} $$

$$ {}^{b}R_{a} = {}^{a}R_{b}{}^{T} \tag{D.6} $$

$$ {}^{b}\boldsymbol{t}_{a} = -{}^{a}R_{b}{}^{T}{}^{a}\boldsymbol{t}_{b} \tag{D.7} $$

次に，2 段階の座標変換を求めてみましょう．座標系 Σ_{b} を基準にした座標系 Σ_{c} の回転行列を ${}^{b}R_{c}$，並進ベクトルを ${}^{b}\boldsymbol{t}_{c}$ とします．点 $\boldsymbol{p}$ を座標系 Σ_{c} で表したものを ${}^{c}\boldsymbol{p}$ とします．両者の関係は次のように書くことができます．

$$ {}^{b}\boldsymbol{p} = {}^{b}R_{c}{}^{c}\boldsymbol{p} + {}^{b}\boldsymbol{t}_{c} \tag{D.8} $$

座標系 Σ_{c} から座標系 Σ_{a} の座標変換は，式 (D.8) を式 (D.2) に代入することによって，以下のようになります．

$$ \begin{aligned} {}^{a}\boldsymbol{p} &= {}^{a}R_{b}({}^{b}R_{c}{}^{c}\boldsymbol{p} + {}^{b}\boldsymbol{t}_{c}) + {}^{a}\boldsymbol{t}_{b} \\ &= {}^{a}R_{c}{}^{c}\boldsymbol{p} + {}^{a}\boldsymbol{t}_{c} \end{aligned} \tag{D.9} $$

ここで座標系 Σ_{a} に対する座標系 Σ_{c} の回転行列 ${}^{a}R_{c}$ と並進ベクトル ${}^{a}\boldsymbol{t}_{c}$ は以下のように表されます．

$$ {}^{a}R_{c} = {}^{a}R_{b}{}^{b}R_{c} \tag{D.10} $$

$$ {}^{a}\boldsymbol{t}_{c} = {}^{a}R_{b}{}^{b}\boldsymbol{t}_{c} + {}^{a}\boldsymbol{t}_{b} \tag{D.11} $$

D.4 回転行列

D.4.1 回転行列の性質

回転行列 (rotation matrix) は，3×3 行列で 9 個の要素を持っていますが，9 個の値を任意に設定できるわけではありません．回転行列としての性質を持つには，要素間に拘束があります．簡単のため，回転行列を構成する列ベクトルを以下のように書くことにします．

$$R = \begin{bmatrix} e_{xx} & e_{yx} & e_{zx} \\ e_{xy} & e_{yy} & e_{zy} \\ e_{xz} & e_{yz} & e_{zz} \end{bmatrix} = [\boldsymbol{e}_x|\boldsymbol{e}_y|\boldsymbol{e}_z] \tag{D.12}$$

回転行列の拘束は以下のとおりです．

- **拘束 1**：各列ベクトルの大きさが 1（要素の 2 乗和が 1）

$$\boldsymbol{e}_x^T\boldsymbol{e}_x = 1 \tag{D.13}$$
$$\boldsymbol{e}_y^T\boldsymbol{e}_y = 1 \tag{D.14}$$
$$\boldsymbol{e}_z^T\boldsymbol{e}_z = 1 \tag{D.15}$$

- **拘束 2**：列ベクトルが互いに直交する（内積が 0）

$$\boldsymbol{e}_x^T\boldsymbol{e}_y = 0 \tag{D.16}$$
$$\boldsymbol{e}_y^T\boldsymbol{e}_z = 0 \tag{D.17}$$
$$\boldsymbol{e}_z^T\boldsymbol{e}_x = 0 \tag{D.18}$$

以上のように拘束式が 6 個ありますので，回転行列の自由度は $9 - 6 = 3$ になります．このような性質を持つ行列を**正規直交行列**ともいいます．

回転行列の逆行列は，その転置行列となります．この性質は，上に書いた拘束を使って確かめることができます．回転行列の転置行列と元の回転行列の積を計算すると，単位行列になることがわかります．

$$R^TR = \begin{bmatrix} \boldsymbol{e}_x^T \\ \hline \boldsymbol{e}_y^T \\ \hline \boldsymbol{e}_z^T \end{bmatrix} [\boldsymbol{e}_x|\boldsymbol{e}_y|\boldsymbol{e}_z] = \begin{bmatrix} \boldsymbol{e}_x^T\boldsymbol{e}_x & \boldsymbol{e}_x^T\boldsymbol{e}_y & \boldsymbol{e}_x^T\boldsymbol{e}_z \\ \boldsymbol{e}_y^T\boldsymbol{e}_x & \boldsymbol{e}_y^T\boldsymbol{e}_y & \boldsymbol{e}_y^T\boldsymbol{e}_z \\ \boldsymbol{e}_z^T\boldsymbol{e}_x & \boldsymbol{e}_z^T\boldsymbol{e}_y & \boldsymbol{e}_z^T\boldsymbol{e}_z \end{bmatrix} = \begin{bmatrix} 1 & 0 & 0 \\ 0 & 1 & 0 \\ 0 & 0 & 1 \end{bmatrix} \tag{D.19}$$

D.4.2 座標軸まわりの回転

座標軸まわりの回転の場合に回転行列の各要素がどのような式で表されるかを求めてみます．軸の向きに対して右ネジの回転方向を正とし，回転量を θ とします．

X 軸まわり

$$R_x(\theta) = \begin{bmatrix} 1 & 0 & 0 \\ 0 & \cos\theta & -\sin\theta \\ 0 & \sin\theta & \cos\theta \end{bmatrix} \tag{D.20}$$

Y 軸まわり

$$R_y(\theta) = \begin{bmatrix} \cos\theta & 0 & \sin\theta \\ 0 & 1 & 0 \\ -\sin\theta & 0 & \cos\theta \end{bmatrix} \tag{D.21}$$

Z 軸まわり

$$R_z(\theta) = \begin{bmatrix} \cos\theta & -\sin\theta & 0 \\ \sin\theta & \cos\theta & 0 \\ 0 & 0 & 1 \end{bmatrix} \tag{D.22}$$

D.4.3 任意軸まわりの回転

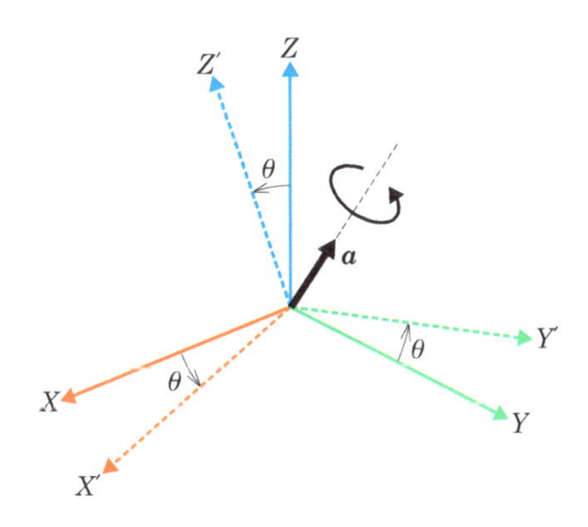

図 D.4 任意軸まわりの回転

図 D.4 のように，任意の単位ベクトル $\boldsymbol{a} = [a_x \ a_y \ a_z]^T$ を軸として回転量 θ で回転した場合の回転行列は次のように表されます．

$$R_a(\theta) = \begin{bmatrix} c_\theta + a_x^2(1-c_\theta) & a_x a_y(1-c_\theta) - a_z s_\theta & a_z a_x(1-c_\theta) + a_y s_\theta \\ a_x a_y(1-c_\theta) + a_z s_\theta & c_\theta + a_y^2(1-c_\theta) & a_y a_z(1-c_\theta) - a_x s_\theta \\ a_z a_x(1-c_\theta) - a_y s_\theta & a_y a_z(1-c_\theta) + a_x s_\theta & c_\theta + a_z^2(1-c_\theta) \end{bmatrix} \tag{D.23}$$

ここで，$c_\theta = \cos\theta$, $s_\theta = \sin\theta$ とします．

一方，**どのような回転行列でも必ずある 1 軸まわりの回転で表現できる**という性質があり，回転行列の要素を

$$R = \begin{bmatrix} r_{11} & r_{12} & r_{13} \\ r_{21} & r_{22} & r_{23} \\ r_{31} & r_{32} & r_{33} \end{bmatrix} \tag{D.24}$$

とすると，回転軸を表す単位ベクトル $\boldsymbol{a}$ と回転量 θ は次のように求めることができます．

$$\boldsymbol{a}' = \begin{bmatrix} r_{32} - r_{23} \\ r_{13} - r_{31} \\ r_{21} - r_{12} \end{bmatrix} \tag{D.25}$$

$$\boldsymbol{a} = \frac{\boldsymbol{a}'}{|\boldsymbol{a}'|} \tag{D.26}$$

$$\theta = \mathrm{atan2}(|\boldsymbol{a}'|, \ r_{11} + r_{22} + r_{33} - 1) \tag{D.27}$$

D.5 同次変換行列

座標変換を回転行列と並進ベクトルを使って表現すると，式 (D.9) のように演算が積と和の 2 段階で表され複雑になります．

そこで，3 次元の位置ベクトルの下端に要素 1 を追加して形式的に 4 次元のベクトルにすると，以下のように座標変換の回転と並進を 1 つの 4×4 行列で表現できます．

$$
\left[\begin{array}{c} {}^a p_x \\ {}^a p_y \\ {}^a p_z \\ \hline 1 \end{array}\right] = \left[\begin{array}{ccc|c} {}^a e_{bxx} & {}^a e_{byx} & {}^a e_{bzx} & {}^a t_{bx} \\ {}^a e_{bxy} & {}^a e_{byy} & {}^a e_{bzy} & {}^a t_{by} \\ {}^a e_{bxz} & {}^a e_{byz} & {}^a e_{bzz} & {}^a t_{bz} \\ \hline 0 & 0 & 0 & 1 \end{array}\right] \left[\begin{array}{c} {}^b p_x \\ {}^b p_y \\ {}^b p_z \\ \hline 1 \end{array}\right]
$$

$$
{}^a\boldsymbol{p} = {}^aT_b{}^b\boldsymbol{p} \tag{D.28}
$$

この 4×4 行列 ${}^aT_b$ を**同次変換行列**といいます．

座標系 Σ_a と Σ_b および Σ_b と Σ_c の間の同次変換行列をそれぞれ ${}^aT_b$ および ${}^bT_c$ とすると，座標系 Σ_a と Σ_c の間の同次変換行列 ${}^aT_c$ は，以下のように簡潔に表現できます．

$$
{}^aT_c = {}^aT_b{}^bT_c \tag{D.29}
$$

D.6 ロール・ピッチ・ヨー

D.6.1 3 つの角度による姿勢の表現

任意の姿勢（回転）を表すために，回転行列は，要素数が多すぎて直感的にわかりにくく，データとして扱いづらいという欠点があります．そこで，決められた順に 3 種類の回転を行い，そのときの 3 つの回転角度で表現する方法がよく用いられます．従来，力学の分野では**オイラー角** (Euler angle)，乗り物の分野では**ロール・ピッチ・ヨー** (roll, pitch, yaw) が使われてきましたが，ロボティクス分野でもこれらが利用されています．

この表現法を使うにあたって最も重要なことは，その定義をよくよく確認することです．名前が同じでも，回転軸の選び方，順序，回転方向によって結果が異なります．残念ながらこれらの定義は統一されておらず，他人の文献やプログラムを利用するには細心の注意が必要です．

ここでは，ROS で標準的に用いられているロール・ピッチ・ヨーの定義に限定して説明します．ライブラリの関数名には `euler` が使われていますが，一般的にはロール・ピッチ・ヨーとよばれる表現です．

図 D.5 に示すように，ロールは X 軸まわり (α)，ピッチは Y 軸まわり (β)，ヨーは Z 軸まわり (γ) の回転ですが，その順番と方向が重要です．座標系 Σ_a に対する座標系 Σ_b の姿勢を表現するとします．図 D.6 に示すように以下のような順に回転させます．

1. 座標系 Σ_a の Z 軸まわりに角度 γ（ヨー）回転させる．
2. 1 回目の回転後の Y 軸まわりに角度 β（ピッチ）回転させる．
3. 2 回目の回転後の X 軸まわりに角度 α（ロール）回転させる．

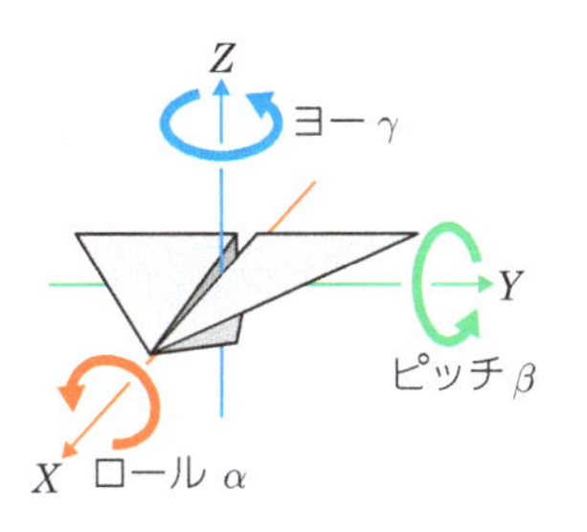

図 D.5　ロール・ピッチ・ヨー

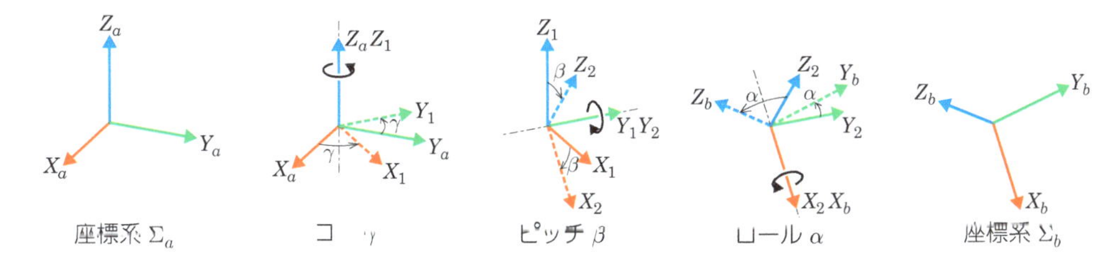

図 D.6　ロール・ピッチ・ヨーの回転の順序

3 回目の回転後に座標系 Σ_b に一致するとします．回転方向は，座標軸に対して右ネジの方向を正とします．

D.6.2　回転変換行列との関係

ロール・ピッチ・ヨーに対応する回転行列は，以下のように計算できます．

$$
\begin{aligned}
R(\alpha,\beta,\gamma) &= R_z(\gamma)R_y(\beta)R_x(\alpha) \\
&= \begin{bmatrix} c_\beta c_\gamma & s_\alpha s_\beta c_\gamma - c_\alpha s_\gamma & c_\alpha s_\beta c_\gamma + s_\alpha s_\gamma \\ c_\beta s_\gamma & s_\alpha s_\beta s_\gamma + c_\alpha c_\gamma & c_\alpha s_\beta s_\gamma - s_\alpha c_\gamma \\ -s_\beta & s_\alpha c_\beta & c_\alpha c_\beta \end{bmatrix}
\end{aligned} \tag{D.30}
$$

一方，任意の回転行列からロール・ピッチ・ヨーを求めるには，回転行列の各要素を式 (D.24) と同じように表し，以下のように計算します．

$$\alpha = \mathrm{atan2}(r_{32}, r_{33}) \tag{D.31}$$

$$\beta = \mathrm{atan2}\left(-r_{31}, \sqrt{r_{32}^2 + r_{33}^2}\right) \tag{D.32}$$

$$\gamma = \mathrm{atan2}(r_{21}, r_{11}) \tag{D.33}$$

ただし，$\beta = \pm\pi/2$ の場合，$c_\beta = 0$ となるため，以上の式では，α と γ を求めることができません[注1]．幾何学的には，1 回目の Z 軸と 3 回目の X 軸が一致して，同じ回転を表す α と γ の組み合わせが無限にできてしまうことを意味します．このような現象を**ジンバルロック**といいます．ジンバルロックが発生すると姿勢の表現がうまくできなくなることが，ロール・ピッチ・ヨー表現の欠点の 1 つです．

注 1　$c_\beta = 0$ となるため，$r_{32} = r_{33} = r_{21} = r_{11} = 0$ になり，atan2 の引数がどちらも 0 になってしまい，値が求まりません．

D.7 クォータニオン

D.7.1 クォータニオンの性質

3 次元の回転や姿勢を表現する別の方法として**クォータニオン** (quaternion) があります．日本語では**四元数**(しげんすう) といいます．ROS では座標系や物体の姿勢の表現にクォータニオンが採用されています．

クォータニオンとは，複素数を拡張した数体系[注2] で 4 個の実数を使って表される数のことです．回転や姿勢の表現に使われるのは，この中でもその大きさが 1 である単位クォータニオンです．

クォータニオンによる表現は，4 個の要素だけで回転行列と完全に等価なので，プログラムの記憶容量や記述の面で有利です．また，ロール・ピッチ・ヨーのジンバルロックのような問題がありません．ただし，値を見てもどのような回転かわかりにくいというのが難点です．

クォータニオン q は，虚数単位 i, j, k を使って以下のように表されます．

$$q = q_w + q_x i + q_y j + q_z k \tag{D.34}$$

ここで q_w, q_x, q_y, q_z は実数であり，虚数単位は以下のような性質があります．

$$i^2 = j^2 = k^2 = ijk = -1 \tag{D.35}$$

別の表現として，スカラ部とベクトル部の組にして表す方法もあります．以降は，この方法で表記することにします．

$$q = (q_w, \boldsymbol{q}_v) = (q_w, [q_x\ q_y\ q_z]^T) \tag{D.36}$$

数学では，実部 (スカラ部) を先頭に書きますが，ROS のプログラムでは，実部を末尾にして，q_x, q_y, q_z, q_w の順で書きますので，注意が必要です[注3]．

最初にクォータニオンの一般的な性質を紹介します．

1. クォータニオンの**ノルム**は，各要素の 2 乗和の平方根で定義されます．

$$||q|| = \sqrt{q_w^2 + \boldsymbol{q}_v^T \boldsymbol{q}_v} = \sqrt{q_w^2 + q_x^2 + q_y^2 + q_z^2} \tag{D.37}$$

2. クォータニオン q のベクトル部の符号を反転したものを**共役クォータニオン** q^* といいます．

$$q^* = (q_w, -\boldsymbol{q}_v) = (q_w, [-q_x\ \ -q_y\ \ -q_z]^T) \tag{D.38}$$

3. 2 つのクォータニオン q_1, q_2 が与えられているとします．

$$q_1 = (q_{1w}, \boldsymbol{q}_{1v}) = (q_{1w}, [q_{1x}\ q_{1y}\ q_{1z}]^T) \tag{D.39}$$

$$q_2 = (q_{2w}, \boldsymbol{q}_{2v}) = (q_{2w}, [q_{2x}\ q_{2y}\ q_{2z}]^T) \tag{D.40}$$

クォータニオン同士の積を演算子 $\otimes$ で表すことにします[注4]．演算結果もクォータニオンになります．

注 2　自然数，整数，有理数，実数のように，ある規則で表現された数の集合のことです．

注 3　ROS のメッセージ `geometry_msgs/msg/Quaternion` では，`x`, `y`, `z`, `w` という要素名で区別しているので，順番は問題になりません．

注 4　クォータニオン同士の積を明確に区別するために別の演算子を使います．これは何と読むのでしょうね？ LaTeX のコマンドでは `\otimes` (オータイムス) です．

$$q_1 \otimes q_2 = (q_{1w}q_{2w} - \boldsymbol{q}_{1v}^T\boldsymbol{q}_{2v}, q_{1w}\boldsymbol{q}_{2v} + q_{2w}\boldsymbol{q}_{1v} + \boldsymbol{q}_{1v} \times \boldsymbol{q}_{2v}) \tag{D.41}$$

ここで，演算子 $\times$ はベクトルの外積を表します[注5].

4. **逆クォータニオン** q^{-1} は，以下のように定義されます．

$$q^{-1} = \frac{q^*}{||q||^2} \tag{D.42}$$

逆クォータニオンと元のクォータニオンの積は，クォータニオンの単位元[注6] になります．

$$q^{-1} \otimes q = q \otimes q^{-1} = (1, [0\ 0\ 0]^T) \tag{D.43}$$

D.7.2 クォータニオンによる回転や姿勢の表現

回転や姿勢を表現する**単位クォータニオン**とは，そのノルムが 1 のクォータニオンのことです．以降では，単位クォータニオンに限定して説明します．

任意の単位ベクトル $\boldsymbol{a} = [a_x\ a_y\ a_z]^T$ を軸とした回転量 θ の回転に対応するクォータニオンは次のように表されます．

$$q_w = \cos\frac{\theta}{2} \tag{D.44}$$

$$\boldsymbol{q}_v = \boldsymbol{a}\sin\frac{\theta}{2} \tag{D.45}$$

具体例を示しましょう．

- 回転量 θ が 0 の場合： $q = (1, [0\ 0\ 0]^T)$
- X 軸まわりに回転量 θ が $\pi/2$ の場合： $q = (\sqrt{2}/2, [\sqrt{2}/2\ 0\ 0]^T)$
- X 軸まわりに回転量 θ が $-\pi/2$ の場合： $q = (\sqrt{2}/2, [-\sqrt{2}/2\ 0\ 0]^T)$
- X 軸まわりに回転量 θ が π の場合： $q = (0, [1\ 0\ 0]^T)$
- X 軸まわりに回転量 θ が $\pi/2 + 2\pi$ の場合： $q = (-\sqrt{2}/2, [-\sqrt{2}/2\ 0\ 0]^T)$
  ($\theta = \pi/2$ と同じ回転だがクォータニオンとしては異なる値)

逆に，クォータニオンが与えられて，回転軸の単位ベクトル $\boldsymbol{a}$ と回転量 θ を求めるには，以下のように計算します．

$$\boldsymbol{a} = \frac{1}{\sqrt{1 - q_w^2}}\boldsymbol{q}_v \tag{D.46}$$

$$\theta = 2\ \mathrm{atan2}(|\boldsymbol{q}_v|, q_w) \tag{D.47}$$

$\boldsymbol{a}, \theta$ と $-\boldsymbol{a}, -\theta$ は，値は異なりますがまったく同じ回転を表しています．一方，これらに対応するクォータニオンの値はどちらも同じです．上の変換では，回転量 $\theta \geq 0$ の値が求まります．

単位クォータニオンの場合，逆クォータニオンは，共役クォータニオンに一致しており，同じ回転軸に対する逆向きの回転に対応しています．

注 5　ベクトルの内積の表現にも演算子を使う場合もありますが，この本では列ベクトル $\boldsymbol{a}$ と $\boldsymbol{b}$ の内積を $\boldsymbol{a}^T\boldsymbol{b}$ で表現します．行ベクトルと列ベクトルの積の結果は内積と等しくなります．

注 6　ある数体系の演算 $*$ において，任意の数 a に対して，$a * e = a$, $e * a = a$ を満たす数のことです．例えば，実数の加法ならば 0，乗法ならば 1 が単位元です．

$$q^{-1} = (q_w, -\boldsymbol{q}_v) = (q_w, [-q_x \ \ -q_y \ \ -q_z]^T) \tag{D.48}$$

クォータニオン q_1 で表される回転に続いて，クォータニオン q_2 で表される回転を行った場合，合成された回転を表すクォータニオン q は積で表現されます．

$$q = q_2 \otimes q_1 \tag{D.49}$$

D.7.3 クォータニオンによる回転移動と座標変換

クォータニオンで表現される回転による点の移動や座標変換を扱うために，3 次元の位置ベクトル $[p_x \ p_y \ p_z]^T$ をベクトル部に持ち，スカラ部が 0 のクォータニオンをつくります．

$$p = (0, [p_x \ p_y \ p_z]^T) \tag{D.50}$$

ある点 p が，クォータニオン q で表現される回転によって移動させられた点 p' は以下のように表されます．

$$p' = q \otimes p \otimes q^{-1} \tag{D.51}$$

一方，クォータニオン q が，座標系 Σ_a に対する座標系 Σ_b の回転を表しているとします．2 つの座標系の原点は一致している（並進ベクトルは 0）として，ある点を座標系 Σ_a について表したクォータニオンを ${}^a p$，座標系 Σ_b について表したクォータニオンを ${}^b p$ とします．両者の変換も式 (D.51) と同様の演算で表されます．

$${}^a p = q \otimes {}^b p \otimes q^{-1} \tag{D.52}$$

D.7.4 回転行列との関係

以下では，座標変換の場合のクォータニオンについて扱います．座標変換の式の右辺をスカラ部とベクトル部に分けて計算してみます．

$$\begin{aligned}
&(q_w, \boldsymbol{q}_v) \otimes (0, \boldsymbol{p}_v) \otimes (q_w, -\boldsymbol{q}_v) \\
&= (-\boldsymbol{q}_v^T \boldsymbol{p}_v, q_w \boldsymbol{p}_v + \boldsymbol{q}_v \times \boldsymbol{p}_v) \otimes (q_w, -\boldsymbol{q}_v) \\
&= (\ (-\boldsymbol{q}_v^T \boldsymbol{p}_v) q_w + (q_w \boldsymbol{p}_v + \boldsymbol{q}_v \times \boldsymbol{p}_v)^T \boldsymbol{q}_v, \\
&\qquad (\boldsymbol{q}_v^T \boldsymbol{p}_v) \boldsymbol{q}_v + q_w (q_w \boldsymbol{p}_v + \boldsymbol{q}_v \times \boldsymbol{p}_v) - (q_w \boldsymbol{p}_v + \boldsymbol{q}_v \times \boldsymbol{p}_v) \times \boldsymbol{q}_v\ ) \\
&= (0, (\boldsymbol{q}_v \boldsymbol{q}_v^T) \boldsymbol{p}_v + q_w^2 \boldsymbol{p}_v + 2 q_w \boldsymbol{q}_v \times \boldsymbol{p}_v + \boldsymbol{q}_v \times (\boldsymbol{q}_v \times \boldsymbol{p}_v)\ )
\end{aligned} \tag{D.53}$$

ベクトル部だけを取り出すと，

$$\begin{aligned}
&(\boldsymbol{q}_v \boldsymbol{q}_v^T) \boldsymbol{p}_v + q_w^2 \boldsymbol{p}_v + 2 q_w \boldsymbol{q}_v \times \boldsymbol{p}_v + \boldsymbol{q}_v \times (\boldsymbol{q}_v \times \boldsymbol{p}_v) \\
&= (\boldsymbol{q}_v \boldsymbol{q}_v^T) \boldsymbol{p}_v + q_w^2 \boldsymbol{p}_v + 2 q_w \boldsymbol{q}_v \times \boldsymbol{p}_v + (\boldsymbol{q}_v \boldsymbol{q}_v^T - |\boldsymbol{q}_v|^2) \boldsymbol{p}_v \\
&= 2 (\boldsymbol{q}_v \boldsymbol{q}_v^T) \boldsymbol{p}_v + (q_w^2 - |\boldsymbol{q}_v|^2) \boldsymbol{p}_v + 2 q_w \boldsymbol{q}_v \times \boldsymbol{p}_v \\
&= 2 \begin{bmatrix} q_x^2 & q_x q_y & q_x q_z \\ q_x q_y & q_y^2 & q_y q_z \\ q_x q_z & q_y q_z & q_z^2 \end{bmatrix} \boldsymbol{p}_v + (q_w^2 - (q_x^2 + q_y^2 + q_z^2)) \begin{bmatrix} 1 & 0 & 0 \\ 0 & 1 & 0 \\ 0 & 0 & 1 \end{bmatrix} \boldsymbol{p}_v
\end{aligned}$$

$$
+ 2q_w \begin{bmatrix} 0 & -q_z & q_y \\ q_z & 0 & -q_x \\ -q_y & q_x & 0 \end{bmatrix} \boldsymbol{p}_v
$$

$$
= R\boldsymbol{p}_v \tag{D.54}
$$

ここで,

$$
R = \begin{bmatrix} 1-2(q_y^2+q_z^2) & 2(q_xq_y-q_wq_z) & 2(q_xq_z+q_wq_y) \\ 2(q_xq_y+q_wq_z) & 1-2(q_x^2+q_z^2) & 2(q_yq_z-q_wq_x) \\ 2(q_xq_z-q_wq_y) & 2(q_yq_z+q_wq_x) & 1-2(q_x^2+q_y^2) \end{bmatrix} \tag{D.55}
$$

です．これは，クォータニオンに対応する座標変換の回転行列です．以上の導出には，ベクトルの三重積の公式や $q_w^2+q_x^2+q_y^2+q_z^2=1$ を使っています．

逆に，回転行列 (D.24) に対応するクォータニオンは以下のように求めることができます．

$$
q_w = \pm\frac{1}{2}\sqrt{1+r_{11}+r_{22}+r_{33}} \tag{D.56}
$$

$$
q_x = \pm\frac{1}{4q_w}(r_{32}-r_{23}) \tag{D.57}
$$

$$
q_y = \pm\frac{1}{4q_w}(r_{13}-r_{31}) \tag{D.58}
$$

$$
q_z = \pm\frac{1}{4q_w}(r_{21}-r_{12}) \tag{D.59}
$$

$q_w=0$ の場合，つまり，$\theta=\pm\pi$ の場合は，この方法では解が求まりません[注7]．

D.7.5 ロール・ピッチ・ヨーとの関係

次に，ロール・ピッチ・ヨーからクォータニオンへの変換を考えましょう．それぞれの軸回転に対応するクォータニオンは,

$$
q_\alpha = (c_{\alpha/2}, [s_{\alpha/2}\ 0\ 0]^T) \tag{D.60}
$$

$$
q_\beta = (c_{\beta/2}, [0\ s_{\beta/2}\ 0]^T) \tag{D.61}
$$

$$
q_\gamma = (c_{\gamma/2}, [0\ 0\ s_{\gamma/2}]^T) \tag{D.62}
$$

と表されますので，式 (D.30) と等価なクォータニオンは，以下のようにして得られます．

$$
\begin{aligned}
q &= q_\gamma \otimes q_\beta \otimes q_\alpha \\
&= (c_{\gamma/2}, [0\ 0\ s_{\gamma/2}]^T) \otimes (c_{\beta/2}, [0\ s_{\beta/2}\ 0]^T) \otimes (c_{\alpha/2}, [s_{\alpha/2}\ 0\ 0]^T) \\
&= (\ c_{\alpha/2}c_{\beta/2}c_{\gamma/2}+s_{\alpha/2}s_{\beta/2}s_{\gamma/2}, \\
&\qquad [s_{\alpha/2}c_{\beta/2}c_{\gamma/2}-c_{\alpha/2}s_{\beta/2}s_{\gamma/2} \\
&\qquad\ c_{\alpha/2}s_{\beta/2}c_{\gamma/2}+s_{\alpha/2}c_{\beta/2}s_{\gamma/2} \\
&\qquad\ c_{\alpha/2}c_{\beta/2}s_{\gamma/2}-s_{\alpha/2}s_{\beta/2}c_{\gamma/2}]^T)
\end{aligned} \tag{D.63}
$$

逆にクォータニオンからロール・ピッチ・ヨーを求めるには，回転行列からの変換を利用します

注 7　$q_w=0$ を代入した $R=\begin{bmatrix} 2q_x^2-1 & 2q_xq_y & 2q_xq_z \\ 2q_xq_y & 2q_y^2-1 & 2q_yq_z \\ 2q_xq_z & 2q_yq_z & 2q_z^2-1 \end{bmatrix}$ から方程式を立てます．解の正負の場合分けは面倒なので，ここでは詳細は省略します．

$$\alpha = \mathrm{atan2}(2(q_y q_z + q_w q_x), 1 - 2(q_x^2 + q_y^2)) \tag{D.64}$$

$$\beta = \mathrm{atan2}\left(-2(q_x q_z - q_w q_y), \sqrt{4(q_y q_z + q_w q_x)^2 + (1 - 2(q_x^2 + q_y^2))^2}\right) \tag{D.65}$$

$$\gamma = \mathrm{atan2}(2(q_x q_y + q_w q_z), 1 - 2(q_y^2 + q_z^2)) \tag{D.66}$$

D.8 Python で回転変換

Python による ROS プログラミングで回転変換を扱うには，ROS 1 では，tf（バージョン 1）に含まれる `tf.transformations` モジュールが利用されていました．ROS 2 は tf2（tf バージョン 2）だけをサポートしており，tf2 には同様のモジュールがありません．そこで，`tf_transformations` モジュールを使います[注8]．また，このモジュールは `transforms3d` モジュール[注9] を利用しています．`tf_transformations` モジュールは ROS 1 で使われている `tf.transformations` との互換性を重視してつくられています．3 × 3 の回転変換行列を単体で扱うことはせずに，4 × 4 の同次変換行列として扱っています．その行列は，numpy モジュールの 2 次元の `ndarray` として扱われています．クォータニオンを表現するクラスは用意されておらず，4 要素のタプルやリストとして扱われます．要素の順は，q_x, q_y, q_z, q_w となっており実部が最後なので注意が必要です[注10]．

Python の対話機能 (REPL) で `tf_transformations` モジュールに含まれる関数を使ってみましょう．モジュール名を `tft` と略記できるように宣言しています．

```
>>> import math
>>> import tf_transformations as tft
```

`rotation_matrix`(角度，軸ベクトル) によって，4 × 4 の同次変換行列を求めてみます．

```
>>> tft.rotation_matrix(0.1, (1,0,0))
array([[ 1.        ,  0.        ,  0.        ,  0.        ],
       [ 0.        ,  0.99500417, -0.09983342,  0.        ],
       [ 0.        ,  0.09983342,  0.99500417,  0.        ],
       [ 0.        ,  0.        ,  0.        ,  1.        ]])
>>> tft.rotation_matrix(0.2, (0,1,0))
array([[ 0.98006658,  0.        ,  0.19866933,  0.        ],
       [ 0.        ,  1.        ,  0.        ,  0.        ],
       [-0.19866933,  0.        ,  0.98006658,  0.        ],
       [ 0.        ,  0.        ,  0.        ,  1.        ]])
>>> tft.rotation_matrix(0.3, (0,0,1))
array([[ 0.95533649, -0.29552021,  0.        ,  0.        ],
       [ 0.29552021,  0.95533649,  0.        ,  0.        ],
       [ 0.        ,  0.        ,  1.        ,  0.        ],
       [ 0.        ,  0.        ,  0.        ,  1.        ]])
```

ロール，ピッチ，ヨーの定義に基づいて `rotation_matrix()` で得られる同次変換行列と，`euler_matrix`(ロール，ピッチ，ヨー) で得られる結果が一致することを確認します．

注 8　https://index.ros.org/p/tf_transformations/
これを新たにインストールするには，端末で以下を実行します．
`sudo apt -y install ros-humble-tf-transformations`

注 9　http://matthew-brett.github.io/transforms3d/
このモジュールは，apt コマンドではインストールできませんので，端末で以下を実行する必要があります．
`pip3 install transforms3d`

注 10　Python でもっと本格的にクォータニオンを扱うには，クォータニオンのクラスを提供する numpy-quaternion などがあります．

```
>>> rx = tft.rotation_matrix(0.1, (1,0,0))
>>> ry = tft.rotation_matrix(0.2, (0,1,0))
>>> rz = tft.rotation_matrix(0.3, (0,0,1))
>>> rz@ry@rx
array([[ 0.93629336, -0.27509585,  0.21835066,  0.        ],
       [ 0.28962948,  0.95642509, -0.03695701,  0.        ],
       [-0.19866933,  0.0978434 ,  0.97517033,  0.        ],
       [ 0.        ,  0.        ,  0.        ,  1.        ]])
>>> tft.euler_matrix(0.1, 0.2, 0.3)
array([[ 0.93629336, -0.27509585,  0.21835066,  0.        ],
       [ 0.28962948,  0.95642509, -0.03695701,  0.        ],
       [-0.19866933,  0.0978434 ,  0.97517033,  0.        ],
       [ 0.        ,  0.        ,  0.        ,  1.        ]])
```

ここで利用している numpy の ndarray では@が行列の積を表す演算子として定義されています．

euler_from_matrix(同次変換行列) によって，同次変換行列を対応するロール，ピッチ，ヨーへ変換します．

```
>>> m = tft.euler_matrix(0.1,0.2,0.3)
>>> tft.euler_from_matrix(m)
(0.09999999999999999, 0.2, 0.3)
```

rotation_from_matrix(同次変換行列) によって，同次変換行列に対応する 1 軸回転の角度と軸ベクトルが得られるので，これを rotation_matrix() に与えて検算します．

```
>>> a,v,_ = tft.rotation_from_matrix(m)
>>> a
0.3655021863566987
>>> v
array([0.18857511, 0.58337798, 0.79000605])
>>> tft.rotation_matrix(a, v)
array([[ 0.93629336, -0.27509585,  0.21835066,  0.        ],
       [ 0.28962948,  0.95642509, -0.03695701,  0.        ],
       [-0.19866933,  0.0978434 ,  0.97517033,  0.        ],
       [ 0.        ,  0.        ,  0.        ,  1.        ]])
```

上でつくった同次変換行列 m とベクトル p の積によって，座標変換ができることを確認します．

```
>>> p = [1,2,3,1]
>>> m@p
array([1.04115366, 2.09160861, 2.92252844, 1.        ])
```

quaternion_about_axis(角度，軸ベクトル) によってクォータニオンを求めてみます．

```
>>> q = tft.quaternion_about_axis(a, v)
>>> q
(0.03427079855048203, 0.1060205110617956, 0.1435721750273919, 0.9833474432563558)
```

euler_from_quaternion(クォータニオン) によって，クォータニオンを対応するロール，ピッチ，ヨーへ変換します．

```
>>> tft.euler_from_quaternion(q)
(0.09999999999999984, 0.19999999999999993, 0.3)
```

quaternion_from_euler(ロール，ピッチ，ヨー) によって，ロール，ピッチ，ヨーを対応するクォータニオンへ変換します．

```
>>> tft.quaternion_from_euler(0.1, 0.2, 0.3)
(0.034270798550482096, 0.10602051106179562, 0.14357217502739192, 0.9833474432563558)
```

quaternion_from_matrix(同次変換行列) によって，同次変換行列を対応するクォータニオンへ変換します．

```
>>> q = tft.quaternion_from_matrix(m)
>>> q
(0.03427079855048211, 0.10602051106179555, 0.14357217502739178, 0.9833474432563556)
```

quaternion_matrix(クォータニオン) によって，クォータニオンを対応する同次変換行列へ変換します．

```
>>> tft.quaternion_matrix(q)
array([[ 0.93629336, -0.27509585,  0.21835066,  0.        ],
       [ 0.28962948,  0.95642509, -0.03695701,  0.        ],
       [-0.19866933,  0.0978434 ,  0.97517033,  0.        ],
       [ 0.        ,  0.        ,  0.        ,  1.        ]])
```

quaternion_inverse(クォータニオン) によって逆クォータニオンを求めてみます．

```
>>> qinv = tft.quaternion_inverse(q)
>>> qinv
array([-0.0342708 , -0.10602051, -0.14357218,  0.98334744])
```

quaternion_multiply(クォータニオン 1，クォータニオン 2) によってクォータニオンの積が計算できるので，クォータニオンとその逆の積が単位元 $(0,0,0,1)$ になることを確認します．結果の中の e-17 は $\times 10^{-17}$ の意味ですので，とても小さい値で 0 と見なすことができます．

```
>>> tft.quaternion_multiply(q, qinv)
(0.0, 1.3877787807814457e-17, 2.7755575615628914e-17, 1.0)
```

式 (D.52) に基づいて，クォータニオンを使った座標変換を計算してみます．同次変換行列を使った場合と同じ結果になることを確認します．

```
>>> p = [1,2,3,0]
>>> tft.quaternion_multiply(tft.quaternion_multiply(q, p), qinv)
(1.0411536583867151, 2.0916086087501053, 2.922528440824898, 2.220446049250313e-16)
```

AIロボット入門

付録 E

tf：座標系の管理

E.1 tfとは

ロボットのソフトウェアでは，多数の座標系を扱う必要があります．なぜなら，情報によってそれを表現するのにふさわしい座標系が異なるからです．異なる座標系の情報を扱うには，**座標変換**が必要です．座標変換とは，ある座標系で表された情報（例えば，位置の座標値）を別の座標系における情報へ変換することです．

例えば図 E.1 のように，部屋の地図の座標系において，移動ロボットの台車の位置・姿勢が表現されているとします．そして，台車には，台車の座標系において，ある位置・姿勢にカメラが搭載されています．さらに，カメラでは，カメラの座標系において，撮影された対象の位置・姿勢を取得します．このとき，撮影された対象の位置・姿勢を地図上に表すにはどうしたらいいでしょうか？　カメラ座標系→台車座標系→地図座標系という２段階の変換をする必要があります．

このように座標系の扱いは重要ですが，その管理や計算は厄介で間違いやすいものです．この問題を解消するために，ROS では，座標系を管理するライブラリ tf が用意されています．tf とは，非同期に提供される複数の座標系の情報を統合し，任意の座標系間の任意の時刻の位置・姿勢を算出するためのライブラリです．

tf の現在のバージョンは 2 (tf2) です．ROS 1 では，バージョン 1 とバージョン 2 が併用されていましたが，ROS 2 ではバージョン 2 のみが使われます．この本では，特に区別する場合以外は，すべて tf と書きます．

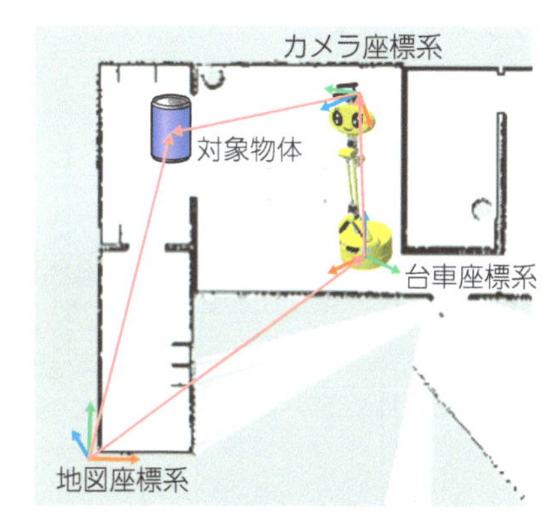

図 E.1　座標系間の関係の例

E.2 tf の特徴

tf の特徴を以下に挙げます．

- 2 つの座標系間の親子関係と位置・姿勢の情報を登録します．登録は非同期で複数行われ，tf はそれらを統合します．
- 統合された座標系間の接続はツリー構造です．つまり，1 つの座標系に対して親は 1 つだけですが，子は複数でもかまいません．
- 2 つの座標系を指定すると，両者の相対的な位置・姿勢を算出します．指定する 2 つの座標系は，ツリー構造の中でつながっている必要があります．
- 座標系間の位置・姿勢が時間とともに変化することが想定されています．各時刻の情報を蓄えておき，過去のある範囲内の任意の時刻の位置・姿勢を得ることができます．
- 座標系間の位置・姿勢は，動的な（時間的に変化する）ものと，静的な（一定の）ものに分けて管理しています．動的なものは，情報を繰り返し更新する必要があります．更新されないと一定時間後に無効になってしまいます．
- 2 つの座標系間の位置・姿勢が得られるということは，両者の間の座標変換ができるということと同じです．位置・姿勢を表現する ROS 標準のデータ型を座標変換する機能もあります．

E.3 tf の仕組み

座標系 (coordinate frame) のことを ROS では**フレーム** (frame) とよびます．また，ROS では，センサなどで取得した情報に取得時刻とその情報を表す座標系を付けることになっています．多くのデータ型には，Header 型の header という部分があり，その中身は，時刻 stamp と座標系の名前 frame_id です．

座標系間の位置・姿勢の情報のやりとりには，TransformStamped 型のトピック通信を使います（図 E.2）．これには，通常のパブリッシャとサブスクライバではなく，専用の API を使います．tf では，

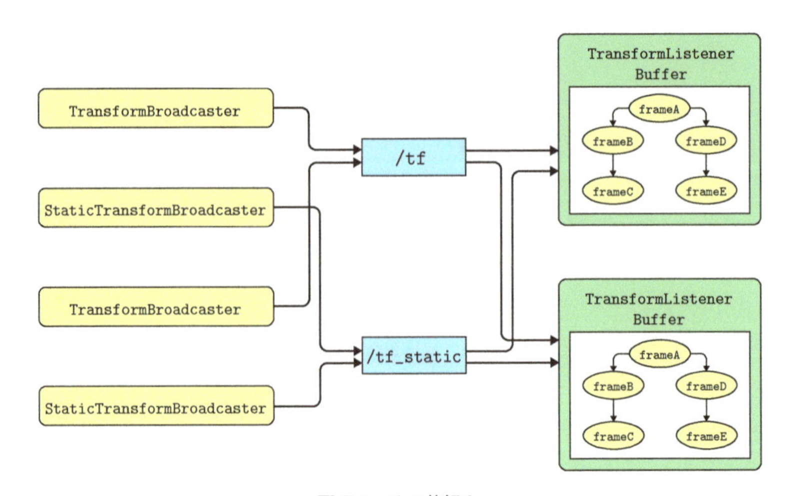

図 E.2　tf の仕組み

座標系の情報を送信することを**ブロードキャスト** (broadcast)，受信することを**リッスン** (listen) とよびます．トピック名は，/tf（動的な情報用）と/tf_static（静的な情報用）に決まっています．

E.3.1 座標系間の情報の登録

動的な座標系間の情報をブロードキャストするには，TransformBroadcaster クラスのインスタンスをつくります．一方，静的な座標系間の情報をブロードキャストするには，StaticTransformBroadcaster クラスのインスタンスをつくります．

どちらの場合もブロードキャストするには，TransformStamped 型のメッセージをつくり，sendTransform() メソッドを使います．動的な場合は，繰り返し送る必要があり，静的な場合は一度だけでかまいません．

TransformStamped 型の中の以下の要素を設定します．

- header.stamp ：時刻
- header.frame_id ：親の座標系の名前
- child_frame_id ：子の座標系の名前
- transform.translation ：親の座標系における子の座標系の位置（原点座標 x，y，z）
- transform.rotation ：親の座標系における子の座標系の姿勢（クォータニオン x，y，z，w）

E.3.2 座標系間の情報の取得

座標系間の情報を取得したいプログラムでは，情報を受信する TransformListener クラスと，座標系の情報を蓄える Buffer クラスのインスタンスをつくります．情報を継続的に受信して蓄え続ける必要があるので，それらはノードのコンストラクタにおいてつくります．

典型的には，Buffer インスタンスの lookup_transform() メソッドを使います．2つの座標系名と時刻を指定すると，バッファに蓄えられた情報から座標系間の位置・姿勢を算出してくれます．時刻は現在の時刻より過去である必要があります．時刻 0 には特別な意味があり，有効な情報が得られる最新の時刻を表します．

標準的なデータ型のメッセージとそれを表したい座標系名を与えると座標変換をしてくれる transform() メソッドもあります．なお，情報を取得する部分では，失敗する可能性を想定した例外処理が必須です．詳しくは具体例で説明します．

E.4 tf のブロードキャスタ・リスナの例

● 準備（この本の Docker イメージを使っている場合は，読み飛ばしてください）

以降のサンプルプログラムの準備のために，端末を開いてください．まず，tf-transformations パッケージと，その利用に必要となる Python のパッケージ transforms3d をインストールしてください．

```
sudo apt -y install ros-humble-tf-transformations
pip3 install transforms3d --upgrade
```

次に，付録 E のサンプルプログラムを GitHub からクローンしてください．

```
cd ~/airobot_ws/src
git clone https://github.com/AI-Robot-Book-Humble/appendixE
```

そして，パッケージをビルドして，オーバーレイの設定をしてください．

```
cd ~/airobot_ws
colcon build
source install/setup.bash
```

~/.cshrc の中に以下の設定があるかを確認し，なければ追加してください．

```
source ~/airobot_ws/install/setup.bash
```

ここからは，具体的なサンプルプログラムを動かしながら，tf についての理解を深めましょう．この章で紹介するサンプルプログラムは，~/airobot_ws/src/appendixE/tf_examples/tf_examples にあります．

最初の例では，tf だけを扱う 3 つのノードのプログラムをつくり，その動作を RViz などを使って確認します．この例では，太陽系をイメージした太陽 (sun)，惑星 (planet)，惑星 2 (planet2)，衛星 (satellite) という 4 個の座標系を設定します．

E.4.1 静的な座標系間の情報の登録

最初のプログラム（プログラムリスト E.1）は，静的な座標系間の情報を tf に登録する例です．

静的な場合は，登録は一度だけでかまわないので，ノードの SatelliteBroadcaster クラスのコンストラクタの中で，TransformStamped クラスのインスタンスに値を設定し，StaticTransformBroadcaster のインスタンスをつくり，sendTransform() メソッドでそれを送信しています．設定内容は，親の座標系 planet に対して x 方向に 1[m] 離れた場所に子の座標系 satellite が静止していることを意味しています．

プログラムリスト E.1　satellite_broadcaster.py

```
1 from geometry_msgs.msg import TransformStamped
2 import rclpy
3 from rclpy.node import Node
4 from tf2_ros.static_transform_broadcaster import StaticTransformBroadcaster
5
6
7 class SatelliteBroadcaster(Node):
8
9     def __init__(self):
10         super().__init__('satellite_broadcaster')
11         transform_stamped = TransformStamped()
12         transform_stamped.header.stamp = self.get_clock().now().to_msg()
13         transform_stamped.header.frame_id = 'planet'
14         transform_stamped.child_frame_id = 'satellite'
15         transform_stamped.transform.translation.x = 1.0
16         transform_stamped.transform.translation.y = 0.0
17         transform_stamped.transform.translation.z = 0.0
18         transform_stamped.transform.rotation.x = 0.0
```

```
19          transform_stamped.transform.rotation.y = 0.0
20          transform_stamped.transform.rotation.z = 0.0
21          transform_stamped.transform.rotation.w = 1.0
22          broadcaster = StaticTransformBroadcaster(self)
23          broadcaster.sendTransform(transform_stamped)
24
25
26  def main():
27      rclpy.init()
28      node = SatelliteBroadcaster()
29      try:
30          rclpy.spin(node)
31      except KeyboardInterrupt:
32          pass
33
34      rclpy.shutdown()
```

E.4.2 動的な座標系間の情報の登録

2 番目のプログラム（プログラムリスト E.2）は，動的な座標系間の情報を tf に登録する例です．実際のノードのプログラムでは，位置情報が変化するたびに登録を更新することになりますが，ここではタイマを使って一定周期で登録の処理を繰り返すようにしています．

プログラムリスト E.2　planet_broadcaster.py

```
 1  import sys
 2  from geometry_msgs.msg import TransformStamped
 3  import rclpy
 4  from rclpy.node import Node
 5  from rclpy.utilities import remove_ros_args
 6  from tf2_ros import TransformBroadcaster
 7  from tf_transformations import quaternion_from_euler
 8  from math import pi, cos, sin
 9
10
11  class PlanetBroadcaster(Node):
12
13      def __init__(self, args):
14          self.frame_id = 'planet'
15          self.radius = 3.0  # [m]
16          self.revolution_period = 16  # [s]
17          timer_period = 0.1  # [s]
18          argc = len(args)
19          if argc >= 2:
20              self.frame_id = args[1]
21          if argc >= 3:
22              self.radius = float(args[2])
23          if argc >= 4:
24              self.revolution_period = float(args[3])
25          if argc >= 5:
26              timer_period = float(args[4])
27          super().__init__(self.frame_id)
28          self.broadcaster = TransformBroadcaster(self)
29          self.timer = self.create_timer(timer_period, self.timer_callback)
30          self.start_time = self.get_clock().now()
31
32      def timer_callback(self):
```

```
33          transform_stamped = TransformStamped()
34          now = self.get_clock().now()
35          dt = (now - self.start_time).nanoseconds * 1e-9
36          w = 2*pi/self.revolution_period
37          theta = w * dt
38          transform_stamped.header.stamp = now.to_msg()
39          transform_stamped.header.frame_id = 'sun'
40          transform_stamped.child_frame_id = self.frame_id
41          transform_stamped.transform.translation.x = self.radius * cos(theta)
42          transform_stamped.transform.translation.y = self.radius * sin(theta)
43          transform_stamped.transform.translation.z = 0.0
44          ratio = 2.0
45          q = quaternion_from_euler(0, 0, ratio*theta)
46          transform_stamped.transform.rotation.x = q[0]
47          transform_stamped.transform.rotation.y = q[1]
48          transform_stamped.transform.rotation.z = q[2]
49          transform_stamped.transform.rotation.w = q[3]
50          self.broadcaster.sendTransform(transform_stamped)
51
52
53  def main():
54      rclpy.init()
55      node = PlanetBroadcaster(remove_ros_args(args=sys.argv))
56      try:
57          rclpy.spin(node)
58      except KeyboardInterrupt:
59          pass
60      rclpy.shutdown()
```

ノードの PlanetBroadcaster クラスのコンストラクタの中でタイマを生成し，周期 timer_period で timer_callback() メソッドを呼び出すように設定しています．また，ブロードキャスタの TransformBroadcaster クラスのインスタンスもコンストラクタの中でつくっています．

このプログラムは，コマンドラインの引数によって設定を変更できるようにしているので，少し複雑になっています．引数の意味は以下のとおりです．後のものは省略することができ，その場合はデフォルト値が使われます．例えば，引数を 2 個書いた場合は，3 番目と 4 番目はデフォルト値になります．

- 引数 1 番目：座標系とノードの名前（デフォルト値：planet）
- 引数 2 番目：衛星の公転半径 [m]（デフォルト値：3）
- 引数 3 番目：衛星の公転周期 [s]（デフォルト値：16）
- 引数 4 番目：座標系の更新の周期 [s]（デフォルト値：0.1）

タイマコールバックの timer_callback() メソッドの中では，TransformStamped に値を設定し，sendTransform() メソッドでそれを送信しています．設定内容は，親の座標系 sun に対して，子の座標系 planet（コマンドライン引数で変更可能）が，公転と自転をしていることを意味しています．

公転は，sun の座標系で，XY 平面内を原点を中心に等速円運動するように設定しています．円の半径は 3[m]，回転周期は 16[s] です（コマンドライン引数で変更可能）．

自転は，Z 軸まわりに公転の 2 倍の速度で回転するようにヨー角を設定しています（2 倍に特に意味はなく，見た目に面白いようにしました）．それを quaternion_from_euler() 関数でクォータニオンに変換しています（付録 D を参照）．

E.4.3 座標系間の情報の取得

3番目のプログラム（プログラムリスト E.3）は，tf を使って座標系間の情報を取得する例です．座標系 satellite の位置・姿勢を取得しますが，その基準となる座標系はコマンドラインで指定します（デフォルト値は sun）．確認のため，取得した情報を通常の/pose トピックへパブリッシュもしています．

プログラムリスト E.3 satellite_listener.py

```
1 import sys
2 from geometry_msgs.msg import PoseStamped
3 import rclpy
4 from rclpy.node import Node
5 from rclpy.utilities import remove_ros_args
6 from tf2_ros import TransformException
7 from tf2_ros.buffer import Buffer
8 from tf2_ros.transform_listener import TransformListener
9
10
11 class SatelliteListener(Node):
12
13     def __init__(self, args):
14         super().__init__('satellite_listener')
15         self.target_frame = 'sun'
16         if len(args) >= 2:
17             self.target_frame = args[1]
18         self.tf_buffer = Buffer()
19         self.tf_listener = TransformListener(self.tf_buffer, self)
20         self.publisher = self.create_publisher(PoseStamped, 'pose', 10)
21         timer_period = 0.1
22         self.timer = self.create_timer(timer_period, self.timer_callback)
23
24     def timer_callback(self):
25         source_frame = 'satellite'
26         try:
27             when = rclpy.time.Time()
28             trans = self.tf_buffer.lookup_transform(
29                 self.target_frame, source_frame, when)
30         except TransformException as ex:
31             self.get_logger().info(str(ex))
32             return
33         msg = PoseStamped()
34         msg.header.stamp = self.get_clock().now().to_msg()
35         msg.header.frame_id = self.target_frame
36         msg.pose.position.x = trans.transform.translation.x
37         msg.pose.position.y = trans.transform.translation.y
38         msg.pose.position.z = trans.transform.translation.z
39         msg.pose.orientation.x = trans.transform.rotation.x
40         msg.pose.orientation.y = trans.transform.rotation.y
41         msg.pose.orientation.z = trans.transform.rotation.z
42         msg.pose.orientation.w = trans.transform.rotation.w
43         self.publisher.publish(msg)
44
45
46 def main():
47     rclpy.init()
48     node = SatelliteListener(remove_ros_args(args=sys.argv))
49     try:
```

```
50        rclpy.spin(node)
51    except KeyboardInterrupt:
52        pass
53    rclpy.shutdown()
```

ノードのSatelliteListenerクラスのコンストラクタの中で，Bufferクラスと TransformListenerクラスのインスタンスをつくっています．また，確認用のパブリッシャのインスタンスをつくっています．さらに，情報の取得を0.1[s]周期で定期的に行うために，タイマの設定も行っています．

タイマから周期的に呼び出されるtimer_callback()メソッドでは，tfから情報を取得し，得られた情報からPoseStamped型のメッセージをつくりパブリッシュします．

tfからの情報取得では，失敗すると例外が発生しプログラムが終了してしまうので，その対策が必須です．tryとexceptを使い，例外TransformExceptionが発生した場合は，ロガーにそのことを出力し，メソッドの処理を抜けるようにしています．

tfからの情報を取得するのは，lookup_transform()メソッドです．引数には，変換先の座標系名self.target_frame（デフォルト値sun），変換元の座標系名satellite，時刻を与えます．時刻のインスタンスwhen = rclpy.time.Time()は，引数を指定していないので0になり，情報が有効な最新の時刻を意味します．

その後に，PoseStamped型のインスタンスをつくり，得られた座標系の情報をそこに設定しますが，この情報は座標系self.target_frameを基準とするものですので，メッセージのheader.frame_idにはこの座標系名を設定します．最後にメッセージをパブリッシュしています．

E.4.4 実行例

以上の3つのプログラムを実行してみましょう．複数のプログラムを同時に実行する場合は，ローンチファイルを使うのが一般的ですが，ここではあえてそれを使わずに，1つ1つのプログラムの動きを確認します．そのために，いくつもの端末ウィンドウを実行します．すべての端末のシェルにおいて，airobot_wsのオーバーレイの設定が済んでいるとします[注1]．それから，tfを確認するためにRVizを使います．RVizを素の状態から使いたいので，ユーザごとに以前の状態を保持しておくファイル~/.rviz2/default.rvizを削除してください．

● 端末1

```
ros2 run tf_examples planet_broadcaster
```

座標系sunに対して公転と自転をする座標系planetをブロードキャストします．

● 端末2

```
rviz2
```

RVizを起動します．[Displays]パネルには，[Global Options]，[Global Status]，[Grid]の3項目だけが表示されているはずです．

注1　つまり，「source ~/airobot_ws/install/setup.bash」を実行済みとします．これを~/.bashrcに書いている場合は実行しなくてかまいません．

● RViz

[Displays] パネル内の [Global Options] → [Fixed Frame] を sun に設定します．次に，[Add] ボタンをクリックして，現れたウィンドウの [By display type] の一覧の中から項目 [TF] を選んで，[OK] をクリックします．

すると，図 E.3 のように，中央のパネルに座標系を表す図形（赤緑青の 3 本の線分が 1 点で交わるもの）が 2 つ表示されます．動かないものが座標系 sun で，公転・自転しているのが座標系 planet です．

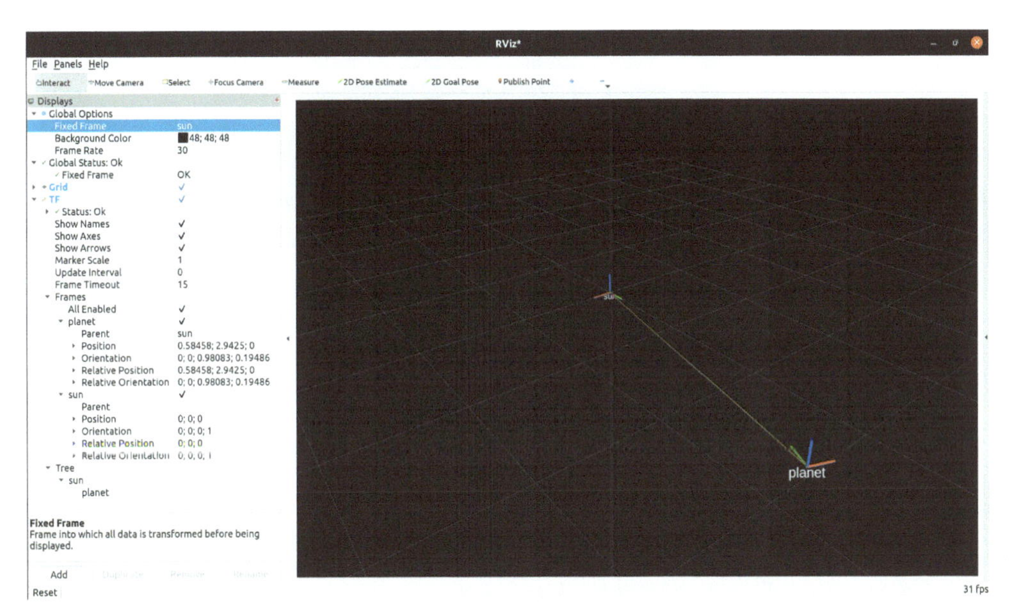

図 E.3　planet_broadcaster を実行した段階

● 端末 3

```
ros2 run tf_examples satellite_broadcaster
```

座標系 planet に対して固定された座標系 satellite の情報を静的ブロードキャストします．

● RViz

[Displays] パネル内の項目 [TF] を展開して，各座標系の情報を表示させてみましょう．[Show Names] にチェックを入れると，中央のパネルの中に座標系の名前が表示されます．[Frames] の下には，座標系ごとの情報が表示され，[Tree] の下には座標系の親子関係が階層になって表示されます．図 E.4 に一例を示します．

● 端末 4

```
ros2 run tf_examples satellite_listener
```

座標系 satellite から座標系 sun への変換を tf から取得し，その結果を PoseStamped 型としてパブリッシュします．

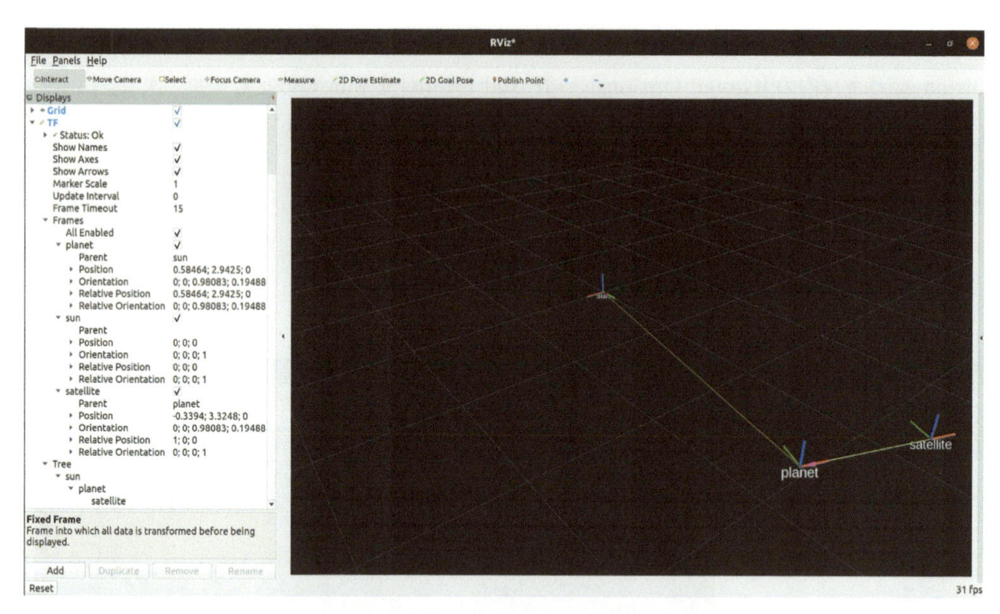

図 E.4　`satellite_broadcaster` を実行した段階

● RViz

パブリッシュされている `PoseStamped` 型の情報を RViz に表示させましょう．左下の [Add] ボタンをクリックし，現れたウィンドウのタブを [By topic] に切り替え，一覧の中の `/pose` の下の項目 [Pose] を選んで [OK] をクリックします．

[Displays] パネルの中に追加された項目 [Pose] を展開し，項目 [Shape] を [Axes]，項目 [Axes Length] を 0.5 に変更します．変更後の一例を図 E.5 に示します．

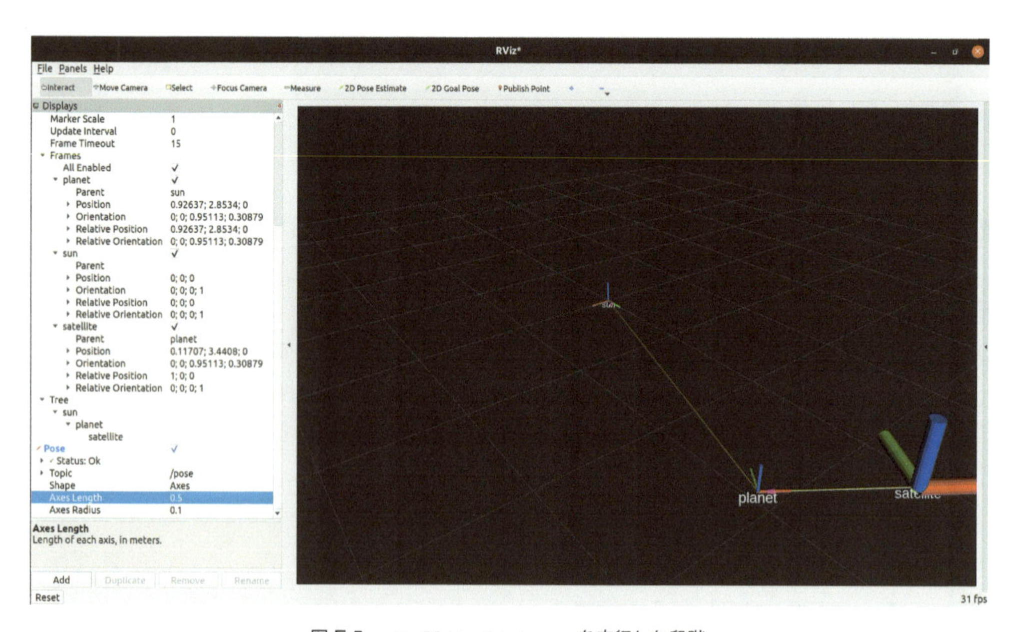

図 E.5　`satellite_listener` を実行した段階

● 端末 5

```
ros2 run tf_examples planet_broadcaster planet2 1 8
```

planet_broadcaster の別のノードを起動します．ノード名，座標系名ともに planet2 で，公転半径は 1[m]，公転周期は 8[s] とします．実行後の RViz の画面の一例を図 E.6 に示します．

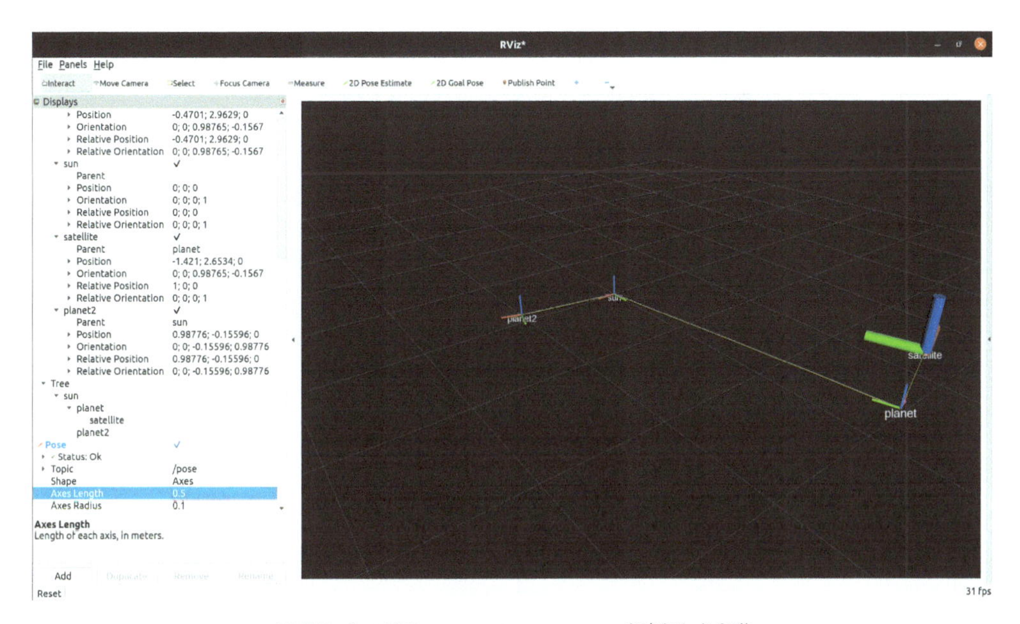

図 E.6　2 つ目の planet_broadcaster を実行した段階

● 端末 6

tf の座標系間の接続関係を調べるために rqt を使ってみましょう．以下を実行します．

```
rqt
```

メニューの [Plugins] → [Visualization] → [TF Tree] をクリックすると，図 E.7 のような内容が表示されるはずです．確認ができたら，rqt を終了します．

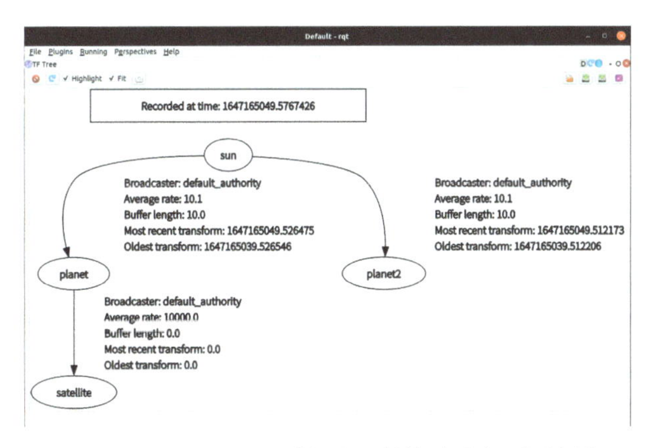

図 E.7　rqt の TF Tree で座標系間の接続関係を表示させた例

次に，トピックとしてどうなっているか調べるために，以下のようなコマンドを実行してみましょう．1 行ごとに Enter キーを押して出力を確認します．

```
ros2 topic list
ros2 topic echo /tf
ros2 topic echo /tf_static
ros2 topic echo /pose
```

/tf_static については何も表示されないはずです．

さらに，ノードグラフも描いてみましょう．以下のコマンドを実行します．

```
rqt_graph
```

rqt_graph のウィンドウの中の [Hide] の列の [tf] にチェックを入れた場合と入れない場合を比較してみてください．図 E.8 はチェックを入れた場合，図 E.9 はチェックを入れない場合です．tf は多くのノード同士でやりとりされていますので，それをすべて描くとグラフが煩雑になってしまうために，tf を表示しないというオプションが用意されています．

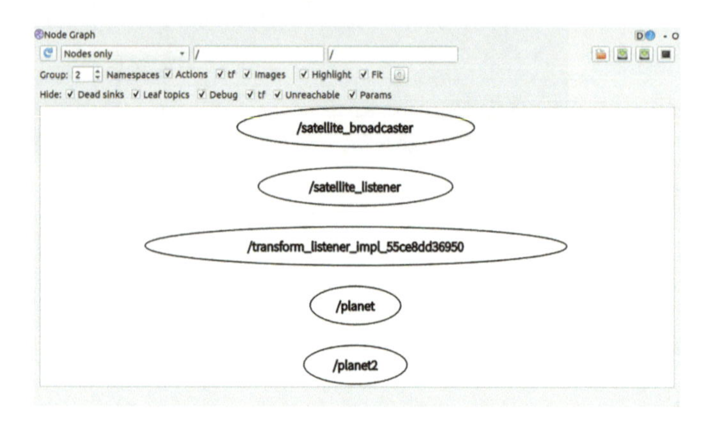

図 E.8　rqt_graph の結果（tf の表示なし）

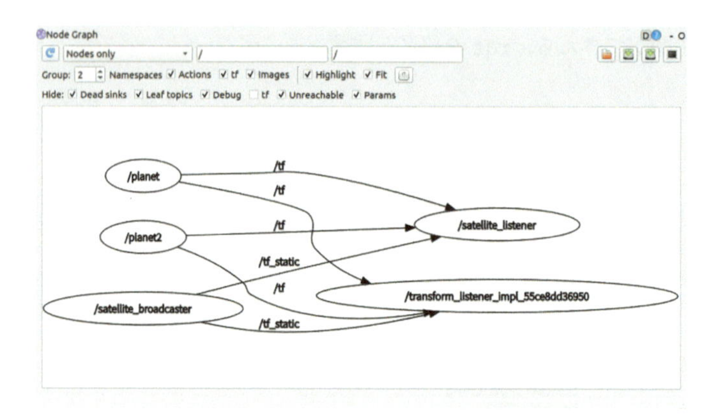

図 E.9　rqt_graph の結果（tf の表示あり）

● 端末 4（前に起動したもの）

実行中の satellite_listener を Ctrl+C キーで終了させ，新たに以下を実行します．

```
ros2 run tf_examples satellite_listener planet2
```

基準の座標系をデフォルトの sun から planet2 に変更します．何が変化するでしょうか？

● ローンチファイル

念のために，ここまでをまとめて実行するローンチファイルも用意しています．

```
ros2 launch tf_examples solar_system.launch.py
```

● 発展

以上のプログラムを使って，その他にもいろいろ試すことができます．

- RViz の [Displays] パネル中の [Global Options] → [Fixed Frame] を sun 以外に変更してみましょう．何が変わるでしょうか？　それは何を意味していますか？
- 端末 5 で実行中の 2 番目の planet_broadcaster を Ctrl+C キーで終了させてみます．RViz の画面や端末 4 で何が起こるか観察してください．
- 端末 5 で異なる設定で planet_broadcaster を再実行してみましょう．例えば，ブロードキャストの周期をデフォルトの 0.1[s] から 0.5[s] に変更するには以下のように実行します．

  ```
  ros2 run tf_examples planet_broadcaster planet2 1 8 0.5
  ```

  RViz の画面や端末 4 で何が起こるかを観察してください．
- 端末 1 で実行中の 1 番目の planet_broadcaster を Ctrl+C キーで終了させて，異なる設定で再実行してみます．例えば，ブロードキャストの周期をデフォルトの 0.1[s] から 0.3[s] に変更します．

  ```
  ros2 run tf_examples planet_broadcaster planet 3 16 0.3
  ```

E.5 URDF との組み合わせ・センサデータの座標変換

この節では，tf だけではなく，ロボットと組み合わせた利用を試します．

- ロボットのモデルを表現した URDF に基づいて tf にブロードキャストする．
- コマンドを使って tf にブロードキャストする．
- 座標系の情報付きのメッセージをサブスクライブして座標変換する．

また，すべてのプログラムをまとめてローンチファイルで実行します．

説明の前に先に実行してみましょう．これまでのプログラムや RViz をすべて終わらせてください．第 6 章で使った simple_arm を使いますので，まだの場合はインストールしてください．端末で以下を実行します．

```
ros2 launch tf_examples simple_arm.launch.py
```

図 E.10 のように，RViz のウィンドウが現れ，中央のパネルに simple_arm と黄色の動く球と，その内側にほぼ同じ動きをする紫色の球が表示されます．球はセンサ情報を表しています（詳しくは後述）．また，Joint State Publisher のウィンドウも現れ，スライダで simple_arm を操作できます．

RViz の中にいくつも座標系が表示されています．アームの先に 3 次元座標を取得できるダミーのセンサが取り付けられているという想定です．その座標系を dummy_sensor とします．カメラでよく使われている座標系の設定にしています（右向き X 軸，下向き Y 軸，前向き Z 軸）．

ダミーのセンサとして 3 次元位置をパブリッシュするノードと，それをサブスクライブして座標変換するノードの 2 つのプログラムを以下で説明します．

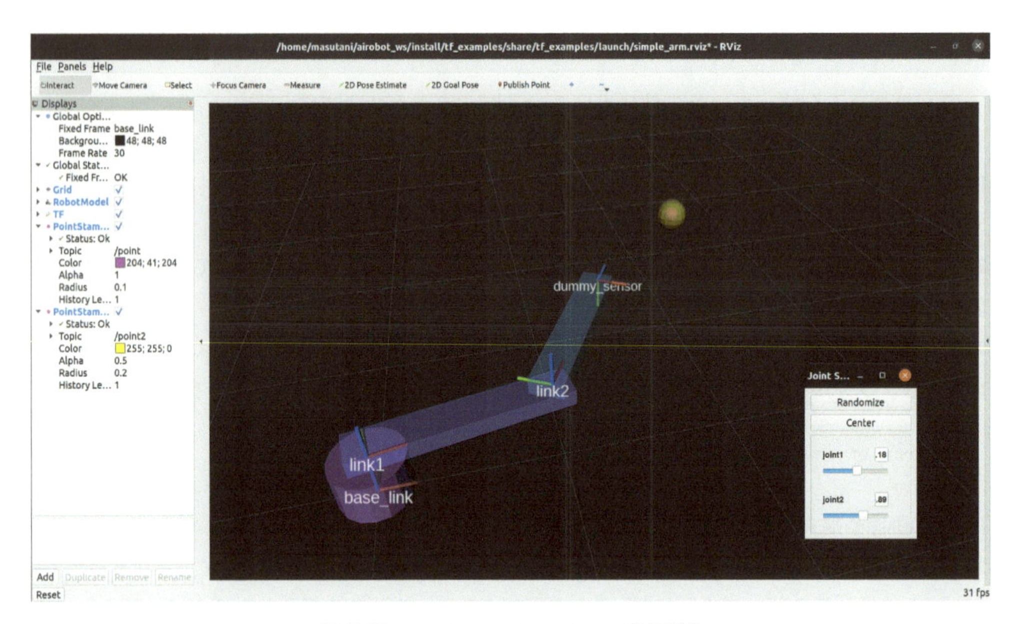

図 E.10　simple_arm.launch.py の実行例

E.5.1　ダミーのセンサデータのパブリッシュ

1 つ目のプログラム（プログラムリスト E.4）は，ダミーのセンサとして 3 次元位置をパブリッシュする例です．ノードの DummySensorPublisher クラスのコンストラクタで，/point トピックへ送信するパブリッシャと周期実行のためのタイマをつくっています．0.5[s] 周期で繰り返し呼び出される timer_callback() メソッドの中で，PointStamped 型のメッセージをつくり，座標系名には dummy_sensor を設定しています．センサ座標系において XY 平面と平行で原点から distance 離れた平面上で等速円運動する座標値を計算し設定しています．また，センサのデータ取得からパブリッシュまでにかかる時間を想定して，タイムスタンプを 0.1[s] 早めています．

プログラムリスト E.4　dummy_sensor_publisher.py

```
 1 from math import pi, cos, sin
 2 import rclpy
 3 from rclpy.node import Node
 4 from geometry_msgs.msg import PointStamped
 5 from rclpy.time import Duration
 6
 7
 8 class DummySensorPublisher(Node):
 9
10     def __init__(self):
11         super().__init__('dummy_sensor_publisher')
12         self.publisher = self.create_publisher(PointStamped, 'point', 10)
13         timer_period = 0.5  # seconds
14         self.timer = self.create_timer(timer_period, self.timer_callback)
15         self.start_time = self.get_clock().now()
16
17     def timer_callback(self):
18         msg = PointStamped()
19         now = self.get_clock().now()
20         msg.header.stamp = (now - Duration(seconds=0.1)).to_msg()  # 0.1[s]早める
21         msg.header.frame_id = 'dummy_sensor'
22         radius = 0.5
23         distance = 0.5
24         period = 10
25         dt = (now - self.start_time).nanoseconds * 1e-9
26         theta = 2 * pi / period * dt
27         msg.point.x = radius * cos(theta)
28         msg.point.y = radius * sin(theta)
29         msg.point.z = distance
30         self.publisher.publish(msg)
31
32
33 def main():
34     rclpy.init()
35     node = DummySensorPublisher()
36     try:
37         rclpy.spin(node)
38     except KeyboardInterrupt:
39         pass
40     rclpy.shutdown()
```

E.5.2 ダミーのセンサデータのサブスクライブ

2つ目のプログラム（プログラムリスト E.5）は，サブスクライブしたセンサのメッセージをtfを使って座標変換する例です．確認のために，座標変換後の情報のパブリッシュもしています．

ノードのDummySensorSubscriberクラスのコンストラクタの中で，BufferクラスとTransformListenerクラスのインスタンスをつくっています．また，/pointトピックから受信するサブスクライバのインスタンスをつくり，コールバックを設定しています．さらに，/point2トピックへ送信するパブリッシャのインスタンスをつくっています．

サブスクライブのたびに呼び出されるsubscriber_callback()メソッドでは，メッセージ内のデータを座標変換して新たなメッセージをつくり，それをパブリッシュしています．その前半を担当するのが，transform()メソッドです．メッセージ内のデータを表している座標系dummy_sensor

から座標系 base_link（アームの根元）への座標系間情報を tf から取得し，それを使ってメッセージ内の点の座標を変換して，新たなメッセージをつくってくれます．

プログラムリスト E.5　dummy_sensor_subscriber.py

```
1 import rclpy
2 from rclpy.node import Node
3 from geometry_msgs.msg import PointStamped
4 from tf2_ros import TransformException
5 from tf2_ros.buffer import Buffer
6 from tf2_ros.transform_listener import TransformListener
7 import tf2_geometry_msgs  # 直接利用されないがtransform()のために必要
8
9
10 class DummySensorSubscriber(Node):
11
12     def __init__(self):
13         super().__init__('dummy_sensor_subscriber')
14         self.tf_buffer = Buffer()
15         self.tf_listener = TransformListener(self.tf_buffer, self)
16         self.subscription = self.create_subscription(
17             PointStamped, 'point', self.subscriber_callback, 10)
18         self.publisher = self.create_publisher(PointStamped, 'point2', 10)
19
20     def subscriber_callback(self, msg):
21         try:
22             msg2 = self.tf_buffer.transform(msg, 'base_link')
23         except TransformException as ex:
24             self.get_logger().info(str(ex))
25             return
26         self.publisher.publish(msg2)
27
28
29 def main():
30     rclpy.init()
31     node = DummySensorSubscriber()
32     try:
33         rclpy.spin(node)
34     except KeyboardInterrupt:
35         pass
36     rclpy.shutdown()
```

E.5.3　robot_state_publisher

コマンド robot_state_publisher は，ロボットのモデルを表す URDF のデータを読み込み，モデルの中の関節の値を/joint_states トピックをサブスクライブして設定し，その結果として得られる座標系の情報を/tf と/tf_static へブロードキャストします．URDF データは，ROS パラメータで与えるか，ファイルのパスで指定します．ローンチファイルの中から実行するのが一般的です．

E.5.4　static_transform_publisher

static_transform_publisher は静的な座標系間情報をブロードキャストするコマンドです．単独で使うには，コマンドラインで以下のように実行します．

姿勢をロール・ピッチ・ヨーで表現する場合

```
ros2 run tf2_ros static_transform_publisher --x x座標 --y y座標 --z z座標 --roll ロール角
--pitch ピッチ角 --yaw ヨー角 --frame-id 親の座標系名 --child-frame-id 子の座標系名
```

姿勢をクォータニオンで表現する場合

```
ros2 run tf2_ros static_transform_publisher --x x座標 --y y座標 --z z座標 --qx QX --qy QY
--qz QZ --qw QW --frame-id 親の座標系名 --child-frame-id 子の座標系名
```

各要素の値が 0 の場合は，そのオプションを省略することができます．

センサの設置場所のような設定は，使うたびに変更する可能性がありますので，保守や再利用のことを考えると，プログラムの中に埋め込むよりも，このコマンドをローンチファイルから呼び出すほうが適しています．

E.5.5　ローンチファイル

この節の内容をすべて実行するローンチファイルをプログラムリスト E.6 に示します．この中で 6 個のノードを起動しています．

- robot_state_publisher
  simple_arm パッケージで提供されている URDF を読み込んで，/robot_description，/tf，/tf_static などのトピックへパブリッシュします．
- Joint State Publisher
  スライダで入力された値を/joint_states トピックへパブリッシュします．
- RViz
  このパッケージで提供する Config ファイルに応じて表示します．
- static_transform_publisher
  アームのリンク 2 の座標系 link2 に対して固定されたセンサの座標系 dummy_sensor の情報を静的にブロードキャストします．
- dummy_sensor_publisher
  3 次元の位置情報が取得できるセンサの代わりとして，円運動する点の座標に frame_id: dummy_sensor を添えて PointStamped 型の/point トピックへパブリッシュします．
- dummy_sensor_subscriber
  センサデータを想定した/point トピックをサブスクライブし，その座標値を座標系 base_link に変換します．確認のため変換後の値を frame_id: base_link を添えて PointStamped 型の/point2 トピックへパブリッシュします．

プログラムリスト E.6　simple_arm.launch.py

```
1 import os
2 from ament_index_python.packages import get_package_share_directory
3 from launch import LaunchDescription
4 from launch_ros.actions import Node
5
6
```

```
7 def generate_launch_description():
8     urdf_file_name = 'simple_arm.urdf'
9     urdf = os.path.join(
10        get_package_share_directory('simple_arm_description'),
11        'urdf',
12        urdf_file_name)
13    with open(urdf, 'r') as infp:
14        robot_desc = infp.read()
15    params = {'robot_description': robot_desc}
16
17    rsp = Node(
18        package='robot_state_publisher',
19        executable='robot_state_publisher',
20        output='both',
21        parameters=[params],
22    )
23
24    jsp = Node(
25        package='joint_state_publisher_gui',
26        executable='joint_state_publisher_gui',
27        output='screen',
28    )
29
30    rviz_config_file = get_package_share_directory(
31        'tf_examples') + '/launch/simple_arm.rviz'
32
33    rviz = Node(
34        package='rviz2',
35        executable='rviz2',
36        name='rviz2',
37        output='log',
38        arguments=['-d', rviz_config_file],
39    )
40
41    stp = Node(
42        package='tf2_ros',
43        executable='static_transform_publisher',
44        arguments=[
45            '--x', '1', '--y', '0', '--z', '0.05',
46            '--roll', '-1.57', '--pitch', '0', '--yaw', '-1.57',
47            '--frame-id', 'link2', '--child-frame-id', 'dummy_sensor'],
48    )
49
50    dsp = Node(
51        package='tf_examples',
52        executable='dummy_sensor_publisher',
53        arguments=[],
54    )
55
56    dss = Node(
57        package='tf_examples',
58        executable='dummy_sensor_subscriber',
59        arguments=[],
60    )
61
62    return LaunchDescription([rsp, jsp, rviz, stp, dsp, dss])
```

E.5.6 RViz 上の表示

- 紫色の球：/point トピック．アームの手先に取り付けられたダミーの 3 次元センサの出力を表しています．
- 黄色の球：/point2 トピック．/point トピックの座標をアームの根元の座標系 base_link に変換したものです．

Epilogue

　西暦 2XXX 年，Yu の子孫と Happy Mini の最新世代機は最新ミッションのため月面に降り立っていた．

　ふと見上げると，青く大きな地球が見える．Yu の子孫は感慨深げにつぶやいた．

「1 冊の本が文明を再生し，人類の危機を救ったのね．」

Happy Mini は幸せそうにうなずいた．

索引

あ

か

さ

た

な

は

ま

や

ら

わ

A

B

C

D

U

V

W

X

Y

コマンドライン・パッケージ・ファイル・API

コマンドライン

パッケージ

API

著者紹介

出村公成 (Demura Kosei)

メッセージ：人とロボットが助け合う未来を私たちで創ろう！

Happy Mini と Yu による，ロボットと人間の物語はいかがでしたか？　Yu は Mini をつくっただけでなく，Mini も Yu の話し相手になりハッピーに暮らしていましたね．このようにロボットと人が共存する時代が間もなくやってきます．互いが助け合う明るい未来を一緒に創りましょう！　私の研究室では ROS を 2011 年から使いはじめました．ROS の既存パッケージを使うとプログラムを 1 行も書かずにロボットを動かせますが，思いどおりに動かすためにはパラメータチューニングが必要で，学生がそれに 1 年間かかりきりになることがありました．これではロボットをうまく動かせたとしても，エンジニアや研究者になるための力が付きません．そこで，トピック通信などの通信機能，Rosbag のデータ収録再生の機能，Gazebo や RViz のシミュレータや可視化ツールなど以外は人様のパッケージをあまり使わず，この本を参考に少しずつ自作パッケージをつくることをおすすめします．**ROS の奴隷になるな，ROS のクリエータになれ！**　最後に，AI ロボットを身に付けるには実践あるのみです．@Home Education はビギナーのための AI ロボット競技会です．AI ロボットをつくり，一緒にハッピーな世界をつくりましょう！

謝　辞：この本は多くの方のご協力で完成しました．初期原稿を読んでくださった鈴木拓央先生，RoboCup Junior 経験者の塩谷道之氏と阿部玲華氏，金沢工業大学出村研究室，夢考房 RoboCup@Home プロジェクトをはじめとする学生有志各位，Yu イラスト制作者の馬場彰太郎氏，ピアレビューの共著先生各位，最後に全面的に支援してくれた息子の賢聖，妻の日香流に感謝します．

X：@NetDemura　　**ウェブサイト**：https://demura.net

著者紹介：AI ロボットの教育・研究開発に従事．RoboCup で親子ともに育つ．RoboCup には 1998 年から取り組み，世界大会には 14 回（準優勝 4 回），Japan Open には 25 回の出場経験がある．中型リーグを皮切りに主なリーグに参加し，現在は RoboCup@Home に最も力を入れている．RoboCup の他，つくばチャレンジに 9 回，World Robot Summit に 4 回出場．コロナ禍を契機にランニングをはじめ，マラソンでサブ 3.15 を目指している．

略　歴：1996 年慶應義塾大学大学院理工学研究科博士後期課程修了．博士（工学）．1997 年金沢工業大学工学部講師を経て，2003 年～2004 年 MIT 客員研究員，2004 年同大学工学部助教授，2007 年同教授，2010 年 FMT 研究所研究員兼務，現在に至る．2002 年～2004 年 RoboCup 世界大会中型リーグ準優勝，2013 年 RoboCup Japan Open 人工知能学会賞，2016 年同大会@Home Education 優勝，2023 年 RoboCup 世界大会@Home Education 準優勝，2024 年 RoboCup 世界大会@Home Playground Demonstration Major Category 準優勝，WRS Future Convenience Store Challenge 優勝．主な著書に『簡単！実践！ロボットシミュレーション-Open Dynamics Engine によるロボットプログラミング』森北出版 (2007) がある．

萩原良信 (Hagiwara Yoshinobu)

メッセージ：私は2011年からRoboCup@Homeに参加してきました．当時は，前を歩くユーザを追従する画像認識や自己位置推定の研究に取り組んでいました．現在は，ロボットがユーザとの言語コミュニケーションを通じて概念を獲得し，言語命令を理解して行動する知能の研究に従事しています．このような高度な知能をロボットに実装できるようになったのは，画像認識や自己位置推定などの技術がROSのライブラリとして提供され，実装が容易になったことが大きな要因です．ROS 2の登場により，基礎技術の実装はさらに容易になり，ロボットの動作もより安定していくでしょう．みなさんは，これらの基礎技術を自在に活用し，さらに高度な知能を構築することが可能です．例えば，家庭に届く未知の物体をロボットがユーザとのインタラクションを通じて学習できるでしょうか？　また，少子高齢化が進む日本において，AIロボットはどのように私たちの未来を支えてくれるでしょうか？　内閣府が進めるムーンショット型研究開発制度では，AIやロボット・アバターの技術を活用し，「2050年までに，人が身体，脳，空間，時間の制約から解放された社会を実現」「2050年までに，AIとロボットの共進化により，自ら学習・行動し，人と共生するロボットを実現する」という目標が掲げられています．この本を通して，AIやロボット技術の現状について理解を深め，明るい未来を切り開くAIロボットのあり方について考えてみてください．そして，みなさんが考えたAIロボットをRoboCup@Homeでぜひ披露してください．

謝　辞：この本の執筆には，多くの方のご支援をいただきました．出版社をご紹介いただいた立命館大学の谷口忠大先生，ROS 2のサンプルプログラムの作成に多大な貢献をしてくれた立命館大学の伊藤昌樹氏，長谷川翔一氏，創価大学のValentin Keith氏，大熊裕樹氏，ピアレビューの著者先生方，編集者の横山真吾氏に心より感謝申し上げます．そして，執筆活動を支えてくれた家族に感謝します．

X：@y_hagiwar　　**ウェブサイト**：https://sites.google.com/soka-u.jp/hagiwara/home

著者紹介：記号創発ロボティクス，生活支援ロボットの研究開発に従事．RoboCup@Homeの世界大会とJapan Openにおいて，20件の入賞の実績がある．2014年よりRoboCup Japan Open @Home Leagueの実行委員を務める．2018年，2019年には，場所概念モデルを用いた生活支援のデモンストレーションを実施し，計測自動制御学会賞，人工知能学会賞を受賞した．また，経済産業省主催の知能ロボットの国際的な競技会であるWorld Robot Summitにおいて，2018年にNEDO理事長賞，2021年にWRS実行委員長賞，経済産業大臣賞を受賞した．

略　歴：2010年創価大学大学院工学研究科博士課程修了．博士（工学）．2010年創価大学工学部助教，2013年国立情報学研究所特任研究員を経て，2015年立命館大学情報理工学部助教，2018年同講師，2022年立命館大学総合科学技術研究機構准教授，2024年同客員准教授，創価大学理工学部准教授，現在に至る．日本ロボット学会，人工知能学会，計測自動制御学会，IEEEなどの会員．

升谷保博 (Masutani Yasuhiro)

メッセージ：私の研究室では，これまでロボット用のソフトウェア基盤としてRTミドルウェアを使ってきました．RTミドルウェアは，産業技術総合研究所が中心となって開発しており，ROSと同じような位置づけですが，LinuxだけでなくWindowsやMacOSでも使うことができ，標準の開発ツールが充実しています．残念ながら，ユーザ数が少なくそれが最大の問題です．そこで，最近はROSも使いはじめました．この本を執筆するために，ROSにかなり詳しくなりました．

RTミドルウェアでもROSでも共通ですが，規模の大きなソフトウェアというのはとっつきにくいものです．いろいろな例を試したり，自分で試行錯誤したりして，手を動かして慣れることがどうしても必要です．この本では，具体的なプログラムをたくさん提供していますので，ぜひそれを活用してください．

謝　辞：この本の執筆には，多くの方のご支援をいただきました．草稿を読んでくれた研究室の学生のみなさん，ピアレビューしてくださった共著の先生方，編集者の横山真吾氏，ありがとうございました．

ウェブサイト：`https://www.facebook.com/MasutaniLab`

著者紹介：1986年に大学院でロボットの研究をはじめる．最初の研究テーマは宇宙用のロボットアームの制御．博士学位論文は「浮遊型宇宙ロボットによる物体捕捉のための計測と制御」．

その後，移動ロボットの研究をはじめ，研究の一環として，RoboCupにかかわりはじめる．2000年RoboCup国内大会小型ロボットリーグ初参加，大阪大学・明石高専合同チームOMNI（オムニ）．翌年には世界大会にも参加．2007年大阪電気通信大学チームODENS（オデンズ）としてRoboCup国内大会に参加．2009年には世界大会で第4位．同年RoboCupの小型ロボットリーグのヒト型部門SSL Humanoidを発足させる．2016年からRoboCup@Home Educationにも参加．

ロボットの遠隔操縦にも興味を持っており，2015年にJapan Virtual Robotics Challengeに学生と参加し第3位入賞．World Robot Summit 2018トンネル事故災害復旧チャレンジでは第3位入賞，日本ロボット学会特別賞．

一方，別の形でもロボット競技にかかわっており，1999年にレスキューロボットコンテストを提案．2000年から毎年開催されているこのコンテストの2代目実行委員長（2004〜2008年）を務め，現在も実行委員．2009年から別競技としてヒト型レスキューロボットコンテストを毎年開催，その実行委員長．大阪電気通信大学では，学生のものづくり課外活動拠点「自由工房」の運営委員，ヒト型ロボットプロジェクトの担当．

略　歴：1986年大阪大学基礎工学部機械工学科卒業，1989年大阪大学大学院基礎工学研究科博士後期課程中退，同年大阪大学基礎工学部助手，1995年同講師，1997年大阪大学大学院基礎工学研究科講師，2003年同助教授，2005年から大阪電気通信大学総合情報学部教授，現在に至る．ロボットの知能化に関する研究に従事．博士（工学）．日本ロボット学会，計測自動制御学会，IEEEの会員．

タン ジェフリー トゥ チュアン (Tan Jeffrey Too Chuan)

メッセージ：博士課程在学中，私は人とロボットの協働によるものづくりの概念を確立するため，人間支援型産業用ロボットの開発に取り組んでいました．当時はまだ，産業用ロボットの安全規制で，ロボットと人間の作業者の間に安全柵を設置しなければならない時代でした．現在では，生産ラインで人間の作業者と肩を並べて働く協働ロボットがあります．大きな違いは，ロボットの知能，つまりAIが，人間のパートナーになるために，より安全でより賢くロボットを進化させたことです．

私がRoboCupに参加した2013年当時，@Homeのサービスロボットをつくることは，技術的にも資金的にも非常に困難でした．しかし，ROSの登場やオープンソースのロボット技術やコミュニティの急成長により，個人レベルのリソースでも高度にインテリジェントなロボットを開発できるようになりました．2015年には，RoboCup@Home Educationという取り組みをはじめました．さらに2023年にRoboCup Malaysiaを設立した．私たちの目的は，若い学生や，技術的なバックグラウンドを持たない一般の人々にも，AIやロボティクスの学習を促進することです．この本はこの趣旨に沿う入門書として作成しました．最新のAIロボット技術を，実行しやすいサンプルプログラムにまとめ，わかりやすく解説しています．みなさんにもAIロボットをつくっていただき，さらに開発を進めて，日常生活の中で有意義なものにしていただきたいと思います．

謝　辞：この本の執筆には，多くの方のご支援をいただきました．ピアレビューしてくださった共著の先生方，編集者の横山真吾氏，支えてくれた家族に心より感謝申し上げます．

ウェブサイト：www.jeffreytan.org　　RoboCup Malaysia: www.robocup.org.my

著者紹介：研究分野は，サービスロボット，人間とロボットの相互作用，クラウドロボティクス，先進モビリティ．日本学術振興会 (JSPS)，中国国家自然科学基金 (NSFC)，IEEE，RoboCup連盟から資金提供を受けた20以上の研究プロジェクトの主任研究員であった．技術誌や学会で100以上の研究論文を発表している．ファナックFAロボット財団最優秀論文賞（2011年），MAZAK財団先進製造システム最優秀論文賞（2011年），人工知能学会 (JSAI) 賞（2013，2014年）などを受賞している．また，RoboCup@Home League（Japan Open 2013〜2019，China Open 2018〜2019，RoboCup Asia-Pacific 2017，国際RoboCup 2019）で優勝した．2015年，「RoboCup@Home Education」イニシアティブを設立し，AIに特化した新しい形のロボティクス教育を推進する．

略　歴：2010年東京大学大学院工学系研究科博士課程修了．博士（工学）．2011年より国立情報学研究所特任研究員として，人間とロボットのインタラクションのための新しいシミュレータを開発．2014年より東京大学生産技術研究所特任助教として先進モビリティ開発に従事．2017年，天津市千人人材プログラム（若手専門家）にて招聘され，中国南開大学にて准教授として勤務．同時期より，玉川大学（日本）の客員研究員として，国際共同研究の育成に取り組む．2020年MyEdu AI Robotics Research Centre（マレーシア）主任，2021年City University（マレーシア）客員教授，2022年Genovasi University College（マレーシア）教授，現在に至る．

NDC548.3　351p　26cm

ROS 2とPythonで作って学ぶ AI ロボット入門　改訂第2版

2025年2月12日　第1刷発行

著　者　出村公成・萩原良信・升谷保博・タン ジェフリー トゥ チュアン

発行者　篠木和久

発行所　株式会社　講談社

〒112-8001　東京都文京区音羽 2-12-21

販　売　(03)5395-5817

業　務　(03)5395-3615

KODANSHA

編　集　株式会社　講談社サイエンティフィク

代表　堀越俊一

〒162-0825　東京都新宿区神楽坂 2-14　ノービィビル

編　集　(03)3235-3701

本文データ制作　藤原印刷株式会社

印刷・製本　株式会社ＫＰＳプロダクツ

落丁本・乱丁本は，購入書店名を明記のうえ，講談社業務宛にお送り下さい．送料小社負担にてお取替えします．
なお，この本の内容についてのお問い合わせは講談社サイエンティフィク宛にお願いいたします．定価はカバーに表示してあります．

©K. Demura, Y. Hagiwara, Y. Masutani, and J. T. C. Tan, 2025

本書のコピー，スキャン，デジタル化等の無断複製は著作権法上での例外を除き禁じられています．本書を代行業者等の第三者に依頼してスキャンやデジタル化することはたとえ個人や家庭内の利用でも著作権法違反です．

Printed in Japan

ISBN 978-4-06-538616-3